江苏"十四五"普通高等教育本科规划教材
科学出版社"十三五"普通高等教育本科规划教材

三维机械设计

刘宏新　主编

科学出版社

北　京

内 容 简 介

为适应科技进步引起的生产方式变革并满足现代工程师掌握先进设计技术的需求，本书选用国际广泛应用的 CATIA（computer aided three-dimensional interface application）为软件平台，以期充分展现三维机械设计（3D-CAD，three-dimensional computer aided design）的强大功能与发展成就，赋予读者一种具有时代特征且满足新工科要求的卓越技能。编者结合多年的工程应用与科学研究经历，以及教学实践经验，根据三维机械设计的技术体系规划了技术综述、草图绘制、实体造型、产品装配、工程制图和应用实例 6 篇，编写了 18 个技术章节，利用主编主持建设的首批国家级线上一流课程资源，以新形态教材的形式编撰，配套《三维机械设计思维实训》，系统讲述产品从构思、造型、装配直至工程出图的三维机械设计流程与方法。

本书适用于普通高等学校机械工程及众多有设计能力要求学科所属专业的专业基础课教学，内容设置与结构编排既适用于零基础起点学生的系统学习，又适合工程技术人员的技能培训，还适合工作实践中对特征草图绘制、难点结构造型、复杂装配、工程图规范等的专项查询。

图书在版编目（CIP）数据

三维机械设计/刘宏新主编. —北京：科学出版社，2018.3
（科学出版社"十三五"普通高等教育本科规划教材）
ISBN 978-7-03-056502-0

Ⅰ.①三… Ⅱ.①刘… Ⅲ.①机械设计-计算机辅助设计-应用软件-教材 Ⅳ.①TH122

中国版本图书馆 CIP 数据核字（2018）第 021407 号

责任编辑：朱晓颖 张丽花 / 责任校对：郭瑞芝
责任印制：赵 博 / 封面设计：迷底书装

科学出版社 出版
北京东黄城根北街 16 号
邮政编码：100717
http://www.sciencep.com
北京凌奇印刷有限责任公司印刷
科学出版社发行 各地新华书店经销
*
2018 年 3 月第 一 版 开本：787×1092 1/16
2025 年 1 月第六次印刷 印张：34 1/2
字数：928 000
定价：128.00 元
（如有印装质量问题，我社负责调换）

编 委 会

前　言

工欲善其事，必先利其器。随着计算机技术的发展，三维机械设计（3D-CAD）开始改变工业产品的设计形式，并触发和深刻影响着智能化设计的前沿探索和研究。三维技术呈现出的产品能更全面、真实地展现设计者的想法，是虚拟样机技术发展与运用的必要前提，同时也是现代企业 PLM（product lifecycle management）组织与运行的基础。3D-CAD 把设计手段带到了一个新的、革命性的高度，也对传统教学内容与学生专业素养提出了新的要求。

面对时代的发展以及新工科建设与改造的需求，本书选用国际广泛应用的 CATIA 为软件平台，以高等院校机械工程及众多有设计能力要求学科所属专业的学生和行业工程师为主要对象，开展教材编撰工作。CATIA 是机械工程领域高端应用软件的代表，体现了行业的最高水平，并引领行业的发展，其全面的工程解决方案、丰富的功能模块以及系统的体系构架服务于设计、模拟、分析、制造、组装、销售直至售后的产品生命周期全流程，极大提高了产品研发的效率和水平。编者结合多年的工程应用与科学研究经历，以及教学实践经验，根据三维机械设计的技术体系规划了技术综述、草图绘制、实体造型、产品装配、工程制图和应用实例 6 篇，编写了 18 个技术章节，利用主编主持建设的首批国家级线上一流课程资源（学银在线（https://www.xueyinonline.com/）搜索"三维机械设计"），以新形态教材的形式编撰，详细讲解了产品从构思、造型、装配直至工程出图的三维机械设计流程与方法。强调思维方式、基础训练、实践应用与能力提高并重，配套《三维机械设计思维实训》辅助教材，力求系统和全面地表述三维机械设计的核心内容，使读者能够熟练、准确、规范、灵活、高效地运用 3D-CAD 技术进行产品设计，有效达成卓越工程师的专业基础素养。

本书出版以来，深受广大读者的欢迎，多次修订和重印，持续完善。本轮修订重点任务是课程育人的全面优化并体现最新的教学理念与技术实践，同时，邀请北京理想汽车有限公司常州分公司高级工程师王晓兵、格力大松（宿迁）生活电器有限公司高级工程师白伟加入编委会，丰富编委结构，进一步强化产教融合，保证教材内容随科技的发展进步和生产的实际需求变化而不断修正和完善。

教材编撰特色体现为：

（1）注重三维设计的原理与技术特点讲授，依托但不依赖于特定的软件平台，强化知识的普遍性与使用者的适应性，强调成果共享与团队协作；

（2）知识点的章节示例与应用实例设置丰富，针对性与可操作性强，注重实践能力的培养。示例及实例均选自主编团队实际工程或科研项目，兼顾技术性、实用性和先进性，避免形成软件操作过程的简单罗列或空洞的技巧展示；

（3）采用教案、讲义式撰写风格，各章节均附有课前导读、知识点注释以及复习与思考，附赠所有案例素材，方便讲授和自学；

（4）配套思维实训辅助教材、国家级线上一流课程资源以及基于 3D-CAD 的系列数字化设计优质在线开放资源，扩展两性一度教学与训练，塑造创新精神和实践能力。通过工程经验及科研和教学成果的共享，构建系统与便捷的交流平台，满足高等教育普及阶段多样化的人才培养需求，全面提升学习的效率与效果。

由于时间及水平所限，作者虽认真谨慎，纰漏与不当之处仍在所难免，恳请读者能够谅解并予以指正，也希望以此书为载体与广大行业读者在更广泛的 CAD 技术应用及数字化与智能化设计领域进行交流与合作。全书示例及实例均提供配套练习模型，可关注主编团队微信公众号"数字化设计"下载资源包并获取更多信息与学习资源。

电子邮箱：T3D_home@hotmail.com

主编于江苏

2023 年 12 月

目　录

第一篇　技 术 综 述

第二篇　草 图 绘 制

第三篇　实 体 造 型

第六篇　应用实例

第一篇 技术综述

DS CATiA

本篇的主要内容为 CAD 技术及 CATIA 软件概述。学习本篇内容的主要目的是认识三维机械设计方法的主要内容，了解 CATIA 软件的基本功能。本篇主要任务如下：

- ➲ 理解计算机辅助设计的基本概念
- ➲ 了解二维和三维计算机辅助设计的区别
- ➲ 理解三维计算机辅助设计的目的
- ➲ 熟悉 CATIA 软件的工作界面
- ➲ 学会 CATIA 软件的基本设置和操作

第1章 CAD 基本知识

> **导读**
>   ◆ CAD 技术的基本概念及发展概况
>   ◆ 二维设计与三维设计比较
>   ◆ 常用三维设计软件
>   ◆ CAD 技术的发展趋势

1.1 一般概念

计算机辅助设计（computer aided design，CAD），是利用计算机快速的数值计算和强大的图文处理功能，辅助工程技术人员进行产品设计、工程绘图和数据管理的一门计算机应用技术，是计算机科学技术发展和应用中的一门重要技术。

⚠【注意】CAD 并不是指 AutoCAD，凡是能利用计算机辅助进行产品设计、工程绘图和数据管理的技术，都可以称作 CAD。

CAD 的涵盖范围很广，其设计对象最初包括两大类：一类是机械、电子、汽车、航天、农业、轻工业和纺织产品等；另一类是工程设计产品等，如工程建筑。如今，CAD 技术的应用范围已经延伸到艺术等各行各业，如电影、动画、广告、娱乐和多媒体仿真等都属于 CAD 范畴。

CAD 技术在机械行业的应用最早，也最为广泛。传统机械设计要求设计人员必须具有较强的三维空间想象能力和表达能力，当设计人员设计新产品时，首先必须构想出产品的三维形状，然后按照投影规律，用二维工程图将产品的三维形状表示出来。随着计算机技术的不断进步，人们开始用计算机绘图取代图板绘图，即最初的计算机辅助绘图所绘制出来的图形为二维图形。随着计算机技术的继续发展，CAD 技术也逐渐由二维绘图向三维设计过渡。三维 CAD 系统采用三维模型进行产品设计，CAD 的含义由 computer aided drafting 变为 computer aided design，即计算机辅助设计。这样，采用 CAD 技术进行产品设计不但可以使设计人员甩掉图板、更新传统的设计思想、实现设计自动化、降低产品成本、提高企业及其产品在市场上的竞争能力，还可以使企业由原来的串行式作业转变为并行式作业，建立一种全新的设计和生产技术管理体制，缩短产品开发周期、提高劳动生产率。

在计算机辅助设计过程中，除了可以利用计算机进行产品的模型建造和出图，还可以利用计算机进行产品的构思、功能设计、结构分析、加工制造等。因此，CAD 的概念可以从狭义和广义两个层面进行理解。从狭义上讲，CAD 指单纯的计算机辅助设计；而从广义上讲，CAD 则是 CAD/CAE/CAPP/CAM 等的高度集成。

这里简要介绍与 CAD 相关的两个概念：计算机辅助工程（computer aided engineering，CAE）和计算机辅助制造（computer aided manufacturing，CAM）。CAE 就是使用计算机辅助分析软件，对原 CAD 模型进行仿真成品分析，通过反馈的数据对原设计或模型进行反复修正，以达到最佳效果。CAM 就是把计算机应用到生产制造过程中，以代替人进行生产设备与操作的控制，如计算机数控机床、加工中心等都是计算机辅助制造的例子。CAM 不仅能提高产品的加工精度、产品质量，还能逐步实现生产自动化，对降低人力成本、缩短生产周期起到了很大的作用。

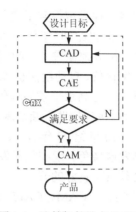

把 CAD、CAE、CAM 等技术结合起来，如图 1-1 所示，使得一件产品由概念、设计、生产到成品形成的整个过程中，极大地节省了时间和投资成本，而且提高了产品质量。

如今，世界各大航空、航天及汽车等制造业巨头不但广泛采用 CAD/CAE/CAM 技术进行产品设计，而且投入大量的人力、物力及资金进行 CAD/CAE/CAM 软件的开发，以保持自己技术上的领先地位和国际市场上的优势。

图 1-1　计算机辅助产品研发

综上所述，CAD 技术是集计算、设计绘图、工程信息管理、网络通信等计算机及其他领域知识于一体的高新技术，是先进制造技术的重要组成部分。CAD 技术的显著特点是：提高设计的自动化程度和质量、缩短产品开发周期、降低生产成本费用、促进科技成果转化、提高劳动生产效率、提高技术创新能力。CAD 技术对工业生产、工程设计、机器制造、科学研究等诸多领域的技术进步和快速发展产生了巨大影响。现在，CAD 技术已成为工厂、企业和科研部门提高技术创新能力、加快产品开发速度、促进自身快速发展的一项必不可少的关键技术。

1.2　发 展 历 程

CAD 技术的发展可追溯到 1950 年，当时美国麻省理工学院（Massachusetts Institute of Technology，MIT）在它研制的名为旋风 1 号的计算机上采用了阴极射线管（cathode ray tube，CRT）做成的图形显示器，可以显示一些简单的图形。

20 世纪 60 年代是 CAD 发展的起步时期。1963 年，美国学者伊凡·苏泽兰（Ivan Sutherland）在其博士论文中介绍了一个革命性的计算机程序"Sketchpad"。因为这项成就，伊凡·苏泽兰在 1988 年获得图灵奖（Turing Award），2012 年获得京都奖（Kyoto Prize）。Sketchpad 使用了早期的电子管显示器以及当时才刚刚发明的光电笔。它是最早的人机交互式（human-computer interaction，HCI）计算机程序，成为之后众多交互式系统的蓝本，是计算机图形学的一大突破，被认为是现代计算机辅助设计的始祖。Sketchpad 掀起了大规模研究计算机图形学的热潮，并开始出现 CAD 这一术语。

1964 年，美国通用汽车公司开发了用于汽车设计的 DAC-1 系统。1965 年，美国洛克希德·马丁公司与 IBM 公司联合开发了基于大型机的 CADAM 系统。该系统具有三维线框建模、数控编程和三维结构分析等功能，使 CAD 在飞机工业领域进入了实用阶段。1968—1969 年，美国 CALMA 公司和 Application 公司等一批厂商先后推出了成套系统，将硬、软件放在一起成套出售给用户，即 Turnkey Systems，并很快形成 CAD/CAM 产业。

20 世纪 70 年代，CAD 技术进入广泛使用时期。计算机硬件从集成电路发展到大规模集成电路，出现了廉价的固体电路随机存储器，图形交互设备也有了发展，出现了能产生逼真图形的光栅扫描显示器、光笔和图形输入板等。同时，以中小型机为核心的 CAD 系统飞速发展，出现了面向中小企业的 CAD/CAM 商品化系统。到 20 世纪 70 年代后期，CAD 技术已在

许多工业领域得到了实际应用。

20 世纪 80 年代，CAD 技术进入突飞猛进时期。小型机，特别是微型机的性价比不断提高，极大地促进了 CAD 的发展。同时，计算机外围设备，如彩色高分辨率图形显示器、大型数字化仪、自动绘图机等图形输入、输出设备，已逐步形成质量可靠的系列产品，为推动 CAD 技术向更高水平发展提供了必要条件。在此期间，大量的、商品化的、适用于小型机及微型机的 CAD 软件不断涌现，又促进了 CAD 技术的应用和发展。

20 世纪 90 年代，CAD 技术的发展更趋成熟，将开放性、标准化、集成化和智能化作为其发展特色。现在的开发应用软件一般是在某个支撑平台上进行二次开发，因此，CAD 系统必须具有良好的开放性，以满足各行各业 CAD 应用的需要。为了实现并行工程和协同工作，将 CAD、CAM、CAPP（计算机辅助工艺编程）、NCP（数控编程）、CAT（计算机辅助测试）集成为一体，为 CAD 技术的发展和应用提供了更广阔的空间。随着人工智能和专家系统技术的不断发展及其在 CAD 中的应用，智能 CAD 系统也得到了重视和发展，大大提高了设计水平和设计效率。

1.3　二维设计与三维设计对比

1.3.1　二维设计方法

传统的机械 CAD 方法是由二维到三维，由图样还原出零件。二维设计的一般流程是，先进行装配图设计，再进行零件图拆画，如图 1-2 所示。

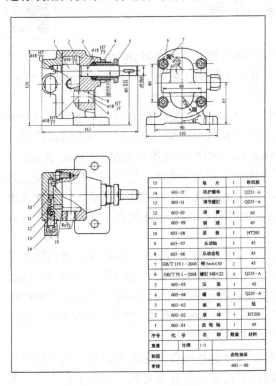

（a）齿轮油泵装配图

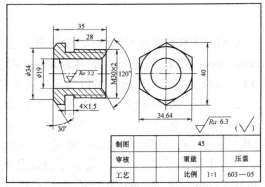

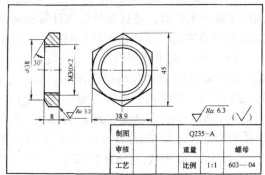

（b）拆画零件图（略图）

图 1-2　二维设计过程

由于二维工程图是用正投影法绘制出来的，一个投影图只能表达一个面的投影，因此有时必须用几个不同的投影图来表示一个三维产品；为了清楚地表达产品的工作原理、各零件之间的相互位置和连接方式，还可采用视图、剖视、断面、局部放大等多种表达方法和符号及文字说明。

装配图绘制出来以后，再根据装配图拆画零件图。由于装配图一般只表达了零件的主要结构形状，对尚未表达清楚的结构形状，应根据其作用和装配关系补充完整。装配图中被省略的工艺结构，如倒角、退刀槽等，在零件图中应该画出。在拆画的过程中，要进一步完善零件的结构形状，标注装配图中已注出的尺寸，补充装配图中没有的零件尺寸。相关人员需要认真阅读这些图形，理解设计意图，通过不同视图的描述想象出三维产品的每一个细节。上述工作非常细致辛苦，尽管经过设计主管层层检查和审批，图样上的错误还是在所难免，经常发生设计完成以后，制造出来的样品零件之间出现干涉的情况。

传统的二维设计都是用固定的尺寸定义几何元素，要进行图样修改，只有删除原有的线条重新再画。新产品的设计不可避免地要进行多次修改，而大多数修改都是在原有的基础上进行的，这种大量的重复劳动，不仅增加了设计强度，而且延长了产品的设计周期。产品的改型与升级也是如此。

1.3.2　三维设计方法

无论是设计产品还是产品中的零件，三维设计都是从三维实体造型开始的。

一般流程是，先绘制二维草图，通过拉伸等操作生成实体特征，并在模型上添加更多的特征。特征是一些与机械设计的表达意图相关的简单几何形体，各个特征的几何形状和尺寸大小用变量参数来表达。变量参数发生了变化，则零件的特征几何形状和尺寸大小也随之变化，手绘图则需重绘，但计算机绘图不需要重新绘制，软件会重新生成该特征及其相关的各个特征。

当在计算机上建立零件三维模型后，就可以在计算机上进行模型装配、干涉分析、运动仿真、应力分析与强度校核、生成工程图、产生数控加工代码直接进行加工等操作。

以工程图为例，自动生成的二维工程图与三维实体全相关，对三维实体的修改会直接反映到二维工程图中。一个零件的尺寸修改，也可以使相关零件的图形发生变化，设计人员不必将大量精力耗费于产品的图形表达上，这就大大提高了设计效率，缩短了产品的设计周期，如图 1-3 所示。

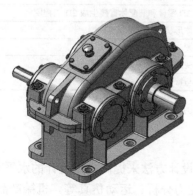

（a）减速器三维造型

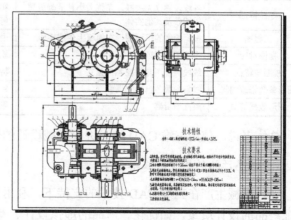

（b）生成工程图

图 1-3　三维设计方法

用户在进行产品（装配体）的三维设计时，可以采用"自下而上"或"自上而下"的设计方法，也可以两种方法结合使用。在装配体零部件的相互配合关系较为简单时，多选用前者，反之，多选用后者。

1. 自下而上

自下而上设计法是比较传统的方法，其基本流程是由局部到整体。用户先设计并造型零件，然后将之插入装配体，接着使用配合来定位零件。若想更改零件，必须单独编辑零件。这些更改随即可在装配体中体现。自下而上设计法对于先前建造、现售的零件，或者对于金属器件、皮带轮、电动机等之类的标准零部件是优先技术。这些零件不根据用户的设计而更改其形状和大小，除非用户选择不同的零部件。

2. 自上而下

与自下而上设计法不同，自上而下设计法的基本流程是由整体到局部。先从装配架构开始设计工作，根据配合架构确定零件的位置及结构。也就是说，零件的形状、大小及位置可直接在装配体中设计。通过用户设定的一些参数可以随之自动调整。该功能对于托架、器具及外壳之类的零件尤其有帮助，这些零件的目的主要是将其他零件保持在其正确位置。自上而下设计方法的优点是，在发生设计更改时，零件可以根据用户所创建的方法而自动更新。用户可在零件的某些特征上、完整零件上或整个装配体上使用自上而下的设计方法。

1.3.3 三维 CAD 技术优势

通过分析可见，三维设计相比二维设计而言，具有无可比拟的优越性，三维设计是机械设计的发展方向，两者在设计方法上的差别如表 1-1 所示。

表 1-1 二维设计与三维设计对比

设计方法	二维设计方法	三维设计方法
设计思路	想象设计	直观设计
图形绘制	通过绘图工具绘制 2D 平面图形	通过草图工具和特征工具进行 3D 实体造型
零件特征	各线段独立无关联，完整大小且准确放置的线条及其他实体	实体各部分组成有机整体，先绘制实体，然后由尺寸和几何关系控制大小和放置
工程图	根据绘制的平面图形在模板上生成图纸	由绘制好的 3D 零件和装配体直接生成 2D 工程图
视图对应	由绘图者保证	软件根据实体形状自动投影保证
视图与特征	线段、视图与特征各自独立	特征决定视图
图形参数修改编辑	线条参数各自独立调整	特征修改则视图和装配关系自动调整
图形数据管理	属性编辑器	属性编辑器与特征树管理

总体来说，使用三维 CAD 技术进行机械设计的优势有以下几点。

1. 提高产品的质量和技术含量

现代机械生产在三维 CAD 技术的支持下，利用先进的设计方法来提高机械设计的水平，保证产品的设计质量，如优化、产品的虚拟设计、有限元受力分析、运动仿真等。机械产品本身就是与信息技术相融合的，再加之采用 CAD、CIMS（computer integrated manufacturing system）组织生产，使得机械产品的设计产生新的发展。

2. 形象直观，虚拟现实

由于 CAD 软件的发展，三维设计可以形象、直观地展示零部件的结构特征。设计人员在设计零件时，可以运用三维实体甚至是带有相当复杂的约束关系的三维实体进行设计，实现设计阶段的模拟装配、模拟运转，从而使设计更加接近实际过程。

3. 减少机械设计时间，提高设计效率

在三维设计中，其基本思想之一就是实现参数化、变量化设计。传统 CAD 绘图软件和现有二维绘图软件大都无法实现参数化设计。但在三维 CAD 的参数化、变量化设计过程中，零件可以根据结构尺寸的变化而自行更改以达到合适的效果。同样，当零件的尺寸和形状发生变化时，其他相关结构也会随之变化。这样，三维 CAD 技术就可以帮助设计人员减少大量的机械设计工作量，使工作时间减少近 1/3，而工作效率可提高 3～5 倍。

4. 促进计算机辅助技术的集成

在传统设计中，工作人员是根据 CAD 设计出来的图纸进行数控加工编辑的，因此，不可避免地造成在 CAD 和 CAM 中有两套相同的零件数据，很容易导致管理上的混乱。由于三维设计可以实现 CAD、CAE、CAPP、CAM 等 CAX 的集成，这就意味着，在三维 CAD 技术的支持下，产品从设计到制造的整个全过程，通过信息集成和信息流自动化，使 CAM 可以直接获取设计及分析的信息进行加工，保证加工获得的产品与设计精确吻合。

1.4　常用三维机械设计软件

初级三维设计软件主要有 AutoCAD、Microstation 等。被大家广为认知的 AutoCAD 便是这类软件中的代表，其优点是命令功能简单易学，符合现代图学教育体系的传统思维；其缺点是缺乏三维设计思维，正因为该软件是从二维向三维转型时期的常用软件，所以，软件虽然提供了三维的功能，但不符合三维的主流架构。

中端三维设计软件的典型代表有 SolidWorks、SolidEdge、Inventor 等。在机械行业中，这一层面的软件主要是在三维软件广泛存在的情况下，用以取代二维设计软件。以 SolidWorks 为例，它是法国达索系统旗下子公司的产品。SolidWorks 的优点是操作命令简单易学，可以很轻松地掌握建模的流程和立体概念。同时，它的指令设计和周边的零件库供应对企业设计人员具有一定的针对性，但该类软件的功能及曲面精细度方面还不够完善。

高端三维设计软件的突出代表为 CREO（原 Pro/ENGINEER）、CATIA、NX（原 UG）等。三款软件彼此竞争，各有擅长。CREO 在造型设计方面的功能较强，而 NX 则在制造方面占有一定优势。CATIA 是对三维软件鼻祖"CADAM"的继承。模块化的 CATIA 系列产品旨在满足客户在产品开发活动中的全部需要，包括风格和外形设计、机械设计、设备与系统工程、管理数字样机、机械加工、分析和模拟等。其优越性主要体现在具有先进的混合建模技术，所有模块具有全相关性，并行工程的设计环境使得设计周期大大缩短，功能模块覆盖了产品开发的整个过程，并且拥有远远强于其他软件的曲面设计模块。

1.5 CAD 技术发展趋势

在过去的几十年里，人们已在计算机辅助设计领域中取得了巨大的成就。随着计算机硬件、软件的发展，以及人工智能技术、网络技术和计算机模拟技术等的不断发展，未来 CAD 技术的发展将趋向集成化、智能化、标准化和网络化。

1. 集成化

为适应设计与制造自动化的要求，特别是适应计算机集成制造系统 CIMS 的要求，进一步提高 CAD 的集成化水平是 CAD 技术发展的一个重要方向。集成化形式之一是 CAD/CAM 集成系统。该系统可进行运动学和动力学分析、零部件的结构设计和强度设计，自动生成工程图纸文件、自动生成数控加工所需数据或编码（用以控制数控机床进行加工制造，即可实现"无图纸生产"）。CAD/CAM 进一步集成是将 CAD、CAM、CAPP、NCP、CAT、PDM（产品数据管理）集成为 CAE，使设计、制造、工艺、数控编程、数据管理和测试工作一体化。

2. 智能化

传统的 CAD 技术在工程设计中主要用于计算分析和图形处理等方面，对于概念设计、评价、决策及参数选择等问题的处理却颇为困难，因为这些问题的解决需要专家的经验和创造性思维。因此，将人工智能的原理和方法，特别是专家系统的技术，与传统 CAD 技术结合起来，从而形成智能化 CAD 系统，是工程 CAD 发展的必然趋势。智能 CAD（intelligent CAD，ICAD）的研究与应用要解决以下 3 个基本问题。

（1）设计知识模型的表示与建模方法。解决如何从需求出发，建立知识模型，进行逻辑计算机辅助设计与制造，并在计算机上实现等问题。

（2）知识利用。在知识利用方面，要研究各种推理机制，即要研究各种搜索方法、约束满足方法、基于规则的推理方法、框架推理方法、基于实例的推理方法等。

（3）ICAD 的体系结构。研究 ICAD 的体系结构，使之更好地体现 ICAD 的基本思想与特点，如集成的思想、多智能体协同工作的思想等。

3. 标准化

在 CAD 技术不断发展的过程中，工业标准化问题越来越显示出其重要性。迄今已制定了许多标准，如计算机图形接口标准（Computer Graphics Interface，CGI）、计算机图形元文件标准（Computer Graphics Metafile，CGM）、计算机图形核心系统标准（Graphics Kernel System，GKS）、程序员层次交互式图形系统标准（Programmer's Hierarchical Interactive Graphics Standard，PHIGS）、基于图形转换规范标准（Initial Graphics Exchange Specification，IGES）和产品数据交换标准（Standard for the Exchange of Product Model Data，STEP）等。随着技术的进步和功能的需要，新标准还会不断地推出。

4. 网络化

在科学技术和经济水平快速发展的时代，不断出现超大型项目和跨国界项目，这些项目的一个突出特点是参与工作的人员众多，且地理分布较广泛。而项目本身就要求各类型的工作人员紧密合作。例如，汽车新车型的设计就需要功能设计师、制造工艺师、安全设计师等多学科专家的共同工作。为了解决这个矛盾，出现了计算机支持协同工作（computer supported collaborative work，CSCW）这一新型研究领域。

　　CSCW 是 1984 年由 Iren Grief 和 Paul Cashman 首次提出的，一般认为 CSCW 是指一个工作群体中的人员在计算机的帮助下，得到一个虚拟的共享环境协同工作，快速高效地完成同一个任务。现代设计强调协同设计，从 CSCW 应用的角度出发，协同设计是指在计算机的支持下，各成员围绕一个设计项目，承担相应部分的设计任务，并行交互地进行设计工作，最终得到满足要求的设计方法。显然，协同设计可以大大提高设计质量和进度，增强产品的市场竞争能力。协同设计需要多学科专家的协同工作，而实现这一协作的基础就是计算机网络和多媒体技术。通过计算机网络，设计成员可以在设计过程中方便地进行信息交流。

第 2 章　CATIA 简介与运用基础

本章将介绍 CATIA V5R21 软件的基本入门知识。主要内容为各功能模块简介、基本设置、功能定制、基本操作、公共工具栏等。读者需要重点理解 CATIA 软件的设计过程，熟悉软件的工作界面，特别是要熟练掌握软件的基本操作方法。

2.1　概　　述

CATIA 软件是法国达索系统开发的高端 CAD/CAE/CAM 一体化工程应用软件，具有三维设计、结构设计、高级外观曲面、交互式二维图、运动模拟、有限元分析、逆向工程、美工设计和数控加工等强大而广泛的功能，在航天航空、汽车、电子与电气等行业都得到了广泛的应用。

CATIA 软件诞生于 20 世纪 70 年代。1982～1988 年，CATIA 相继发布了 1 版本、2 版本、3 版本，并于 1993 年发布了基于 UNIX 系统的 4 版本。随着 NT 操作系统的普及以及个人计算机性能的不断提高，许多高端的 CAD/CAM 软件纷纷从 UNIX 移植到 Windows 平台。达索系统在充分了解客户的需求，并积累了大量客户的应用经验后，于 1994 年开始开发全新的 CATIA V5 版本，开创了 CAD/CAE/CAM 软件的一种全新风格，其学习的方便性与使用的灵活性同样出色。

围绕数字化产品和电子商务集成概念进行系统结构设计的 CATIA V5 版本，可为企业建立一个针对产品整个开发过程的数字化工作环境。在这个环境中，可以对产品开发过程的各个方面进行仿真，并能够实现工程人员和非工程人员之间的电子通信。它的集成解决方案覆盖所有的产品设计与制造领域，特有的 DMU 电子样机模块功能及混合建模技术更是推动着企业竞争力和生产力的大幅提高。

国际上，CATIA 的用户包括波音、克莱斯勒、福特、宝马等一大批著名企业，其用户群体在世界制造业中具有举足轻重的地位。波音飞机公司使用 CATIA 完成了整个波音 777 的数字化装配，创造了业界的一个奇迹，从而也确定了 CATIA 在 CAD/CAE/CAM 行业内的领先地位。在国内，一汽集团、中航工业沈阳金杯、哈飞东安、上海大众、北京吉普、成飞集团、武汉神龙、长安福特等为代表的装备制造领域都广泛地运用 CATIA，研发工作成功与国际接轨，有效地提高了产品的市场竞争力。CATIA 提供的全面工程技术解决方案，能够满足工业领域各种规模企业的需要，其强大的功能已得到国内外各行业的一致认可。

2008 年，新一代产品 CATIA V6 发布，进一步增强了协同方案及多学科系统建模与仿真功能。2010 年，基于 DS SIMULIA 核心技术，CATIA V5 系列推出了两个全新的现实模拟解决方案，分别是非线性结构分析（ANL）和热分析（ATH），使 CATIA V5 日趋系统和全面。2012 年，达索系统推出最新 V5 PLM 平台 V5-6R2012，包含了 CATIA、DELMIA、ENOVIA 和 SIMULIA，扩大了达索系统 3D 平台的使用范围，同年，正式推出了 3D EXPERIENCE 的概念与产品规划。2013 年，CATIA V6 R2013 版本发布，新增 Character Line 功能，强化了 Natural Sketch 功能，并且增强了复杂系统工程程序的控制和可视性。

经近几年的市场检验，3D EXPERIENCE 成为达索系统的主推产品与平台，与其架构相类似的 V6 则淡出市场。3D EXPERIENCE 超越了传统 PLM 概念框架，更加聚焦于协同，包括市场、研发、制造、供应链、客户、企业运营，所有以交付客户体验为中心的全面、立体、无死角的协同。在 3D EXPERIENCE 平台中，没有各种格式的文件束缚，所有的协同，无论跨专业跨领域，都是基于底层统一的数据模型，不再需要格式转换，不再需要物理文件，不再需要大数据量的文件下载。这个前提为各种协同、大数据量数模加载、业务创新都带来了极佳的体验，同时，这种技术也是企业 IT 云化的基本前提。

目前可以这样理解，基于 V5 的基本单机操作技术，在 3D EXPERIENCE 平台上进行产品的协同研发是世界上最为领先的企业组织运行与产品研发模式。但目前 3D EXPERIENCE 仍属于相对超前的技术推广阶段，作为单机运行且以物理文件存储为特征的 V5 既是三维设计入门的基本形式，又可作为 3D EXPERIENCE 运用的基础。V5 能独立完成产品设计阶段的系列任务，对软硬件条件要求不高，现实及一定时期内仍是大多企业产品研发的主要平台。鉴于教材的专业基础教程属性，本书以 CATIA V5 为软件环境，讲解 3D-CAD 技术，既能帮助学生快速获得系统且实用的三维机械设计专业素养，又为未来使用更高级的以协同化集团应用为特征的 3D EXPERIENCE 打下坚实的基础。

2.2　功 能 模 块

2.2.1　模块组

CATIA V5 是一个企业产品生命周期管理的应用平台，以应用模块的形式组织它的各个软件产品，并且在每个设计、分析、加工模块之间可以无缝跳转切换。用户可以在产品开发的各个不同阶段切换选用这些模块（工作台）。

V5 R21 版本由基础结构、机械设计、形状、分析与模拟、AEC 工厂、加工、数字化装配、设备与系统、制造的数字化处理、加工模拟、人机工程学设计与分析、知识工程模块和 ENOVIA V5 VPM 共 13 个设计模组（块）组成，如图 2-1 所示，各个模组中又有一个或多个不同的模块。各基础功能模组的功能简介如表 2-1 所示。

图 2-1　CATIA 模块组

⚠【注意】在 CATIA V5 环境中经常使用工作台（Workbench）这个术语。工作台就是应用模块中的工作环境。用户可以使用一些独特的功能来创建几何体并对几何体进行操作。多数工作台就是应用模块的特例。但是，某些工作台（如草图工作台）结合在多个应用模块中。

表 2-1　各设计模块组简介

序号	图标	模组名称	功能简介
1		基础结构（Infrastructure）	包括产品结构、材料库、兼容版本、目录编辑器等，为高效设计提供了可能
2		机械设计（Mechanical Design）	包括机械零件、钣金零件、模具及机械产品等从概念设计到细节设计以及工程图绘制的各种功能
3		形状（Shape）	包括各种曲面造型功能，可用于带有复杂曲面零件的设计，构建、控制与修改工程曲面、自由曲面和实施逆向工程
4		分析与模拟（Analysis & Simulation）	可以对任何零件或装配件进行工程分析，对基于知识工程的体系结构可方便地利用分析规则和分析结果优化产品
5		AEC 工厂（AEC Plant）	提供了方便的厂房布局设计功能，可快速实现厂房布置和厂房布置的后续工作，优化生产设备布置，优化生产过程和产出
6		加工（Machining）	高效的零件编程能力、高度自动化和标准化、高效的变更管理、优化刀径并缩短加工时间、减少管理和技能方面的要求等优点
7		数字化装配（Digital Mockup）	用于构建电子样机（虚拟产品），并对其进行检查、模拟和验证
8		设备与系统（Equipment & Systems）	用于在 3D 环境下对产品进行复杂电气、液压传动、管路和机械系统的协同设计与集成，并优化其空间布局
9		制造的数字化处理（Digital Process for Manufacturing）	提供在三维空间中进行产品的特征、公差与配合标注等功能
10		加工模拟（Machining Simulation）	通过对数控机床的实体建模、组装和整机模拟，实现数控加工过程的仿真
11		人机工程学设计与分析（Ergonomics Design & Analysis）	用于人体模型的构造，以及人机工程学方面的分析
12		知识工程模块（Knowledgeware Modules）	提供了丰富的工具，如参数、关系、公式、规则等手段，将企业知识嵌入零部件中，实现企业知识的重用
13		ENOVIA V5 VPM	使 CATIA 能够提供基于 Web 的在线学习解决方案，可以为 CATIA、ENVOIA 用户进行培训

2.2.2　设计阶段相关技术模块

本书主要涉及 CATIA 的 4 个工作台，即草图设计工作台、零件设计工作台、装配设计工作台和工程制图工作台，通过这 4 个工作台可以完成产品设计中的大部分前期工作。除此之外，用户还可能经常用到曲面设计、钣金设计、运动分析、有限元分析等功能，有关内容可以参见本书编者出版的其他丛书。

（1）零件设计模块（CATIA Part Design，PDG）。PDG 是 CATIA 的基础模块，是丰富灵活的零件实体设计所需的特征功能，与其他模块联合使用，可创建出更为灵活的模型。

（2）钣金设计模块（CATIA Sheetmetal Design，SMD）。SMD 采用基于特征的造型方法专门进行钣金零件设计，模块包含标准的设计特征，允许设计人员在钣金零件的折弯表示和展开表示之间实现并行工程，可与其他模块结合使用，加强了设计的上游和下游之间的信息交流与共享。

（3）创成式曲面设计模块（CATIA Generative Shape Design，GSD）。GSD 拥有非常完整的曲线操作工具和基础的曲面构造工具，除了可以完成所有曲线操作，还可以完成拉伸、旋转、扫描、边界填补、桥接、修补、拼接、凸点、裁剪、光顺、投影和倒圆角等功能。

（4）自由曲面设计模块（CATIA Freestyle Shape，FSS）。FSS 灵活、功能强大的曲面设计模块基于修改曲面的特征网格控制所生成曲面形状造型，具有很高的曲面光顺度和质量，适于如飞机外形 A 级表面的造型设计等。

（5）装配设计模块（CATIA Assembly Design，ASD）。ASD 通过建立约束，减少零部件自由度来确定零部件之间的空间位置关系，从而进行装配管理与装配分析。通过装配管理和装配分析对装配体进行干涉、碰撞等要求的检查，从而帮助设计者快速、准确地定义和管理多层次的装配结构。

（6）数字样机运动机构模块（CATIA DMU Kinematics Simulator，KIN）。在 KIN 中，计算机呈现的可替代物理样机的虚拟现实替代实物样机，供设计者分析与运动相关的性能和参数。此模块是方案验证、功能展示、设计定型与结构优化阶段的必要环节。

（7）工程结构分析模块（CATIA Generative Structure Analysis，GSA）。GSA 是解决工程结构问题常用的静态分析和模态分析，只需定义类似工程实际的载荷和约束，就可以快速地实现应力、变形、安全系数、固有频率等相关计算。

（8）创成式工程绘图模块（Generative Drafting，GDR）。GDR 用于表达机件的视图，是在已完成的三维仿真设计的基础上由三维模型转换并经过必要的处理、编辑及标注而来，与三维模型相关联。其制图过程与二维制图有本质的区别，操作过程及要点也不相同，具有独立的技术流程与知识体系。

2.3　产品设计的一般过程

CATIA 产品设计遵循三维设计的一般流程，具体可划分为三维设计、数字样机、样机试制与测试 3 个阶段，如图 2-2 所示。

1. 三维设计阶段

在使用 CATIA 软件对产品进行设计时，首先从装配设计工作台开始，插入零部件，然后通过零件设计工作台进入草图工作台，勾勒出整个设计的轮廓和最初概念，并对尺寸进行约束及编辑，所有零部件造型完成后切换到装配设计工作台进行装配及约束。

2. 数字样机阶段

三维设计完成后可对产品进行运动仿真及工程分析，此功能可查看产品的碰撞、间隙、干涉及具体信息，也可对零部件进行快速准确的应力、应变分析，使得在设计阶段就可以对零部件进行反复多次的仿真、分析及计算，从而达到改进和加强产品功能的目的。

3. 样机试制与测试阶段

此阶段可通过 CATIA 从 3D 模型直接生成 2D 工程图的功能，通过工程图对实物样机进行加工，也可以直接由 3D 模型指导产品的数控加工。

　　✎【经验】CATIA 各个模块均基于统一的数据平台，因此，各个模块间存在相关性。三

维模型的修改自动传递在二维图纸、有限元分析、模具和数控加工等程序中，具有极高的效率及便捷性。CATIA 的主要功能涉及产品、加工和人机工程 3 个关键领域。使用 CATIA 进行产品设计，无论在造型风格、产品轮廓还是在功能测试方面都具有其独特的长处。

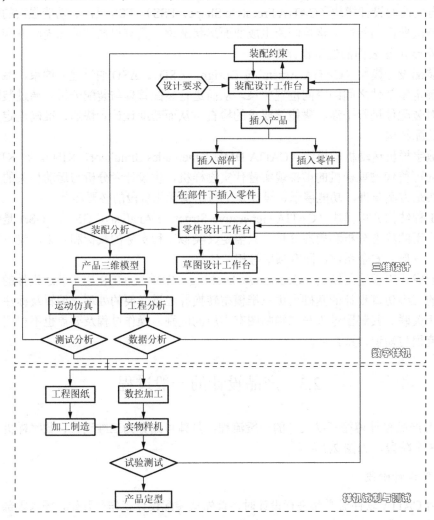

图 2-2　产品设计过程流程图

2.4　工作环境与基本设置

2.4.1　CATIA 的启动

可通过以下两种方法启动 CATIA V5 软件。

（1）双击 Windows 桌面上的 CATIA 快捷方式图标，如图 2-3（a）所示。

（2）单击 Windows 任务栏中"开始"，依次选择"所有程序"→"CATIA P3"→"CATIA P3　V5R21"命令（根据所安装软件版本的不同，软件名称及路径可能会略有差别），如图 2-3（b）所示。

软件启动时会闪过欢迎画面，如图 2-4 所示。

CATIA P3
V5R21

（a）CATIA 快捷图标　　　　（b）Windows 开始菜单

图 2-3　启动 CATIA

图 2-4　CATIA 欢迎画面

2.4.2　工作界面

　　启动软件后，默认进入"产品结构"工作台界面（关于工作台的有关介绍详见 2.2 节）。CATIA V5 中文用户界面包括标题栏、菜单栏、指南针、结构树、工具栏、命令输入栏、消息区和图形区，以"产品设计"工作台为例，如图 2-5 所示。

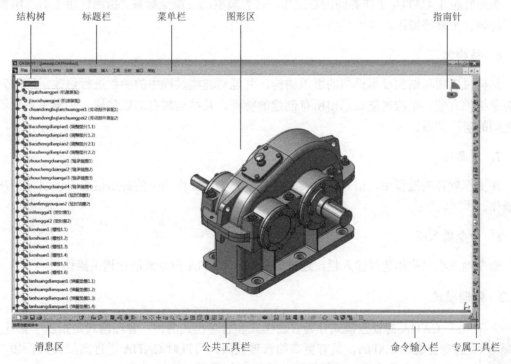

图 2-5　CATIA V5R21 工作界面（装配设计工作台）

1.　标题栏

标题栏用于显示文件的名称、属性信息。

2. 菜单栏

菜单栏包含"开始""ENOVIA V5 VPM""文件""编辑""视图""插入""工具""分析""窗口""帮助"。

3. 工具栏

（1）在不同的工作台下，常用工具栏（如"标准""视图""测量"等工具栏）默认在工作界面底部水平方向放置，按钮的位置一般是固定的，常称作"公共工具栏"。

（2）CATIA 每个工作台都有其特定的功能，工作台通过特定工具栏来实现其功能，这部分工具栏通常默认放置在工作界面右侧的垂直方向，也称作"专属工具栏"。

💡【提示】无论是水平方向的工具栏还是垂直方向的工具栏，用户都可以通过人为操作来改变其默认位置。

4. 图形区

图形区用于显示三维实体模型及其不同的显示效果。

5. 指南针

指南针位于 CATIA 工作界面的右上角，代表模型的三维坐标系。指南针用于对三维模型进行旋转、平移等操作。

6. 结构树

结构树以树状结构显示模型的组织结构，并能对建模过程中的参数进行修改，同时为选择对象提供方便。结构树能显示出所有创建的特征，且结构树自动以父树、子树关系表示特征之间的层次关系。

7. 消息区

在操作软件的过程中，消息区会实时地显示与当前操作相关的提示信息，以引导用户进行操作。

8. 命令输入栏

命令输入栏也称作超级输入栏，通过键盘输入 CATIA 指令来进行相关操作。

2.4.3 管理模式

CATIA 的设置模式分为普通模式和管理模式两种。管理模式是指以"管理员"的身份进入 CATIA，具有更高的管理权限，可以对 CATIA 进行高级设置，如"标准"中的参数修改、草图的默认设置（如线宽）等。

⚙【技巧】用户可以设置符合操作习惯的 CATIA 工作环境，从而提高工作效率。

1. 创建环境储存目录

在进入管理模式之前，首先要建立一个英文名称的环境储存文件夹，然后进入环境编辑器进行路径设置。

【例 2-1】创建一个新的环境储存目录。

（1）在计算机 D 盘中新建一个文件夹，命名为"CATEnv"。

（2）单击 Windows 任务栏中的"开始"，依次选择"开始"→"所有程序"→"CATIA P3"→"Tools"→"Environment Editor V5R21"命令，弹出"环境编辑器消息"提示框，如图 2-6（a）、（b）所示。

（3）单击"环境编辑器消息"提示框中的"是"，弹出"环境编辑器警告消息"提示框，如图 2-6（c）所示，单击"确定"，进入"环境编辑器"对话框，如图 2-7 所示。

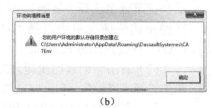

（a）　　　　　　　　　　　（b）　　　　　　　　　　　（c）

图 2-6　环境编辑器提示

① 在"环境编辑器"对话框中选中"CATReconcilePath"，右击，在弹出的快捷菜单中选择"编辑变量"，弹出"变量编辑器"对话框，如图 2-7 所示。在"值"文本框中输入前面所创建的环境目录文件夹的文件路径"D:\CATEnv"，单击"确定"。

图 2-7　变量编辑器

② 在"环境编辑器"对话框中分别对"CATReferenceSettingPath"和"CATCollection Standard"选项进行步骤③的操作。

③ 关闭"环境编辑器"对话框，弹出"环境编辑器消息"提示框，如图 2-8 所示，单击"是"，完成环境储存目录的设置。

图 2-8 "环境编辑器消息" 提示框

图 2-9 "CATIA P3 V5R21 属性" 对话框

2. 创建管理模式快捷方式

在设置完环境储存目录后,用户即可通过下述步骤创建管理模式的快捷方式。

【例 2-2】"管理模式" 创建的快捷方式。

(1) 右击桌面上的 CATIA 快捷方式图标,在弹出的快捷菜单中选择 "复制"。随后右击桌面上的空白处,在弹出的快捷菜单中选择 "粘贴",即创建一个新的 CATIA 快捷启动方式图标。

(2) 右击新创建的快捷方式图标,在弹出的快捷菜单中选择 "属性",弹出 "CATIA V5R21 属性" 对话框。

(3) 在 "CATIA V5R21 属性" 对话框中选择 "快捷方式" 选项卡,在 "目标" 文本框中找到 "CNEXT.exe",在其后输入文字 "␣-admin"("␣" 为一空格),修改结果如图 2-9 所示,单击 "确定","管理模式" 的快捷方式创建完毕。

3. 进入管理模式

在创建管理模式快捷方式之后,双击新创建的快捷方式图标,弹出 "管理模式" 提示框,如图 2-10 所示,单击 "确定" 即可进入管理模式。进入管理模式后,工作界面标题栏会发生变化,如图 2-11 所示。

图 2-10 "管理模式" 提示框

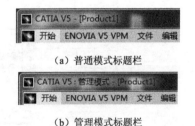

(a) 普通模式标题栏

(b) 管理模式标题栏

图 2-11 普通模式与管理模式标题栏

2.4.4 环境设置

CATIA V5 的软件环境(可编辑的文本文件,*.txt 格式)是由一组环境变量组成的,它制约着 CATIA 的运行方式和状态。通过对这些环境变量进行设置,可以定制搜索路径,也可以预设运行方式和状态。环境设置主要包括 "选项" 设置和 "标准" 设置。

【难点】"选项" 设置可以在普通模式下进行,允许用户在一定权限内对软件所有模块的工作界面、运行方式、运行状态等进行设置；"标准"设置只能在管理模式下进行，用于对软件的默认设置、格式等进行定制。

在菜单栏中，依次选择"工具"→"选项"命令，弹出"选项"对话框，在该对话框中，可以自定义 CATIA 的各种设置。

【例 2-3】图形区背景色设置。

（1）运行"选项"命令，弹出"选项"对话框。

（2）在"选项"对话框左侧选择"常规"→"显示"，再选择"可视化"选项卡，如图 2-12 所示。

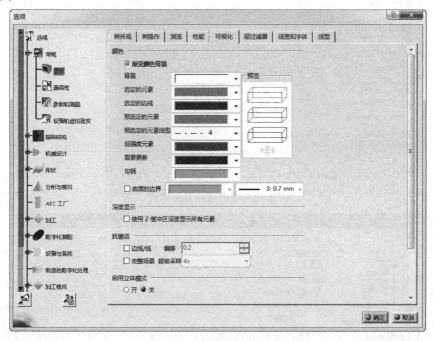

图 2-12　"可视化"选项卡

（3）选择背景色为白色，单击"确定"，完成设置。留意更改前后图形区背景颜色的变化（默认背景颜色在实际绘图时具有良好的视觉效果，本书为了出版印刷清晰，大部分图例为白色背景下截取）。

【例 2-4】工作界面设置。

（1）运行"选项"命令，弹出"选项"对话框。

（2）在"选项"对话框左侧选择"常规"选项卡。

（3）选择"用户界面样式"为"P3"，弹出"警告"窗口，提示"请重新启动 CATIA 使修改生效"，如图 2-13 所示。

（4）退出 CATIA，然后重新启动 CATIA，留意新工作界面与图 2-5 所示默认的"P2"工作界面的区别。

【例 2-5】区分管理模式与普通模式。

（1）首先以"管理模式"进入 CATIA。

（2）运行"选项"命令，弹出"选项"对话框。

（3）在"选项"对话框左侧选择"常规"，在右侧选择"常规"选项卡。

（4）单击"用户界面样式"前面的解锁/锁定（默认为绿色解锁状态，表示对应选项可

以在普通模式下进行更改），单击后按钮变为黄色锁定状态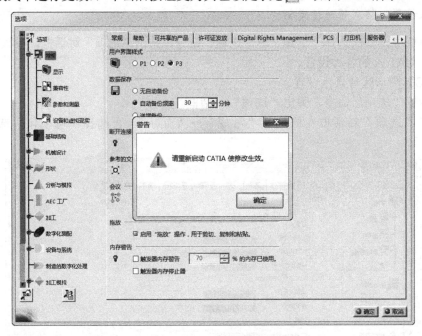，如图 2-14 所示。

图 2-13　更改用户界面样式

图 2-14　管理模式下锁定用户界面样式

① 退出 CATIA，然后以"普通模式"启动 CATIA。

② 运行"选项"命令，弹出"选项"对话框。对话框左侧选择"常规"，右侧选择"常规"选项卡。

③ 此时"用户界面样式"前面的解锁/锁定发生变化，由绿色解锁状态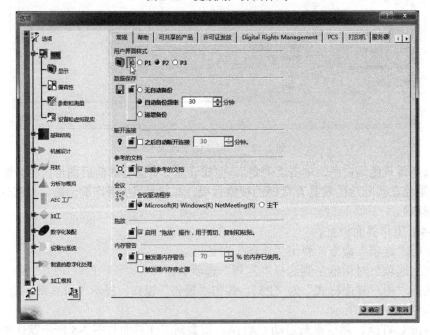为红色锁定状态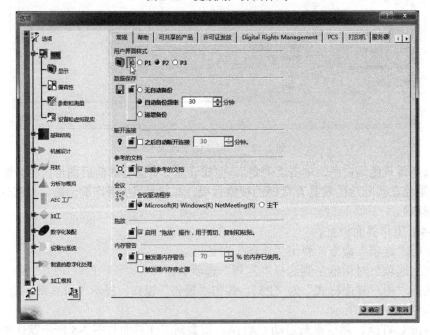，表示"用户界面样式"此时不可进行更改。留意其余选项前面的灰色解锁/锁定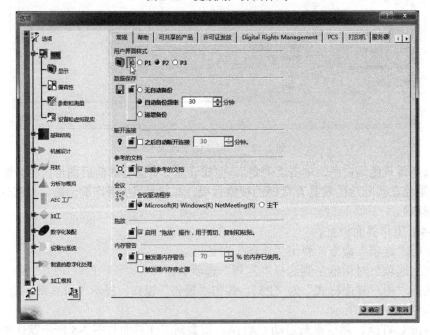，如

图 2-15 所示。

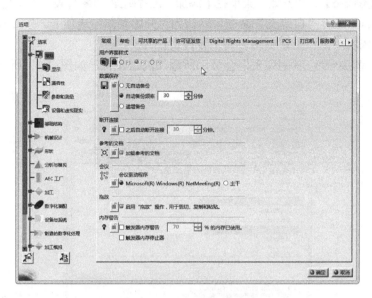

图 2-15　锁定之后的状态

2.5　功 能 定 制

⚙【技巧】用户可以对 CATIA 进行个性化设置，定制工作界面，以符合自己的操作习惯。

进入 CATIA V5，在菜单栏中，依次选择"工具"→"自定义"命令，可从开始菜单、用户工作台、工具栏、命令、选项 5 个方面对 CATIA 进行个性化定制，如图 2-16 所示。

图 2-16　"自定义"对话框

2.5.1　开始菜单定制

"开始菜单"选项卡可以对"开始"菜单栏及"工作台"工具栏进行定制。

【例2-6】在"开始"菜单栏下添加"工程制图""零件设计"工作台的快捷方式。

（1）运行"自定义"命令，默认为"开始菜单"选项卡。按 Ctrl 键，在左侧列表中依次单击"工程制图"和"零件设计"。

（2）单击右箭头 ⟹ ，右侧列表框会显示所添加的工作台，如图 2-17 所示。完成设置后单击"关闭"。

图2-17 "自定义"对话框"开始菜单"选项卡

（3）添加的工作台出现在"开始"菜单栏的顶部，如图 2-18 所示。

（4）在"工作台"工具栏中直接单击"工作台" ⚙（此按钮的外观随工作台而变），弹出"欢迎使用 CATIA V5"对话框，如图 2-19 所示，图中列出了刚添加完毕的"工程制图"和"零件设计"工作台按钮。

（5）在"工作台"工具栏中的"工作台" ⚙ 上直接右击，弹出"工程制图"和"零件设计"工作台按钮，如图 2-20 所示。

在图 2-17 所示的对话框中，单击左箭头 ⟸ 可移除已经添加到收藏夹中的工作台。对于已经添加到收藏夹中的工作台，用户还可以单独为其设定快捷键（加速器）。

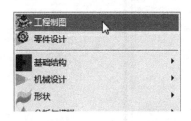

图2-18 开始菜单

图2-19 收藏夹

图2-20 工作台列表

2.5.2 用户工作台定制

使用"用户工作台"选项卡可以新建一个工作台，用户可以将常用的模块和工具等功能设置到新建的工作台中，从而减少在设计过程中的功能切换操作。

【例2-7】新建一个用户工作台。

（1）运行"自定义"命令，单击"用户工作台"选项卡，如图 2-21 所示。

（2）单击"新建"，弹出"新用户工作台"对话框，如图 2-22 所示。将"工作台名称"文本框内容设置为"我的工作台"，单击"确定"返回至"自定义"对话框，单击"关闭"，用户工作台定制完毕。

（3）在菜单栏中选择"开始"，会出现"我的工作台"，如图 2-23 所示。

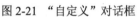
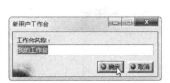

图 2-21　"自定义"对话框　　　图 2-22　"新用户工作台"对话框　　　图 2-23　我的工作台

2.5.3　工具栏定制

"工具栏"选项卡可以在工作台中将常用的命令按钮添加到工具栏，或从工具栏中进行移除，使工作更高效。

【例 2-8】为新建的工作台添加工具栏。

（1）参见 2.5.2 节，新建一个用户工作台，命名为"我的工作台"。

（2）运行"自定义"命令，切换至"工具栏"选项卡，如图 2-24 所示。

图 2-24　"自定义"对话框

（3）单击"新建"，弹出"新工具栏"对话框。将"工具栏名称"文本框内容设置为"我的工具栏"，如图 2-25 所示。

（4）单击"确定"，"我的工作台"中出现"我的工具栏"。

（5）向工具栏中添加命令按钮。单击"添加命令"，弹出"命令列表"对话框，如图 2-26 所示。

（6）按 Ctrl 键，选择"按边线和隐藏边线着色""含边线着色""含材料和边线着色"，单击"确定"。

（7）添加按钮前后工具栏的变化如图 2-27 所示。

"工具栏"选项卡可以将工具栏位置和内容恢复到初始状况。用户可以根据需要，单击"工具栏自定义"对话框中"恢复内容""恢复所有内容""恢复位置"来恢复工作界面，如图 2-28 所示。在进行恢复操作时会弹出确认对话框，如图 2-29 所示。

图 2-25 "新工具栏"对话框

图 2-26 "命令列表"对话框

（a）添加前

（b）添加后

图 2-27 添加按钮前后对比

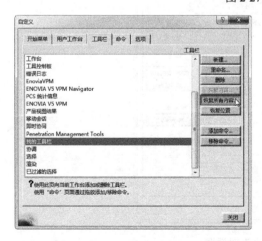

图 2-28 "自定义"对话框"工具栏"选项卡

（a）恢复内容提示框

（b）恢复位置提示框

图 2-29 "恢复所有工具栏"提示框

2.5.4 命令定制

1. 添加与移除工作台按钮

通过将一些常用的命令添加到工具栏，或将一些不常用的命令从工具栏移除，可使设计工作变得更加高效。

【例 2-9】在"标准"工具栏中添加"属性"按钮。

（1）运行"自定义"命令，切换至"命令"选项卡，在"类别"列表中选择"编辑"，右侧"命令"列表中出现对应的命令，如图 2-30 所示。

（2）在"命令"列表中选中"属性"，将"属性"拖动到工作台中的"标准"工具栏中，如图 2-31 所示。

（a）添加前

（b）添加后

图 2-30 "自定义"对话框"命令"选项卡　　　　图 2-31 工作台按钮添加

（3）相反地，选中工具栏中需要移除的按钮，将该按钮拖动到"命令"列表中，即可移除该按钮。

2. 设置命令属性

（1）在图 2-30 所示的"自定义"对话框中，单击"显示属性"，弹出"自定义"对话框，如图 2-32 所示。

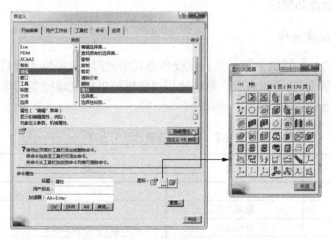

图 2-32 "自定义"对话框"命令"选项卡

（2）在"命令属性"选项区中，用户可以为命令设置"标题""用户别名""加速器""图标"等属性。

①"标题"和"用户别名"用于修改命令的按钮图标和名称。

② "加速器" 的设置方法与工具栏定制相同。

③ 单击 "图标浏览器" ⊡，弹出 "图标浏览器" 对话框，可更改按钮的图标样式。

2.5.5 选项定制

通过选项定制功能，可以对 CATIA 软件按钮的图标大小、图标大小比率、工具提示、用户界面语言等进行设置。

运行 "自定义" 命令，切换至 "选项" 选项卡，如图 2-33 所示，即可在对话框中进行各选项的定制。

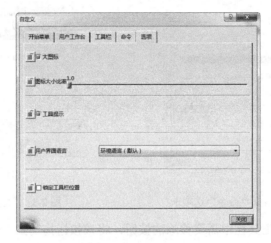

图 2-33 "自定义" 对话框

2.6 基 本 操 作

2.6.1 键盘和鼠标

1. 键盘操作

CATIA 在提供全图标按钮化操作方式的同时，也提供了键盘快捷键（在 CATIA 软件中称为 "加速器"）的操作方式，熟练使用快捷键可以极大地提高工作效率。常用快捷键的操作方式及功能如表 2-2 所示。

表 2-2 键盘快捷键的使用方法

快捷键	功能	快捷键	功能
Ctrl+Z	撤销	F1	实时帮助
Ctrl+S	保存文件	F3	隐藏/显示特征树
Ctrl+O	打开文件	Ctrl+Page Up/ Page Down	放大/缩小
Ctrl+N	新建文件	Ctrl+↑/↓/←/→	上/下/左/右移动图形
Ctrl+Tab	快速切换窗口	Shift+↑/↓/←/→	上/下/左/右旋转图形

2. 鼠标操作

CATIA 推荐使用三键或带滚轮的双键鼠标，在图形区中各键的功能如表 2-3 所示。

表 2-3　鼠标使用方法

快捷键	功能	鼠标指针变化
单击	选中目标	
Shift+单击	连续选择多个目标	
Ctrl+单击	任意选择多个目标	
右击	弹出快捷菜单	/
单击鼠标中键	鼠标所在位置在绘图区居中	
按住鼠标中键→移动鼠标	绘图区平移	
按住鼠标中键→单击或右击→移动鼠标	放大/缩小对象	
Ctrl+鼠标中键→移动鼠标	放大/缩小对象	
按住鼠标中键→按住鼠标左键或右键→移动鼠标	改变图形对象的观察方向	

3. 运行、取消和重复命令

1）运行命令

CATIA 运行命令的方式一般有以下 3 种。

（1）单击工具栏命令按钮，此种方式最为常用。

⚠【注意】命令运行后，命令按钮会变为"橙色"高亮状态显示。

（2）从菜单栏选取命令。

（3）在状态栏的命令输入行中输入命令。

2）取消运行命令

如果需要取消已经选择的命令，可以通过以下操作完成。

（1）按 Esc 键。

（2）再次单击正在执行的命令按钮。

⚙【技巧】双击需要执行的命令按钮，可以连续运行该命令。

2.6.2　指南针

如图 2-34 所示，指南针是由与坐标轴平行的直线和三个圆弧组成的，其中 X 轴和 Y 轴方向各有两条直线，Z 轴只有一条直线。这些直线和圆弧组成平面，分别与相应的坐标平面相对应。

1. 基本操作

1）显示或隐藏指南针

在菜单栏中，依次选择"视图"→"指南针"可以显示或隐藏指南针。

2）旋转、平移视图

通过对指南针的操作可以旋转、平移视图，具体操作方法如图 2-34 所示。通过将指南针拖动到几何体上，还可以对几何体进行移动和旋转，具体操作步骤参见 12.4.2 节相关内容。

2. 基本设置

将鼠标光标放在指南针上，右击，弹出快捷菜单，如图 2-35 所示，单击"编辑"，在弹

出的"用于指南针操作的参数"对话框中可以设置指南针参数，如图 2-36 所示。

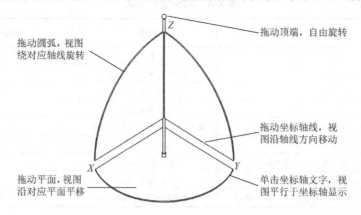

拖动圆弧，视图
绕对应轴线旋转

拖动顶端，自由旋转

拖动坐标轴线，视
图沿轴线方向移动

拖动平面，视图
沿对应平面平移

单击坐标轴文字，视
图平行于坐标轴显示

图 2-34　指南针操作方法

图 2-35　指南针选项菜单

图 2-36　"用于指南针操作的参数"对话框

2.6.3　结构树

1. 结构树的结构

CATIA 的结构树以树状层次结构显示组织结构，以及对象的操作记录和分析结果。

工作台模块不同，结构树的结构也可能不同。以根节点为例，零件设计工作台模块的根节点是 Part，产品设计工作台模块的根节点是 Product，工程制图工作台模块的根节点是 Drawing。图 2-37 为一零件的结构树。

2. 结构树的操作

（1）进入结构树操作模式。在结构树上单击结构线；单击屏幕右下角的坐标系；按 Shift+F3 键，几何模型颜色将变暗显示，进入结构树操作模式，如图 2-38 所示。此时，可使用鼠标快捷键（表 2-3）进行结构树文字大小的调整，以及结构树位置的移动等操作。

（2）调整结构树的显示大小。按 Ctrl 键，滚动鼠标滚轮，可调整结构树的显示大小。

图 2-37　结构树

（3）移动结构树。单击结构树节点的连线，拖动结构树到指定位置。

（4）显示或隐藏结构树。按 F3 键，或在菜单栏中，依次选择"视图"→"规格"，即可显示或隐藏结构树。

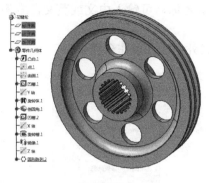
（a）正常模式

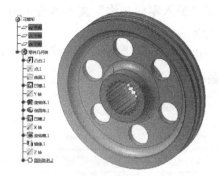
（b）结构树模式

图 2-38　正常模式与结构树模式对比

（5）上、下翻阅结构树。当结构树的长度大于屏幕高度时，窗口的左侧将出现滚动条，拖动滚动条或直接滚动鼠标滚轮，即可上、下翻阅结构树。

（6）结构树展开与折叠在结构树上单击"+"节点标记，展开结构树的下一层；单击"−"节点标记，收缩结构树回到上一层。在菜单栏中，依次选择"视图"→"树展开"，可以实现结构树的展开与折叠。

（7）结构树快捷菜单。在结构树中的模型上单击，弹出快捷菜单，如图 2-39 所示，通过快捷菜单中的选项可对模型进行删除、隐藏、更新、更改属性等多种操作。

图 2-39　快捷菜单

2.6.4　文件

1. CATIA 文件类型

根据所使用工作模块的不同，常见 CATIA 文档类型如表 2-4 所示。

表 2-4　常见 CATIA 文档类型

工作模块	文档类型	后缀名
草图编辑器	零件	.CATPart
零件设计	零件	.CATPart
装配设计	产品（装配体）	.CATProduct
工程制图	工程图	.CATDrawing
创成式曲面设计	形状	.CATShape
创成式结构分析	分析	.CATAnalysis

2. 新建文件

新建 CATIA 文件的方法主要有以下 3 种。

1）通过选择工作台新建文件

在菜单栏中，依次选择所需要进入的工作台，例如，"开始"→"形状"→"创成式外形设计"命令，如图 2-40 所示，弹出"新建零件"对话框。

在"输入零件名称"文本框内可更改零件的显示名称，可输入中文或英文，本例取为"example"，如图 2-41 所示。

单击"确定"，即新建了一个零件，并进入创成式外形设计工作台界面。

图 2-40　开始菜单　　　　　　　　　　　图 2-41　"新建零件"对话框

2）通过单击"新建"按钮新建文件

在"标准"工具栏中单击"新建" ，弹出"新建"对话框，如图 2-42 所示。

在"新建"对话框中选择相应的文件类型，如产品（装配体）设计选择"Product"，单击"确定"，即新建了一个产品文件，并进入装配设计工作台界面。

3）通过"文件"菜单栏下的"新建"命令新建文件

在菜单栏中，依次选择"文件"→"新建"，弹出"新建"对话框，如图 2-42 所示。

在"类型列表"中选择"Part"，弹出"新建零件"对话框。

图 2-42　"新建"对话框　　在"输入零件名称"文本框中输入零件名称，其他选项保持默认状态，单击"确定"，即进入零件设计工作台。

3. 打开文件

打开 CATIA 文件有以下 3 种方法。

（1）双击计算机硬盘中已存储的 CATIA 文件。

（2）在"标准"工具栏中单击"打开" ，弹出"选择文件"对话框，如图 2-43 所示。选择目标文件，单击"打开"，即可打开目标文件。

（3）在菜单栏中，依次选择"文件"→"打开"，后续操作步骤同上。

4. 存储文件

存储文件功能包括保存、另存为、全部保存和保存管理等。

1）保存

在"标准"工具栏中单击"保存" ，或在菜单栏中，依次选择"文件"→"保存"。用户可以设置保存路径、重命名、设置保存类型等。

✐【经验】第一次保存时会弹出"另存为"对话框，如图 2-44 所示。

图 2-43 "选择文件"对话框　　　　　图 2-44 "另存为"对话框

⚠【注意】CATIA 保存零部件的文件夹可以是中文名称，但 CATIA 文件在硬盘中保存的文件名称中不能有汉字出现，可以是英文字母、数字和汉语拼音或其组合，如英文名称（gear，bearing，…）、汉语拼音名称（chilun，zhoucheng，…）、数字名称（123，z1，g1，…）等。

2）另存为

通过"另存为"命令可以生成与已保存文件相同的新文件，同时已保存的原文件不受影响。在菜单栏中，依次选择"文件"→"另存为"，弹出"另存为"对话框，即可更改生成新文件的保存路径、文件名、文件类型。

为了增加 CATIA 应用的广泛性，CATIA 的零件文件可以"另存为"其他三维软件格式的文件，但仅限于只读。将 CATIA 格式的文件保存为通用格式的文件，可以顺利地实现 CATIA 软件与其他三维软件的兼容，CATIA 可以另存的常用文件格式如表 2-5 所示。

表 2-5　三维软件格式

文件格式	对应软件	文件格式	对应软件
.CATPart/.CATProduct	CATIA	.cgr	CorelDRAW 软件
.stl	三角网格来表现三维模型	.icem	ICEMSurf 软件
.igs	通用格式	.wrl	VRML viewer
.model	CATIA V4 与 V5 中间格式	.stp	通用格式

3）全部保存

当需要保存的 CATIA 文件数量在两个以上时，使用"全部保存"功能将更加快捷简便。在菜单栏中，依次选择"文件"→"全部保存"，弹出"全部保存"提示框，如图 2-45 所示，单击"是"，完成全部保存。没有发生改动的文件不会出现在提示的文档数量中。

4）保存管理

在菜单栏中，依次选择"文件"→"保存管理"，弹出"保存管理"对话框，如图 2-46 所示。

单击"另存为"，可以打开"另存为"对话框，从而以不同名称或路径保存选定文档，如图 2-44 所示。

✎【经验】如果首次使用"保存管理"保存 Product 产品文件，产品中包含的 Part 文件也会自动保存，而且文件的保存路径相同。

图 2-45 "全部保存"提示框 　　　　　图 2-46 "保存管理"对话框

2.7　公共工具栏

公共工具栏包括"标准"工具栏、"视图"工具栏和"测量"工具栏等。

2.7.1　标准工具栏

"标准"工具栏主要包括一些常用的文件操作工具，如图 2-47 所示。"标准"工具栏各部分按钮及功能如表 2-6 所示。

图 2-47 "标准"工具栏

表 2-6　标准工具栏按钮及功能

按钮	功能	按钮	功能
	新建		复制
	打开		粘贴
	保存		撤销
	打印		重做
	剪切		按钮功能提示

2.7.2　视图工具栏

1. 基本功能

"视图"工具栏主要包括一些用于图形显示的工具，如图 2-48 所示。"视图"工具栏的各部分按钮及功能如表 2-7 所示。

2. 快速查看

在"视图"工具栏中单击"等轴测视图" 🔲 的下拉按钮，弹出"快速查看"工具栏。各部分按钮及显示效果如表 2-8 所示。

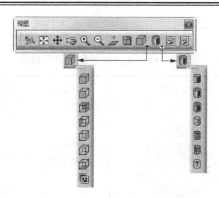

图 2-48 "视图"工具栏

表 2-7 视图工具栏按钮及功能

按钮	功能	按钮	功能
	选择飞行模式		沿选定平面的法线方向观察模型
	将物体充满全屏		以多视图方式浏览模型
	平移视图		快速切换视图方向
	旋转视图		快速切换视图模式
	放大视图		隐藏与显示
	缩小视图		交换可视空间

表 2-8 快速查看工具栏按钮及显示效果

名称	按钮	显示效果	名称	按钮	显示效果
等轴测视图			右视图		
正视图			俯视图		
背视图			仰视图		
左视图			已命名的视图		

3. 视图模式

1) 模型显示设置

在"视图"工具栏中单击"含边线着色" 的下拉按钮，弹出"视图模式"工具栏，其

各部分按钮及显示效果如表 2-9 所示。

表 2-9　视图工具栏按钮及显示效果

名称	按钮	显示效果	名称	按钮	显示效果
着色			含边线和隐藏边线着色		
含边线着色			含材料着色		
带边着色但不光顾边线			线框		

图 2-49　"视图模式自定义"对话框

2）自定义视图参数

在"视图模式"工具栏中单击"自定义视图参数" ，弹出"视图模式自定义"对话框，如图 2-49 所示，可对视图的各种参数进行自定义。

2.7.3　测量工具栏

"测量"工具栏中包括对模型的各类参数进行测量的工具，如图 2-50 所示。

1. 测量间距

"测量间距" 用于测量模型中两个元素之间的参数，如距离、角度等。

2. 测量项

"测量项" 用于测量模型中单个元素的尺寸参数，如点的坐标、边线的长度、弧的直径（半径）、曲面的面积、实体的体积等。

3. 测量惯量

"测量惯量" 用于测量零、部件的惯量参数，如面积、质量、重心位置、对点的惯量矩、对轴的惯量矩等。

有关"测量"工具栏的详细使用方法，详见本书 10.2 节。

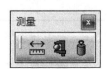

图 2-50　"测量"工具栏

第二篇　草　图　绘　制

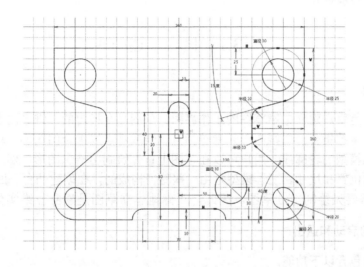

　　本篇的主要内容为 CATIA 软件的草图绘制技术。二维草图是创建三维特征的基础，学习本篇内容的目的是掌握在 CATIA 草图工作台中进行各种草图绘制命令的操作方法，以及草图绘制的技巧。本篇主要任务如下：

- ➲ 熟悉进入和退出草图工作平台的操作
- ➲ 了解 CATIA 草图绘制工作菜单和工具栏的内容
- ➲ 学会 CATIA 草图绘制的设置
- ➲ 学会绘制基本几何图形
- ➲ 学会对草图几何图形进行修饰
- ➲ 学会约束草图几何图形
- ➲ 掌握草图处理与分析的基本方法

第 3 章　草图工作台与基本操作

3.1　概　　述

3.1.1　基本概念

　　草图工作台是用户建立二维草图的工作界面。草图是在指定的二维平面上绘制的二维图形元素或图形元素的集合。二维图形元素包括点、线或者点线组合的图形。草图设计的目的是创建生成三维模型的轮廓线。用户可以在草图上首先绘制出概念图形，然后利用约束来限制各个元素间的位置和尺寸。三维模型是由一些特征构成的，在创建凸台、凹槽、旋转体等特征时，往往需要先绘制二维草图。因此，正确地建立草图是建立三维实体的基础。

3.1.2　工作台的启动和退出

　　草图工作台包含以下功能。
　　（1）提供选择平面上对象元素的功能，以及进入或退出草图工作台的功能。
　　（2）绘制各种二维曲线图形的功能。
　　（3）移动、旋转、偏置、缩放等各种二维曲线的编辑功能。
　　（4）提供曲线约束关系的各种约束设置方法。
　　草图设计是通过草图编辑器模块实现的。草图编辑器是一个二维环境，进入草图绘制状态前需要选择一个草图绘制平面。
　　用户可以按照以下步骤进入草图工作台。
　　（1）启动 CATIA V5 R21。
　　（2）在菜单栏中，依次选择"开始"→"机械设计"→"草图编辑器"，进入草图工作台，如图 3-1 所示。
　　（3）弹出"新建零件"对话框，如图 3-2 所示。用户根据需要选择默认设置和默认零件名称，或者在"输入零件名称"框中输入零件名称，单击"确定"，进入零件设计工作台，如图 3-3 所示。
　　（4）首次进入零件设计工作台时，"草图"命令处于激活状态，此时可以在 CATIA 中选择窗口中央的 3 个基准平面（xy 平面、yz 平面、zx 平面），或者可以选择平面与实体上的任何一个平面作为草图的工作平面，进入"草图工作台"，如图 3-4 所示。
　　在进行零件设计过程中，用户可以在"草图编辑器"工具栏中直接单击"草图" ，选择草图工作平面，进入"草图工作台"。

图 3-1　草图工作台启动路径　　　　　　　　图 3-2　"新建零件"对话框

图 3-3　零件设计工作台

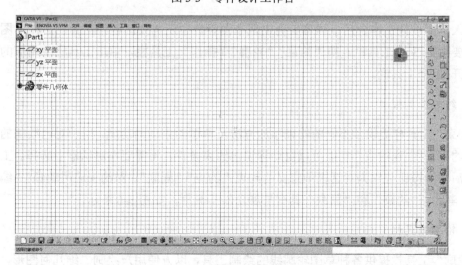

图 3-4　草图工作台

【注意】要进入草图工作台必须先选择一个草图平面，也就是要确定草图在三维空间里的放置位置。草图平面既可以是基准平面，也可以是已建立的实体的某个表面。

如需从草图工作台返回零件设计工作台，用户可以在"工作台"工具栏中直接单击"退出工作台" ，即可退出草图工作台。

3.2 工作菜单

CATIA V5 草图工作台的菜单栏包括"开始""ENOVIA V5 VPM""文件""编辑""视图""插入""工具""窗口""帮助"。其中，"插入"下拉菜单是草图设计工作台的主要菜单。"插入"下拉菜单包括"约束""轮廓""操作"命令，如图3-5所示。下拉菜单中的绝大多数命令选项都以快捷按钮的方式出现在草图工作台中的相关工具栏上。

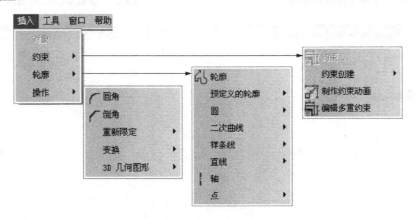

图 3-5 插入下拉菜单

3.3 草图设计专属工具栏

进入草图设计工作台后，屏幕上会出现草图设计中所需要的各种工具栏。在草图设计过程中主要用到 3 个工具栏，即"约束""轮廓""操作"工具栏，单击工具栏中相应的下拉按钮将展开 11 个工具栏。

1. 约束工具栏

"约束"工具栏提供了不同的约束添加方法及草图约束动画功能，用于对已绘制的几何图形添加约束。"创建约束"功能可以自动标识出约束条件，不需要在对话框中选择。工具栏中从前至后功能按钮分别为对话框中定义的约束"约束""固联""对约束应用动画""编辑多重约束"。其中，"约束"和"固联"具有扩展功能工具栏，如图3-6所示。

2. 轮廓工具栏

"轮廓"工具栏提供各种草图轮廓线的绘制工具，以方便用户绘制二维几何图形，该工具栏提供了多种几何元素绘制的功能按钮。工具栏中从前至后功能按钮分别为"轮廓""矩形"

"圆""样条线""椭圆""直线""轴""通过单击创建点"。其中，"矩形""圆""样条线""椭圆""直线"具有扩展功能工具栏，如图 3-7 所示。

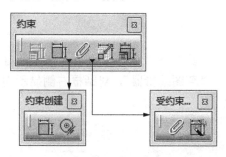

图 3-6　约束工具栏

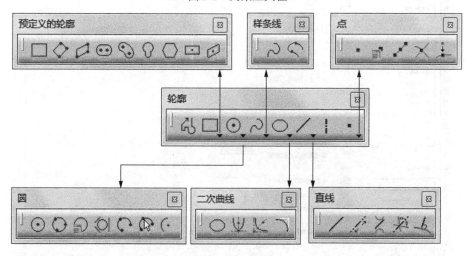

图 3-7　轮廓工具栏

3．操作工具栏

"操作"工具栏提供了对绘制的几何图形进行修饰、修剪等操作功能。工具栏中从前至后功能按钮分别为"圆角""倒角""修剪""镜像""投影 3D 元素"。其中，"修剪""镜像""投影 3D 元素"具有扩展功能工具栏，如图 3-8 所示。

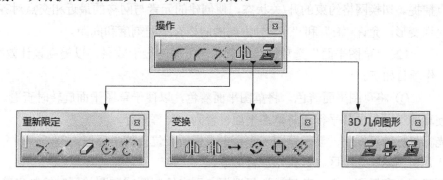

图 3-8　操作工具栏

3.4 草图工作台设置

3.4.1 选项设置

在菜单栏中，依次选择"工具"→"选项"，弹出"选项"对话框，在该对话框左侧的结构树中，选择"机械设计"→"草图编辑器"，对话框右侧显示为"草图编辑器"选项卡，如图 3-9 所示。

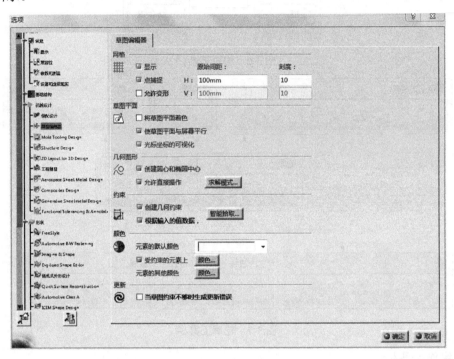

图 3-9 "选项"对话框

（1）"网格"选项区。对草图工作台的背景网格进行设置，其操作项目如下。

① 显示。切换网格的显示/隐藏状态，可用于引导创建草图。

② 点捕捉。切换网格约束的开/关状态，使创建的元素与网格的最近相交点对齐。

③ 允许变形。允许"H"和"V"轴方向的网格有不同刻度和间距。

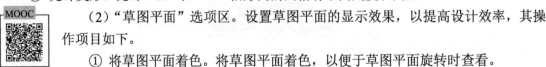

（2）"草图平面"选项区。设置草图平面的显示效果，以提高设计效率，其操作项目如下。

① 将草图平面着色。将草图平面着色，以便于草图平面旋转时查看。

② 使草图平面与屏幕平行。将草图平面设置为与屏幕平行。

③ 光标坐标的可视化。显示草图工作台中光标所在位置的坐标值。

（3）"几何图形"选项区。其操作项目如下。

① 创建圆心和椭圆中心。若激活该复选框，则在绘制圆或椭圆的同时绘制出其中心。

② 允许直接操作。若激活该复选框，则可以直接拖动图形对象。

（4）"约束"选项区。提供约束创建功能，其操作项目如下。

① 创建几何约束。自动检测和创建相关的几何约束。

② 创建尺寸约束。通过输入参数创建的草图元素自动创建尺寸约束。

（5）"颜色"选项区。定义约束颜色，其操作项目如下。

① 元素的默认颜色。未经过任何约束图形的颜色。

② 受约束的元素上。系统判断所受约束类型并在图形元素上显示相应的颜色。

③ 元素的其他颜色。设置"受保护的元素""构造元素""智能拾取"的颜色。

（6）"更新"。若激活"当草图约束不够时生成更新错误"复选框，且草图不是完全约束，退出草图工作台时会提示更新错误。

3.4.2　工具栏设置

"草图工具"工具栏提供了绘制和编辑草图的工具，用于草图环境和几何图形元素及约束的设置。在绘制草图时，一般要将"草图工具"工具栏打开。工具栏中从前至后功能按钮分别为"网格""点对齐""构造/标准元素""几何约束"和"尺寸约束"，如图 3-10 所示。

根据当前用户所选绘制功能的不同，工具栏自动扩充与当前绘制功能有关的选项，如可以输入坐标点、角度值、相应功能按钮等，如图 3-11 所示。该工具栏的部分按钮功能可以在"选项"对话框中的"草图编辑器"选项卡中进行设置，"草图工具"工具栏可以在草绘平面上直接进行设置。"草图工具"与"草图编辑器"选项卡相比设置更加方便、快捷。下面对"草图工具"工具栏进行详细介绍。

图 3-10　"草图工具"工具栏

图 3-11　调用绘图命令时的"草图工具"工具栏

1. 网格

"网格"用于显示或隐藏草图工作台背景网格。单击"网格" ▦，激活网格显示状态，如图 3-12（a）所示；再次单击"网格" ▦，隐藏网格显示，如图 3-12（b）所示。

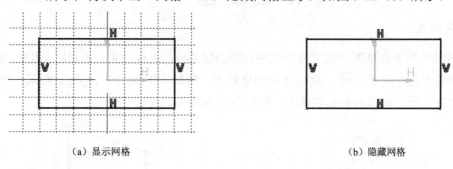

（a）显示网格　　　　　　　　　　　（b）隐藏网格

图 3-12　"网格"命令

2. 点对齐

"点对齐"用于在草图绘制过程中，建立各种几何元素时使光标只能捕捉到网格的交点上或已有图形元素的端点上，可以快速输入点。单击"点对齐" ▦，激活捕捉网格状态，绘制图形

如图 3-13（a）所示；再次单击"网格" 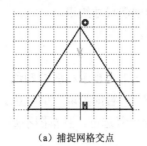，取消捕捉网格状态，绘制图形如图 3-13（b）所示。

（a）捕捉网格交点　　　　　　　　　　　　　　（b）未捕捉网格交点

图 3-13　"点对齐"命令

3. 构造/标准元素

"构造/标准元素"是用于切换构造元素模式与标准元素模式之间的命令，或在草图设计过程中将几何元素确定为构造元素。通常情况下，草图中绘制的点或线是"标准元素"，这些元素是草图轮廓的一部分，可以生成三维实体或曲面。"构造元素"是草图中的参考与辅助元素，是绘制草图时建立的辅助线或点，不作为草图轮廓生成实体，在屏幕上用虚线显示。

单击"构造/标准元素" ，激活构造元素状态，此时绘制的几何图形是构造元素，如图 3-14（a）所示。选择构造元素，单击"构造/标准元素" ，可以将构造元素转换成标准元素，如图 3-14（b）所示。

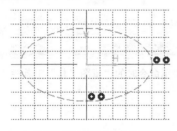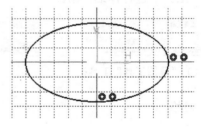

（a）绘制构造元素状态下的几何图形　　　　　　（b）构造元素转换为标准元素

图 3-14　"构造/标准元素"命令

4. 几何约束

"几何约束"用于在草图绘制过程中系统自动创建必要的几何约束，如相切、水平、垂直、重合等。单击"几何约束" ，激活几何约束状态，绘制图形如图 3-15（a）所示；再次单击"几何约束" ，取消几何约束状态，绘制图形如图 3-15（b）所示。

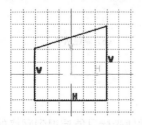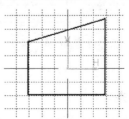

（a）激活"几何约束"命令　　　　　　　　　（b）不激活"几何约束"命令

图 3-15　"几何约束"命令

5．尺寸约束

"尺寸约束"用于在草图绘制过程中自动标注尺寸。如果"尺寸约束"功能未激活，在"草图工具"工具栏中输入参数创建的草图元素不能自动创建尺寸约束。单击"尺寸约束" ，激活尺寸约束状态，绘制图形如图 3-16（a）所示；再次单击"尺寸约束" ，取消尺寸约束状态，绘制图形如图 3-16（b）所示。

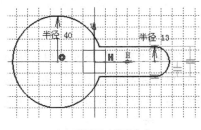 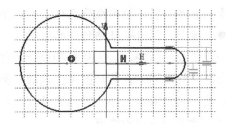

（a）激活尺寸约束命令　　　　　　　　　　　（b）不激活尺寸约束命令

图 3-16　"尺寸约束"命令

⚠【注意】若通过单击的方式而非在"草图工具"工具栏中输入参数的方式创建延长孔、圆柱形延长孔、钥匙孔轮廓、圆角和倒角，激活"草图工具"工具栏的"几何约束"和"尺寸约束"命令按钮，则创建后系统会自动添加几何约束和尺寸约束。

第4章　图形绘制与修饰

> **导读**

　◆　直线、圆、轮廓线等基础图形的绘制

　◆　圆角、倒角等修饰特征的绘制

用户要绘制草图，应先从草图设计工作台的工具栏按钮或"插入"下拉菜单中选取一个绘图命令，然后通过在图形区单击选取点来创建草图。在草图绘制过程中，当移动鼠标指针时，系统会自动确定可添加的约束并将其显示。草图绘制后，用户还可以通过"约束定义"对话框继续添加需要的约束。

草图工作台中可通过鼠标对图形进行缩放、移动和旋转。

⚠【注意】草图工作台的调整不会改变所绘制的图形的实际大小和实际空间位置，它的作用是便于用户查看和操作所绘图形。

⚙【技巧】草图旋转后，通过单击屏幕下部的"法线视图"，可使草图回至与屏幕平面平行状态。

4.1　基础图形绘制

"轮廓"工具栏提供了各种草图轮廓线的绘制工具，以方便用户绘制二维轮廓线，包括"轮廓""预定义的轮廓""圆""样条线""二次曲线""直线""轴""点"等绘图工具按钮，如图 4-1 所示。

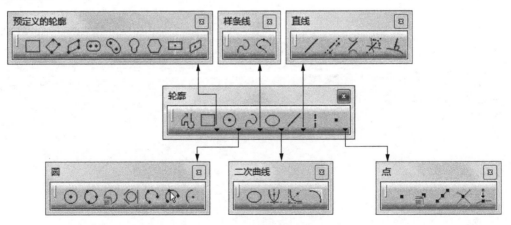

图 4-1　"轮廓"工具栏及其扩展工具栏

4.1.1　轮廓线

"轮廓"是绘制草图时最常用的命令之一，使用轮廓命令可以连续绘制若干直线和圆弧。该轮廓可以是封闭的，也可以是不封闭的。绘制封闭轮廓时，轮廓曲线封闭自动结束绘制；绘制不封闭轮廓时，按两下 Esc 键或单击"轮廓"或在绘制最后一点时双击该点，结束绘制。

【例 4-1】绘制草图轮廓。

（1）进入草图工作平面，在"轮廓"工具栏中单击"轮廓"，"草图工具"工具栏显示状态如图 4-2 所示，工具栏中新增按钮的详细内容如表 4-1 所示。

图 4-2　"草图工具"工具栏

表 4-1　草图工具工具栏新增按钮

序号	按钮	按钮名称	功能
1		直线	绘制连续直线
2		相切弧	绘制与直线（或圆弧）相切的圆弧
3		三点弧	绘制三点圆弧

（2）移动鼠标时会在"草图工具"工具栏中显示光标的当前位置，单击确定起点；或者在"草图工具"工具栏内输入起点坐标点，其中"H"表示与坐标原点的水平距离（即水平坐标值），"V"表示与坐标原点的垂直距离（即垂直坐标值），"L"表示两点之间的距离，"A"表示直线与水平轴的角度。

（3）确定轮廓线直线的端点。确定起点后，"草图工具"工具栏的显示状态为绘制直线状态，如图 4-3 所示。可以移动鼠标继续单击绘制连续的直线，也可以通过在工具栏中输入"长度"和"角度"数值来约束线段的长度和角度，确定直线段的端点，如图 4-4（a）所示。

图 4-3　"草图工具"工具栏

（4）每段线段在开始绘制时都是直线状态，如果要绘制带有圆弧的草图，可以通过单击"草图工具"工具栏中的"相切弧"或"三点弧"来切换成相切弧或圆弧的绘制状态；也可以按住左键并拖动鼠标切换至相切弧的状态。带有"相切弧"的草图，如图 4-4（b）所示；带有"三点弧"的草图，如图 4-4（c）所示。

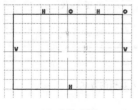
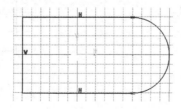
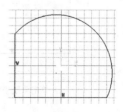

（a）直线草图　　　　　　　　　（b）相切弧草图　　　　　　　　　（c）三点弧草图

图 4-4　绘制草图

（5）如果在绘制圆弧时改变为绘制直线，可单击返回到直线绘制状态。

（6）如果连续直线形成封闭图形，即自动结束连续线的绘制；如果绘制不封闭的连续折

线，则可单击 结束绘制；或直接单击其他按钮转换绘图方式；或按 Esc 键；也可以在连续直线的最后一点双击，即可完成连续折线的绘制。

☀【提示】轮廓线包括直线和圆弧，"轮廓线命令"和下面要讲的"圆"及"直线"命令的区别在于，轮廓线可以连续绘制直线和（或）圆弧。

4.1.2 预定义的轮廓

预定义轮廓是系统已经定义的一些常用的轮廓线，以便快速完成草图的绘制。在"轮廓"工具栏中单击"矩形" 的下拉按钮，弹出"预定义的轮廓"工具栏，该工具栏包括"矩形""斜置矩形""平行四边形""延长孔""圆柱形延长孔""钥匙孔轮廓""六边形""居中矩形""居中平行四边形"，如图4-1所示。

1. 矩形

在绘制截面时，矩形是非常实用的命令，可以省去绘制4条直线的麻烦。下面通过两点绘制边与坐标轴平行的矩形。

【例4-2】创建矩形。

（1）在"预定义的轮廓"工具栏中单击"矩形" ，"草图工具"工具栏显示状态如图4-5所示。

图4-5 "草图工具"工具栏

（2）单击两点作为矩形的对角点。在草绘平面上单击一点作为初始点，移动鼠标单击对角第二点以创建矩形，系统自动生成矩形H和V约束，如图4-6（a）所示。

（3）在"草图工具"工具栏中输入数值的方式。确定第一点时，在"H"和"V"文本框中输入相应数值作为该点坐标值，按Enter键，"草图工具"工具栏切换为确定第二点的显示状态，在"H"和"V"文本框中输入数值，按Enter键，创建的矩形如图4-6（b）所示。当确定第二点时，也可以在"宽度"和"高度"文本框中输入矩形的宽度和高度值以确定矩形。

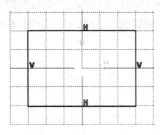

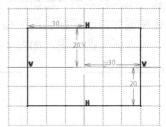

（a）单击草绘平面的方式　　　　　　　　　（b）输入数值的方式

图4-6 创建矩形

✿【技巧】当单击 绘制一个矩形后，系统自动结束矩形的绘制；双击 可以连续绘制矩形。草图工作台中的大多数工具按钮均可通过双击来进行连续操作。

☀【提示】在草图设计工作台中，单击"撤销" 可撤销上一个操作，单击"重做"

可重新执行被撤销的工作。这两个命令在绘制草图时经常用到。

2．斜置矩形

斜置矩形可以通过 3 点绘制边与坐标轴成任意角度的矩形。

【例 4-3】创建斜置矩形。

（1）在"预定义的轮廓"工具栏中单击"斜置矩形" ◇ 。

（2）单击两点作为矩形的一个边长，也可以用输入坐标值的方式确定矩形的边长。

（3）移动鼠标确定矩形的高度，也可以输入矩形的高度，结果如图 4-7 所示。

3．平行四边形

通过 3 点绘制任意位置形状的平行四边形，与斜置矩形创建的操作方式一致。

【例 4-4】创建平行四边形。

（1）在"预定义的轮廓"工具栏中单击"平行四边形" ▱ 。

（2）单击确定第一点。

（3）移动鼠标单击确定第二点。

（4）再次移动鼠标，单击确定对角点，结果如图 4-8 所示。

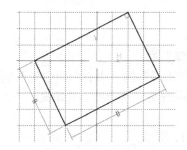

图 4-7　创建斜置矩形

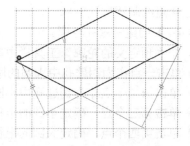

图 4-8　创建平行四边形

4．延长孔

通过 3 点绘制矩形延长孔。

【例 4-5】创建延长孔。

（1）在"预定义的轮廓"工具栏中单击"延长孔" ▣ 。

（2）单击确定圆弧圆心。

（3）移动鼠标，单击确定另一个圆弧圆心。

（4）继续移动鼠标，单击确定圆弧半径上一点，也可以通过在"草图工具"工具栏内输入坐标值、圆弧半径的方法确定，结果如图 4-9 所示。

5．圆柱形延长孔

通过 4 点绘制圆柱形延长孔。

【例 4-6】创建圆柱形延长孔。

（1）在"预定义的轮廓"工具栏中单击"圆柱形延长孔" ◉ 。

（2）单击一点作为圆柱形延长孔圆弧的圆心，或在"草图工具"工具栏内的"圆心"内输入圆心的坐标值。

（3）单击第二个点作为圆柱形延长孔圆弧的起始点，或在"草图工具"工具栏内的"起

点"内输入起始坐标点。

（4）单击第三个点作为圆柱形延长孔圆弧的终止点，或在"草图工具"工具栏内的"终点"内输入终止点的坐标值。

（5）单击圆柱形延长孔周围边上的任一点，或在"草图工具"工具栏的"圆柱形延长孔上的点"内输入延长孔周边上一点的坐标值，或直接在工具栏的"半径"内输入孔半径值，结果如图 4-10 所示。

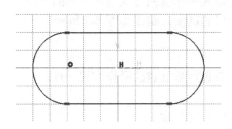

图 4-9　创建延长孔

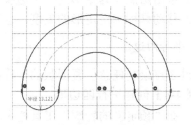

图 4-10　创建圆柱形延长孔

6.　钥匙孔轮廓

通过 4 点绘制钥匙孔轮廓。

【例 4-7】创建钥匙孔轮廓。

（1）在"预定义的轮廓"工具栏中单击"钥匙孔轮廓" 🔑。

（2）单击一点作为钥匙孔中大圆的圆心，或在"草图工具"的"中心"项中输入坐标值。

（3）单击第二个点作为钥匙孔中小圆的圆心，此点同时确定两个圆心的距离。

（4）单击第三个点，确定小圆的半径。

（5）单击第四个点，确定大圆的半径，结果如图 4-11 所示。

7.　六边形

通过两点绘制正六边形。

【例 4-8】创建正六边形。

（1）在"预定义的轮廓"工具栏中单击"正六边形" ⬡。

（2）单击一点作为正六边形的中心，或在"草图工具"中"六边形中心"项中输入中心坐标值。

（3）单击第二个点作为正六边形一边的中点，或在工具栏中输入角度和尺寸值，角度为六边形中心点与当前要设置边的中点的连线与水平轴的夹角，尺寸是中心点到边的距离值，结果如图 4-12 所示。

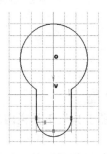

图 4-11　创建钥匙孔轮廓

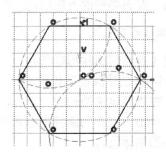

图 4-12　绘制正六边形

8. 居中矩形

【例 4-9】创建居中矩形。

（1）在"预定义的轮廓"工具栏中单击"居中矩形" 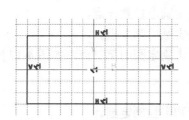。

（2）单击草绘平面，确定中心点。

（3）移动鼠标，单击确定对角点，结果如图 4-13 所示。

9. 居中平行四边形

以两条相交直线为中心线绘制平行四边形。

【例 4-10】创建居中平行四边形。

（1）在"预定义的轮廓"工具栏中单击"居中平行四边形" 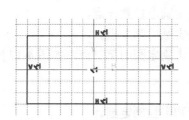。

（2）选择已有直线。

（3）选择另一条已有直线。

（4）移动鼠标，单击确定对角点，结果如图 4-14 所示。

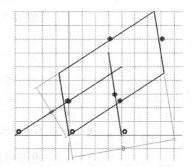

图 4-13　创建居中矩形　　　　图 4-14　创建居中平行四边形

4.1.3　圆

在"轮廓"工具栏中单击"圆" 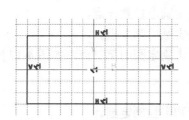 的下拉按钮，弹出"圆"工具栏，包括"圆""三点圆""使用坐标创建圆""三切线圆""三点弧""起始受限的三点弧""弧"（图 4-1）。

1. 圆

以圆心和半径的方式创建圆。

【例 4-11】创建圆。

（1）在"圆"工具栏中单击"圆" 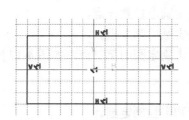，"草图工具"工具栏显示状态如图 4-15 所示。

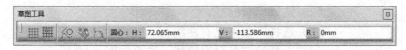

图 4-15　"草图工具"工具栏

（2）单击草绘平面的方式。在草绘平面上单击两点即可绘制圆，第一点用来确定圆心，第二点用来确定半径，如图 4-16（a）所示。

（3）在"草图工具"工具栏中输入数值的方式。在"草图工具"工具栏中的"H""V"

文本框中输入坐标值（0，0），在"R"文本框中输入半径值"30"，按 Enter 键，如图 4-16（b）所示。

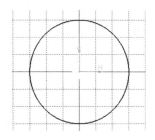

（a）单击草绘平面的方式

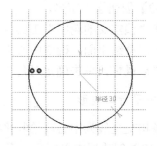

（b）输入数值的方式

图 4-16　创建圆

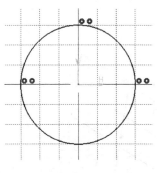

图 4-17　创建三点圆

2. 三点圆

通过 3 个不共线的点创建整圆。

【例 4-12】创建三点圆。

（1）在"圆"工具栏中单击"三点圆" ⃝。

（2）单击草绘平面，确定圆上任意一点。

（3）移动鼠标，单击确定圆的第二点。

（4）再次移动鼠标，单击确定圆的第三点，如图 4-17 所示。

3. 使用坐标创建圆

通过坐标定义圆心位置和半径确定圆。

【例 4-13】使用坐标创建圆。

（1）在"圆"工具栏中单击"使用坐标创建圆" ⃝，弹出"圆定义"对话框，如图 4-18 所示。

（2）在中心点选项区的"H"和"V"文本框中输入数值确定圆心。

（3）在"半径"文本框中输入数值以确定圆半径。

4. 三切线圆

绘制与已知 3 条直线或曲线相切的圆。

【例 4-14】创建三切线圆。

（1）在"圆"工具栏中单击"三切线圆" ⃝。

图 4-18　"圆定义"对话框

（2）选择已有曲线。

（3）选择第二条已有曲线。

（4）选择第三条已有直线，结果如图 4-19 所示。

5. 三点弧

通过 3 个不共线的点绘制一段圆弧。

【例 4-15】创建三点弧。

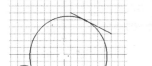

图 4-19　创建三切线圆

（1）在"圆"工具栏中单击"三点弧" ⃝。

（2）单击草绘平面，确定圆弧起点。

（3）移动鼠标，单击确定圆弧第二点。

（4）移动鼠标，单击确定圆弧的终点，如图 4-20 所示。

6. 起始受限的三点弧

创建起点、终点受限的三点弧，中间点任意选取。

【例 4-16】创建起始受限的三点弧。

（1）在"圆"工具栏中单击"起始受限的三点弧" 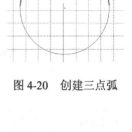。

（2）单击草绘平面，确定圆弧起点。

（3）移动鼠标，单击确定圆弧终点。

（4）移动鼠标，选择圆弧上一点，图形同图 4-20。

图 4-20　创建三点弧

7. 弧

通过中心点、起始点和终点绘制圆弧。

【例 4-17】创建弧。

（1）在"圆"工具栏中单击"弧" 。

（2）单击草绘平面，确定圆弧圆心。

（3）移动鼠标，单击确定圆弧的起点。

（4）移动鼠标，单击确定圆弧终点，图形同图 4-20。

4.1.4　样条线

在"轮廓"工具栏中单击"样条线" 的下拉按钮，弹出"样条线"工具栏，该工具栏包括"样条线"和"连接"（图 4-1）。

1. 样条线

【例 4-18】创建样条线。

（1）在"样条线"工具栏中单击"样条线" ，"草图工具"工具栏显示状态如图 4-21 所示。

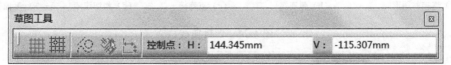

图 4-21　"草图工具"工具栏

（2）第一种方式。在草绘工作平面上依次单击，确定样条线的各个控制点，绘制不规则的平滑曲线。再次单击"样条线" 或者双击，完成样条曲线的绘制，如图 4-22（a）所示。

（3）第二种方式。在"草图工具"工具栏中的"H"和"V"文本框中输入一系列相应的坐标值生成控制点，按 Enter 键，结果如图 4-22（b）所示。

2. 连接线

"连接"是以弧的形式连接两条曲线。在"样条线"工具栏中单击"连接" ，"草图工具"工具栏显示状态如图 4-23 所示。

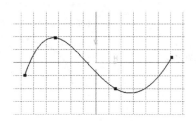

（a）单击草绘平面的方式

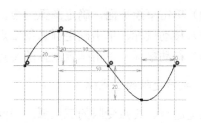

（b）输入数值的方式

图 4-22　创建样条线

图 4-23　"草图工具"工具栏

【例 4-19】创建用弧连接的连接线。

（1）绘制两条曲线如图 4-24（a）所示。

（2）在"样条线"工具栏中单击"连接" 。

（3）在"草图工具"工具栏中单击"用弧连接" 。

（4）在草绘平面上依次单击两条目标曲线的端点 1、1'，连接图形如图 4-24（b）所示。

【例 4-20】创建用点连续的方式绘制样条连接线。

（1）在"样条线"工具栏中单击"连接" ，再在"草图工具"工具栏中单击"用样条线连接" ，"草图工具"工具栏显示状态如图 4-25 所示。

（2）在"草图工具"工具栏中单击"点连续" 。

（3）依次单击图 4-24（a）中两条曲线的端点 1、1'，通过直线连接两条曲线，如图 4-24（c）所示。

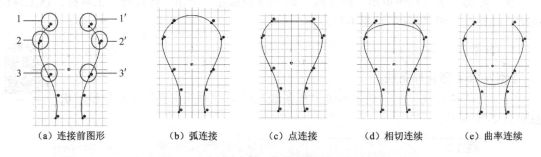

（a）连接前图形　　（b）弧连接　　　（c）点连接　　　（d）相切连续　　　（e）曲率连续

图 4-24　连接曲线

图 4-25　"草图工具"工具栏

【例 4-21】创建用相切连续的方式绘制样条连接线。

（1）在"草图工具"工具栏中单击"相切连续" ，"草图工具"工具栏显示状态如图 4-26 所示。

（2）依次单击图 4-24（a）中两条曲线的端点 2、2'，通过在连接处相切的曲线连接两条曲线，如图 4-24（d）所示。

图 4-26 "草图工具"工具栏

【例 4-22】创建用曲率连续的方式绘制样条连接线。

（1）在"草图工具"工具栏中单击"曲率连续" ，"草图工具"工具栏显示状态如图 4-26 所示。

（2）依次单击图 4-24（a）中两条曲线的端点 3、3′，通过在连接处曲率相等的曲线连接两条曲线，如图 4-24（e）所示。

4.1.5 二次曲线

在"轮廓"工具栏中单击"椭圆" 的下拉按钮，弹出"二次曲线"工具栏，该工具栏包括"椭圆""通过焦点创建抛物线""通过焦点创建双曲线""二次曲线"，如图 4-1 所示。

1. 椭圆

【例 4-23】创建椭圆。

（1）在"二次曲线"工具栏中单击"椭圆" ，"草图工具"工具栏显示状态如图 4-27 所示。

图 4-27 "草图工具"工具栏

（2）第一种方式。在草绘平面上单击一点作为椭圆的中心点，移动鼠标，单击第二点确定椭圆长轴半径，再次移动鼠标，单击第三点确定椭圆，如图 4-28（a）所示。

（3）第二种方式。在"草图工具"工具栏"H""V""长轴半径""短轴半径""A（角度）"文本框中输入相应数值，按 Enter 键，如图 4-28（b）所示。

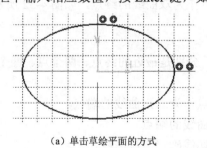

（a）单击草绘平面的方式

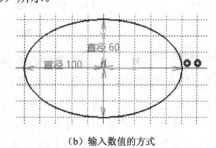

（b）输入数值的方式

图 4-28 创建椭圆

2. 抛物线

通过确定抛物线的焦点、顶点和两个端点绘制抛物线。

【例 4-24】创建抛物线。

（1）在"二次曲线"工具栏中单击"通过焦点创建抛物线" ，"草图工具"工具栏显示状态如图 4-29 所示。

（2）单击第一点作为抛物线的焦点。

（3）移动鼠标，单击第二点作为抛物线的顶点。

（4）移动鼠标，单击第三点作为抛物线的起点。

（5）移动鼠标，单击第四点作为抛物线的终点，如图 4-30 所示。

图 4-29 "草图工具"工具栏

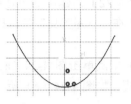

图 4-30 创建抛物线

3. 双曲线

通过确定双曲线的焦点、中心、顶点和两个端点绘制双曲线。

【例 4-25】创建双曲线。

（1）在"二次曲线"工具栏中单击"通过焦点创建双曲线" ，"草图工具"工具栏显示状态如图 4-31 所示。

图 4-31 "草图工具"工具栏

（2）单击第一点作为双曲线的焦点。

（3）移动鼠标，单击第二点作为双曲线的中心点。

（4）移动鼠标，单击第三点作为双曲线的顶点。

（5）移动鼠标，单击第四点作为双曲线的起点。

（6）移动鼠标，单击第五点作为双曲线的终点，如图 4-32 所示。

图 4-32 创建双曲线

4. 二次曲线

二次曲线有 6 种创建方法，分别是最近的终点、两个点、四个点、五个点、起点切线和终点切线、切线相交点。

（1）"最近的终点"是使用已有曲线上最近的端点作为二次曲线的端点。

（2）"两个点"是使用已有曲线的端点作为二次曲线的端点。

（3）"四个点"是通过曲线上四个点和起点处的切线确定二次曲线。

（4）"五个点"是通过曲线上五个点确定二次曲线。

（5）"起点切线和终点切线"在选择"两个点"或"四个点"时可用，分别绘制两切线，创建方法同"两个点"。

（6）"切线相交点"在选择"两个点"时可用，通过两切线的起点及两切线的交点确定切线。

【例 4-26】通过"最近的终点"创建二次曲线。

（1）在"二次曲线"工具栏中单击"二次曲线" ，再单击"最近的终点" ，"草图工具"工具栏显示状态如图 4-33 所示。

图 4-33　"草图工具"工具栏

（2）选择第一条曲线，系统默认选中选择曲线时离选取位置最近的端点作为二次曲线的起点。

（3）选择第二条曲线，系统默认选中选择曲线时离选取位置最近的端点作为二次曲线的终点。

（4）移动鼠标，单击第三个点确定二次曲线，如图 4-34（a）所示。

【例 4-27】通过"两个点"创建二次曲线。

（1）在"二次曲线"工具栏中单击"二次曲线" ，再单击"两个点" ，"草图工具"工具栏显示状态如图 4-33 所示。

（2）选择曲线起点，作为二次曲线的起点。

（3）选择第二个点，确定起点处的切线方向。

（4）选择第三个点，确定二次曲线终点。

（5）选择第四个点，确定终点处的切线方向。

（6）移动鼠标，单击曲线，通过第五个点确定二次曲线，如图 4-34（b）所示。

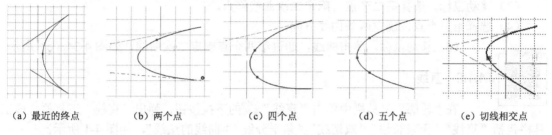

（a）最近的终点　　　（b）两个点　　　（c）四个点　　　（d）五个点　　　（e）切线相交点

图 4-34　创建二次曲线

【例 4-28】通过"四个点"创建二次曲线。

（1）在"二次曲线"工具栏中单击"二次曲线" ，再单击"四个点" ，"草图工具"工具栏显示状态如图 4-35 所示。

（2）选择曲线起点，作为二次曲线的起点。

（3）选择第二个点，确定起点处的切线方向。

（4）选择第三个点，确定二次曲线终点。

（5）选择第四个点，确定二次曲线上的第一点。

（6）选择第五个点，确定二次曲线上的第二点，如图 4-34（c）所示。

图 4-35　"草图工具"工具栏

【例4-29】通过"五个点"创建二次曲线。

（1）在"二次曲线"工具栏中单击"二次曲线" 🕮 ，再单击"五个点" 🕮 ，"草图工具"工具栏显示状态如图4-36所示。

图4-36 "草图工具"工具栏

（2）选择曲线起点，作为二次曲线的起点。

（3）选择第二个点确定二次曲线的终点。

（4）任意选择曲线通过的3个点确定二次曲线，如图4-34（d）所示。

【例4-30】通过"切线相交点"创建二次曲线。

（1）在"二次曲线"工具栏中单击"二次曲线" 🕮 ，在"草图工具"工具栏中单击"两个点"，再单击"切线相交点" 🕮 ，"草图工具"工具栏显示状态如图4-37所示。

图4-37 "草图工具"工具栏

（2）选择第一个点，作为二次曲线的起点。

（3）移动鼠标，选择第二个点，确定二次曲线终点。

（4）选择第三个点，确定两条切线方向。

（5）移动鼠标，单击曲线，通过第四个点确定二次曲线，如图4-34（e）所示。

4.1.6 直线

在"轮廓"工具栏中单击"直线" 🖊 的下拉按钮，弹出"直线"工具栏，该工具栏包括"直线""无限长线""双切线""角平分线""曲线的法线"，如图4-1所示。

1. 直线

【例4-31】通过两点绘制直线。

（1）在"直线"工具栏中单击"直线" 🖊 ，"草图工具"工具栏显示状态如图4-38所示。

图4-38 "草图工具"工具栏

（2）在草绘工作平面上单击第一点确定直线的起点，移动鼠标，单击第二点确定直线的终点，如图4-39（a）所示。

（3）也可以在"草图工具"工具栏"H""V""长度""角度"文本框中输入相应值，按Enter键，直线绘制结果如图4-39（b）所示。

【例4-32】通过两点绘制对称直线。

（1）在"直线"工具栏中单击"直线" 🖊 ，"草图工具"工具栏显示状态如图4-40所示。在"草图工具"工具栏上单击"对称延长" 🖊 ，绘制对称直线。

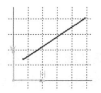

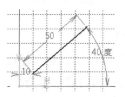

（a）单击草绘平面的方式　　　　　　　　（b）输入数值的方式

图 4-39 创建直线

图 4-40 "草图工具"工具栏

（2）在草绘工作平面上单击第一点，确定直线的对称中点。

（3）移动鼠标，单击第二点确定直线的终点，如图 4-41 所示。

2. 无限长线

可以在草图工作平面绘制无限长的直线，该命令有 3 个选项：水平线、竖直线和通过两点的直线。

【例 4-33】绘制水平或竖直无限延长线。

（1）在"直线"工具栏中单击"无限长线"![icon]，"草图工具"工具栏显示状态如图 4-42 所示。

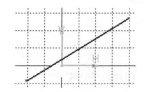

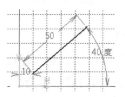

图 4-41 创建对称直线　　　　　　　图 4-42 "草图工具"工具栏

（2）在"草图工具"工具栏上单击![icon]或者![icon]，绘制水平或者竖直无限延长线。

（3）在草绘工作平面上单击一点，绘制水平线或者竖直线，如图 4-43（a）、（b）所示。

【例 4-34】绘制通过两点的无限延长线。

（1）在"直线"工具栏中单击"无限长线"![icon]，"草图工具"工具栏显示状态如图 4-42 所示。

（2）在草绘工作平面上单击一点作为直线的起点。

（3）单击第二点作为直线的终点，如图 4-43（c）所示。

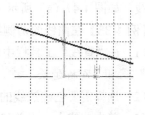

（a）水平线　　　　　　　（b）竖直线　　　　　　　（c）通过两点的直线

图 4-43 创建无限延长线

3. 双切线

"双切线"可以绘制两条曲线（圆、圆弧、二次曲线、样条曲线等）的公切线。所生成的公切线与所选择的曲线位置有关，因此选择曲线时应尽可能接近切点，否则可能会绘制出其他的公切线。

【例4-35】在已有的两个元素间绘制双切线。

（1）在"直线"工具栏中单击"双切线" ∠。

（2）选择两个需要相切的圆或圆弧，依次单击，选取两圆，如图 4-44 所示。

4. 角平分线

"角平分线"可以在两条选择的直线间绘制一条无限长的角平分线。如果选择的两条直线是平行线，则在两条平行线之间绘制直线。

【例4-36】绘制两直线的角平分线。

（1）在"直线"工具栏中单击"角平分线" ∠。

（2）选择两条需要创建角平分线的直线，如图 4-45 所示。

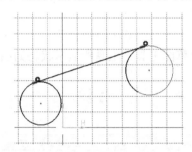

图 4-44　创建双切线

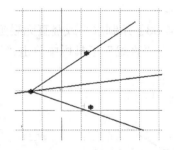

图 4-45　创建角平分线

图 4-46　"草图工具"工具栏

5. 曲线的法线

"曲线的法线"可以过一点绘制被选择曲线的法线。

【例4-37】绘制已知曲线的法线。

（1）在"直线"工具栏中单击"曲线的法线" ∠，"草图工具"工具栏中选择"之前选择曲线" ∠，工具栏显示状态如图 4-46 所示。

（2）选择需要创建法线的曲线。

（3）单击曲线上一点并移动鼠标，此时鼠标可以沿着两个方向移动，选择正确的方向绘制法线，如图 4-47（a）所示。

【例4-38】在曲线的两侧绘制法线。

（1）在"直线"工具栏中单击"曲线的法线" ∠，"草图工具"工具栏中选择"之前选择曲线" ∠和"对称延长" ∠，工具栏显示状态如图 4-46 所示。

（2）选择需要创建法线的曲线。

（3）单击曲线上一点并移动鼠标，绘制对称法线，如图 4-47（b）所示。

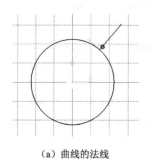
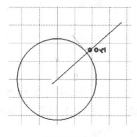

（a）曲线的法线　　　　　　　　　　　　（b）对称扩展

图 4-47　创建曲线的法线

4.1.7　轴

"轴线"是特殊的线，不能直接作为草图轮廓，主要功能是作为对称元素的中心线或者造型时旋转实体（曲面）的旋转轴线，其线型为点画线。一个草图中只能有一条轴线，如果在草图中添加了两条轴线，第一条轴线会自动转化为构造线，当生成旋转体时，以最后添加的轴线作为回转轴线。

【例 4-39】绘制轴线。

（1）在"轮廓"工具栏中单击"轴"，"草图工具"工具栏显示状态如图 4-48 所示。

图 4-48　"草图工具"工具栏

（2）在草绘平面上单击不同的两点绘制轴线，如图 4-49（a）所示。

（3）或者在"草图工具"工具栏中输入轴线的起点坐标、长度和角度，也可以得到通过两点的轴线，如图 4-49（b）所示。

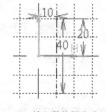

（a）单击草绘平面的方式　　　　　　　　（b）输入数值的方式

图 4-49　创建轴线

4.1.8　点

在"轮廓"工具栏中单击"点"的下拉按钮，弹出"点"工具栏，该工具栏包括"通过单击创建点""使用坐标创建点""等距点""相交点""投影点"，如图 4-1 所示。

1. 通过单击创建点

【例 4-40】绘制点。

（1）在"点"工具栏中单击"通过单击创建点"，"草图工具"工具栏显示状态如图 4-50 所示。

图 4-50 "草图工具"工具栏

（2）移动鼠标，在草绘工作平面合适位置单击绘制点，如图 4-51（a）所示。

（3）或者在"草图工具"工具栏中的"H"和"V"文本框中输入相应数值也可以绘制点，如图 4-51（b）所示。

2. 使用坐标创建点

【例 4-41】通过使用坐标创建点。

（1）在"点"工具栏中单击"使用坐标创建点" ，弹出"点定义"对话框，如图 4-52 所示。

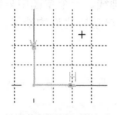
（a）单击草绘平面的方式

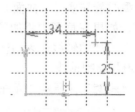
（b）输入数值的方式

图 4-51　创建点

（a）直角坐标

（b）极坐标

图 4-52　"点定义"对话框

（2）分别在直角坐标选项卡中的"H""V"文本框中输入数值，单击"确定"。

（3）或者在极坐标选项卡中的"半径""角度"文本框中输入数值，单击"确定"。

3. 等距点

在直线或曲线上创建等距离的点或将线等距离划分。

【例 4-42】创建等距点。

（1）在"点"工具栏中单击"等距点" 。

（2）选择任意直线，如图 4-53（a）所示。

（3）在弹出的"等距点定义"对话框中输入新点的个数，如图 4-54 所示。

（4）单击"确定"按钮，如图 4-53（b）所示。

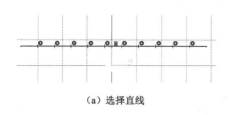

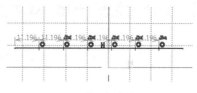

（a）选择直线　　　　　　　　　　　　　　　　（b）输入新点后

图 4-53　"点定义"对话框

4. 相交点

绘制相交线的交点。

【例 4-43】绘制相交点。

（1）在"点"工具栏中单击"相交点" 。

（2）选择两条需要创建交点的直线，如图 4-55 所示。

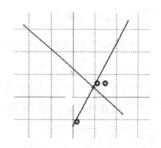

图 4-54　"等距点定义"对话框　　　　　　图 4-55　创建相交线

5. 投影点

将点垂直或沿某一方向投影到平面几何元素上。

【例 4-44】绘制投影点，将点垂直投影到平面几何元素上。

（1）在"点"工具栏中单击"投影点"，"草图工具"工具栏显示状态如图 4-56 所示。

（2）选择需要投影的点。

（3）选择投影元素曲线或者直线，如图 4-57 所示。

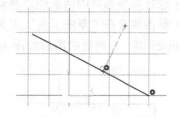

图 4-56　"草图工具"工具栏　　　　　　图 4-57　创建正交投影点

【例 4-45】绘制投影点，将点沿某一方向投影到平面几何元素上。

（1）在"点"工具栏中单击"投影点"，在"草图工具"工具栏上单击"沿某一方向"
，"草图工具"工具栏显示状态如图 4-56 所示。

（2）选择需要投影的点。

（3）选择投影元素曲线或者直线上一点。

（4）单击投影元素，如图 4-58 所示。

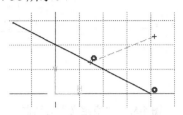

图 4-58　创建沿某一方向投影点

4.2　修　饰　特　征

修饰特征用于对已绘制的图形进行修饰和补充。"操作"工具栏包括"圆角""倒角""重新限定""变换""3D 几何图形"，如图 4-59 所示。

4.2.1　圆角与倒角

"圆角"是通过不同的修剪选项在两曲线间创建相切圆弧。"圆角"命令在"草图工具"工具栏中有 6 种修剪模式，包括"修剪所有元素""修剪第一元素""不修剪""标准线修剪""构造线修剪""构造线未修剪"。在"操作"工具栏中单击"圆角" ⌐，"草图工具"工具栏显示状态如图 4-60 所示。

图 4-59　"操作"工具栏

图 4-60　"草图工具"工具栏

【例 4-46】删除圆角之外的多余线段。

（1）绘制的图形如图 4-61（a）所示。

（2）在"操作"工具栏中单击"圆角" ⌐，在"草图工具"工具栏中单击"修剪所有元素" ⌐。

（3）选择需要修剪的两条边，移动鼠标，使圆角确定在正确的位置上。

（4）单击或者在"草图工具"工具栏中的"半径"文本框内输入相应数值，如图 4-62 所示，按 Enter 键，修剪后的图形如图 4-61（b）所示。

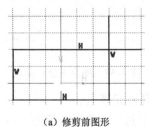

（a）修剪前图形　　　　　　　　　　　　　　　（b）修剪后图形

图 4-61　修剪所有元素的方式创建圆角

图 4-62　"草图工具"工具栏

【例 4-47】其他方式绘制圆角。

（1）绘制的图形，如图 4-61（a）所示。

（2）在"操作"工具栏中单击"圆角" ⌒，在"草图工具"工具栏中单击其他圆角按钮。

（3）选择需要修剪的两条边，移动鼠标，使圆角确定在正确的位置上。

（4）单击或者在"草图工具"工具栏中的"半径"文本框内输入相应数值，如图 4-62 所示，按 Enter 键，选择"修剪第一元素" ⌒，修剪后的图形如图 4-63（a）所示，选择"不修剪" ⌒，修剪后的图形如图 4-63（b）所示，选择"标准线修剪" ⌒，修剪后的图形如图 4-63（c）所示，选择"构造线修剪" ⌒，修剪后的图形如图 4-63（d）所示，选择"构造线未修剪" ⌒，修剪后的图形如图 4-63（e）所示。

（a）修剪第一元素　　（b）不修剪　　（c）标准线修剪　　（d）构造线修剪　　（e）构造线未修剪

图 4-63　创建圆角

使用"倒角"命令可在任意类型的相交曲线上创建出倒角。"倒角"命令与"圆角"命令类似，有 6 种修剪模式，包括"修剪所有元素""修剪第一元素""不修剪""标准线修剪""构造线修剪""构造线未修剪"。在"操作"工具栏中单击"倒角" ⌒，"草图工具"工具栏如图 4-64 所示。

图 4-64　"草图工具"工具栏

【例 4-48】删除倒角之外的多余线段。

（1）绘制的图形如图 4-65（a）所示。

（2）在"操作"工具栏中单击"倒角" ⌒，在"草图工具"工具栏中单击"修剪所有元素" ⌒。

（3）选择需要修剪的两条边，移动鼠标，使倒角确定在正确的位置上。

（4）在"草图工具"工具栏中单击"角度和斜边" ⌒，或者"第一长度和第二长度" ⌒，或者"角度和第一长度" ⌒。

（5）单击或者在"草图工具"工具栏中的"角度"和"长度"文本框内输入相应数值，如图 4-66 所示，按 Enter 键，修剪后的图形如图 4-65（b）、（c）、（d）所示。

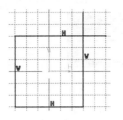

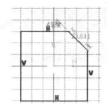

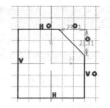

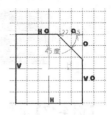

（a）修剪前图形　　　（b）角度和斜边　　　（c）第一长度和第二长度　　　（d）角度和第一长度

图 4-65　修剪所有元素的方式创建倒角

图 4-66　"草图工具"工具栏

【例 4-49】 其他方式绘制倒角。

（1）绘制的图形如图 4-65（a）所示。

（2）在"操作"工具栏中单击"倒角" ，在"草图工具"工具栏中单击其他倒角按钮。

（3）选择需要修剪的两条边，移动鼠标，使倒角确定在正确的位置上。

（4）单击"修剪第一元素" ，修剪后的图形如图 4-67（a）所示，单击"不修剪" ，修剪后的图形如图 4-67（b）所示，单击"标准线修剪" ，修剪后的图形如图 4-67（c）所示，单击"构造线修剪" ，修剪后的图形如图 4-67（d）所示，单击"构造线未修剪" ，修剪后的图形如图 4-67（e）所示。

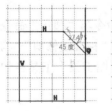

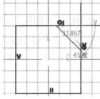

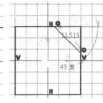

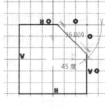

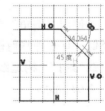

（a）修剪第一元素　　　（b）不修剪　　　（c）标准线修剪　　　（d）构造线修剪　　　（e）构造线未修剪

图 4-67　创建倒角

4.2.2　重新限定

图 4-68　"重新限定"工具栏

"重新限定"工具用于修剪和补充图形元素，包含五个命令："修剪""断开""快速修剪""封闭弧"和"补充"。在"操作"工具栏中单击"修剪" 的下拉按钮，弹出"重新限定"工具栏，如图 4-68 所示。

1.　修剪

"修剪"是可以将两条线在交点处断开，并删除其中一部分，其中有两个选项："修剪所有元素"和"修剪第一元素"。

【例 4-50】 对几何元素进行修剪。

（1）在"重新限定"工具栏中单击"修剪" 。

（2）选择需要修剪的边，如图 4-69（a）所示。

（3）在"草图工具"工具栏中单击"修剪所有元素" 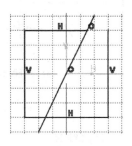 或者"修剪第一元素"，如图 4-70 所示。

（4）移动鼠标至须修剪的元素上，选择要保留的部分，单击，修剪直线或者曲线，如图 4-69（b）、（c）所示。

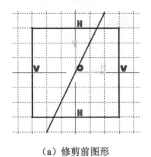

（a）修剪前图形　　（b）修剪所有元素　　（c）修剪第一元素

图 4-69　修剪直线

图 4-70　"草图工具"工具栏

（5）如果是修剪圆或椭圆的闭合曲线，角度 0 为闭合点，也就是曲线的断点，如图 4-71 所示。

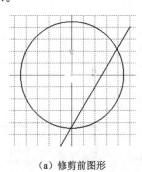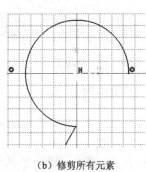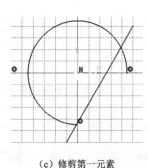

（a）修剪前图形　　（b）修剪所有元素　　（c）修剪第一元素

图 4-71　修剪圆

2. 断开

通过"断开"命令可以打断曲线于某位置点，并对断开后的两曲线在断开点处创建相合约束。

【例 4-51】使用断开命令把一条线断开为两部分。

（1）在"重新限定"工具栏中单击"断开"。

（2）选择需要断开的线，如图 4-72（a）所示。

（3）选择断开的边界对象，如图 4-72（b）所示。

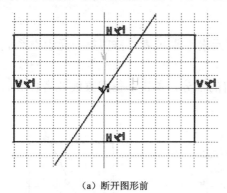
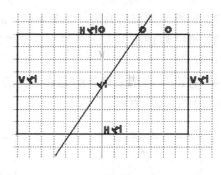

（a）断开图形前　　　　　　　　　　　　（b）断开图形后

图 4-72　断开直线

3. 快速修剪

"快速修剪"可以把图形元素的一部分修剪掉，但是不能删除整个图形元素，该命令包含3 个选项："断开及内擦除" 、"断开及外擦除" 和"断开并保留" 。

【例 4-52】将草图元素快速断开，并将其中的某一部分删除或保留，且两曲线间创建相合约束。

（1）在"重新限定"工具栏中单击"快速修剪" 。

（2）在"草图工具"工具栏中，选择快速修剪的"断开及内擦除" 、"断开及外擦除" ，或者"断开并保留" 选项，如图 4-73 所示。

图 4-73　"草图工具"工具栏

（3）选择要修剪的图形元素，如图 4-74 所示。

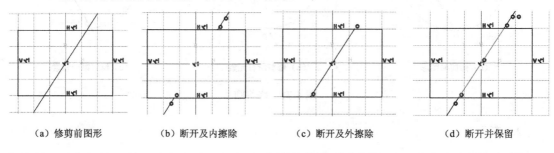

（a）修剪前图形　　　（b）断开及内擦除　　　（c）断开及外擦除　　　（d）断开并保留

图 4-74　快速修剪

4. 封闭弧

使用"封闭弧"命令可以把圆弧或椭圆弧闭合为圆或椭圆。

【例 4-53】封闭不完整的圆或椭圆等有规律图形。

（1）在"重新限定"工具栏中单击"封闭弧" 。

（2）选择要闭合的圆弧或椭圆弧，如图 4-75 所示。

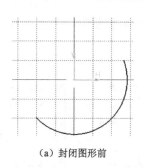
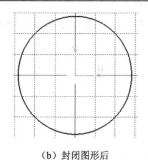

（a）封闭图形前　　　　　　　　　　　　　　（b）封闭图形后

图 4-75　创建封闭弧

5．补充

使用"补充"命令可以删除选择的弧，并显示出这个弧的余弧。

【例 4-54】将不完整的圆弧或椭圆弧等有规律图形进行取余操作。

（1）在"重新限定"工具栏中单击"补充"🔁。

（2）选择要补充的圆弧或椭圆弧，如图 4-76 所示。

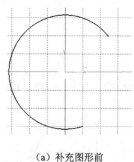
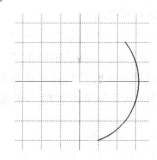

（a）补充图形前　　　　　　　　　　　　　　（b）补充图形后

图 4-76　创建补充弧

4.2.3　变换

"变换"具有重复复制的功能，可以利用该功能进行阵列操作。"变换"命令包括"镜像""对称""平移""旋转""缩放"和"偏移"。在"操作"工具栏中单击"镜像"🔳的下拉按钮，弹出"变换"工具栏，如图 4-77 所示。

图 4-77　"变换"工具栏

1．镜像

"镜像"是使用直线或轴线对称复制现有的几何元素，保留原对象。镜像时，如果先执行命令，再选择几何元素，只能镜像一个对象；如果先选择对象，再执行命令，则可以选择多个对象进行镜像。

【例 4-55】镜像图形。

（1）绘制几何图形如图 4-78（a）所示。

（2）在"变换"工具栏中单击"镜像"🔳。

（3）框选选中所有几何元素或者按 Ctrl 键多选。

（4）选择"V"轴为镜像轴，所选几何元素关于"V"轴对称复制，并创建对称约束，如图 4-78（b）所示。

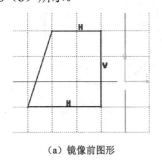

（a）镜像前图形　　　　　　　　　　　（b）镜像后图形

图 4-78　创建镜像图形

2. 对称

"对称"是使用直线或轴线对称现有的几何元素。对称与镜像的区别在于，对称不保留原来的几何元素。

【例 4-56】对称图形。

（1）绘制的几何图形如图 4-79（a）所示。

（2）在"变换"工具栏中单击"对称" 🕮 。

（3）框选选中所有几何元素或者按 Ctrl 键多选。

（4）选择"V"轴为对称轴，所选几何元素关于"V"轴对称，如图 4-79（b）所示。

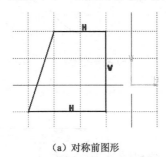

（a）对称前图形　　　　　　　　　　　（b）对称后图形

图 4-79　创建对称图形

3. 平移

"平移"命令可以按直线方向移动几何元素，也可以在移动的同时复制几何元素。在"变换"工具栏中单击"平移" → ，弹出"平移定义"对话框，如图 4-80 所示。

（1）实例。设置复制几何元素的数目。

（2）复制模式。激活该复选框，可以复制几何元素。

（3）保持内部约束。激活该复选框，保留被选择几何元素间的内部约束。

（4）保持外部约束。激活该复选框，保留被选择元素与其他元素间的外部约束。

图 4-80　"平移定义"对话框

（5）值。设定几何元素移动的距离。

（6）捕捉模式。激活该复选框，移动距离时会自动捕捉，默认捕捉间距为 5mm。

【例 4-57】平移图形。

（1）绘制的几何图形如图 4-81（a）所示。

（2）在"变换"工具栏中单击"平移" →，弹出"平移定义"对话框，如图 4-80 所示，激活"复制模式"复选框并设置实例的个数为"2"。

（3）选中图 4-81（a）中的圆。

（4）选择某一点确定参考点移动的方向，确定平移起点后，可以在"平行定义"对话框中的"值"文本框内输入数值并单击"确定"，或者移动鼠标至某一点，单击以确定平移方向，平移复制后的图形，如图 4-81（b）所示。

4. 旋转

"旋转"可以以某个点为旋转中心旋转几何元素，在旋转过程中也可以复制几何元素。在"变换"工具栏中单击"旋转" ↻，弹出"旋转定义"对话框，如图 4-82 所示。

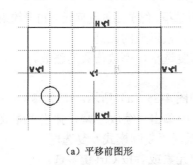
（a）平移前图形

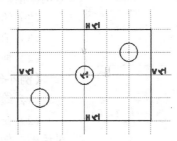
（b）平移复制后图形

图 4-81　平移图形

（1）实例。设置复制几何元素的数目。

（2）约束守恒。激活该复选框，旋转后的几何元素自身约束不变。

（3）值。设定几何元素旋转的角度。

（4）捕捉模式。激活该复选框，旋转角度为整数。

【例 4-58】旋转图形。

（1）绘制的几何图形如图 4-83（a）所示。

（2）在"变换"工具栏中单击"旋转" ↻，弹出"旋转定义"对话框，如图 4-82 所示，激活"复制模式"复选框并设置实例的个数为"2"。

图 4-82　"旋转定义"对话框

（3）框选选中所有几何元素或者按 Ctrl 键多选。

（4）选择某一点确定旋转中心及转动半径，移动鼠标，在任意一点单击，再次移动鼠标，单击以确定几何元素的旋转位置并单击"确定"，或者在"旋转定义"对话框中的"值"文本框内输入旋转角度，旋转复制后图形如图 4-83（b）所示。

5. 缩放

"缩放"可以将几何图形按倍数进行比例缩放。在"变换"工具栏中单击"缩放" ⬛，弹出"缩放定义"对话框，如图4-84所示。

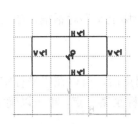

（a）旋转前图形

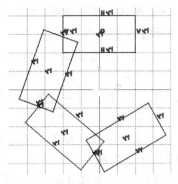

（b）旋转复制后图形

图4-83　旋转图形

图4-84　"缩放定义"对话框

（1）复制模式。激活该复选框，几何图形与缩放图形共同保留；取消激活后，只保留缩放图形。

（2）约束守恒。激活该复选框，缩放后的几何元素自身约束不变。

（3）值。设定选择几何元素缩放的比例。

（4）捕捉模式。激活该复选框，缩放倍数为整数。

【例4-59】缩放图形。

（1）绘制的几何图形如图4-85（a）所示。

（2）在"变换"工具栏中单击"缩放" ![icon]，弹出"缩放定义"对话框，如图4-84所示，激活"复制模式"复选框。

（3）框选选中所有几何元素或者按Ctrl键多选。

（4）移动鼠标并在某一位置单击以确定缩放图形的中心点，继续移动鼠标，在某一位置单击以确定缩放倍数；或者在确定缩放图形的中心点后，在"缩放定义"对话框中的"值"文本框内输入数值，单击"确定"，缩放后的图形如图4-85（b）所示。

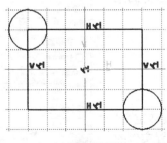

（a）缩放前图形

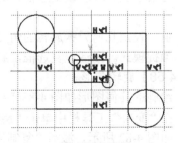

（b）缩放后图形

图4-85　缩放图形

6. 偏移

"偏移"可以对选定的几何元素进行偏移和复制，包括"无拓展""相切拓展""点拓展""双侧偏移"。在"变换"工具栏中单击"偏移" ![icon]，"草图工具"工具栏如图4-86所示。

图4-86　"草图工具"工具栏

【例 4-60】偏移图形。

（1）绘制的几何图形如图 4-87（a）所示。

（2）单击需要偏移的曲线。

（3）单击"偏移" ，在"草图工具"工具栏中单击"无拓展" 、"相切拓展" 、"点拓展" 或者"双侧偏移" 。

（4）移动鼠标至合适位置单击，或者在"草图工具"工具栏中输入数值，按 Enter 键，如图 4-88 所示。偏移后的图形如图 4-87（b）、（c）、（d）、（e）所示。

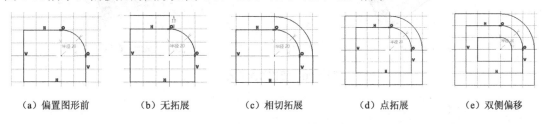

| （a）偏置图形前 | （b）无拓展 | （c）相切拓展 | （d）点拓展 | （e）双侧偏移 |

图 4-87　创建偏置图形

图 4-88　"草图工具"工具栏

4.2.4　3D 几何图形

3D 几何图形是将三维实体或草图中的一些几何特征投影到平面上生成草图几何元素，用于在不同平面中获取实体轮廓或者草图的几何元素，如果修改了三维实体对象，则投影得到的草图也会随之更新，该命令包括"投影 3D 元素""与 3D 元素相交""投影 3D 轮廓边线"。在"操作"工具栏中单击"投影 3D 元素" 的下拉按钮，弹出"3D 几何图形"工具栏，如图 4-89 所示。

1. 投影 3D 元素

"投影 3D 元素"命令可以将不在草图平面上的 3D 元素的边或者面投影到草绘平面上，得到投影线或者面的边界线。

图 4-89　"3D 几何图形"工具栏

【例 4-61】投影 3D 元素到草图平面。

（1）在零件设计工作台中创建实体，如图 4-90（a）所示。

（2）选择长方体表面作为草绘平面，在"草图编辑器"工具栏中单击"草图" ，进入草图工作台。

（3）选中凸台面轮廓线，在"3D 几何图形"工具栏中单击"投影 3D 元素" ，生成黄色的投影边线，如图 4-90（b）所示。

（4）投影生成的元素不能直接移动或编辑，需要选择投影元素，右击，在弹出的快捷菜单中选择"标记.1 对象"→"隔离"，如图 4-91（a）所示；投影线隔离后便可对其进行移动或编辑操作，如图 4-91（b）所示。

（a）创建 3D 实体

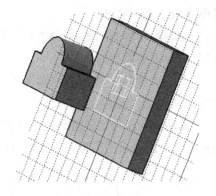
（b）生成的投影线

图 4-90　投影 3D 元素

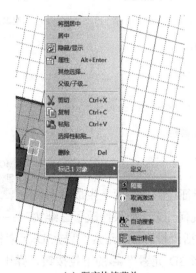
（a）隔离快捷菜单

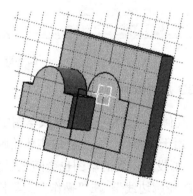
（b）隔离移动后的投影线

图 4-91　移动投影线

2. 与 3D 元素相交

"与 3D 元素相交"命令用于创建三维元素与草绘平面上的交线或者交点，得到的相交线与三维实体具有链接关系，可以用快捷菜单中的"隔离"命令分离。

【例 4-62】创建 3D 元素与草绘平面的交线。

（1）在零件设计工作台创建实体，如图 4-92（a）所示。

（2）选择 *XY* 面作为草绘平面，在"草图编辑器"工具栏中单击"草图"，进入草图工作台。

（3）在结构树中选中凸台，在"3D 几何图形"工具栏中单击"与 3D 元素相交"，生成凸台与草绘平面的交线，如图 4-92（b）所示。

3. 投影 3D 轮廓边线

"投影 3D 轮廓边线"命令用于创建三维几何体曲面轮廓线在草绘平面上的投影。

【例 4-63】投影 3D 轮廓边线。

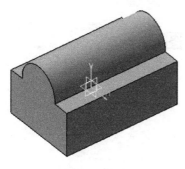
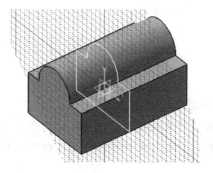

（a）创建的实体　　　　　　　　　　　　（b）生成的交线

图 4-92　投影 3D 元素相交线

（1）在零件设计工作台创建一个三维实体和一个参考平面，如图 4-93（a）所示。选择参考平面为草绘平面，单击"草图" ，进入草图工作台。

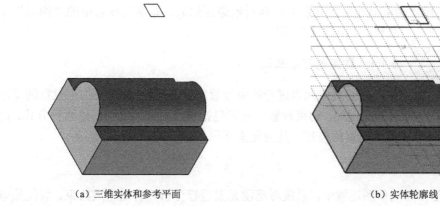

（a）三维实体和参考平面　　　　　　　　　　（b）实体轮廓线

图 4-93　投影 3D 轮廓边线

（2）选中圆柱面，在"3D 几何图形"工具栏中单击"投影 3D 轮廓边线" ，弹出"轮廓.1"警告提示框，如图 4-94 所示。

（3）单击"确定"，生成圆柱体轮廓投影线，如图 4-93（b）所示。

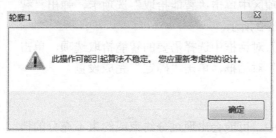

图 4-94　"轮廓.1"警告提示框

第 5 章　约束与草图动画

➢ **导读**
◆　约束的基本知识，尺寸约束与几何约束
◆　草图约束动画的作用与制作流程

5.1　约　　束

在草图绘制过程中，需要对几何元素进行约束，约束对象可以是单个也可以是多个。草图约束分为几何约束和尺寸约束两种类型。几何约束是对一个几何元素或多个几何元素之间设置的限制关系；尺寸约束是使用尺寸值对几何对象进行约束。草图工作台中的"约束"工具栏，如图 5-1 所示。

图 5-1　"约束"工具栏

5.1.1　约束的基本知识

在对几何元素进行约束设置之前，需要了解有关约束设置的基本知识，例如，约束设置的方式包括智能拾取和手动创建两种方式。此外，设置约束时，几何元素不同的颜色表示不同的意义。

1. 智能拾取

"智能拾取"是在绘制草图过程中，系统对草图元素进行分析而自动生成约束。智能拾取生成的几何约束包括"支持直线和圆""对齐""平行""垂直""相切""水平和垂直"。

智能拾取的几何约束类型可以在"选项"中进行设置，操作步骤如下。

（1）在菜单栏中，依次选择"工具"→"选项"，弹出"选项"对话框，在对话框的左侧目录中，选择"机械设计"→"草图编辑器"选项（图 3-9）。

（2）在"约束"选项区中单击"智能拾取"选项卡，弹出"智能拾取"对话框，如图 5-2 所示。

（3）在"智能拾取"对话框中选择需要的智能拾取选项，单击"关闭"，返回至"选项"对话框，单击"确定"完成设置。

2. 约束颜色

在创建约束的过程中，可能会出现过分约束或约束不充分的情况，此时，约束会显示为不同的颜色，可以根据约束显示的颜色来判断约束出现的问题以及找到解决问题的方法。

系统默认的约束颜色如表 5-1 所示。

图 5-2　"智能拾取"对话框

表 5-1　诊断结果、默认颜色及其解决方案

诊断结果	默认颜色	含义	解决方案	示例
约束不充分的元素	白色	几何图形存在一些自由度	添加正确约束	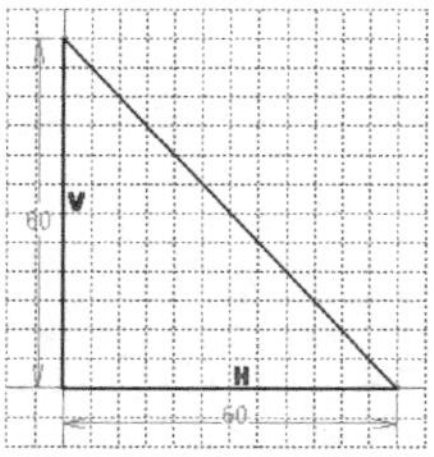
过分约束的元素	品红色	有过多尺寸应用于几何图形	移除一个或多个尺寸约束	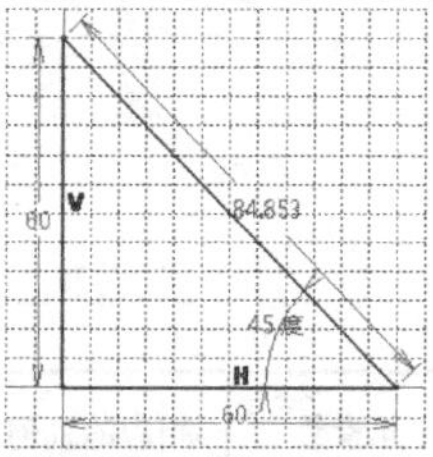
不一致的元素	红色	当元素约束不充分时,至少存在一个不能实现的尺寸,则会发生这种现象	正确设置尺寸值	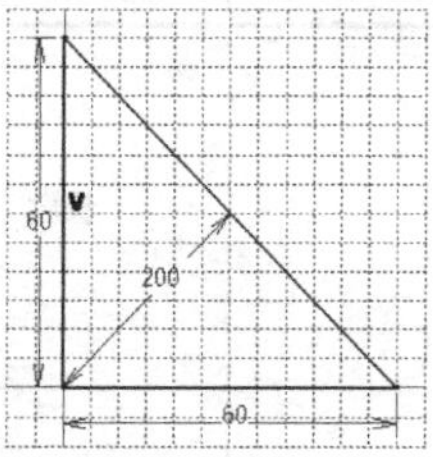
未更改的元素	暗红色	草图中某些几何元素被过分定义或不一致;几何图形有固定约束;至少两个约束之间有冲突并且两个约束不是过分约束	移除一个或多个尺寸约束;取消几何图形中存在的固定	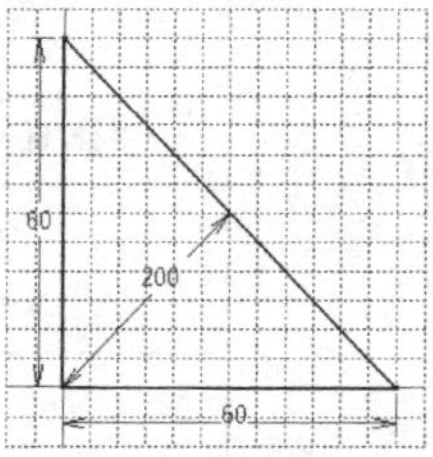
等约束元素	绿色	几何图形已被约束,所有相关尺寸均已满足,无自由度		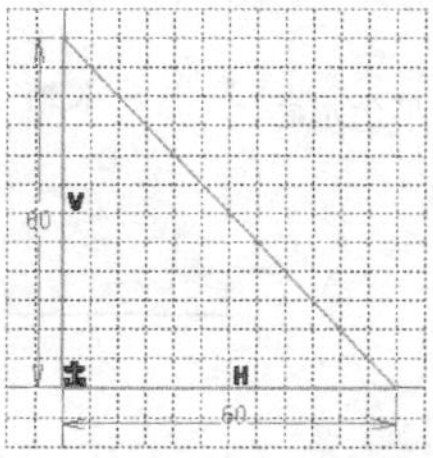

5.1.2　几何约束

　　要进行几何约束,首先需要选择约束对象,约束对象可以是单个,也可以是多个。选择对象后,"约束"工具栏中的"对话框中定义的约束" 处于激活状态,单击该图标,弹出"约束定义"对话框,如图 5-3 所示。

　　对话框中列出各种类型的约束选项,系统会对选择的对象进行自动分析,并确定可以约束的类型。对话框中的约束类型可以分为以下几类,如表 5-2 所示。

图 5-3 "约束定义"对话框

表 5-2 对话框约束类型

元素数	相应的几何约束	功能	图形
单个元素	长度	约束一条直线的长度	
	半径/直径	定义圆或圆弧的半径/直径	
	长轴	定义椭圆的长轴的长度	
	短轴	定义椭圆的短轴的长度	
	固定	使选定的对象固定	

元素数	相应的几何约束	功能	图形
单个元素	水平	使直线处于水平状态	
	竖直	使直线处于竖直状态	
两个元素	距离	约束两个指定元素之间的距离	
	角度	定义两个元素之间的角度	
	中点	定义点在曲线的中点上	
	相合	约束选定的对象相合	
	同心度	当两个元素被指定此约束后，圆心将位于同一点上	
	相切	约束选定的对象相切	

元素数	相应的几何约束	功能	图形
两个元素	平行	约束存在一定角度的两直线平行	
	垂直	约束两直线垂直	
三个元素	对称	约束两元素关于某元素对称	
	等距点	约束直线上三点彼此间的距离相等	

【例5-1】对草图添加几何约束。

打开资源包中的本例文件。

（1）在草绘平面绘制几何图形，如图5-4（a）所示。

（2）分别选中小圆和大圆，在"约束"工具栏中单击"对话框中定义的约束"，弹出"约束定义"对话框（图5-3）。选中对话框中的"同心度"选项，单击"确定"。

（3）选中直线，单击"对话框中定义的约束"，在弹出的"约束定义"对话框中选中"水平"，单击"确定"。

（4）选中大圆，单击"对话框中定义的约束"，在弹出的"约束定义"对话框中选中"半径/直径"，单击"确定"。

（5）分别选中大圆和直线，单击"对话框中定义的约束"，在弹出的"约束定义"对话框中选中"相切"，单击"确定"。生成的约束如图5-4（b）所示。

⚠【注意】本例中，在施加"相切"约束前，若不提前对大圆添加"半径/直径"约束，则直线位置保持不变，大圆直径自动调整为与直线相切。

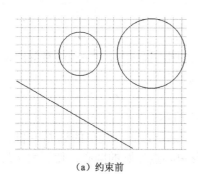
（a）约束前

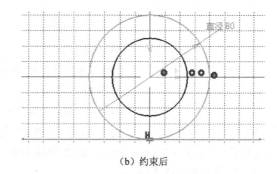
（b）约束后

图 5-4　约束几何图形

5.1.3　尺寸约束

在"约束"工具栏中单击"约束" ▯ 的下拉按钮，弹出"约束创建"工具栏，该工具栏包括"约束"和"接触约束"，如图 5-5所示。

图 5-5　"约束创建"工具栏

1.　约束

"约束"用于创建几何约束或尺寸约束，如长度、角度、距离等。在创建该类型的约束时，若选择单个对象，则定义该对象自身约束，如长度和半径/直径；若选择两个对象，则定义两者之间的关系，如角度、距离等。

在使用"约束"工具创建约束时，单击"约束" ▯ ，表示命令执行一次，双击该图标，表示命令一直执行，直到再次单击该图标或其他图标或按 Esc 键时停止。

【例 5-2】对几何图形创建尺寸约束。

打开资源包中的本例文件。

（1）在草绘平面绘制几何图形，如图 5-6（a）所示。

（2）在"约束"工具栏中双击"约束" ▯ ，单击"直线 1"，拖动鼠标至某一位置，创建长度约束；分别单击"直线 2"和"直线 3"并拖动鼠标至某一位置，创建角度约束；单击圆，创建直径约束；单击圆弧创建半径约束。

（3）单击"约束" ▯ 或按 Esc 键，结束创建尺寸约束，如图 5-6（b）所示。

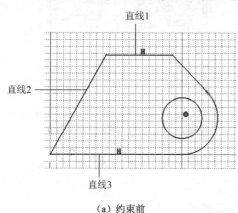
（a）约束前

（b）约束后

图 5-6　对几何图形创建尺寸约束

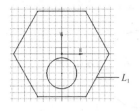

图 5-7　几何图形

2. 接触约束

"接触约束"用于创建元素之间相切、同心、共线等接触约束。

【例 5-3】对几何图形创建接触约束。

打开资源包中的本例文件。

（1）绘制的几何图形如图 5-7 所示。

（2）单击"接触约束" ，分别单击正六边形的边 L_1 和圆，使边与圆相切，如图 5-8（a）所示；或者分别单击正六边形中心点和圆的圆心，使正六边形和圆同心，如图 5-8（b）所示。

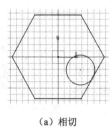

（a）相切

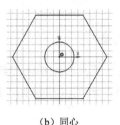

（b）同心

图 5-8　对几何图形创建接触约束

5.1.4　受约束的几何图形

在"约束"工具栏中单击"固联" 的下拉按钮，弹出"受约束的几何图形"工具栏，该工具栏包括"固联"和"自动约束"，如图 5-9 所示。

1. 固联

"固联"用于将多个几何元素固定在一起。设置该约束后，多个几何元素将被视为一个刚性组，只要移动其中的一个元素，该组中的所有元素都会被移动，并且形状不发生变化。

在"受约束的几何图形"工具栏中单击"固联" ，弹出"固联定义"对话框，如图 5-10 所示。

图 5-9　"受约束的几何图形"工具栏

图 5-10　"固联定义"对话框

（1）名称。可以在名称文本框内修改固联名称。

（2）几何图形。被选取的固联元素出现在几何图形列表。

【**例 5-4**】对几何图形创建固联约束。

打开资源包中的本例文件。

（1）绘制几何图形如图 5-11（a）所示。

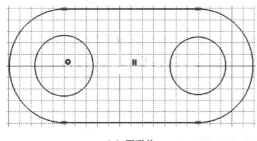

（a）固联前　　　　　　　　　　（b）固联后

图 5-11　对几何图形创建固联约束

（2）选取所有几何元素，在"受约束的几何图形"工具栏中单击"固联" 🖉，弹出"固联定义"对话框，对话框列出了几何图形的所有元素，如图 5-12 所示。

（3）单击"确定"按钮，将几何图形所有元素固联在一起，如图 5-11（b）所示。

2. 自动约束

"自动约束"用于检测几何元素间的约束，并创建选定元素的尺寸约束和几何约束。系统可以根据用户的定义自动生成相关的尺寸并进行标注，如果有些尺寸不符合要求可以进行修改或删除。

在"约束"工具栏中单击"自动约束" 🖾，弹出"自动约束"对话框，如图 5-13 所示。

（1）要约束的元素。选取约束对象。

图 5-12　"固联定义"对话框

（2）参考元素。约束对象与参考元素有相对约束关系。

（3）对称线。约束对象关于某个轴线对称。

（4）约束模式。其下拉菜单包含两个选项。

① 链式。以链式尺寸进行约束，系统默认约束方式。

② 堆叠式。以堆叠尺寸进行约束。

【**例 5-5**】对几何图形创建自动约束。

打开资源包中的本例文件。

（1）绘制如图 5-14（a）所示的几何图形。

图 5-13　"自动约束"对话框

（2）在"受约束的几何图形"工具栏中单击"自动约束" 🖾，弹出"自动约束"对话框，如图 5-13 所示。选取整个图形，单击"确定"，自动约束创建完成，如图 5-14（b）所示。

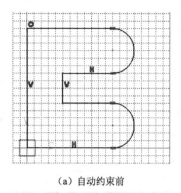
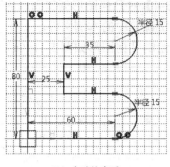

| （a）自动约束前 | （b）自动约束后 |

图 5-14　对几何图形创建自动约束

5.1.5　编辑多重约束

"编辑多重约束"是对全部或部分已标注的尺寸约束进行编辑与修改。

选中已约束的草图，在"约束"工具栏中单击"编辑多重约束" ，弹出"编辑多重约束"对话框，如图 5-15 所示。

图 5-15　"编辑多重约束"对话框

（1）列表框内容包括约束、初始值、当前值、最大公差、最小公差选项，用于显示各项的值。

（2）当前值。用于修改当前选中约束的数值。

（3）最大公差。用于设置约束的最大公差。

（4）最小公差。用于设置约束的最小公差。

（5）恢复初始值。恢复当前选中约束的初始值。

（6）恢复初始公差。恢复公差的初始值。

【例 5-6】编辑图形的多重约束。

打开资源包中的本例文件。

（1）绘制几何图形并对图形进行约束，如图 5-16（a）所示。

（2）选中图形中的所有尺寸，在"约束"工具栏中单击"编辑多重约束" ，弹出"编辑多重约束"对话框，如图 5-17 所示。

（3）如果要改变某个约束值，则在列表框中选择该约束，修改"当前值"文本框中的数值；如果要将当前值恢复到初始值，单击"恢复初始值"选项卡。

（4）可以为当前的约束值设置公差。公差设置后，其值显示在对话框以及草图约束中，单击"恢复初始公差"选项卡，则公差值恢复为初始值 0。

（5）本例将约束"半径 1"的当前值改为 15mm。将将约束"偏移 4"的最大公差改为 0.5mm，最小公差改为-0.5mm，单击"确定"，结果如图 5-16（b）所示。

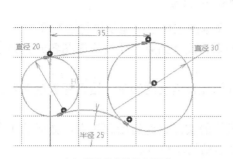

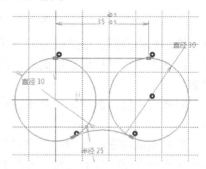

（a）部分约束的几何图形 　　　　　　　（b）修改数值及设置公差

图 5-16 编辑图形的多重约束

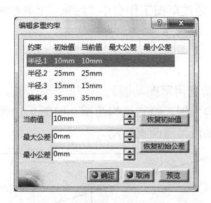

图 5-17 "编辑多重约束"对话框

5.2 草图动画

草图约束动画是指在专门设置约束的草图中驱动某一运动关联约束，使草图中的相关几何元素位置发生相对运动。

设计者使用草图约束动画模拟机构的运动，通过观察和测量草图约束动画的运动与形位变化，可以确定机构的运动行程、初步检验设计尺寸、干涉等问题，用于设计之初的方案论证及基础参数的探讨。

草图约束动画的优点如下。

（1）在设计初始阶段帮助设计者快速筛选机构参数。

（2）以简图形式模拟机构运动。

（3）能模拟多种基本运动形式。

5.2.1 制作流程

草图约束动画的制作步骤及流程如图 5-18 所示。

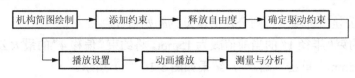

图 5-18　草图约束动画制作流程

（1）绘制机构简图。根据机构的形式与特点，在草图工作台中绘制机构的简图。

（2）添加约束。机构简图绘制后，添加几何约束和尺寸约束，使机构简图各元素处于全约束状态。

（3）释放自由度。删除阻碍草图约束动画中几何元素运动的约束，达到释放运动自由度的目的。

（4）确定驱动约束。驱动约束确定的依据以机构的实际匀速运动源为主，如运动源为非匀速运动或不便于驱动整个机构，可考虑其他合理运动的驱动点。

（5）草图约束动画播放前的设置。通过草图工作台中"约束"工具栏中的"对约束应用动画"⬀设置草图约束动画初始状态、终止状态以及运动的频率。

（6）播放草图约束动画。通过草图工作台中"约束"工具栏中的"对约束应用动画"⬀播放草图约束动画。

5.2.2　机构简图绘制

【例 5-7】对曲柄连杆机构运用草图动画。

以发动机中曲柄连杆机构为例，绘制机构简图，如图 5-19 所示。活塞在气缸内做往复运动，驱动连杆，连杆带动曲轴做匀速圆周运动。

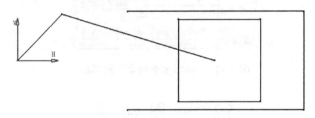

图 5-19　曲柄连杆机构运动简图

5.2.3　约束

为已绘制的机构简图添加全约束，使草图中每一几何元素均有唯一确定的形状、尺寸及位置。添加的方式有以下两种。

（1）自动约束。通过草图工作台中的"自动约束"功能添加约束。"自动约束"操作方法参见 5.1.4 节中的自动约束内容。

（2）手动添加约束。手动添加的约束有以下两种。

① 几何形位约束。图 5-20 为曲柄连杆机构的几何形位约束，固定铰接点与坐标原点相合。铰接点为曲轴与连杆的端点相合点。活塞边线添加水平、垂直约束，固定在活塞上的铰接点与"H"轴相合。气缸添加固定约束。

② 尺寸约束。图 5-21 为曲柄连杆机构的尺寸约束，曲轴长度为 80mm，连杆长度为 200mm，固定铰接点与活塞距离为 200mm，滑块尺寸长×宽为 102mm×100mm，铰接点与活塞在"H"轴方向上 45mm 处定位，活塞与气缸在"V"轴方向上的距离为 10mm，气缸总长

度为 220mm。

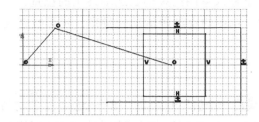

图 5-20　曲柄连杆机构的几何形位约束

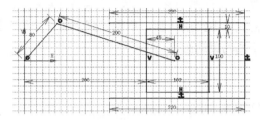

图 5-21　曲柄连杆机构的尺寸约束

5.2.4　自由度释放

曲柄连杆机构的运动过程为活塞在气缸中做往复运动，驱动连杆带动曲轴做匀速圆周运动，而图 5-21 中，固定铰接点与滑块距离为 200mm 的约束限制了滑块的运动，需要将该约束删除。如添加图 5-22 中的约束，则直接播放草图约束动画。

5.2.5　驱动约束确定

驱动约束应尽量选择匀速运动源，发动机曲柄连杆运动中曲轴的转速为匀速，选择曲轴与"H"轴的角度约束作为驱动约束，如图 5-22 所示。同时，这也解释了不能把固定铰接点与滑块距离为 200mm 的约束作为驱动约束的原因。

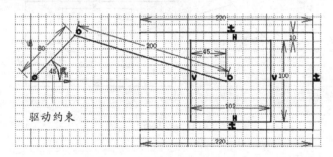

图 5-22　驱动约束确定

5.2.6　机构驱动与设置

选中驱动约束后，在"约束"工具栏中单击"对约束应用动画" ，弹出"对约束应用动画"对话框，如图 5-23 所示。

1．参数

（1）第一个值。用于输入草图约束动画起始运动位置。

图 5-23　"对约束应用动画"对话框

（2）最后一个值。用于输入草图约束动画运动终止的位置。

（3）步骤数。用于输入草图约束动画运动的频率。步骤数越大，草图约束动画运动得越慢。

2．工作指令

（1）倒放动画。从"最后一个值"开始向"第一个值"播放动画。

（2）暂停动画。单击"暂停"，草图约束动画停止在单击"暂停"时草图约束动画的位置，再次单击"暂停"继续播放。

（3）停止动画。停止播放草图约束动画，草图回到"第一个值"位置。

（4）运行动画。播放草图约束动画。

3．选项

（1）一个镜头。动画仅播放一次。

（2）反转。动画从"第一个值"到"最后一个值"播放，然后再从"最后一个值"播放到"第一个值"。

（3）循环。动画循环进行"反转"播放。

（4）重复。动画循环进行"一个镜头"播放。

4．隐藏约束

激活"隐藏约束"复选框，草图上的约束自动隐藏，便于观察草图。

用户可以通过"对约束应用动画"对话框实现如图 5-24 所示的曲柄连杆草图动画运动状态。

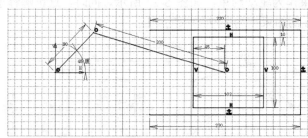

（a）运动状态 1

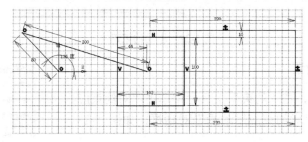

（b）运动状态 2

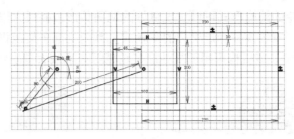

（c）运动状态 3

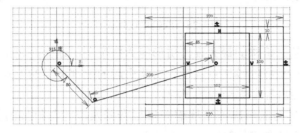

（d）运动状态 4

图 5-24　曲柄连杆机构运动状态

5.2.7　机构修饰

设计中，为了使草图约束动画更加形象、易于理解，用户可以对草图约束动画进行修饰，如图 5-25 所示。

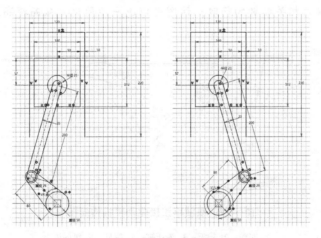

图 5-25　曲柄连杆机构修饰及运动状态

5.3　动画应用示例

草图约束动画在产品实际设计中具有重要意义。现以双轴单铰接驱动轮为例来讲述草图约束动画对设计的作用。

5.3.1　机构运动描述

【例 5-8】双轴单铰接驱动轮机构。

双轴单铰接驱动轮的结构形式可以实现良好的地面仿形，并最大限度地发挥各个轮子的驱动力，同时能够保证安装该种行走机构的车辆或机具的上部车架或机体结构在颠簸路面保持平稳，如图 5-26 所示。该机构可用于高性能多轮越野车辆或大型农业机械。

（a）运动状态 1　　　　　　　　　　　　　　　（b）运动状态 2

图 5-26　双轴单铰接驱动轮

在路面不平度不超过机构的最大设计仿形能力情况下，地面的起伏引起两端安装有车轮的水平摆臂绕其中部与支杆的铰接点旋转，由此引起的上部梁架的上升或下降通过液压油缸的伸缩进行补偿，从而保证上部结构的平稳。

当该装置在设计之初需考虑油缸伸缩对机架升降及车轮与机架的前后相对位置等问题时，可以应用草图约束动画进行解决。

5.3.2　机构简图绘制

双轴单铰接驱动轮机构包括车轮、梁架、液压缸、摆杆、纵向桥等 5 个主要构件。如图 5-27 所示，为双轴单铰接驱动轮机构简图。因该图较为复杂，为便于操作并减少失误，本例采用各构件单独绘制后组装的形式进行。

💡【提示】如仅为相关参数的获取，该图可以进一步简化，从而提高工作效率。

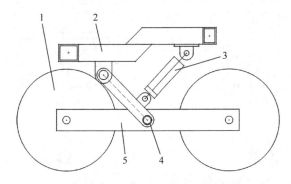

图 5-27　双轴单铰接驱动轮机构简图

1. 车轮；2. 梁架；3. 液压缸；4. 摆杆；5. 纵向桥

5.3.3　约束添加

如图 5-28 所示，对双轴单铰接驱动轮各构件进行全约束。

⚠【注意】不要使用草图的坐标轴"H"和"V"为基准进行尺寸约束，但梁架与纵向桥以二者为基准进行几何约束，以保证各构件可按设定移动。

由于该机构各构件均为铰接连接，可对已约束的构件通过"同心度"几何约束进行组装，完成的机构草图如图 5-29 所示。

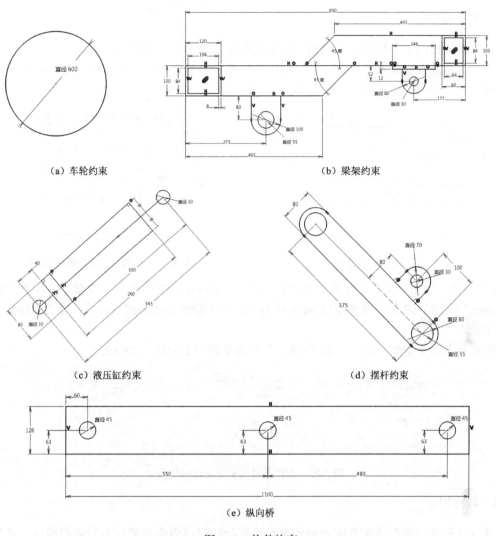

（a）车轮约束　　　　　　　　　　　　　（b）梁架约束

（c）液压缸约束　　　　　　　　　　　　（d）摆杆约束

（e）纵向桥

图 5-28　构件约束

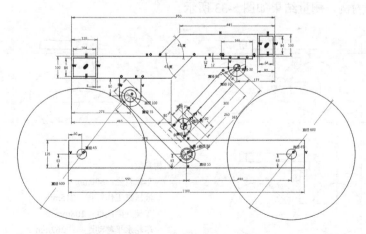

图 5-29　机构草图与约束

构件线条遮挡部分可以剪切掉，并将断点与剪切线相合处理，以起到修饰和美观的效果。

5.3.4　机构驱动

（1）根据机构工作原理，选择液压缸长度作为驱动约束，如图 5-30 所示。

（2）选中液压缸长度"365"，在"约束"工具栏中单击"对约束应用动画"图标，弹出"对约束应用动画"对话框，如图 5-31 所示。

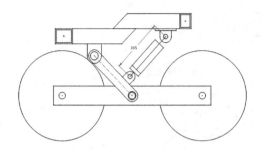

图 5-30　驱动约束选择 　　　　　　　　　　图 5-31　对约束应用动画对话框

（3）"第一个值"文本框中数值为初始位置"365 mm"，在"最后一个值"文本框中输入"580 mm"（设定液压缸行程为 215mm）作为草图约束动画运动的终点位置，于"步骤数"文本框中输入"100"。

播放草图约束动画。如图 5-32 所示，为双轴单铰接驱动轮运动状态。

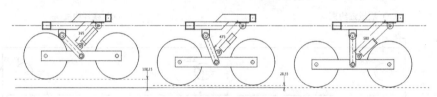

图 5-32　双轴单铰接驱动轮运动状态

5.3.5　数据测量

通过双轴单铰接驱动轮草图约束动画可以进行行程范围内任意状态的数据测量。以测量极限行程的数据为例，测量结果如图 5-33 所示。

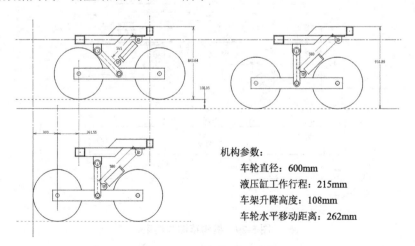

机构参数：
车轮直径：600mm
液压缸工作行程：215mm
车架升降高度：108mm
车轮水平移动距离：262mm

图 5-33　极限行程测量数据

第6章　草图辅助工具

➤ **导读**
◆ 本章讲解的草图辅助工具为草图可视化和草图求解分析
◆ 草图可视化用于设置草图绘制过程中的辅助视觉样式
◆ 草图求解分析用于分析草图的约束状态

6.1　草图可视化

可视化工具用于设置草图绘制过程中的辅助视觉样式，该工具栏如图6-1所示。

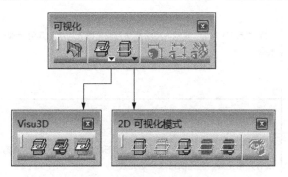

图 6-1　可视化工具栏

6.1.1　平面剖切零件

"按草图平面剪切零件"是指将实体零部件以草绘平面为基准进行剖切。该功能可以显示被剖切实体截面的内部结构。

（1）在绘制深沟球轴承过程中，内、外圈轮廓创建后，需要绘制滚动体的草图，如图6-2（a）所示。

（2）轴承内圈在草图中是不可见的，因此无法为滚动体的绘制提供直观的尺寸基准。在"可视化"工具栏中单击"按草图平面剪切零件" ，将零件剖切，如图6-2（b）所示。

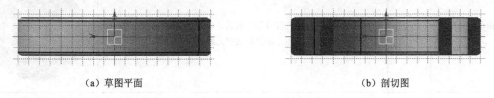

（a）草图平面　　　　　　　　　　　　　　　（b）剖切图

图 6-2　剖切轴承内外圈

（3）单击"按草图平面剪切零件" ，恢复实体剖切前状态。

6.1.2　二维可视化

在"可视化"工具栏中单击"可拾取的可视背景" 的下拉按钮，弹出"2D可视化模式"

工具栏，该工具栏包括"可拾取的可视背景""无 3D 背景""不可拾取的背景""低亮度背景""不可拾取的低亮度背景""锁定当前视点"（图 6-1）。

"2D 可视化模式"工具栏中各图标的功能及图形效果如表 6-1 所示。

表 6-1　2D 可视化模式工具栏

名称	图标	功能	示例
可拾取的可视背景		"可拾取的可视背景"模式为默认选项，以标准亮度显示草图平面以外的所有几何元素，这些元素可以拾取	
无 3D 背景		激活"无 3D 背景"模式，将隐藏除当前草图外的所有几何元素和特征	
不可拾取的背景		激活"不可拾取的背景"模式，以标准亮度显示草图平面以外的所有几何元素，但无法拾取这些元素	
低亮度背景		激活"低亮度背景"模式，以低亮度显示草图平面以外的所有几何元素，这些元素可以拾取	
不可拾取的低亮度背景		激活"不可拾取的低亮度背景"模式，以低亮度显示草图平面以外的所有几何元素，但无法拾取这些元素	
锁定当前视点		在已设置可视化模式后锁定当前视点，视图只可进行平面旋转而不能进行空间旋转	

6.1.3 三维可视化

在"可视化"工具栏中单击"常用" 🔳的下拉按钮,弹出"Visu3D"工具栏,该工具栏包括"常用""低光度""无 3D 背景"(图 6-1)。

1. 常用

"常用"用于显示草图工作台中的 3D 元素。该功能默认处于激活状态,草图之外的 3D 元素都可见且可以拾取。

(1)打开或创建任意 Part 文件,选择任意平面,进入草图工作台,如图 6-3(a)所示。

(2)在"Visu3D"工具栏中单击"低光度" 🔳,图形变化如图 6-3(b)所示。

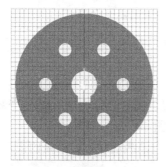
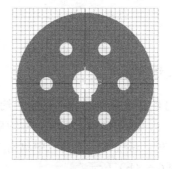

(a)实体模型　　　　　　　　(b)低光度下的实体模型

图 6-3 实体模型亮度变化

(3)在"Visu3D"工具栏中单击"常用" 🔳,恢复实体模型的初始状态。

2. 低光度

"低光度"是以灰色显示除当前草图之外的所有几何元素和特征,这些元素和特征可见但无法进行选择操作。其具体操作步骤参见本节第 1 项。

3. 无 3D 背景

"无 3D 背景"是隐藏当前草图之外的所有几何元素和特征。

(1)打开或创建任意 Part 文件,选择任意平面,进入草图工作台,参见图 6-3(a)。

图 6-4 实体无 3D 背景

(2)在"Visu3D"工具栏中单击"无 3D 背景" 🔳,图形变化如图 6-4 所示。

(3)在"Visu3D"工具栏中单击"常用" 🔳,可显示隐藏的实体。

6.1.4 诊断

"诊断"主要用于检验草图约束是否完全。默认情况下的"诊断" 🔳处于激活状态。

(1)打开或创建任意已完全约束的草图文件,如图 6-5(a)所示。

(2)在"可视化"工具栏中单击"诊断" 🔳,取消激活状态,草图颜色变成未添加约束状态时的颜色,如图 6-5(b)所示。

关闭诊断功能后无法从颜色上判别草图的约束状态，建议用户在绘制草图时开启"诊断"功能。

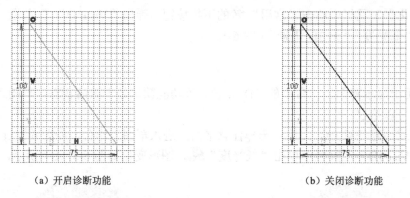

（a）开启诊断功能 （b）关闭诊断功能

图 6-5 诊断草图约束

6.1.5 尺寸约束

"尺寸约束"用于过滤草图中的约束尺寸。默认情况下的"尺寸约束" 处于激活状态。

（1）打开或创建任意带有尺寸约束的草图文件，如图 6-6（a）所示。

（2）在"可视化"工具栏中单击"尺寸约束" ，取消激活状态，隐藏约束尺寸，草图变化如图 6-6（b）所示。

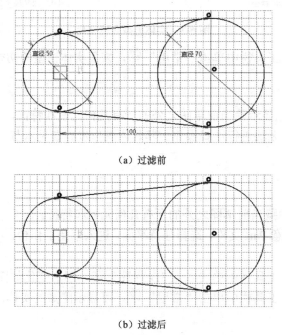

（a）过滤前

（b）过滤后

图 6-6 过滤尺寸约束

（3）再次单击"尺寸约束" ，恢复过滤前的约束尺寸。

6.1.6 几何约束

"几何约束"用于过滤草图中的几何约束。默认情况下的"几何约束" 处于激活状态。

（1）打开或创建任意带有几何约束的草图文件，如图 6-7（a）所示。

（2）在"可视化"工具栏中单击"几何约束" ![icon]，取消激活状态，隐藏几何约束，草图变化如图 6-7（b）所示。

（3）再次单击"几何约束" ![icon]，恢复过滤后的几何约束。

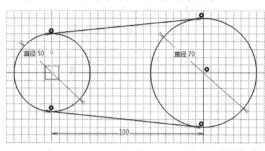

（a）过滤前

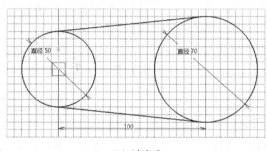

（b）过滤后

图 6-7　过滤几何约束

6.2　草图求解状态与分析

完成草图的绘制后，可以对草图进行一些简单的分析。在分析草图的过程中，系统会显示出草图未完全约束、已完全约束和过度约束等状态，通过此分析可进一步修改草图，从而使草图获得合理的约束状态。

在"工具"工具栏中单击"草图求解状态" ![icon]的下拉按钮，弹出"2D 分析工具"工具栏，该工具栏包括"草图求解状态"和"草图分析"，如图 6-8 所示。

图 6-8　"2D 分析工具"工具栏

6.2.1　草图求解状态

"草图求解状态"可以快速诊断出几何图形的约束状态，为修正草图中相关的约束提供参考。在"2D 分析工具"工具栏中单击"草图求解状态" ![icon]，弹出"草图求解状态"对话框，如图 6-9 所示，该对话框显示草图几何图形的约束状态。当草图不完全约束、完全约束和过度约束时，"草图求解状态"对话框分别显示"不充分约束""等约束""过分约束"字样。单击对话框中的"草图分析" ![icon]，弹出"草图分析"对话框，其默认选项为"诊断"选项卡，如图 6-10 所示，其列表框中显示草图中所有的几何图形和约束以及它们的状态。

图 6-9　"草图求解状态"对话框

图6-10 "草图分析"对话框"诊断"选项卡

"草图分析"对话框"诊断"选项卡各区域内容具体如下。

（1）正在解析状态。指示当前草图诊断结果。

（2）详细信息。列出所有草图元素、约束状态和几何元素类型。

（3）工作指令。可以对选定的元素进行如下操作。

① 隐藏约束。隐藏草图上所有约束。

② 隐藏构造几何图形。隐藏草图和"几何图形"选项卡详细信息区域中的所有构造几何图形。

③ 删除几何图形或约束。删除"详细信息"列表中选中的元素。

【例6-1】草图求解。

（1）绘制的几何图形如图6-11所示。

（2）在"2D分析工具"工具栏中单击"草图求解状态"，弹出"草图求解状态"对话框，显示草图状态为不充分约束状态（图6-9）。此时，图形区中约束不充分的元素（本例中为圆）亮显出来，如图6-12所示。

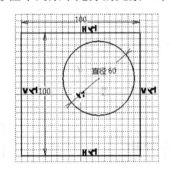

图6-11 带有部分约束的几何图形

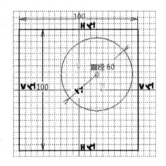

图6-12 草图求解状态

（3）单击"草图求解状态"对话框中的"草图分析"，弹出"草图分析"对话框，显示几何元素的约束状态（图6-10）。

6.2.2 草图分析

"草图分析"可以对草图几何图形、草图投影、草图相交和草图状态等进行分析。

除了可以从"草图求解状态"对话框进入"草图分析"对话框，还可在"2D分析工具"工具栏中单击"草图分析"，弹出"草图分析"对话框，此时其默认选项为"几何图形"选项卡，如图6-13所示。

"几何图形"选项卡各区域内容具体如下。

（1）一般状态。全局分析多个元素。

（2）详细信息。提供有关草图每个几何元素的详细状态或注释。

（3）更正操作。可以对选定的元素进行如下操作。

① 在构造模式中进行设置。将选中元素改为构造元素。

② 闭合开放轮廓。在草绘平面亮显出开放轮廓。

③ 删除几何图形或约束。删除"详细信息"列表中选中的元素。

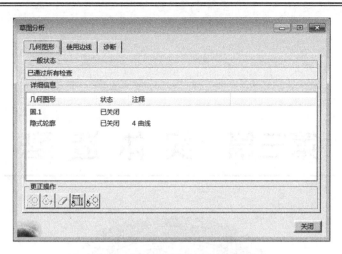

图 6-13　"草图分析"对话框

④ 隐藏约束。隐藏草图上所有约束。

⑤ 隐藏构造几何图形。隐藏草图和"几何图形"选项卡详细信息区域中的所有构造几何图形。

在"草图分析"对话框中选择"使用边线"选项卡，如图 6-14 所示。该选项卡各区域内容具体如下。

（1）详细信息。提供有关每个投影或相交、约束等项目的详细状态或注释。

（2）更正动作。可以对选定的元素进行如下操作。

① 隔离几何图形。隔离选定的几何图形。

② 激活/取消激活。激活/取消选定的投影或相交。

③ 删除几何图形或约束。删除"详细信息"列表中选中的元素。

④ 替换 3D 几何图形。替换选定的投影或相交的支持面。

⑤ 隐藏约束。隐藏草图上所有约束。

⑥ 隐藏构造几何图形。隐藏草图和"几何图形"选项卡详细信息区域中的所有构造几何图形。

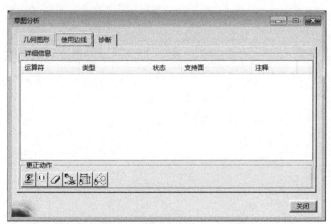

图 6-14　"草图分析"对话框

"诊断"选项卡的内容在 6.2.1 节已介绍，在此不再赘述。

第三篇 实体造型

本篇的主要内容为 CATIA 软件的零件设计。学习本篇内容的目的是掌握在 CATIA 各种模块下进行零件设计的基本技能。本篇主要任务如下：

- ➲ 认识和熟悉零件设计工作台
- ➲ 学会创建基于草图的 3D 特征
- ➲ 学会对零件进行修饰与变换的常用方法

第 7 章　零件工作台与基本操作

➢ **导读**
◆ 零件设计方法
◆ 零件设计一般步骤
◆ 零件设计工作台的启动、用户界面及工具栏
◆ 参考元素：点、直线、平面和轴系

7.1　概　　述

零件是指组成机器的不可拆分的基本单元，如螺栓、螺钉、键、带、齿轮、轴、弹簧、销等，零件是构成产品的基础。CATIA 中的零件是在零件设计工作台中设计的。零件设计工作台为用户提供了丰富的实体造型功能。通过对这些功能的运用，可以对实体进行创建、编辑、排序等操作，最终设计出所需零件。同时，该模块还可以与 CATIA 其他模块有机结合，例如，CATIA 与线框与曲面设计模块切换使用，提高了建模的灵活性。

7.1.1　零件设计方法

CATIA 零件设计方法有两种，即布尔操作和特征添加。

1. 布尔操作

布尔操作是通过对点、线、面、体的一系列运算来创建实体的一种建模方法。布尔操作具有如下特点。

（1）无论形状多么复杂的实体都能创建。

（2）布尔操作只是针对点、线、面、体进行并、交、和的运算。

（3）布尔运算的图形处理方式较抽象，需要理论基础，不适于大众群体。

2. 特征添加

特征添加是按照加工工序对基础三维模型进行形状改变和技术属性添加的一种建模方法。特征添加具有如下特点。

（1）更符合设计人员的逻辑，使三维模型的创建顺序可以与加工工艺顺序过程一致，软件更容易上手和逐渐深入。

（2）通过添加特征设计零件的方式便于零件参数的修改和零件的参数化设计。

7.1.2　零件设计一般步骤

零件设计流程图如图 7-1 所示，其一般步骤如下。

1. 分析要设计零件的结构

对要设计零件的基础三维实体结构以及需要添加的特征进行分析。

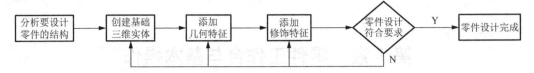

图 7-1　零件设计流程图

2. 创建基础三维实体

根据第 1 步分析的结果创建基础三维实体。

3. 添加几何特征

添加凹槽、旋转槽、开槽、孔等特征。

4. 添加修饰特征

添加倒圆角、倒角、拔模等修饰特征。

以轴承支座为例，如图 7-2 所示，其设计的一般步骤如图 7-3 所示。

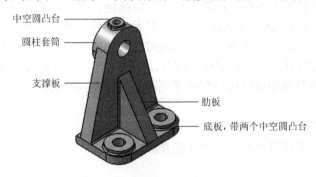

图 7-2　轴承支座各部分结构

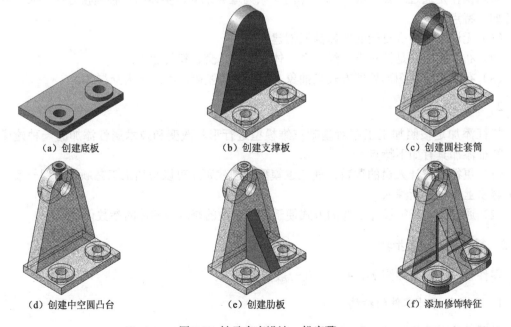

图 7-3　轴承支座设计一般步骤

✎【经验】在建模开始前要确定模型主特征，即最能代表零件外形的特征。首先构建主特征，然后在主特征的基础上建立其他特征；倒角、拔模等修饰特征在主特征完成后再行添加；特征应该完全约束，进行尺寸标注时要与全局坐标系完全约束。

7.2 零件设计工作台

7.2.1 启动

进入零件设计工作台的方法有以下两种。

（1）在菜单栏中，依次选择"开始"→"机械设计"→"零件设计"，弹出"新建零件"对话框，如图 7-4 所示。

图 7-4 "新建零件"对话框

① 输入零件名称。在输入零件名称文本框中输入零件名称，零件名称可以为中文。

② 启用混合设计。创建三维模型过程中，可以在几何体中插入线框和曲面元素。

③ 创建几何图形集。该项用于在进入零件设计工作台后自动创建几何图形集。

④ 创建有序几何图形集。该项用于在进入零件设计工作台后自动创建有序几何图形集。

⑤ 不要在启动时显示此对话框。该项在激活后，用户在下次进入零件设计工作台时不会出现"新建零件"对话框，直接进入零件设计工作台。

单击"确定"，进入零件设计工作台。

（2）在"标准"工具栏中单击"新建" ，弹出"新建"对话框，在"类型列表"中选择"Part"，如图 7-5 所示，单击"确定"，出现"新建零件"对话框（图 7-4），单击"确定"，进入零件设计工作台。

图 7-5 "新建"对话框

7.2.2 用户界面

零件设计工作界面包括"菜单栏""标题栏""指南针""结构树""零件设计专属工具栏""消息区""公共工具栏""命令输入栏""图形区",如图7-6所示。

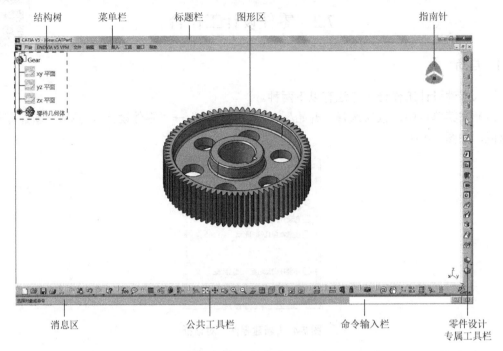

图 7-6 零件设计工作界面

7.2.3 工具栏

零件设计工作台中的专属工具栏主要包括"参考元素"工具栏、"布尔操作"工具栏、"变换特征"工具栏、"修饰特征"工具栏和"基于草图的特征"工具栏,如图7-7所示,各项功能将在后续章节中详细介绍。

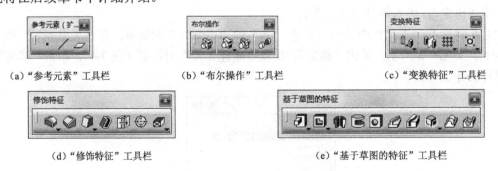

（a）"参考元素"工具栏　　（b）"布尔操作"工具栏　　（c）"变换特征"工具栏

（d）"修饰特征"工具栏　　　　　（e）"基于草图的特征"工具栏

图 7-7 零件设计专属工具栏

7.3 参 考 元 素

"参考元素"即基准,是三维设计过程中的定位与参照,是零件设计工作台中非常重要的辅助工具。"参考元素"工具栏中的命令虽然不能直接生成零件，但是在零件设计过程中经常需要使用参考元素辅助零件的生成。CATIA 参考元素由点、直线和平面三种几何元素以及坐标系（轴系）组成，"参考元素"工具栏如图 7-7（a）所示。

7.3.1　点

"点"命令是创建参考点的工具，参考点可以通过以下方法创建：坐标、在曲线上、在平面上、在曲面上、圆或球面中心、曲线上切点和两点间。

在"参考元素"工具栏中单击"点" ，弹出"点定义"对话框，如图 7-8 所示。"点类型"下拉列表后的图标 ，用于在创建点选择几何元素时，允许"点类型"自动改变。单击该图标， 变为 ，表示在创建点选择几何元素时，禁止"点类型"自动改变。例如，选择"坐标"方式创建点时，若禁用"点定义"对话框中自动类型更改，即"点类型"下拉列表后的图标显示为 ，则无法选择图形区的曲线，如果想选择曲线，则须选择"点类型"中的"曲线上"命令。

1. 坐标定义点

以输入空间坐标值的形式创建点。"坐标"项为默认选项，坐标"点定义"对话框如图 7-8 所示。

（1）"X""Y""Z"文本框。用于定义点的空间坐标。

（2）参考。

① 点。右击"点"文本框，弹出快捷菜单，如图 7-9 所示，参考点创建包括"创建点""创建中点""创建端点""创建相交""创建投影""创建提取""创建极值"。

图 7-8　"点定义"对话框

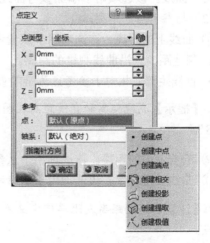

图 7-9　参考点快捷菜单

② 轴系。轴系将在 7.3.4 节中详细介绍。

（3）指南针方向。禁用"点定义"对话框中自动类型更改，单击"指南针方向"，弹出"警告"提示框，如图 7-10 所示，单击"确定"。将指南针定位在几何图形上，单击"指南针方向"，坐标"点定义"对话框中"X""Y""Z"文本框显示出指南针红点在空间中的坐标值，如图 7-11 所示。

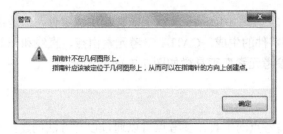

图 7-10 "警告"提示框

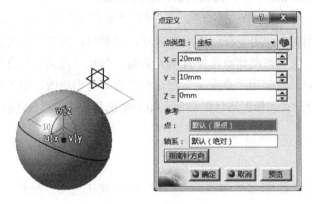

图 7-11 指南针方向坐标值

2. 曲线上的点

"曲线上"用于在曲线上创建点。在"点类型"下拉列表中选择"曲线上","点定义"对话框切换显示，如图 7-12 所示。

（1）曲线。该选项用于添加参考曲线。

（2）与参考点的距离。

① 曲线上的距离。该选项用于从参考点沿曲线给定距离确定创建点的位置。

a. 测地距离。沿曲线测量的距离。

b. 直线距离。相对于参考点测量的直线绝对值距离。

💡【提示】测地距离和直线距离在图形上的标注不同，测地距离的尺寸数字后面带有字母"G"。

② 沿着方向的距离。该选项用于从参考点沿某一方向给定距离确定创建点的位置。

③ 曲线长度比率。该选项用于从参考点按曲线长度的百分比确定创建点的位置。

⚠【注意】如果距离或比率值定义在曲线外，则无法创建直线距离的点，可创建测地距离的点。

（3）参考。用于添加创建曲线上点的基准点。如果该点不在曲线上，它将投影到曲线上；如果未选择点，则曲线的端点将默认被选为参考点。

（4）最近端点。单击"最近端点"，曲线上创建的点位于曲线最近端点上。

（5）中点。单击"中点"，创建在曲线上的点位于曲线的中点上。

（6）反转方向。用于改变创建的点相对于参考点的位置。

（7）确定后重复对象。用于以当前创建的点作为参考点来创建曲线上的等分点。激活该复选框，在完成曲线上的点后单击"确定"，弹出"点面复制"对话框，如图 7-13 所示。

① 同时创建法线平面。激活该复选框，在创建点的位置创建与曲线垂直的平面。

② 在新几何体中创建。激活该复选框，创建的等分点放置在结构树中的"有序几何图形集"节点下；若未激活该选项，则在当前的几何图形集中创建实例。

图 7-12　"点定义"对话框

图 7-13　"点面复制"对话框

【例 7-1】曲线上点的创建。

（1）在 xy 平面所在的草图工作台中绘制任意样条线后退出草图工作台，如图 7-14 所示。打开"点定义"对话框，在"点类型"列表框中选择"曲线上"，"点定义"对话框切换显示。激活"曲线"文本框，选择已绘制的曲线。

（2）激活"曲线上的距离"复选框，在"长度"后的文本框中输入数值"100"，激活"测地距离"复选框，其他选项参照图 7-15 进行设置，单击"确定"。

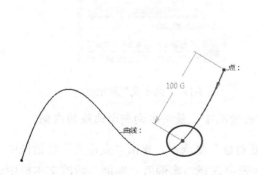

图 7-14　曲线上的距离创建点

图 7-15　"点定义"对话框

（3）再次进入 xy 平面，创建一条直线，命名为"草图 2"，退出草图工作台，如图 7-16

所示。打开"点定义"对话框，在"点类型"列表框中选择"曲线上"，"点定义"对话框切换显示。激活"曲线"文本框，选择步骤（1）中已绘制的曲线。

（4）激活"沿着方向的距离"复选框，激活"方向"文本框，选择"草图 2"，在"偏移"文本框中输入数值"100"，其他选项参照图 7-17 进行设置，单击"确定"。

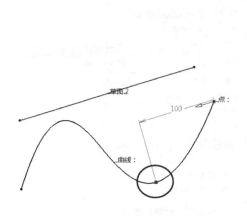

图 7-16　沿着方向的距离创建点

图 7-17　"点定义"对话框

（5）激活"曲线长度比率"复选框，单击"中点"命令，其他选项保持默认，曲线长度比率点的创建如图 7-18 所示，对话框如图 7-19 所示。

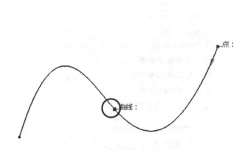

图 7-18　曲线长度比率创建点

图 7-19　"点定义"对话框

⚠【注意】使用"中点"选项时，曲线未封闭的情况下，箭头方向朝向曲线的内侧。

（6）在步骤（5）的基础上，激活"确定后重复对象"复选框。单击"点定义"对话框中的"确定"，弹出"点面复制"对话框，"参数"列表中选择"实例"，"实例"后的文本框中输入数字"2"，分别激活"同时创建法线平面"和"在新几何体中创建"复选框，其他选项参照图 7-20 进行设置，生成的实例及结构树部分如图 7-21 所示。

图 7-20　"点面复制"对话框设置

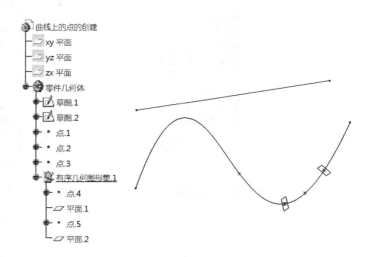

图 7-21　点面复制及结构树部分显示

⚠【注意】若曲线为封闭曲线，则系统将在曲线上发现可作为参考点的顶点，或创建一个极值点并将其突出显示，用户可根据需要选择其他极值点，或者系统提示手动选择一个参考点。在封闭曲线上创建的极值点在结构树中显示为 ⌒ 并隐藏。

3．平面上的点

"平面上"用于在平面上创建点。在"点类型"下拉列表中选择"平面上"，"点定义"对话框切换显示，如图 7-22 所示。

（1）平面。用于确定坐标点所在的平面，如果选择任意局部轴系的平面作为该平面，则轴系的原点将设置为参考点，如果修改轴系的原点，参考点也相应地被修改。

（2）"H""V"文本框。用于输入创建点所在平面的二维坐标值，H 轴为水平坐标轴，V 轴为垂直坐标轴。也可拖动鼠标在图形区定义点的坐标。

图 7-22　"点定义"对话框

（3）参考点。用于定义平面坐标点位置的参考点。默认选项为创建平面点所在平面上的原点。

（4）投影曲面。用于选择曲面，该曲面上的点垂直投影到平面上。

【例 7-2】平面上点的创建。

（1）打开资源包的 Part 文件，如图 7-23 所示，在"参考元素"工具栏中单击"点" ·，打开"点定义"对话框，在"点类型"下拉列表中选择"平面上"（图 7-21），激活"平面"文本框，选择 xy 平面。分别在"H""V"文本框中输入数值，本例取"92""0"。激活"曲面"文本框，选择图 7-23 所示曲面，对话框如图 7-24 所示。

⚠【注意】若选择投影曲面，则创建的点必须在曲面上，否则会显示无解。

（2）单击"预览"，如图 7-25 所示，确认无误后单击"确定"，系统弹出"多重管理结果"对话框，如图 7-26 所示。此对话框表示曲面上具有两个元素可以投影到 xy 平面上生成坐标为（92，0）的点，需要用户选择其中一个复选框以确定生成点的个数。

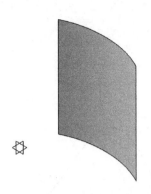

图 7-23　投影曲面

图 7-24　"点定义"对话框

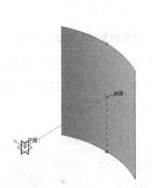

图 7-25　预览图

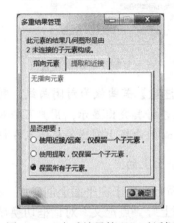

图 7-26　"多重结果管理"对话框

①"使用近接/远离，仅保留一个元素"表示使用近接的方式选择要保留的元素。单击"确定"，弹出"近接定义"对话框，如图 7-27 所示，需要选择一个参考元素，以保留距离此参考元素最近的点。

②"使用提取，仅保留一个元素"表示使用提取的方式选择要保留的元素。单击"确定"，弹出"提取定义"对话框，如图 7-28 所示，激活"要提取的元素"对话框，在预览图中选择要保留的点。

图 7-27　"近接定义"对话框

图 7-28　"提取定义"对话框

③"保留所有子元素"表示曲线上创建的点全都保留。单击"确定"，则所有元素均被保留，结构树上出现"点"节点，结果如图 7-29 所示。

4.　曲面上的点

"曲面上"用于在曲面上创建点。在"点类型"下拉列表中选择"曲面上","点定义"对话框切换显示，如图 7-30 所示。

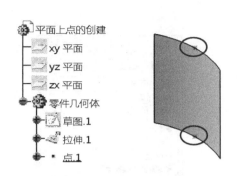

图 7-29　平面上点的创建

图 7-30　"点定义"对话框

（1）曲面。用于选择要在其中创建点的曲面。

（2）方向。用于确定曲面上点的方向。可以选择一个元素，以它的方向作为参考方向，如直线或 X、Y、Z 部件；也可以选择一个平面，以它的法线作为参考方向。

（3）距离。用于输入曲面上创建的点与参考点的距离值。也可拖动鼠标在图形区定义距离。

（4）参考点。用于选择一个参考点，在默认情况下，采用曲面的中点作为参考点。

（5）动态定位。

① 粗略的。参考点和鼠标单击位置之间计算的距离为直线距离。因此，创建的点可能不位于鼠标单击的位置，即创建点可以不在曲面上。此时，创建点的位置为系统计算的点与曲面的最近位置。在曲面上移动鼠标时，以红色十字表示的操作器不断更新，如图 7-31（a）所示。

② 精确的。参考点和鼠标单击位置之间计算的距离为最短距离。因此，创建的点精确位于鼠标单击的位置，即创建点在曲面上。此时，创建点的位置为精确位置，在曲面上移动鼠标时，以红色十字表示的操作器不更新，只有在单击曲面时才更新，如图 7-31（b）所示。

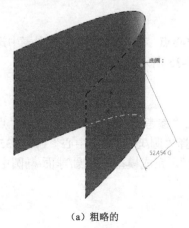

（a）粗略的

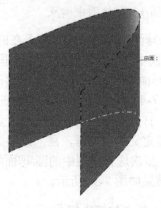

（b）精确的

图 7-31　动态定位

【例 7-3】曲面上点的创建。

（1）打开资源包的 Part 文件，如图 7-32 所示，在"参考元素"工具栏中单击"点" ，打开"点定义"对话框，在"点类型"下拉列表中选择"曲面上"（图 7-30），分别激活"曲面""方向""点"文本框，依次选择图 7-32 所示曲面、方向线和参考点，"距离"文本框输入值"30"，对话框如图 7-33 所示。

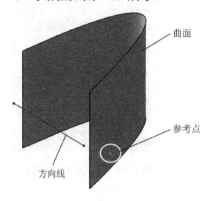

图 7-32　模型

图 7-33　"点定义"对话框

（2）单击"预览"，如图 7-34（a）所示，确认无误后单击"确定"，如图 7-34（b）所示。

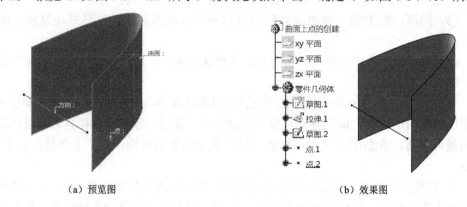

(a) 预览图　　　　　　　　　　　　　(b) 效果图

图 7-34　曲面上点的创建

5. 圆/球面/椭圆中心点

"圆/球面/椭圆中心点"用于在圆/球面/椭圆创建中心点。在"点类型"下拉列表中选择"圆/球面/椭圆中心"，"点定义"对话框切换显示，如图 7-35 所示。

圆/球面/椭圆：用于选择一个圆、球面或椭圆。

【例 7-4】圆/球面/椭圆中心点的创建。

（1）打开资源包的 Part 文件，如图 7-36 所示，在"参考元素"工具栏中单击"点" ，打开"点定义"对话框，在"点类型"下拉列表中选择"圆/球面/椭圆中心"（图 7-35）。

（2）依次选择模型中的圆/球面/椭圆，单击"确定"，完成模型中的圆/球面/椭圆中心点的创建，结果如图 7-37 所示。

6. 曲线上的切线切点

"曲线上的切线切点"用于在所选曲线上按指定的方向创建曲线的切点，创建的点可为多个。在"点类型"下拉列表中选择"曲线上的切线","点定义"对话框切换显示,如图 7-38 所示。

（1）曲线。用于添加目标曲线。

（2）方向。用于确定曲线上切线点的方向。

图 7-35　圆/球面/椭圆中心点对话框

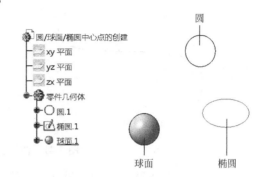

图 7-36　圆/球面/椭圆模型

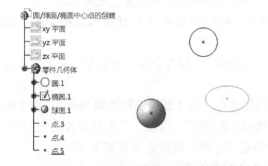

图 7-37　圆/球面/椭圆中心点的创建

图 7-38　"点定义"对话框

【例 7-5】曲线上切线切点的创建。

（1）打开资源包的 Part 文件,如图 7-39 所示,在"参考元素"工具栏中单击"点" ,打开"点定义"对话框,在"点类型"下拉列表中选择"曲线上的切线"（图 7-38）。

（2）激活"点定义"对话框中"曲线"文本框,选择图 7-39 中所示的曲线,选择"方向"文本框,选择图 7-39 中所示方向线,对话框如图 7-40 所示。

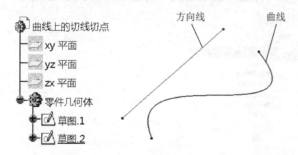

图 7-39　曲线上切线切点模型

图 7-40　"点定义"对话框

（3）单击"预览",如图 7-41（a）所示,确认无误后单击"确定",弹出"多重结果管理"对话框（图 7-26）,激活"使用近接,仅保留一个子元素"复选框,单击"确定",弹出"近接定义"对话框（图 7-27）,激活"近接"复选框,激活"参考元素"文本框,选择图 7-39

中所示的参考线，单击"确定"，结果如图 7-41（b）所示。

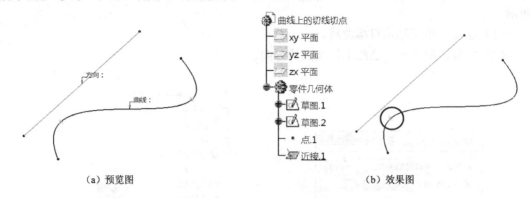

（a）预览图　　　　　　　　　　　　　（b）效果图

图 7-41　曲面上切线切点的创建

7. 两点之间的点

图 7-42　"点定义"对话框

"之间"用于在给定的两点之间按比率关系生成第三点。在"点类型"下拉列表中选择"之间"，"点定义"对话框切换显示，如图 7-42 所示。

（1）"点 1""点 2"文本框。选择两个点，表示在这两个点之间创建点。

（2）比率。用于输入创建点与点 1 或点 2 的距离与点 1、点 2 距离的比值。若比率>1 或比率<0，创建点出现在之间点以外的空间中。

（3）支持面。用于确定"之间"创建点所在的平面。

（4）反转方向。用于选择创建点与点 1 或点 2 之间点的方向。

（5）中点。用于使创建点为之间点的中点，此时比率为 0.5。

7.3.2　直线

"直线"命令是创建参考线的工具，参考线可以通过以下方法创建：点-点、点-方向、曲线的角度/法线、曲线的切线、曲面的法线、角平分线。

在"参考元素"工具栏中单击"直线"　，弹出"直线定义"对话框，如图 7-43 所示。

图 7-43　"直线定义"对话框

"线型"下拉列表后的图标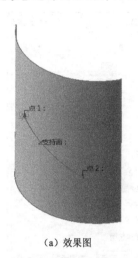，用于在创建直线选择几何元素时，允许"线型"自动改变。单击该图标，变为，表示在创建直线选择几何元素时，禁止"线型"自动改变。

1. 两点创建直线

"直线定义"用于通过空间点来创建直线，"点-点"为默认选项。

（1）点 1、点 2。用于添加创建点-点直线的两点。

（2）支持面。支持面只能为点 1、点 2 所在的平面。支持面选择曲面时，点-点创建的线为曲线，如图 7-44 所示。

※【提示】支持面若选择曲面，则曲面上必须同时存在点 1 和点 2，或存在点的 3D 投影。

（a）效果图　　　　　　　　　　　（b）支持面选择曲面直线定义对话框

图 7-44　支持面选择曲面

（3）起点、终点。线上端点相对于最初选定的点的位置。生成的线不能短于点 1 和点 2 之间的距离，如图 7-45 所示。

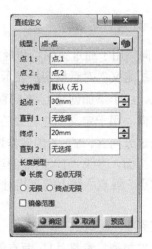

（a）效果图　　　　　　　　　　　（b）"直线定义"对话框

图 7-45　起点和终点不为零

（4）直到1、直到2。用于使直线从终点处向外延伸到指定的参考元素上。

（5）长度类型。长度类型包括长度、无限、起点无限和终点无限。

① 长度。用于创建具有确定长度的直线段。

② 无限。用于创建两端无限延伸的直线。

③ 起点无限。用于创建终点处收敛，起点无限延伸的射线。

④ 终点无限。用于创建起点处收敛，终点无限延伸的射线。

（6）镜像范围。激活"镜像范围"复选框后，改变"终点"文本框中的数值，"起点"文本框无法编辑，默认与"终点"文本框中的数值一致，创建的直线相对于"点-点"向两端直线伸长相同的距离，如图7-46所示。

（a）效果图

（b）"直线定义"对话框

图7-46　长度类型选择镜像范围

2. 点和方向创建直线

"点-方向"用于通过空间点和规定的方向来创建直线。在"线型"下拉列表中选择"点-方向"，"直线定义"对话框切换显示，如图7-47所示。

（1）点。用于添加创建点-方向直线的空间点。

（2）方向。用于定义创建直线的参考方向，可以选择一个元素或平面作为参考方向；也可以选择指定方向X、Y、Z部件作为参考方向，如图7-48所示。

（3）支持面。参见"1. 两点创建直线（2）支持面"。

（4）起点、终点。线上端点相对于最初选定点的位置，"起点"和"终点"后的数值可以为负。

（5）直到1、直到2。参见"1. 两点创建直线（4）直到1、直到2"。

（6）长度类型。参见"1. 两点创建直线（5）长度类型"。

（7）镜像范围。参见"1. 两点创建直线（6）镜像范围"。

（8）反转方向。用于反转生成直线的方向。

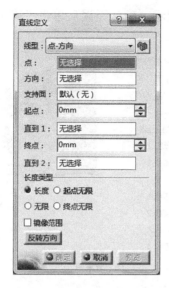

图 7-47　"直线定义"对话框　　　　　　图 7-48　方向快捷菜单

【例 7-6】点和方向直线的创建。

（1）打开资源包的 Part 文件，如图 7-49 所示，在"参考元素"工具栏中单击"直线" ，打开"直线定义"对话框，在"线型"下拉列表中选择"点-方向"（图 7-47）。

（2）若选择曲面作为支持面，则生成的线为曲线。分别激活"点""方向""支持面""直到 1""直到 2"文本框，依次选择图 7-49 中所示的"点""方向线""支持面""直到 1""直到 2"，或在结构树中依次选择"点.1""直线.1""拉伸.1""直线.2""直线.3"，对话框设置如图 7-50 所示。单击"预览"，如图 7-51（a）所示，确认无误后单击"确定"，如图 7-51（b）所示。

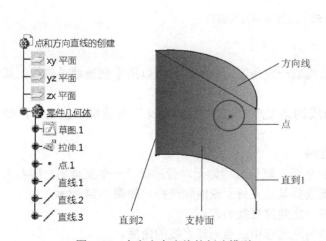

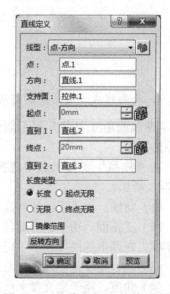

图 7-49　点和方向直线的创建模型　　　　图 7-50　"直线定义"对话框设置

（3）若不选择曲面作为支持面，则生成的线为直线。分别激活"点"和"方向"文本框，依次选择图 7-49 中所示的"点"和"方向线"，在"起点"文本框中输入值"-15"，"终点"

文本框输入值"50"，单击"预览"，如图 7-52（a）所示，确认无误后单击"确定"，如图 7-52（b）所示。

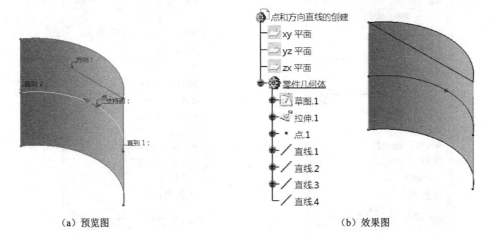

（a）预览图　　　　　　　　　　　　（b）效果图

图 7-51　点和方向创建曲线

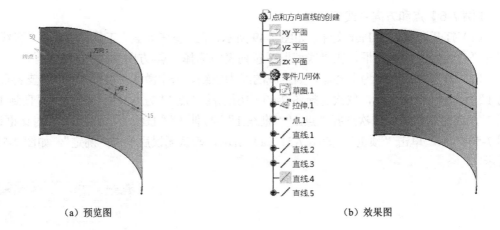

（a）预览图　　　　　　　　　　　　（b）效果图

图 7-52　点和方向直线创建

3. 与曲线成一定角度创建直线

"曲线的角度/法线"用于创建与曲线成一定角度的直线，也可以用于创建通过曲线上某一点的法线。

在"线型"下拉列表中选择"曲线的角度/法线"，"直线定义"对话框切换显示，如图 7-53 所示。

（1）曲线。用于添加和创建目标曲线。

（2）支持面。用于选择曲线所在的平面，默认选项为无。若选择了一个支持面，则右击文本框，在弹出的快捷菜单中可以重新选择其他支持面或清除选择，如图 7-54 所示。

（3）点。用于创建或添加与曲线成一定角度直线的起点。

（4）角度。用于定义参考曲线切线与通过选中的点创建直线的角度。

（5）起点、终点。参见"1. 两点创建直线（3）起点、终点"。

（6）直到 1、直到 2。参见"1. 两点创建直线（4）直到 1、直到 2"。

（7）长度类型。参见"1. 两点创建直线（5）长度类型"。

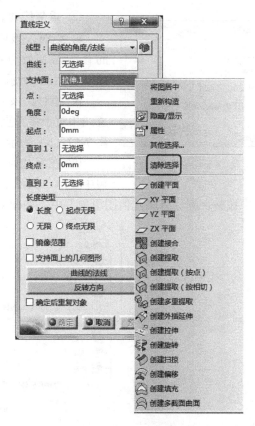

图 7-53　"直线定义"对话框　　　　　　图 7-54　支持面快捷菜单

（8）镜像范围。参见"1.两点创建直线（6）镜像范围"。

（9）支持面上的几何图形。在支持面上创建最短距离，如图 7-55 所示。

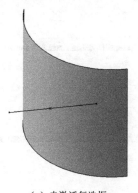

（a）未激活复选框　　　　　　　　　　　　（b）激活复选框

图 7-55　支持面上的几何图形复选框

（10）曲线的法线。用于直接生成曲线上指定点处的法线，即角度值为 90deg。

（11）反转方向。用于反转生成直线的方向。

（12）确定后重复对象。激活该复选框后，单击"确定"，弹出"复制对象"对话框，如图 7-56 所示。

① 实例。复制对象的数量。

图 7-56 "复制对象"对话框

② 重复模式。

a. 绝对。该项激活后，复制的对象为新创建直线。每个复制的直线与初始直线相差"角度"文本框中角度值的倍数，如图 7-57（a）所示。

b. 相对。该项激活后，复制的对象为参考直线。每个复制的直线相对于参考直线为前一个直线偏移角度与"角度值"的和，如图 7-57（b）所示。

③ 在新几何体中创建。该项未激活，复制的对象正常在结构树中显示，如图 7-57（a）所示。该项激活后，复制的对象在结构树中被整合到"有序几何图形集"中，如图 7-57（b）所示。

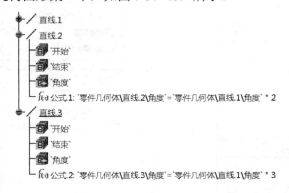

（a）绝对

（b）相对

图 7-57 重复模式

【例 7-7】与曲线成一定角度的直线的创建。

（1）打开资源包的 Part 文件，如图 7-58 所示，在"参考元素"工具栏中单击"直线"，打开"直线定义"对话框，在"线型"下拉列表中选择"曲线的角度/法线"（图 7-53）。

（2）选择曲面作为支持面。分别激活"曲线""支持面""点"文本框，依次选择图 7-58 中所示的"曲线""支持面""点"，或在结构树中依次选择"直线.3""拉伸.1""点.1"。单击"曲线上的法线"命令，对话框设置如图 7-59 所示，单击"预览"，如图 7-60（a）所示，确认无误后单击"确定",如图 7-60（b）所示。

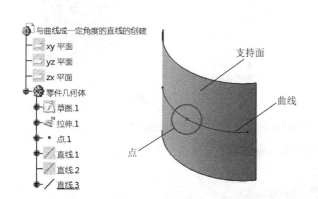

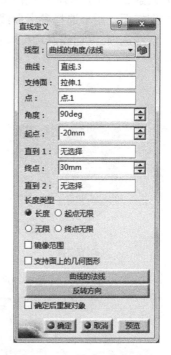

图 7-58　与曲线成一定角度的直线的创建模型　　图 7-59　曲线的角度/法线"直线定义"对话框设置

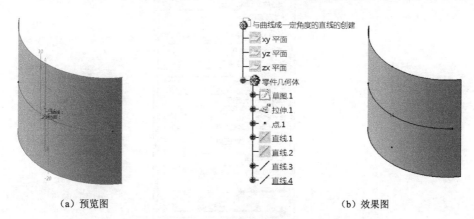

（a）预览图　　　　　　　　　　　（b）效果图

图 7-60　选择曲面作为支持面时与曲线成一定角度直线的创建

（3）不选择曲面作为支持面。"直线定义"对话框中右击"支持面"文本框,在弹出的快捷菜单中选择"清除选择"（图 7-54）,单击"预览",如图 7-61（a）所示,确认无误后单击"确定",如图 7-61（b）所示。

4. 曲线的切线

"曲线的切线"用于创建与指定的曲线相切的直线,切线选项包括单切线和双切线两种类型。

在"线型"下拉列表中选择"曲线的切线","直线定义"对话框切换显示,如图 7-62 所示。

（1）曲线。用于选择参考曲线。

（2）元素2。用于选择一个点或一条曲线以定义与参考曲线相切的直线。

（3）支持面。用于选择参考曲线所在的平面，默认选项为无，也可不设置支持面。

（4）切线选项。"切线选项"包括"类型""起点""终点""直到1""直到2"。

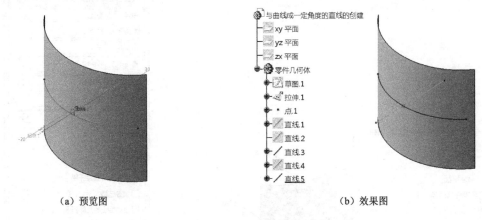

（a）预览图　　　　　　　　　　　　　　（b）效果图

图7-61　不选择曲面作为支持面时与曲线成一定角度直线的创建

图7-62　"直线定义"对话框

① 类型。

a. 单切线。只创建一条切线，此情况下参考点必须在切线上。

b. 双切线。显示"元素2"选择的元素与曲线产生的所有切线后，保留其中的一条。

② 起点、终点。参见"1. 两点创建直线（3）起点、终点"。

③ 直到1、直到2。参见"1. 两点创建直线（4）直到1、直到2"。

（5）长度类型。参见"1. 两点创建直线（5）长度类型"。

（6）镜像范围。参见"1. 两点创建直线（6）镜像范围"。

（7）反转方向。用于反转生成直线的方向。

（8）下一个解法。用于在双切线情况下，新建的切线数量在两条或两条以上时进行选择，选择需要保留的切线。单击"下一个解法"或直接在几何体中单击编号箭头完成该操作。

【例 7-8】曲线切线的创建。

（1）打开资源包的 Part 文件，如图 7-63 所示，在"参考元素"工具栏中单击"直线" ，打开"直线定义"对话框，在"线型"下拉列表中选择"曲线的切线"（图 7-62）。

（2）创建一条曲线的切线。分别激活"曲线"和"元素 2"文本框，依次选择图 7-63 中所示的"曲线 1"和"点 1"，或在结构树中依次选择"草图.1"和"点.1"。在选项"类型"下拉列表中选择"单切线"。"终点"文本框输入值"40"，激活"镜像范围"复选框，对话框设置如图 7-64 所示，单击"预览"，如图 7-65（a）所示，确认无误后单击"确定"，如图 7-65（b）所示。

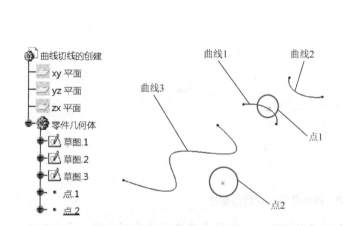

图 7-63　曲线切线的创建模型　　　　图 7-64　"直线定义"对话框设置

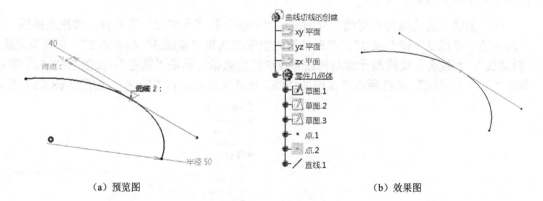

（a）预览图　　　　　　　　　　　　（b）效果图

图 7-65　一条曲线切线的创建

（3）创建两条曲线的双切线。分别激活"曲线"和"元素 2"文本框，依次选择图 7-63 中所示的"曲线 1"和"曲线 2"，或在结构树中依次选择"草图.1"和"草图.2"。切线类型选择"双切线"，切线选项中其他选项变为灰色，即不可用，系统会自动检测元素与曲线存在

切线的数量。当切线颜色为橙色时，系统会保留此条切线。单击"下一个解法"，另一条切线（图 7-66（a）中的深色线为蓝色）变为橙色，此时系统会保留此条切线，如图 7-66（b）所示。确认无误后单击"确定"，如图 7-67 所示。

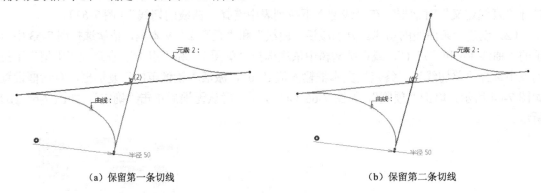

（a）保留第一条切线　　　　　　　　　　　　（b）保留第二条切线

图 7-66　两条切线中选择一条切线

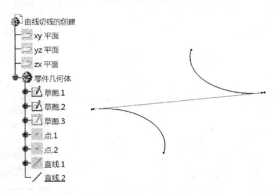

图 7-67　两条曲线双切线的创建

⚠【注意】当对两条不连通的曲线创建双切线时，这两条曲线不能绘制在同一个草图中，必须分别存在于两个草图中。

（4）创建一条曲线的双切线。分别激活"曲线"和"元素 2"文本框，依次选择图 7-63 中所示的"曲线 3"和"点 2"，或在结构树中依次选择"草图.3"和"点.2"。切线类型选择"双切线"，系统会自动检测元素与曲线存在切线的数量。单击"预览"，如图 7-68（a）所示，单击"下一个解法"，选择所需要保留的切线，确认无误后单击"确定"，如图 7-68（b）所示。

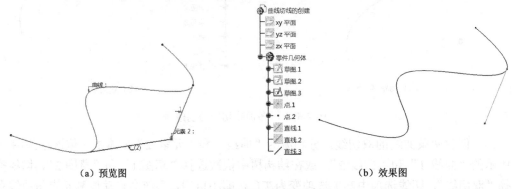

（a）预览图　　　　　　　　　　　　　　（b）效果图

图 7-68　一条曲线双切线的创建

5. 曲面的法线

"曲线的法线"用于通过曲面上的点创建曲面的法线。

在"线型"下拉列表中选择"曲面的法线","直线定义"对话框切换显示，如图 7-69 所示。

（1）曲面。用于选择参考曲面。

（2）点。用于定义曲面的法线在曲面上创建的位置。

（3）起点、终点。参见"1. 两点创建直线（3）起点、终点"。

（4）直到 1、直到 2。参见"1. 两点创建直线（4）直到 1、直到 2"。

（5）长度类型。参见"1. 两点创建直线（5）长度类型"。

（6）镜像范围。参见"1. 两点创建直线（6）镜像范围"。

（7）反转方向。用于反转曲面的法线创建时的方向。

图 7-69　"直线定义"对话框

【例 7-9】曲面法线的创建。

（1）打开资源包的 Part 文件，如图 7-70 所示。在"参考元素"工具栏中单击"直线"，打开"直线定义"对话框，在"线型"下拉列表中选择"曲面的法线"（图 7-69）。

（2）分别激活"曲面""点""直到 1"文本框，依次选择图 7-70 中所示的"曲面""点""直到点"，或在结构树中依次选择"拉伸.1""点.1""点.2"，对话框设置如图 7-71 所示，单击"预览"，如图 7-72（a）所示，确认无误后单击"确定"，如图 7-72（b）所示。

⚠【注意】"点.2"所在的位置必须位于曲面法线的延长线上。

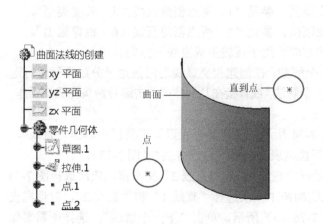

图 7-70　曲面法线的创建模型

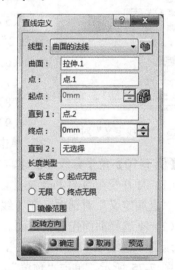

图 7-71　"直线定义"对话框设置

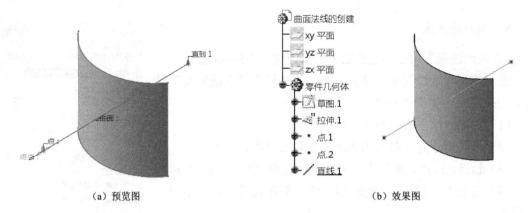

（a）预览图　　　　　　　　　　　　　　　（b）效果图

图 7-72　曲面法线的创建

6. 角平分线

"角平分线"用于创建两条相交直线的角平分线。

在"线型"下拉列表中选择"角平分线"，"直线定义"对话框切换显示，如图 7-73 所示。

（1）直线 1、直线 2。用于选择两条相交直线。

（2）点。用于添加角平分线直线的起始点，默认设置为两条相交直线的交点。

（3）支持面。用于设置直线所在的平面，默认选项为无，也可不设置支持面，也可选择角平分线所投影的支持曲面。

（4）起点、终点。参见"1. 两点创建直线（3）起点、终点"。

（5）直到 1、直到 2。参见"1. 两点创建直线（4）直到 1、直到 2"。

（6）长度类型。参见"1. 两点创建直线（5）长度类型"。

（7）镜像范围。参见"1. 两点创建直线（6）镜像范围"。

（8）反转方向。用于反转生成直线的方向。

图 7-73　"直线定义"对话框

（9）下一个解法。在创建相交直线的两条角平分线之间进行选择。单击"下一个解法"或直接在几何体中单击编号箭头完成该操作。

【例 7-10】角平分线的创建。

（1）打开资源包的 Part 文件，如图 7-74 所示，在"参考元素"工具栏中单击"直线"，打开"直线定义"对话框，在"线型"下拉列表中选择"角平分线"（图 7-73）。

（2）不选择曲面作为支持面。分别激活"直线 1"和"直线 2"文本框，依次选择图 7-74 中所示的"直线 1"和"直线 2"，或在结构树中依次选择"直线.1"和"直线.2"，对话框设置如图 7-75 所示，单击"预览"，如图 7-76（a）所示，单击"下一个解法"，选择所需要保留的直线，确认无误后单击"确定"，如图 7-76（b）所示。

（3）选择曲面作为支持面。"直线定义"对话框中激活"支持面"文本框，在图形区选择图 7-74 中所示的"支持面"，或在结构树中选择"拉伸.1"，单击"预览"，如图 7-77（a）所示，单击"下一个解法"，选择所需要保留的曲线，确认无误后单击"确定"，如图 7-77（b）所示。

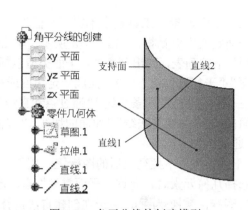

图 7-74　角平分线的创建模型

图 7-75　"直线定义"对话框设置

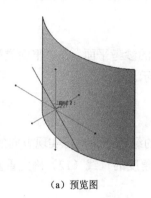

（a）预览图

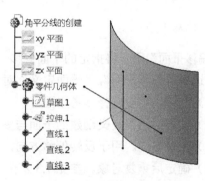

（b）效果图

图 7-76　不选择曲面作为支持面的角平分线的创建

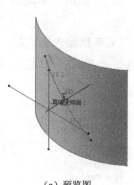

（a）预览图

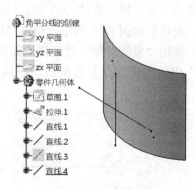

（b）效果图

图 7-77　选择曲面作为支持面的角平分线的创建

7.3.3 平面

平面又称为基准平面或参考平面，是建模中经常用到的重要辅助工具。CATIA 提供了 3 个基准平面：xy 平面、zx 平面和 yz 平面。建模时，如果需要在基准平面以外绘制草图，就需要创建新的基准平面。

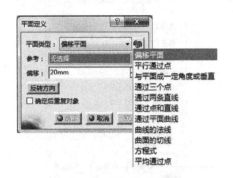

图 7-78 "平面定义" 对话框

在"参考元素"工具栏中单击"平面" ⬭，弹出"平面定义"对话框，如图 7-78 所示。单击"平面类型"下拉列表，弹出列表框，平面类型包括"偏移平面""平行通过点""与平面成一定角度或垂直""通过三个点""通过两条直线""通过点和直线""通过平面曲线""曲线的法线""曲面的切线""方程式""平均通过点"。

"平面类型"下拉列表后的图标🐾，用于在创建直线选择几何元素时，允许"平面类型"自动改变。单击该图标，🐾变为🐾，表示在创建直线选择几何元素时，禁止"平面类型"自动改变。

1. 偏移平面

"偏移平面"用于将指定的平面偏移一定的距离而创建的参考平面。在"平面类型"下拉列表中选择"偏移平面"，"平面定义"对话框如图 7-78 所示。

（1）参考。用于选择参考平面。

（2）偏移。用于定义创建的平面与参考平面偏移的距离。

（3）反转方向。用于反转偏移方向，拖动几何图形中的绿色箭头也可实现方向的反转。

（4）确定后重复对象。参见 7.3.2 节"3.与曲线成一定角度的直线（12）确定重复对象"。

【例 7-11】偏移平面的创建。

（1）打开"平面定义"对话框，在"平面类型"列表框中选择"偏移平面"（图 7-78）。激活"参考"文本框，选择 xy 平面，"偏移"文本框输入值"20"，激活"确定后重复对象"复选框，对话框如图 7-79 所示，单击"确定"。

（2）弹出"复制对象"对话框，如图 7-80 所示，"实例"文本框输入值"2"，激活"重复模式"中的"绝对"复选框和"在新几何体中创建"复选框，单击"确定"，如图 7-81 所示。

图 7-79 "平面定义" 对话框

图 7-80 "复制对象" 对话框

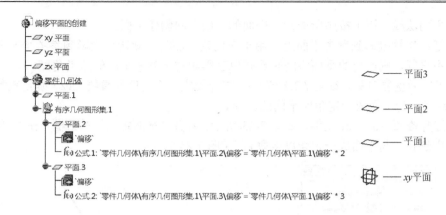

图 7-81　偏移平面的创建

2. 平行通过点创建平面

"平行通过点"用于创建与参考平面平行且通过选定点的平面。

在"平面类型"下拉列表中选择"平行通过点","平面定义"对话框切换显示，如图 7-82 所示。

（1）参考。用于选择参考平面。

（2）点。用于添加创建平面所需要通过的点。

【例 7-12】平行通过点平面的创建。

（1）在空间创建任意一个点。

（2）打开"平面定义"对话框，在"平面类型"下拉列表中选

图 7-82　"平面定义"对话框

择"平行通过点"。激活"参考"文本框，选择 zx 平面，参考平面添加完毕，激活"点"文本框后选择步骤（1）中创建的点。

（3）单击"预览"，如图 7-83（a）所示，确认无误后单击"确定"，如图 7-83（b）所示。

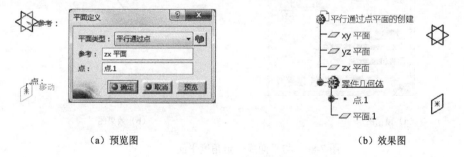

（a）预览图　　　　　　　　　　　　　　　（b）效果图

图 7-83　平行通过点平面

3. 与平面成一定角度或垂直

"与平面成一定角度或垂直"用于创建与指定平面成一定角度或垂直的平面。

在"平面类型"下拉列表中选择"与平面成一定角度或垂直","平面定义"对话框切换显示，如图 7-84 所示。

（1）旋转轴。用于添加旋转轴，所创建的平面绕该轴进行旋转。该轴可以是任何直线或隐性元素。

（2）参考。用于选择参考平面。

（3）角度。用于定义创建平面相对于参考平面旋转的角度。

（4）平面法线。用于按照所选参考平面的法线方向创建平面。

（5）把旋转轴投影到参考平面上。用于在创建平面时将旋转轴投影到参考平面上。如果参考平面不平行，则创建的平面将绕轴旋转以获得相对于参考平面的适当角度。

（6）确定后重复对象。参见7.3.2节"3．与曲线成一定角度的直线（12）确定重复对象"。

【例7-13】与平面成一定角度平面的创建。

（1）打开资源包的 Part 文件，如图7-85所示。打开"平面定义"对话框，在"平面类型"下拉列表中选择"与平面成一定角度或垂直"（图7-84）。

图7-84 "平面定义"对话框

图7-85 与平面成一定角度平面的创建模型

（2）激活"参考"文本框，选择 xy 平面，参考平面添加完毕，"旋转轴"文本框添加步骤（1）创建的直线，"角度"文本框输入值"45"，激活"把旋转轴投影到参考平面上"复选框。

（3）单击"预览"，如图7-86（a）所示，确认无误后单击"确定"，如图7-86（b）所示。

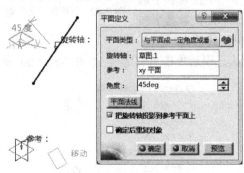

（a）预览图

（b）效果图

图7-86 与平面成一定角度平面

图7-87 "平面定义"对话框

4．三点平面

"通过三个点"用于通过指定的3个点来创建平面。

在"平面类型"下拉列表中选择"通过三个点"，"平面定义"对话框切换显示，如图7-87所示。

点1、点2、点3：分别用于创建平面时平面通过的3个点。

【例7-14】通过3个点平面的创建。

（1）在空间创建任意3个点。

（2）打开"平面定义"对话框，在"平面类型"下拉列表中选择"通过三个点"。分别激活"点 1""点 2""点 3"文本框后，选择步骤（1）中创建的 3 个点。

（3）单击"预览"，如图 7-88（a）所示，确认无误后单击"确定"，如图 7-88（b）所示。

（a）预览图　　　　　　　　　　　　　　（b）效果图

图 7-88　通过三个点平面

5. 通过两条直线创建平面

"通过两条直线"用于通过任意两条非异面直线创建平面。

在"平面类型"下拉列表中选择"通过两条直线"，"平面定义"对话框切换显示，如图 7-89 所示。

（1）直线 1、直线 2。平面通过的两条直线，如果两条直线不处于同一平面内，则直线 2 的向量将被移动到直线 1 的位置以定义平面的第二方向。

（2）不允许非共面曲线。激活该复选框，则表示"直线 1""直线 2"必须为共面直线。

【例 7-15】通过两条直线平面的创建。

（1）在空间创建任意两条直线。

（2）打开"平面定义"对话框，在"平面类型"下拉列表中选择"通过两条直线"。分别激活"直线 1""直线 2"文本框后，选择步骤（1）中创建的两条直线。

（3）单击"预览"，如图 7-90（a）所示，确认无误后单击"确定"，如图 7-90（b）所示。

💡【提示】若两条直线不在同一平面内，则通过两条直线生成的平面经过"直线 1"，且平行于"直线 2"。若激活"不允许非共面曲线"复选框，则只允许在同一平面内的两条直线生成平面，该平面同时经过"直线 1"和"直线 2"。

图 7-89　"平面定义"对话框

（a）预览图　　　　　　　　　　　　　　（b）效果图

图 7-90　通过两条直线平面

图 7-91 "平面定义"对话框

6. 通过点和直线创建平面

"通过点和直线"用于通过一个点和一条直线来创建平面。

在"平面类型"下拉列表中选择"通过点和直线","平面定义"对话框切换显示，如图 7-91 所示。

点、直线：用于选择一个点和一条直线，且选定的点不能位于直线上。

【例 7-16】通过点和直线平面的创建。

（1）在空间创建任意一个点和一条直线。

（2）打开"平面定义"对话框，在"平面类型"下拉列表中选择"通过点和直线"。分别激活"点""直线"文本框后，选择步骤（1）中创建的点和直线。

（3）单击"预览"，如图 7-92（a）所示，确认无误后单击"确定"，如图 7-92（b）所示。

（a）预览图　　　　　　　　　　　　　　　　（b）效果图

图 7-92　通过点和直线平面

7. 通过平面曲线创建平面

"通过平面曲线"用于通过指定曲线来创建平面。

在"平面类型"下拉列表中选择"通过平面曲线","平面定义"对话框切换显示，如图 7-93 所示。

曲线：用于定义平面通过的曲线，且该曲线不能为空间曲线。

【例 7-17】通过平面曲线平面的创建。

（1）创建任意一条平面曲线。

（2）打开"平面定义"对话框，在"平面类型"下拉列表中选择"通过平面曲线"。激活"曲线"文本框后选择步骤（1）中创建的曲线。

图 7-93　"平面定义"对话框

（3）单击"预览"，如图 7-94（a）所示，确认无误后单击"确定"，如图 7-94（b）所示。

（a）预览图　　　　　　　　　　　　　　　　（b）效果图

图 7-94　通过平面曲线平面

8. 曲线的法线创建平面

"曲线的法线"用于创建与平面曲线某一点切线垂直的平面。

在"平面类型"下拉列表中选择"曲线的法线","平面定义"对话框切换显示,如图 7-95 所示。

（1）曲线。用于定义平面通过的曲线,该曲线可以为空间曲线。

（2）点。用于确定平面相对于曲线的位置,经过该点创建曲线的法线平面。当不选择一点时,默认为平面经过曲线的中点。该点可以为曲线外一点。

【例 7-18】曲线的法线平面的创建。

（1）打开资源包的 Part 文件,如图 7-96 所示,打开"平面定义"对话框,在"平面类型"下拉列表中选择"曲线的法线"（图 7-95）。

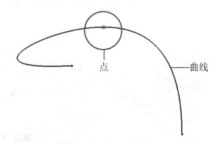

图 7-95　"平面定义"对话框　　　　　图 7-96　曲线的法线平面的创建模型

（2）分别激活"曲线""点"文本框后,选择步骤（1）中所示的曲线和点。

（3）单击"预览",如图 7-97（a）所示,确认无误后单击"确定",如图 7-97（b）所示。

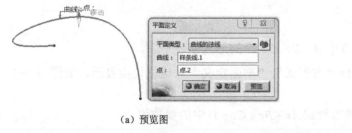

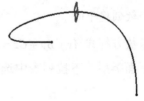

（a）预览图　　　　　　　　　　　　　　　（b）效果图

图 7-97　曲线的法线平面

9. 曲面的切平面

"曲面的切线"用于通过一个点创建曲面的切平面。

在"平面类型"下拉列表中选择"曲面的切线","平面定义"对话框切换显示,如图 7-98 所示。

（1）曲面。用于定义与目标平面相切的曲面。

（2）点。用于确定平面相对于曲面的位置。当选择的点位于曲面上时,生成的平面通过该点与曲面相切;当选择的点没有位于曲面上时,生成的平面通过该点且平行于该点在曲面上的投影点的切平面。

【例 7-19】曲面的切平面的创建。

（1）打开资源包的 Part 文件,如图 7-99 所示,打开"平面定义"对话框,在"平面类型"

下拉列表中选择"曲面的切线"（图7-98）。

图7-98 "平面定义"对话框

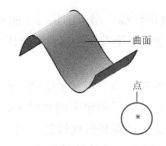

图7-99 曲面的切平面的创建模型

（2）分别激活"曲面""点"文本框后，选择步骤（1）中所示的曲面和点。

（3）单击"预览"，如图7-100（a）所示，确认无误后单击"确定"，如图7-100（b）所示。

（a）预览图　　　　　　　　　　　　　　　　（b）效果图

图7-100 曲面的切平面

10. 函数创建平面

通过函数方程式 $Ax + By + Cz = D$ 中 A、B、C、D 的形式创建平面。

在"平面类型"下拉列表中选择"方程式"，"平面定义"对话框切换显示，如图 7-101 所示。

（1）"A""B""C""D"为函数方程式 $Ax + By + Cz = D$ 中的参数值。

（2）点。用于选择平面通过的点。选择某个点时，"D"的值无法编辑。

（3）轴系。用于选择平面的参考轴系。轴系将在7.3.4节详细介绍。当选择不同的轴系时，"A""B""C""D"的值发生变化，从而使平面的位置保持不变。

（4）垂直于指南针。生成与指南针 z 轴方向垂直的平面，此时"A"和"B"的值变为0，"C"的值变为1。

（5）与屏幕平行。生成的平面与屏幕平行，此时系统自动计算生成"A""B""C"的值。

11. 平均通过点创建平面

通过选择空间的多个点来创建平面，此平面平均通过这些点。

在"平面类型"下拉列表中选择"平均通过点"，"平面定义"对话框切换显示，如图7-102所示。

图 7-101　"平面定义"对话框

图 7-102　"平面定义"对话框

（1）点。用于选择 3 个或 3 个以上的点来创建平面。

（2）移除、替换。用于移除或替换点列表框中所添加的点。

【例 7-20】 平均通过点平面的创建。

（1）在空间创建任意一组点，点的个数大于或等于 3。

（2）打开"平面定义"对话框，在"平面类型"下拉列表中选择"平均通过点"。依次选择步骤（1）中创建的点。

（3）单击"预览"，如图 7-103（a）所示，确认无误后单击"确定"，如图 7-103（b）所示。

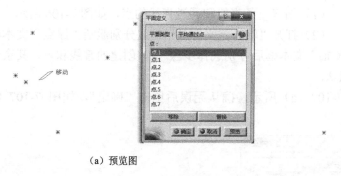

（a）预览图　　　　　　　　　　　　　　　　（b）效果图

图 7-103　平均通过点平面

7.3.4　轴系

轴系是指新建在零部件工作台空间中某一点的三维坐标系。创建轴系的方法有以下两种。

（1）在菜单栏中，依次选择"插入"→"轴系"，如图 7-104（a）所示，弹出"轴系定义"对话框，如图 7-105 所示。

（2）在"工具"工具栏中单击"轴系"，如图 7-104（b）所示。

在"轴系定义"对话框中单击"轴系类型"下拉列表，弹出列表框，轴系类型包括"标准""轴旋转""欧拉角"。

1. 标准轴系

"轴系类型"中的"标准"用于创建由原点和 3 个正交方向（X 轴方向、Y 轴方向、Z 轴

方向）定义的轴系。"标准"为默认选项。

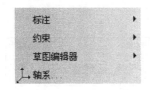

（a）菜单栏

（b）工具栏

图 7-104　创建轴系的方法

图 7-105　"轴系定义"对话框

（1）原点。用于确定轴系的坐标原点。

（2）X 轴、Y 轴、Z 轴。用于确定轴系的 X 轴、Y 轴、Z 轴。X 轴、Y 轴、Z 轴可以添加自定义直线，也可以添加三维实体的边线。

（3）当前。该复选框激活时，"轴系"图标激活，轴系功能开启。

（4）在轴系节点下。该复选框激活时，该轴系为全局轴系，位于轴系节点下；复选框取消激活时，该轴系为零件几何体的轴系，位于当前工作对象的几何图形集中。

（5）反转。用于改变坐标轴的方向。

【例 7-21】标准轴系的创建。

（1）创建一条直线和通过直线的点，如图 7-106 所示。

（2）打开"轴系定义"对话框，分别激活"原点"文本框和"X 轴"文本框后分别选择步骤（1）创建的直线和点，其余选项默认。

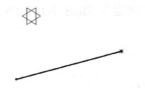

图 7-106　标准轴系的创建模型

（3）单击"预览"，如图 7-107（a）所示，确认无误后单击"确定"，如图 7-107（b）所示。

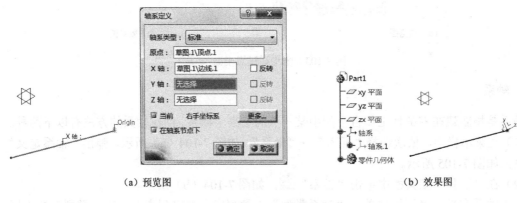

（a）预览图　　　　　　　　　　　　　　　　　　（b）效果图

图 7-107　标准轴系

2. 轴旋转轴系

"轴旋转"用于创建选定参考轴进行角度旋转的轴系。

在"轴系类型"下拉列表中选择"轴旋转"，"轴系定义"对话框切换显示，如图 7-108

所示。

（1）原点。用于确定轴系的坐标原点。

（2）X 轴、Y 轴、Z 轴。用于确定轴系的 X 轴、Y 轴、Z 轴。X 轴、Y 轴、Z 轴可以添加自定义直线，也可以添加三维实体的边线。

（3）参考。用于确定轴系旋转的参考。参考可以是平面也可以是直线。

（4）角度。用于确定轴系旋转的角度。

图 7-108　"轴系定义"对话框

【例 7-22】轴旋转轴系的创建。

（1）打开"轴系定义"对话框，在"轴系类型"下拉列表中选择"轴旋转"，右击"轴系定义"对话框中的"原点"文本框，弹出快捷菜单，选择"创建点"，弹出"点定义"对话框，如图 7-109 所示。

（2）在"点类型"下拉列表中选择"坐标"，分别在"X 轴""Y 轴""Z 轴"文本框中输入数值，本例取"50""-20""60"，单击"确定"，返回"轴系定义"对话框。

（3）右击"Z 轴"文本框，弹出快捷菜单，如图 7-110 所示。单击"创建直线"，弹出"直线定义"对话框，通过"坐标点"创建任意一条直线，单击"确定"，回到"轴系定义"对话框。

图 7-109　原点快捷菜单

图 7-110　Z 轴快捷菜单

（4）激活"轴系定义"对话框中的"参考"文本框，选择 yz 平面作为参考。在"角度"文本框中输入数值，本例取"60"。单击"确定"，结果如图 7-111 所示。

3. 欧拉角轴系

"欧拉角"用于定义 3 个坐标轴旋转角度创建轴系，原点可以另外定义。

在"轴系类型"下拉列表中选择"欧拉角"，"轴系定义"对话框切换显示，如图 7-112 所示。

（1）原点。用于确定轴系的坐标原点。

（2）角度 1、角度 2、角度 3。用于定义轴系中 3 个坐标轴旋转的角度。

图 7-111　轴旋转轴系

图 7-112　"轴系定义"对话框

【例 7-23】欧拉角轴系的创建。

（1）打开"轴系类型"对话框，在"轴系类型"下拉列表中选择"欧拉角"。右击"原点"文本框，弹出快捷菜单，选择"创建点"，分别在"X 轴""Y 轴""Z 轴"文本框中输入数值，本例取"10""20""30"，其余选项默认，参数设置后单击"确定"，返回"轴系定义"对话框。

（2）分别在"角度 1""角度 2""角度 3"文本框中输入数值，本例取"10""20""30"。

（3）单击"确定"，如图 7-113 所示。

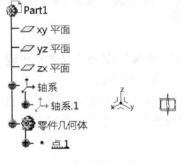

图 7-113　欧拉角轴系

第 8 章　主体结构创建

> ## 导读
> ◆ 基于草图的特征工具栏
> ◆ 布尔操作工具栏

主体结构创建是以草图为构造元所建立的三维实体基本特征，包括"基于草图的特征"工具栏和"布尔操作"工具栏。基于草图的特征包括"拉伸""旋转""孔""肋""混合""加强肋""多截面特征"，布尔操作包括"装配""添加""移除""相交""联合修剪""移除块"。"基于草图的特征"工具栏及"布尔操作"工具栏如图 8-1 所示。

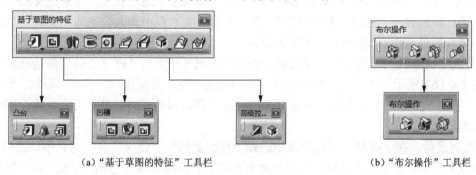

（a）"基于草图的特征"工具栏　　　　　　　　　　（b）"布尔操作"工具栏

图 8-1　"基于草图的特征"工具栏与"布尔操作"工具栏

8.1　拉　　伸

拉伸是以二维草图轮廓为基础进行拉伸而添加的特征。根据增加或减少实体，拉伸实体特征分为凸台和凹槽。

8.1.1　凸台

凸台是指对草图轮廓沿指定的一个或两个方向拉伸时生成实体，属于增料过程。在"基于草图的特征"工具栏中单击"凸台"图标🗗的下拉按钮，弹出"凸台"工具栏（图 8-1）。

1. 普通凸台

在"凸台"工具栏中单击"凸台"🗗，弹出"定义凸台"对话框，在对话框中单击"更多"，展开对话框，如图 8-2 所示。

（1）第一限制选项区。该项用于设置拉伸草图轮廓一侧凸台的拉伸类型。随着拉伸类型的变化，操作项目也发生变化。

类型下列表单包括"尺寸""直到下一个""直到最后""直到平面""直到曲面"，如图 8-3 所示。

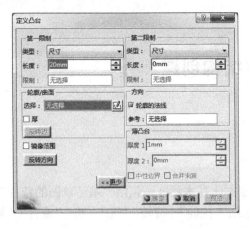
图 8-2 "定义凸台"对话框

图 8-3 拉伸类型

① 尺寸。尺寸是默认选项，如图 8-4（a）所示。该项用于通过长度尺寸来定义凸台拉伸长度，其操作项目包括"长度"和"限制"。在"长度"文本框中输入数值即可实现沿草图平面的法线方向拉伸轮廓；"限制"文本框未激活。

② 直到下一个。在"类型"下拉列表中选择"直到下一个"，"定义凸台"对话框切换显示，如图 8-4（b）所示。该项用于拉伸到第一个接触的平面，其操作项目包括"限制"和"偏移"。在"偏移"文本框中输入数值即可定义凸台终止面偏移的长度，该值可为负数；"限制"文本框未激活。

③ 直到最后。在"类型"下拉列表中选择"直到最后"，"定义凸台"对话框切换显示，如图 8-4（c）所示。该项用于拉伸到最后接触到的零件，其操作项目包括"限制"和"偏移"。在"偏移"文本框中输入数值即可定义凸台终止面偏移的长度，该值可为负数；"限制"文本框未激活。

④ 直到平面。在"类型"下拉列表中选择"直到平面"，"定义凸台"对话框切换显示，如图 8-4（d）所示。该项用于拉伸到目标平面，可以是坐标平面也可以是实体平面，其操作项目包括"限制"和"偏移"。在"限制"文本框选择拉伸到的目标平面；"偏移"文本框未激活。

⑤ 直到曲面。在"类型"下拉列表中选择"直到曲面"，"定义凸台"对话框切换显示，如图 8-4（e）所示。该项用于拉伸到目标曲面，其操作项目包括"限制"和"偏移"。在"限制"文本框中选择拉伸到的目标曲面；"偏移"文本框未激活。

（a）尺寸类型

（b）直到下一个　（c）直到最后　（d）直到平面

（e）直到曲面

图 8-4 不同拉伸类型的对话框

不同类型的拉伸效果，如图 8-5 所示。

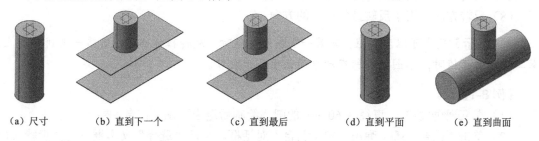

（a）尺寸　　　（b）直到下一个　　　（c）直到最后　　　（d）直到平面　　　（e）直到曲面

图 8-5　拉伸类型

（2）第二限制选项区。该项用于设置草图轮廓另一侧方向凸台的拉伸类型。第二限制选项区功能、用法与第一限制选项区相同，不再赘述。

（3）轮廓/曲面。

① 选择。用于选择拉伸草图轮廓，该项提供了两种方法：一种是激活"选择"文本框（由灰色变为蓝色），单击草图；另一种是在"定义凸台"对话框中单击"绘制草图" ![icon] 进入草图工作台，在草图工作台中绘制和编辑草图。

② 厚。"厚"是指对拉伸草图轮廓的厚度进行拉伸而生成的三维实体。拉伸的草图轮廓可以是不封闭的。"厚"复选框激活时，薄凸台选项区可用，如图 8-6 所示。

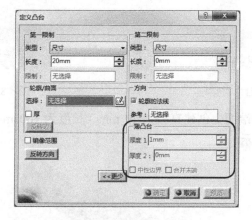

图 8-6　"定义凸台"对话框

（4）薄凸台。

① 厚度 1。在"厚度 1"文本框中输入数值用于定义轮廓一侧的拉伸厚度。

② 厚度 2。在"厚度 2"文本框中输入数值用于定义轮廓另一侧的拉伸厚度。

③ 中性边界。该复选框激活后，"厚度 2"文本框变灰，凸台按照"厚度 1"的数值以草图轮廓为镜像元素进行镜像拉伸。

④ 合并末端。将创建凸台周围的材料合并，使凸台更光滑。

（5）方向。

① 轮廓的法线。该复选框默认激活，默认凸台拉伸方向是拉伸草图轮廓的法线方向。

② 参考。用于自定义凸台方向。方向指示元素可以选择直线段、实体边、平面的法线反向。

（6）镜像范围。该复选框激活后，创建的凸台为镜像拉伸。

（7）反转边。在创建凸台时，该项不可用。

（8）反转方向。用于反转拉伸凸台的方向。

💡【提示】尺寸可以为负值，当第一限制为负值时，反转拉伸凸台；当第一限制为负值、第二限制为正值时，草图轮廓所在的平面位于凸台之外。

【例8-1】轴。

（1）在 yz 平面绘制一直径为 60 mm 的圆，绘制后退出草图工作台。

（2）单击"凸台"⬚，弹出"定义凸台"对话框。激活"选择"文本框，选择步骤（1）绘制的凸台草图轮廓，草图轮廓添加完毕，"定义凸台"对话框如图8-7所示。

（3）在"长度"文本框中输入数值，本例取"50"，激活"镜像范围"复选框。

（4）单击"预览"，确认无误后单击"确定"，如图8-8所示。

图8-7　"定义凸台"对话框

图8-8　中间轴段

（5）分别在圆柱体两端面上创建直径为 40 mm、长度为 100 mm 的圆柱体，生成带有一段轴肩的轴，如图8-9所示。

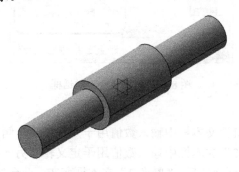

图8-9　轴

【例8-2】斜凸台。

（1）在 xy 平面绘制一直径为 60mm 的圆后退出草图工作台，在 zx 平面绘制与水平方向成60°的直线后退出草图工作台，如图8-10所示。

（2）单击"凸台"⬚，选择直径为 60mm 的圆作为凸台轮廓，在弹出的"凸台定义"对话框中单击"更多"，展开对话框，取消激活"轮廓的法线"复选框，此时"参考"文本框处于激活状态，选择步骤（1）绘制的直线作为拉伸方向，如图8-11所示。

（3）单击"预览"，确认无误后单击"确定"，凸台不同拉伸方向对比图如图 8-12 所示。

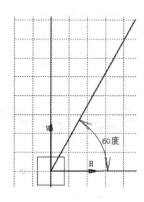

图 8-10　定义凸台拉伸方向　　　　　　　　图 8-11　方向选项区

（a）直凸台　　　　　　　　　　　　　　（b）斜凸台

图 8-12　凸台不同拉伸方向对比图

【例 8-3】圆环。

（1）在 xy 平面绘制一直径为 60mm 的圆后退出草图工作台。选中该草图，单击"凸台"
，弹出"定义凸台"对话框，激活"厚"复选框，展开对话框，薄凸台被激活，如图 8-13
所示。

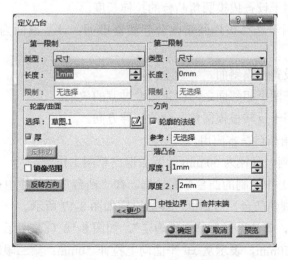

图 8-13　"定义凸台"对话框

（2）分别在"厚度 1""厚度 2"文本框中输入数值，本例取"1""2"。

（3）单击"预览"，如图 8-14（a）所示，确认无误后单击"确定"，如图 8-14（b）所示。

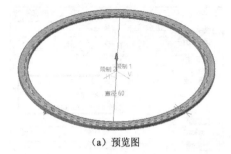

（a）预览图

（b）圆环

图 8-14　拉伸厚度凸台

（4）厚度拉伸的轮廓可以是不封闭的，如图 8-15 所示。

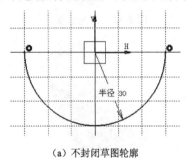

（a）不封闭草图轮廓

（b）不封闭轮廓拉伸

图 8-15　不封闭轮廓拉伸

2. 拔模圆角凸台

拔模圆角凸台是指在创建拉伸特征的同时进行拔模和圆角操作，属于增料过程。

在"凸台"工具栏中单击"拔模圆角凸台"，选择拉伸轮廓线，弹出"定义拔模圆角凸台"对话框，如图 8-16 所示。

（1）第一限制。用于设置拔模圆角凸台的拉伸长度。

（2）第二限制。用于选择拔模圆角凸台起始基准面，该基准面为不与草图轮廓垂直的平面。

（3）拔模。用于设置拔模斜面。

（4）圆角。用于在两个相邻面之间创建圆滑过渡的效果。

（5）反转方向。用于反转拔模圆角凸台的拉伸方向。

【例 8-4】拔模圆角凸台基本应用。

（1）在 xy 平面绘制一直径为 60 mm 的圆后退出草图工作台。

（2）选中步骤（1）中绘制的凸台草图轮廓，在"凸台"工具栏中单击"拔模圆角凸台"，弹出"定义拔模圆角凸台"对话框，参数设定如图 8-17 所示。

（3）单击"预览"，确认无误后单击"确定"，如图 8-18（a）所示。

第一限制长度为 50mm，表示从 xy 平面向上拉伸 50mm；第二限制选择与 xy 平面偏移 20mm 的偏移平面，表示从 xy 平面向上拉伸 50mm 后切去第二限制平面与 xy 平面之间的部分，如图 8-18（b）所示。

图 8-16　"定义拔模圆角凸台"对话框　　　图 8-17　"定义拔模圆角凸台"对话框

（a）第二限制为 *xy* 平面　　　　　　　　（b）第二限制为偏移平面

图 8-18　拔模圆角凸台效果图

3. 多凸台

多凸台是指对同一草图内不相交的轮廓进行相同或相反方向不同长度的拉伸。

在"凸台"工具栏中单击"多凸台" ，选择草图轮廓，弹出"定义多凸台"对话框，单击"更多"，展开对话框，如图 8-19 所示。

（1）第一限制。用于定义拉伸草图轮廓一侧不同拉伸域的拉伸类型，其功能和用法参见 8.1.1 节"1.普通凸台（1）第一限制选项区"。

（2）第二限制。用于定义拉伸草图轮廓另外一侧不同拉伸域的拉伸类型，其功能和用法与第一限制选项区相同。

（3）域。用于选择和显示不同的拉伸域。

（4）方向。方向选项区功能与用法参见 8.1.1 节"1.普通凸台（5）方向"。

⚠【注意】拉伸域一定得是同一草图内封闭的几何轮廓，且不能相交。

【例 8-5】多凸台基本应用。

（1）在 *xy* 平面绘制如图 8-20 所示的草图后退出草图工作台。

（2）单击"多凸台" ，弹出"定义多凸台"对话框，如图 8-21 所示。单击"拉伸域 1"，在"长度"文本框中输入数值，本例取"80"，如图 8-22 所示；单击"拉伸域 2"，在"长度"文本框中输入数值，本例取"40"，如图 8-23 所示。

（3）单击"预览"，确认无误后单击"确定"，如图 8-24 所示。

图 8-19 "定义多凸台"对话框

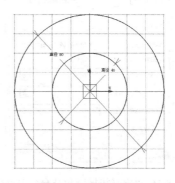

图 8-20 多凸台轮廓

图 8-21 "定义多凸台"对话框

图 8-22 选择拉伸域 1

图 8-23 选择拉伸域 2

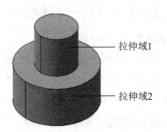

拉伸域1

拉伸域2

图 8-24 多凸台

8.1.2　凹槽

凹槽是指草图轮廓或曲面沿指定的一个或两个方向拉伸时移除实体而生成的特征，属于减料过程。在"基于草图的特征"工具栏中单击"凸台"图标 的下拉按钮（图 8-1）。凹槽轮廓可以是不封闭的。

1. 普通凹槽

在"凹槽"工具栏中单击"凹槽" ，弹出"定义凹槽"对话框，在对话框中单击"更多"，展开对话框，如图 8-25 所示。

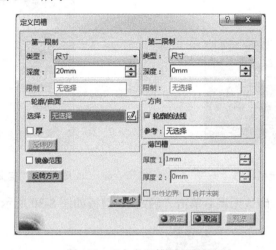

图 8-25　"定义凹槽"对话框

创建凹槽时，反转边可用。该项用于反转凹槽切除的范围，其余"定义凹槽"对话框功能与定义凸台对话框用法一致，这里不再赘述，参见 8.1.1 节"1.普通凸台"定义凸台对话框的介绍。

【例 8-6】键槽。

（1）在【例 8-1】的基础上进行操作或绘制类似零件。在"参考元素"工具栏中单击"平面" ，弹出"平面定义"对话框。

（2）默认平面类型为"偏移平面"，激活"平面定义"对话框中的"参考"文本框，选择 xy 平面，在"偏移"文本框中输入数值，本例取"15"，如图 8-26 所示。单击"确定"，平面 1 创建完毕，如图 8-27 所示。

图 8-26　"平面定义"对话框

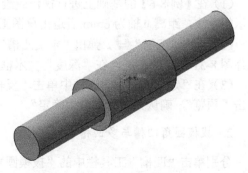

图 8-27　新建平面

（3）在步骤（2）中新建的平面上绘制如图 8-28 所示的草图，绘制后退出草图工作台。

（4）在"凹槽"工具栏中单击"凹槽" ，弹出"定义凹槽"对话框，如图 8-29 所示。激活"选择"文本框，选择图 8-28 中所示的草图。

（5）在"深度"文本框中输入数值，本例取"20"。

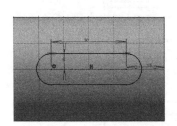

图 8-28　键槽轮廓

图 8-29　"定义凹槽"对话框

（6）单击"预览"，确认无误后单击"确定"，键槽如图 8-30 所示。

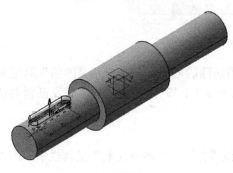

（a）预览图

（b）效果图

图 8-30　键槽

【例 8-7】定位槽。

（1）在【例 8-6】的基础上进行操作或绘制类似零件。在其中一侧端面上任意绘制图 8-31 所示的直线，距离 y 轴为 6mm 后退出草图工作台。

（2）单击"凹槽" ，弹出"定义凹槽"对话框，如图 8-32 所示，激活"选择"文本框，选择图 8-31 所示的草图，在"深度"文本框中输入数值，本例取"20"。

（3）在"定义凹槽"对话框中单击"反转边"，凹槽切除范围发生改变，如图 8-33 所示。单击"预览"，确认无误后单击"确定"。

2.　拔模圆角凹槽与多凹槽

分别单击"凹槽"工具栏中的"拔模圆角凹槽" 和"多凹槽" ，弹出"定义拔模圆角凹槽"对话框和"定义多凹槽"对话框，如图 8-34、图 8-35 所示。

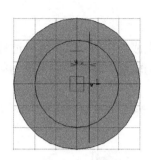

图 8-31　切割线

图 8-32　"定义凹槽"对话框

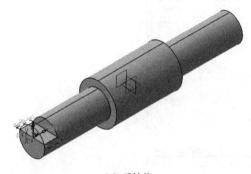

（a）反转前

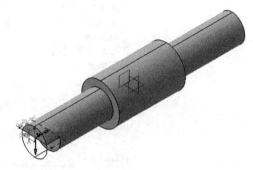

（b）反转后

图 8-33　反转方向

图 8-34　"定义拔模圆角凹槽"对话框

图 8-35　"定义多凹槽"对话框

　　拔模圆角凹槽、多凹槽功能与拔模圆角凸台、多凸台功能相同，具体功能和操作方法参见 8.1.1 节 "2.拔模圆角凸台" 和 "3.多凸台"。

8.2 旋　转

旋转包括旋转体和旋转槽。旋转适用于轴系、盘类以及具有回转特征的零件的创建。

8.2.1　旋转体

旋转体是将草图轮廓沿指定的轴线旋转而生成的实体，属于增料过程。旋转体轮廓线必须是封闭的或者是利用旋转轴线封闭的轮廓，草图轮廓不能与轴线相交；旋转厚度轮廓线可以是不封闭的。

在"基于草图的特征"工具栏中单击"旋转体" ，弹出"定义旋转体"对话框，在对话框中单击"更多"，展开对话框，如图 8-36 所示。

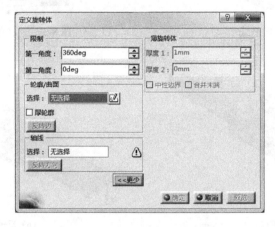

图 8-36　"定义旋转体"对话框

1. 限制

（1）第一角度。以轮廓线为起点，向一个方向旋转的角度。

（2）第二角度。以轮廓线为起点，向另外一个方向旋转的角度。

2. 轮廓/曲面

（1）选择。用于添加旋转体草图轮廓。

（2）厚轮廓。厚轮廓是指对草图轮廓的厚度进行旋转而生成的三维实体。

3. 轴线选择

（1）V 轴、H 轴。在草图工作台中，如果以 V 轴或 H 轴为旋转轴线基准绘制草图轮廓，绘制旋转体草图时，旋转轴线应与 V 轴或 H 轴相合。相应地，"选择"文本框就会变为"横向"或"纵向"。

（2）右击"选择"文本框，在弹出的快捷菜单中选择 X 轴、Y 轴或 Z 轴，如图 8-37所示。

（3）三维造型中，轴线大多需要自定义。自定义旋转轴线的方法有以下 3 种。

① 以封闭轮廓为旋转轴，如图 8-38 所示。

图 8-37　指南针轴系选择

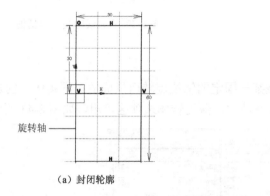

（a）封闭轮廓

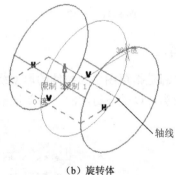

（b）旋转体

图 8-38　封闭轮廓轴线选择

② 在绘制草图时，通过"轮廓"工具栏中的"轴"功能绘制旋转轴，如图 8-39 所示。绘制完毕后在创建旋转体时，"定义旋转体"对话框中"轴线选择"文本框不需要手动添加轴线，默认轴线为旋转草图轮廓中所绘制的轴线，如图 8-40 所示。

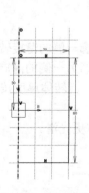

图 8-39　草图轴线

图 8-40　"定义旋转体"对话框

③ 右击"定义旋转体"对话框中的轴线"选择"文本框，如图 8-41 所示，在弹出的快捷菜单中选择"创建直线"，弹出"直线定义"对话框，如图 8-42 所示，可以通过 6 种不同

的方法创建轴线。

图 8-41　创建直线

图 8-42　"直线定义"对话框

4. 厚轮廓

厚轮廓是指草图轮廓拉伸的厚度绕某一固定的轴线旋转而生成的三维实体。创建厚轮廓的草图轮廓可以是不封闭的。该复选框激活时，薄旋转体选项区可用，如图 8-43 所示。

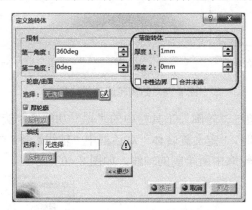

图 8-43　"薄旋转体"选项区

5. 薄旋转体

（1）厚度 1。在"厚度 1"文本框中输入数值用于定义轮廓一侧的薄旋转体厚度。

（2）厚度 2。在"厚度 2"文本框中输入数值用于定义轮廓另一侧的薄旋转体厚度。

（3）中性边界。该复选框激活后，"厚度 2"文本框变灰，旋转体厚度按照"厚度 1"的数值以草图轮廓为镜像元素进行镜像分布。

（4）合并末端。将创建旋转体周围的材料合并，使旋转体更光滑。

6. 反转边

在创建旋转体时，该项不可用。

7. 反转方向

在"定义旋转体"对话框中单击"反转方向"改变的是"第一角度"与"第二角度"相

对于旋转草图轮廓的位置，对比图如图 8-44 所示。

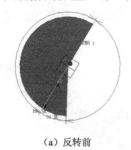
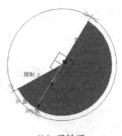

（a）反转前　　　　　　　　　　　　　　　　（b）反转后

图 8-44　反转方向

【例 8-8】以旋转方式创建轴。

（1）轴可以通过"旋转体"来创建。选择 xy 平面，进入草图工作台，绘制如图 8-45 所示的草图后退出草图工作台。

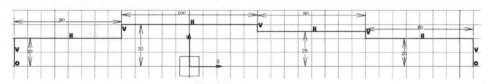

图 8-45　旋转体轮廓

（2）单击"旋转体"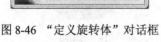，弹出"定义旋转体"对话框，如图 8-46 所示，激活"轮廓/曲面"下的"选择"文本框，选择步骤（1）绘制的草图。

（3）分别在"第一角度"和"第二角度"文本框中输入数值，本例取"360"和"0"，右击轴线"选择"，弹出快捷菜单，如图 8-47 所示，选择"X 轴"。

图 8-46　"定义旋转体"对话框　　　　　　　图 8-47　旋转体轴线选择

（4）单击"预览"，如图 8-48（a）所示，确认无误后单击"确定"，如图 8-48（b）所示。

【例 8-9】旋转厚度基本应用。

（1）在 xy 平面绘制如图 8-49 所示的草图后退出草图工作台。

（2）在"基于草图的特征"工具栏中单击"旋转体"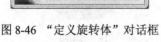，弹出"定义旋转体"对话框。激活"轮廓/曲面"下的"选择"文本框，选择步骤（1）绘制的草图。

（3）激活"厚轮廓"复选框，展开对话框，如图 8-50 所示。在"薄旋转体"下的"厚度

1"和"厚度2"文本框中分别输入数值，本例取"1"和"2"，在"限制"选项区中的"第一角度"文本框和"第二角度"文本框中分别输入数值，本例取"360"和"0"，轴线选择"X轴"。

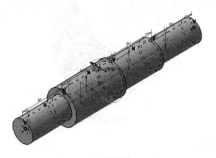
（a）预览图

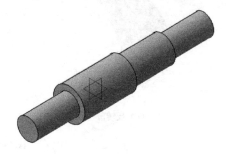
（b）效果图

图 8-48　旋转轴

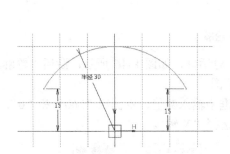
图 8-49　旋转厚度轮廓

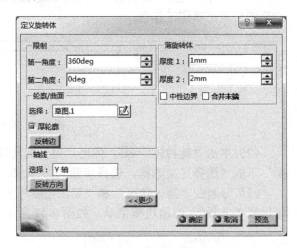
图 8-50　"定义旋转体"对话框

（4）单击"预览"，如图 8-51（a）所示，确认无误后单击"确定"，如图 8-51（b）所示。

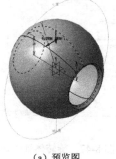
（a）预览图

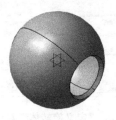
（b）效果图

图 8-51　旋转厚度

【例 8-10】合并末端。

（1）打开资源包的 Part 文件，如图 8-52 所示。

（2）在"基于草图的特征"工具栏中单击"旋转体"，弹出"定义旋转体"对话框。激活"轮廓/曲面"下的"选择"文本框，选择图 8-52 中所示的"草图.2"，系统弹出"特征定义错误"对话框（图 8-53），这是因为草图.2 为不封闭图形，需要激活"厚轮廓"。直接单击"确定"，回到"定义旋转体"对话框，激活"厚轮廓"复选框，展开对话框（图 8-50）。在"薄旋转体"下的"厚度 1"和"厚度 2"文本框中分别输入数值，本例取"1"和"2"。

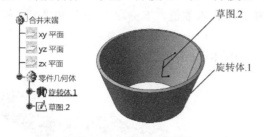
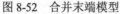

图 8-52　合并末端模型

图 8-53　"特征定义错误"对话框

（3）若不激活"合并末端"复选框，单击"确定"，结果如图 8-54（a）所示，若激活"合并末端"复选框，单击"确定"，结果如图 8-54（b）所示。

（a）不激活合并末端复选框　　　　　　　　（b）激活合并末端复选框

图 8-54　是否合并末端模型结果对比

8.2.2　旋转槽

旋转槽是将草图轮廓或曲面沿指定的轴线旋转移除实体而生成的特征，属于减料过程。

在"基于草图的特征"工具栏中单击"旋转槽" ，弹出"定义旋转槽"对话框，在对话框中单击"更多"，展开对话框，如图 8-55 所示。

"定义旋转槽"对话框与"定义旋转体"对话框功能相同，参见 8.2.1 节。

【例 8-11】退刀槽。

（1）在【例 8-7】基础上进行操作或绘制类似零件。在 xy 平面上绘制如图 8-56 所示的草图后退出草图工作台。

图 8-55　"定义旋转槽"对话框

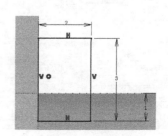

图 8-56　退刀槽轮廓

（2）在"基于草图的特征"工具栏中单击"旋转槽" 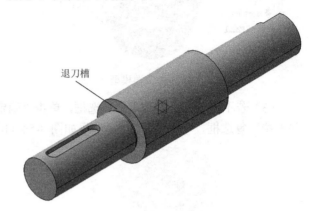，弹出"定义旋转槽"对话框，激活"定义旋转槽"对话框中的"选择"文本框，选择步骤（1）中绘制的草图，对话框如图 8-57 所示。

（3）在"第一角度"和"第二角度"文本框中分别输入数值，本例取"360"和"0"，旋转轴线选择"X 轴"。

（4）单击"预览"，确认无误后单击"确定"，如图 8-58 所示。

图 8-57　"定义旋转槽"对话框

图 8-58　退刀槽

8.3　孔

孔是指通过定位中心点和选择方向移除实体而生成的特征。

选择需要添加"孔"的平面，在"基于草图的特征"工具栏中单击"孔" ，弹出"定义孔"对话框，如图 8-59 所示。

1. 扩展选项卡

（1）延伸类型。在"定义孔"对话框中单击"延伸类型"下拉列表，如图 8-60 所示。右侧的预览框为延伸类型预览图，如图 8-61 所示，延伸类型效果如图 8-62 所示。

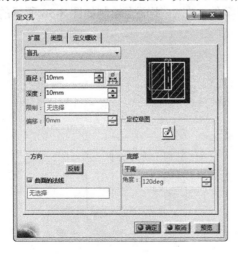

图 8-59　"定义孔"对话框

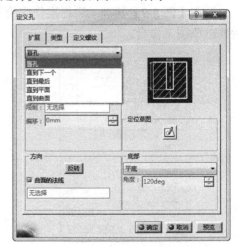

图 8-60　"定义孔"对话框

（a）盲孔　　　　（b）直到下一个　　　（c）直到最后　　　（d）直到平面　　　（e）直到曲面

图 8-61　孔延伸类型下拉列表定义孔对话框

 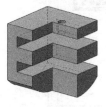   

（a）盲孔　　　　（b）直到下一个　　　（c）直到最后　　　（d）直到平面　　　（e）直到曲面

图 8-62　孔延伸效果

（2）直径。用于定义孔的直径。

（3）深度。用于定义孔的深度，仅在延伸类型为盲孔时可用。

（4）偏移。用于定义孔的深度超出限制对象的深度，除盲孔以外的延伸类型可用。

（5）方向。用于定义孔的方向。

① 反转。用于改变孔的生成方向。

② 曲线的法线。表示孔的生成方向与孔的支持面垂直。该复选框取消激活时，右击复选框下方的文本框，在弹出的快捷菜单中选择相应的参考元素。

（6）底部。底部用于设置孔的底部类型。

① 平底。孔底为平底。

② V 形底。孔底为尖型，角度参数设置孔底尖锐程度。

③ 已修剪。使用限制的平面或曲面来修剪孔底，除"直到下一个""直到最后"以外的延伸类型可用。

（7）定位草图。定义孔的位置。在"定义孔"对话框中单击"草图定位" ![icon]，进入草图工作台。草图中出现"*"为孔中心，可以对"*"位置进行约束。

2. 类型选项卡

在"定义孔"对话框中单击"类型"选项卡，如图 8-63 所示。

（1）孔类型。在右侧预览框中显示孔类型的预览图，如图 8-64 所示，孔类型的效果如图 8-65 所示。

（2）参数。用于定义不同孔类型的参数。

① 简单。不需要设置参数。

② 锥形孔。需要设置角度参数。

③ 沉头孔。需要设置直径和深度参数。

④ 埋头孔。需要设置模式，相应的模式需要设置参数。埋头孔模式包括"深度和角度""深度和直径""角度和直径"。

⑤ 倒钻孔。需要设置直径、深度和角度参数。

（3）定位点。用于定义定位点的位置。

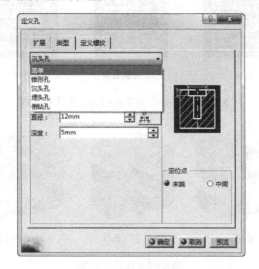

图 8-63 "定义孔"对话框

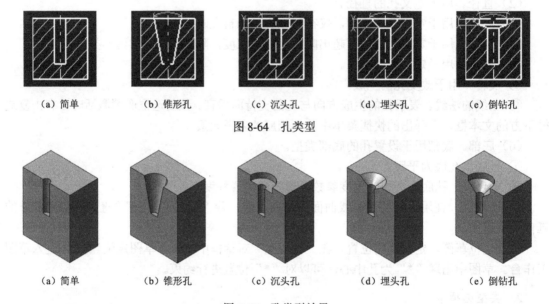

（a）简单　　（b）锥形孔　　（c）沉头孔　　（d）埋头孔　　（e）倒钻孔

图 8-64 孔类型

（a）简单　　（b）锥形孔　　（c）沉头孔　　（d）埋头孔　　（e）倒钻孔

图 8-65 孔类型效果

3. 定义螺纹选项卡

"定义螺纹"选项卡用于创建螺纹孔。在"定义孔"对话框中单击"定义螺纹"选项卡，激活"螺纹孔"复选框，对话框如图 8-66 所示。

（1）底部类型。

① 尺寸。用于定义螺纹孔中螺纹的深度。在"类型"下拉列表中单击"尺寸"。在"螺纹深度"文本框中输入数值定义螺纹的深度。

② 支持面深度。用于使螺纹孔深度与螺纹长度相等。在"类型"下拉列表中单击"支持面深度"，"螺纹深度"文本框取消激活。

③ 直到平面。在"类型"下拉列表中单击"直到平面"。"底部限制"文本框被激活，用

于添加孔延伸的目标平面。

（2）定义螺纹。

① 定义螺纹类型。螺纹类型包括非标准螺纹、公制细牙螺纹和公制粗牙螺纹。

② 定义螺纹参数。螺纹参数包括螺纹直径、孔直径、螺纹深度、孔深度和螺距。

（3）螺纹旋转方式。根据螺纹旋转方向不同分为右旋螺纹和左旋螺纹。

【例 8-12】轴中心孔。

（1）在【例 8-11】基础上进行操作或绘制类似零件，创建中心孔。选中轴键槽一侧的端面，在"基于草图的特征"工具栏中单击"孔" 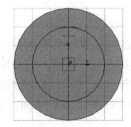，弹出"孔定义"对话框，单击"定位草图" ，进入草图工作台，对孔的位置进行约束，如图 8-67 所示，定位后退出草图工作台。

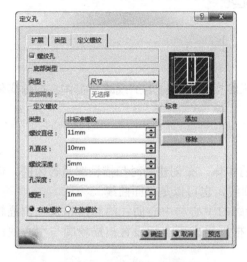

图 8-66　"定义孔"对话框

图 8-67　孔定位

（2）分别在"扩展"选项卡下拉列表中选择"盲孔"，在"直径"和"深度"文本框中输入数值，本例取"4"和"12"，如图 8-68（a）所示。切换到"类型"选项卡，孔类型选择"埋头孔"，"模式"选择"角度和直径"，分别在"角度"和"直径"文本框中输入数值，本例取"75"和"12"，如图 8-68（b）所示。

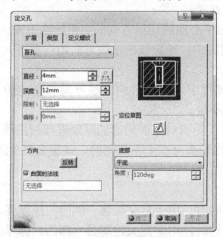

（a）"扩展"选项卡

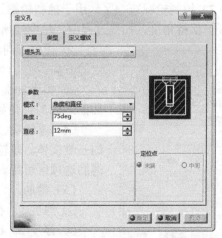

（b）"类型"选项卡

图 8-68　"定义孔"对话框

（3）单击"预览"，确认无误后单击"确定"，如图 8-69 所示。

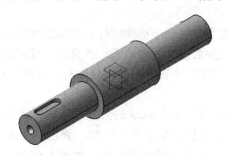

图 8-69　中心孔

MOOC

8.4　扫　　掠

扫掠是通过对轮廓沿中心曲线扫描而形成的三维实体。根据增加或减少实体，扫掠实体特征分为肋和开槽。

8.4.1　肋

肋是通过对草图轮廓沿引导路径扫描而生成的实体。在创建肋时扫描轮廓是封闭的，创建薄肋时可以是不封闭的，中心曲线可以是空间曲线，也可以是平面曲线。

创建肋时为了便于操作及修改，建议扫描轮廓的中心与中心曲线的起点相合。扫描轮廓与中心曲线垂直时为正平面，否则为斜截面。根据需求可自行设置扫描轮廓与中心曲线的角度。

在"基于草图的特征"工具栏中单击"肋" ![icon]，弹出"定义肋"对话框，如图 8-70 所示。

（1）轮廓。用于选择和编辑扫描轮廓，单击"草图绘制" ![icon]，进入草图工作台对扫描轮廓进行编辑。

（2）中心曲线。用于选择和编辑中心曲线，单击"草图绘制" ![icon]，进入草图工作台对中心曲线进行编辑。

（3）控制轮廓选项区。用于控制轮廓线的扫描方式。

① 保持角度。扫描过程中，轮廓线所在平面与中心曲线切线方向的夹角始终不变。

② 拔模方向。扫描过程中，轮廓线的法线方向始终保持一个指定的方向。

③ 参考曲面。扫描过程中，轮廓线的法线方向与指定的参考曲面之间的夹角始终保持不变。

（4）厚轮廓。"厚轮廓"是指对草图轮廓的厚度进行扫描而生成的三维实体。厚轮廓的扫描轮廓可以是不封闭的。该复选框激活后，薄肋选项区可用。

（5）薄肋。

① 厚度 1。在创建薄肋时，用于定义轮廓一侧的扫掠厚度。

② 厚度 2。在创建薄肋时，用于定义轮廓另一侧的扫掠厚度。

图 8-70　"定义肋"对话框

③ 中性界面。在创建薄肋时，用于使草图轮廓两侧拉伸的厚度相同。该复选框激活后，"厚度 2"文本框变灰，肋按照"厚度 1"

的数值以草图轮廓为镜像元素进行镜像拉伸。

　　④ 合并末端。将创建肋周围的材料合并，使肋更光滑。

【例 8-13】U 形卡。

（1）选择 xy 平面，绘制如图 8-71（a）所示的草图作为 U 形卡轮廓，绘制后退出草图工作台。选择 yz 平面，绘制如图 8-71（b）所示的草图作为 U 形卡中心曲线，绘制后退出草图工作台，轮廓与中心曲线轴测图如图 8-72 所示。

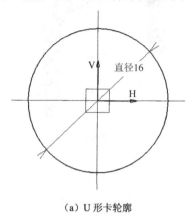

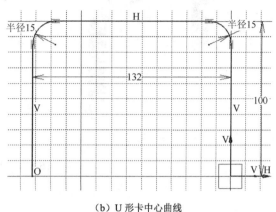

（a）U 形卡轮廓　　　　　　　　　　　　　　　　（b）U 形卡中心曲线

图 8-71　U 形卡轮廓及中心曲线

（2）在"基于草图的特征"工具栏中单击"肋" ，弹出"定义肋"对话框，如图 8-73 所示。选择图 8-71（a）所示的草图为轮廓，图 8-71（b）所示的草图为中心曲线。

图 8-72　U 形卡轮廓与中心曲线轴测图　　　　　图 8-73　"定义肋"对话框

（3）单击"预览"，如图 8-74（a）所示，确认无误后单击"确定"，U 形卡如图 8-74（b）所示。

【例 8-14】扫掠厚度基本应用。

（1）在 xy 平面绘制如图 8-75（a）所示的草图作为扫掠厚度轮廓，yz 平面绘制如图 8-75（b）所示的草图。

（2）在"基于草图的特征"工具栏中单击"肋" ，弹出"定义肋"对话框。激活"厚轮廓"复选框，薄肋变为可用。

（3）激活"轮廓"文本框，选择图 8-75（a）所示的草图，激活"中心曲线"文本框，选

择图 8-75（b）所示的草图。分别在"厚度 1"和"厚度 2"文本框中输入数值，本例取"1"和"2"，其余选项默认，对话框如图 8-76 所示。

（4）单击"预览"，确认无误后单击"确定"，如图 8-77 所示。

（a）预览图

（b）效果图

图 8-74　U 形卡

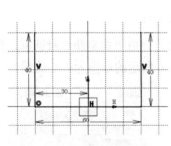

（a）扫掠厚度轮廓

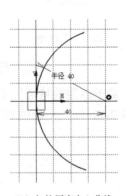

（b）扫掠厚度中心曲线

图 8-75　扫掠厚度轮廓及中心曲线

图 8-76　"定义肋"对话框

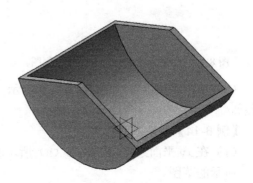

图 8-77　厚轮廓

8.4.2　开槽

开槽是对草图轮廓沿引导路径扫描移除实体而添加的特征。扫描轮廓和中心曲线的选择方法与肋相同。

在"基于草图的特征"工具栏中单击"开槽" ，弹出"定义开槽"对话框，如图 8-78 所示。

"定义开槽"对话框与"定义肋"对话框功能相同，参见 8.4.1 节。

图 8-78　"定义开槽"对话框

【例 8-15】密封圈嵌入槽。

（1）在 xy 平面绘制如图 8-79（a）所示的草图后退出草图工作台，通过"凸台"中的"厚"创建内、外厚度均为 6mm，拉伸长度为 40mm 的厚凸台，如图 8-79（b）所示。

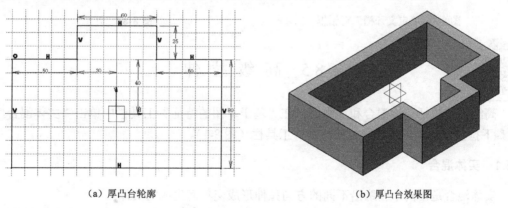

（a）厚凸台轮廓　　　　　　　　　　　　　　　　（b）厚凸台效果图

图 8-79　厚凸台

（2）选中实体端面的平面，进入草图工作台。绘制如图 8-80（a）所示的草图后退出草图工作台。选中 yz 平面，进入草图工作台。绘制如图 8-80（b）所示的草图后退出草图工作台。

（3）在"基于草图的特征"工具栏中单击"开槽" ，弹出"定义开槽"对话框，如图 8-81 所示。选择图 8-80（a）中的草图作为轮廓，选择图 8-80（b）中的草图作为中心曲线，其余选项为默认。

（4）单击"预览"，如图 8-82（a）所示，确认无误后单击"确定"，如图 8-82（b）所示。

（a）开槽轮廓

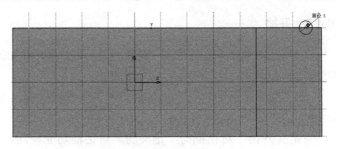

（b）开槽中心曲线

图 8-80　开槽轮廓及中心曲线

图 8-81　"定义开槽"对话框

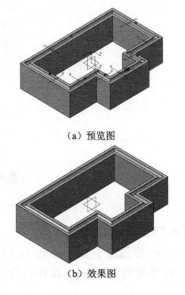

（a）预览图

（b）效果图

图 8-82　开槽

8.5　高 级 拉 伸

高级拉伸包括实体混合和加强肋。在"基于草图的特征"工具栏中单击"实体混合"图标 🗇 下拉按钮，弹出"高级拉伸特征"工具栏（图 8-1）。

8.5.1　实体混合

实体混合是由两个轮廓沿不同的方向拉伸形成交集而生成的实体。

在"高级拉伸特征"工具栏中单击"实体混合" 🗇，弹出"定义混合"对话框，如图 8-83 所示。

1．第一部件

（1）轮廓。用于添加第一部件的拉伸轮廓。

（2）轮廓的法线。该复选框默认激活，拉伸方向与草图绘制平面轮廓垂直。复选框取消激活时"方向"文本框变为可用，此时可以自定义拉伸方向。

（3）方向。用于确定自定义拉伸的方向。

图 8-83　"定义混合"对话框

2. 第二部件

（1）轮廓。用于添加第二部件的拉伸轮廓。

（2）轮廓的法线。该复选框默认激活，拉伸方向与草图绘制平面轮廓垂直。复选框取消激活时，"方向"文本框变为可用，此时可以自定义拉伸方向。

（3）方向。用于确定自定义拉伸的方向。

【例 8-16】旋钮。

（1）选择 xy 平面，绘制如图 8-84（a）所示的草图后退出草图工作台，选择 zx 平面绘制如图 8-84（b）所示的草图后退出草图工作台。

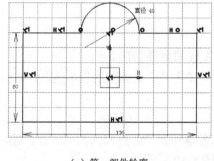

（a）第一部件轮廓

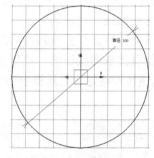

（b）第二部件轮廓

图 8-84　旋钮轮廓

（2）在"基于草图的特征"工具栏中单击"实体混合" ，弹出"定义混合"对话框，如图 8-85 所示。第一部件轮廓选择图 8-84（a）所示的草图，第二部件轮廓选择图 8-84（b）所示的草图，两草图沿各自法线方向拉伸，所拉伸的两实体交集为目标模型，如图 8-86 所示。

图 8-85　"定义混合"对话框

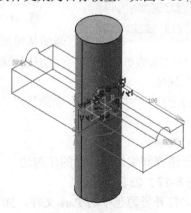

图 8-86　实体混合示意图

（3）单击"预览"，确认无误后单击"确定"，如图 8-87 所示。

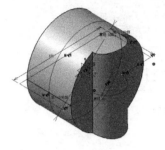

（a）预览图　　　　　　　　　　　　　（b）效果图

图 8-87　旋钮

8.5.2　加强肋

加强肋又称加强筋，通过定义加强肋的草图以及加强肋的增料方向在已有实体上添加加强肋的实体，属于增料过程。加强肋用于在实体上创建可以增加强度的肋，在结构体中起支撑和加固的作用。

加强肋轮廓必须满足以下 3 个条件。

① 轮廓必须是不封闭的。

② 加强肋拉伸必须要有接触面的支持。

③ 在没有接触面接触的一端创建加强肋时，草图轮廓需要封闭。

在"高级拉伸特征"工具栏中单击"加强肋" ，弹出"定义加强肋"对话框，如图 8-88 所示。

图 8-88　"定义加强肋"对话框

（1）模式。

① 从侧面。表示在轮廓所在平面方向向两侧进行拉伸，并添加轮廓平面的厚度，如图 8-89 所示。

② 从顶部。表示在轮廓所在平面方向向接触面进行拉伸，直至与接触面接触，如图 8-90 所示。

（2）线宽。

① 厚度 1。用于设置加强肋在第一方向上的厚度值。

② 厚度 2。用于设置加强肋在第二方向上的厚度值。

③ 中性边界。设置加强肋拉伸的方向。激活该复选框，加强肋从轮廓开始向两侧各拉伸厚度值的一半；取消该复选框，加强肋从轮廓向一侧拉伸。

（3）深度。

反转方向："中性边界"未激活时，该复选框可用。单击"反转方向"，将反转加强肋的拉伸方向。

（4）轮廓。

用于选择和编辑加强肋的轮廓边。

【例 8-17】轴套加强肋。

（1）打开资源包中的 Part 文件，如图 8-91（a）所示。选中 yz 平面，进入草图工作台。绘制如图 8-91（b）所示的草图后退出草图工作台。

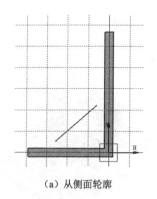

（a）从侧面轮廓

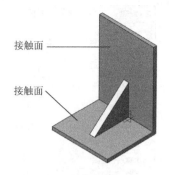

（b）从侧面效果图

图 8-89　从侧面

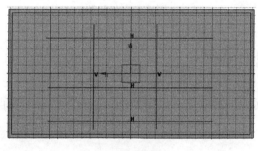

（a）从顶部草图

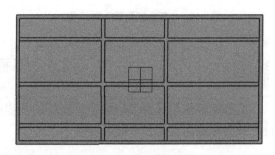

（b）从顶部效果图

图 8-90　从顶部模式

（a）轴套

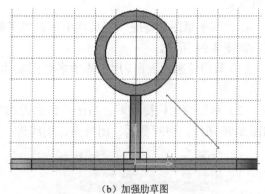

（b）加强肋草图

图 8-91　轴套及加强肋草图

（2）在"基于草图的特征"工具栏中单击"加强肋" ，弹出"定义加强肋"对话框，如图 8-92 所示。

（3）激活"定义加强肋"对话框中的"轮廓选择"文本框，单击图 8-91（b）所示的草图，草图添加完毕。模式选择"从侧面"，"厚度 1"文本框中输入数值，本例取"5"，激活"中性界面"复选框。

（4）单击"预览"，确认无误后单击"确定"，如图 8-93 所示。

图 8-92 "定义加强肋"对话框　　　　图 8-93 加强肋

8.6 多截面特征

多截面特征是指对多个截面草图轮廓扫描而添加的特征。根据增加或减少实体，多截面特征分为多截面实体和多截面移除。

8.6.1 多截面实体

多截面实体是指多个截面草图沿指定的控制元素放样生成的截面不断变化的实体，属于增料过程。

在"基于草图的特征"工具栏中单击"多截面实体" ，弹出"多截面实体定义"对话框，如图 8-94 所示。

（1）截面轮廓列表框。用于添加多截面实体扫描轮廓以及显示所选截面的信息，如图 8-95 所示。

（2）截面轮廓快捷菜单。右击"截面轮廓"列表框中已经选中的草图，弹出快捷菜单，如图 8-96 所示，可对截面、闭合点、切线进行操作。

图 8-94 "多截面实体定义"对话框　　　图 8-95 "多截面实体定义"对话框

（3）引导线。"引导线"选项卡为默认选项卡。用于添加一条或多条引导线作为实体的边线。引导线由用户添加，形状简单的形体可以不创建引导线。

（4）脊线。单击"脊线"选项卡，"多截面实体定义"对话框切换显示，如图 8-97 所示。该项用于添加实体放样的中心曲线。默认脊线由系统自动计算生成。

脊线文本框：该项用于添加已绘制的脊线。

图 8-96　截面快捷菜单

图 8-97　"脊线"选项卡

（5）耦合。用于设置各个轮廓之间的连接方式。截面耦合列表框包括比率、相切、相切然后曲率、顶点，如图 8-98 所示。

① 比率。表示轮廓之间根据曲线的横坐标比率进行连接。

② 相切。表示轮廓之间根据转折点进行连接。各轮廓曲线上的点数必须一样，否则无法使用该项进行耦合。

③ 相切然后曲率。表示轮廓之间根据曲率不连续的点进行连接。各轮廓曲线上的点数必须一样，否则无法使用该项进行耦合。

④ 顶点。表示轮廓之间根据轮廓顶点进行连接。各轮廓曲线上的点数必须一样，否则无法使用该项进行耦合。

（6）替换。用于替换引导线、脊线、耦合曲线。

（7）移除。用于移除引导性、脊线、耦合曲线。

（8）添加。用于添加引导性、脊线、耦合曲线。

（9）重新限定。用于设置两端的轮廓截面。

（10）光顺参数。

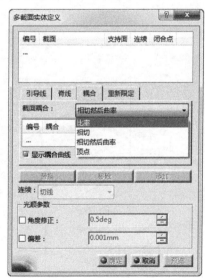

图 8-98　截面耦合方式

① 角度修正。表示沿参考引导曲线对多截面实体进行光顺。如果检测到脊线相切或参考引导曲线法线存在轻微的不连续，则可以使用该选项。光顺应用于任何角度偏差小于 0.5° 的不连续，使用该功能可以生成连续性更好的多截面实体。

② 偏差。表示通过偏离引导曲线对多截面实体进行光顺。

【例 8-18】多截面实体基本应用。

（1）在"参考元素"工具栏中单击"平面" 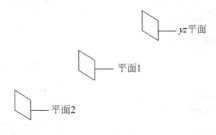，弹出"平面定义"对话框。

（2）在"平面类型"下拉列表中选择"偏移平面"，弹出"平面定义"对话框。激活"平面定义"对话框中的"参考"文本框，单击 yz 平面，在"偏移"文本框中输入数值，本例取"120"，单击"确定"，平面 1 创建完毕。

（3）依照上述步骤创建一个与 yz 平面偏移距离为 240 mm 的平面 2，如图 8-99 所示。

图 8-99　新建平面

（4）分别在 yz 平面、平面 1、平面 2 绘制 3 个矩形，长×宽分别为：120×60、220×120、360×180。在 xy 平面绘制 1 条引导线与 3 个矩形短边相合，轴测图如图 8-100 所示。

（5）在"基于草图的特征"工具栏中单击"多截面实体" 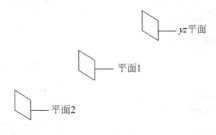，弹出"多截面实体定义"对话框。

（6）在"截面轮廓"列表框中分别添加步骤（4）中绘制的 3 个矩形。在"引导线"列表中添加步骤（4）中绘制的 1 条引导线，对话框如图 8-101 所示。

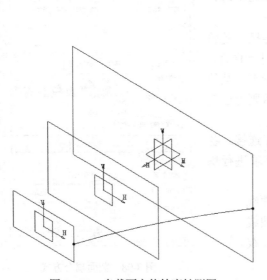

图 8-100　多截面实体轮廓轴测图

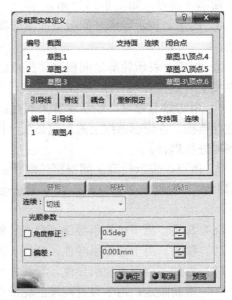

图 8-101　"多截面实体定义"对话框

（7）单击"预览"，如图 8-102（a）所示，确认无误后单击"确定"，如图 8-102（b）所示。

⚠【注意】创建多截面实体时，截面轮廓的闭合点应保持一致，否则将出现更新错误，单击闭合点箭头可调整闭合点的方向。

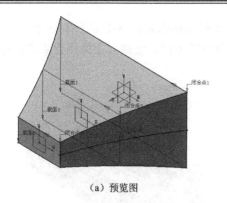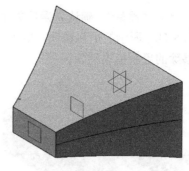

（a）预览图　　　　　　　　　　　　　　（b）效果图

图 8-102　多截面实体

8.6.2　多截面移除

多截面移除是多个截面草图轮廓沿指定的控制元素扫描并移除截面的实体，属于减料过程。

在"基于草图的特征"工具栏中单击"已移除的多截面实体"，弹出"已移除的多截面实体定义"对话框，如图 8-103 所示。

"已移除的多截面实体定义"对话框与"多截面实体定义"对话框的用法一致，参见 8.6.1 节。

【例 8-19】多截面移除基本应用。

（1）创建任意一长方体，在长方体相对的两端面上分别绘制直径为 40 mm 的圆，在 zx 平面上绘制一直径为 80 mm 的圆，轴测图如图 8-104 所示。

（2）在"基于草图的特征"工具栏中单击"多截面移除"，弹出"已移除的多截面实体定义"对话框，如图 8-105 所示，在"截面轮廓"列表框中添加步骤（1）绘制的图 8-104 中的草图。

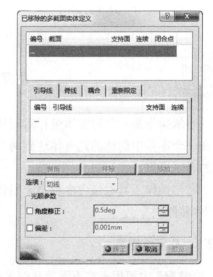

图 8-103　"已移除的多截面实体定义"对话框

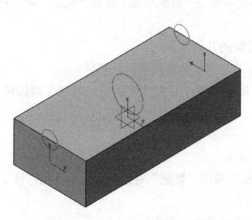

图 8-104　多截面移除轮廓轴测图

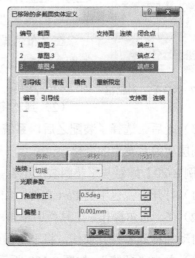

图 8-105　"已移除的多截面实体定义"对话框

（3）单击"预览"，确认无误后单击"确定"，多截面移除如图 8-106（a）所示。如出现如图 8-106（b）所示的更新错误，单击箭头改变闭合点的方向，使截面上的闭合点方向相同，多截面移除的更新错误消除。

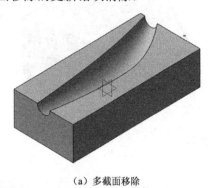
（a）多截面移除

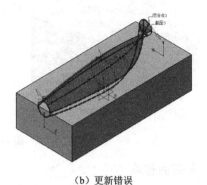
（b）更新错误

图 8-106　多截面移除及其更新错误

8.7　布 尔 操 作

布尔操作是一个对实体进行后期处理时非常重要的编辑工具。在零件设计工作台中，如果在一个零件中创建的几何体达到两个或两个以上，需要对这些几何体进行求和、求差和求交的布尔运算。

布尔操作工具栏包含多种用于编辑实体的工具，该工具栏包括"装配""添加""联合修剪""移除块"。

8.7.1　几何体组装

"装配"主要用于将不同的几何体进行组合，从而改变几何体与结构特征的从属关系。布

图 8-107　"装配"对话框

尔操作中的"装配"与"装配设计"中的零部件的装配设计有着本质区别，这里介绍的装配只是对多个几何体进行"并集"的几何运算，装配后仍显示"Part"特征。

在"布尔操作"工具栏中单击"装配" ，弹出"装配"对话框，如图 8-107 所示。

（1）装配。选择要装配的几何体。

（2）到。将上步选择的几何体装配到目标几何体。

（3）之后。选择了装配之后，系统自动将装配零件置于目标几何体下，可以在结构树中观察到层次关系发生的变化。

【例 8-20】螺钉与平垫圈装配组合。

（1）打开资源包中的 Part 文件，如图 8-108 所示。

（2）在"布尔操作"工具栏中单击"装配" ，弹出"装配"对话框。选中"几何体 2"，系统自动捕捉到零件几何体，将平垫圈装配到螺钉上。

（3）单击"预览"，如图 8-109 所示，确认无误后单击"确定"。

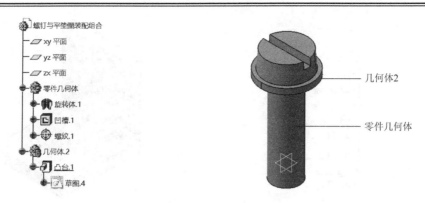

图 8-108　实体模型

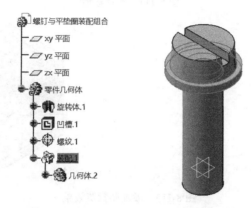

图 8-109　螺钉与平垫圈装配组合预览效果

8.7.2　几何体添加和移除

在"布尔操作"工具栏中单击"添加"图标 的下拉按钮，弹出另一"布尔操作"子工具栏，该工具栏包括"添加""移除""相交"。

1．添加

"添加"用于将一个几何体添加到另一个几何体中，并且取两个几何体的并集部分。在"布尔操作"工具栏中单击"添加" ，弹出"添加"对话框，如图 8-110 所示。

图 8-110　"添加"对话框

（1）添加。选择要添加的几何体。

（2）到。将上步所选择的几何体添加到目标几何体。

（3）之后。选择了添加之后，系统自动将添加几何体置于目标几何体下，可以在结构树中观察到层次关系发生的变化。

【例 8-21】添加肋。

（1）打开资源包中的 Part 文件，如图 8-111 所示。

（2）在"布尔操作"工具栏中单击"添加" ，弹出"添加"对话框。选中"几何体 2"，系统自动捕捉到零件几何体，将肋添加到折板上。

（3）单击"预览"，如图 8-112 所示，确认无误后单击"确定"。

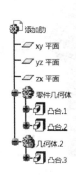

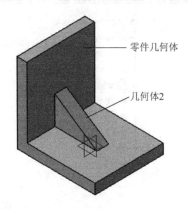

零件几何体

几何体2

图 8-111 实体模型

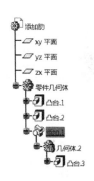

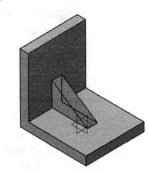

图 8-112 添加肋预览效果

2. 移除

图 8-113 "移除"对话框

"移除"是指用一个几何体在另一个几何体中去除材料，取两个几何体的差集部分。

在"布尔操作"工具栏中单击"移除" ，弹出"移除"对话框，如图 8-113 所示。

（1）移除。选择要移除的几何体。

（2）从。将上步选择的几何体在目标几何体中移除。

（3）之后。执行布尔运算后受影响的几何体特征。

【例 8-22】创建齿轮轴孔。

（1）打开资源包中的 Part 文件，如图 8-114 所示。

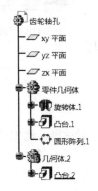

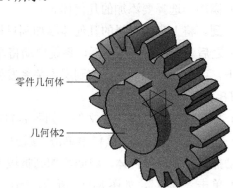

零件几何体

几何体2

图 8-114 实体模型

（2）在"布尔操作"工具栏中单击"移除"，弹出"移除"对话框。选中"几何体 2"，系统自动捕捉到零件几何体，"几何体 2"从零件几何体中移除。

（3）单击"预览"，如图 8-115 所示，确认无误后单击"确定"。

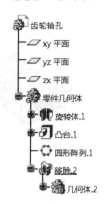

图 8-115　齿轮轴孔预览效果

8.7.3　几何体相交

"相交"用于将两个几何体组合在一起，并取两个几何体的交集部分。

在"布尔操作"工具栏中单击"相交"，弹出"相交"对话框，如图 8-116 所示。

（1）相交。选择相交的几何体。

（2）到。将上步选择的零件与目标几何体进行相交。

（3）之后。执行布尔运算后受影响的几何体特征。

【例 8-23】圆柱体相交。

（1）打开资源包中的 Part 文件，如图 8-117 所示。

图 8-116　"相交"对话框

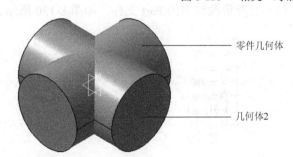

图 8-117　实体模型

（2）在"布尔操作"工具栏中单击"相交"，弹出"相交"对话框。选中"几何体 2"，系统自动捕捉到零件几何体，两个圆柱体进行相交组合。

（3）单击"预览"，如图 8-118（a）所示，确认无误后单击"确定"，如图 8-118（b）所示。

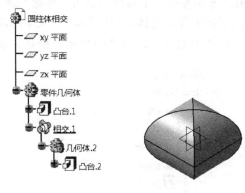

（a）相交预览效果　　　　　　　　　（b）相交效果

图 8-118　圆柱体相交

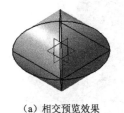

图 8-119　"定义修剪"对话框

8.7.4　几何体联合修剪

"联合修剪"是用于两个几何体间同时进行的并集、差集以及交集的布尔运算，以减少建模过程中运用布尔操作的次数。

在"布尔操作"工具栏中单击"联合修剪"，选定修剪对象后，弹出"定义修剪"对话框，如图 8-119 所示。

（1）修剪。选择要修剪的对象，注意不能选择系统中的第一个"零件几何体"。

（2）与。选择要修剪的对象后，系统自动捕捉到零件几何体。

（3）要移除的面。可将联合修剪的两个对象的某些特征移除。

（4）要保留的面。保留任意指定保留面，有时也可以不选择，由系统自动识别。

【例 8-24】修剪管路接头。

（1）打开资源包中的 Part 文件，如图 8-120 所示。

图 8-120　实体模型

（2）在"布尔操作"工具栏中单击"联合修剪"，选中"几何体 2"，弹出"定义修剪"对话框。激活"要移除的面"文本框，选择移除面；激活"要保留的面"文本框，选择保留面，如图 8-121 所示。

（3）单击"预览"，如图 8-122（a）所示，确认无误后单击"确定"，如图 8-122（b）所示。

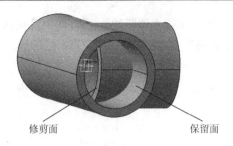

修剪面　　　　　　　　　　　保留面

图 8-121　选择移除面和保留面

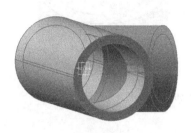

（a）修剪预览效果　　　　　　　　　　　（b）修剪效果

图 8-122　修剪管路接头

8.7.5　移除块

"移除块"用于单一几何体内移除多余且不相交的实体。

在"布尔操作"工具栏中单击"移除块" ，选定移除对象后，弹出"定义移除块（修剪）"对话框，如图 8-123 所示。

图 8-123　"定义移除块（修剪）"对话框

（1）修剪。选择要修剪的对象，注意不能选择系统中的第一个"零件几何体"。

（2）要移除的面。可将联合修剪的两个对象的某些特征移除。

（3）要保留的面。保留任意指定保留面，有时也可以不选择，由系统自动识别。

【例 8-25】移除凸台操作。

（1）打开资源包中的 Part 文件，如图 8-124 所示。

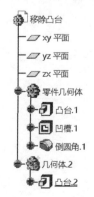

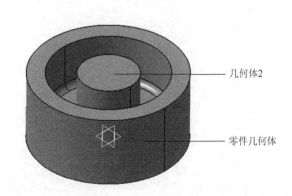

图 8-124　实体模型

（2）在"布尔操作"工具栏中单击"移除块" 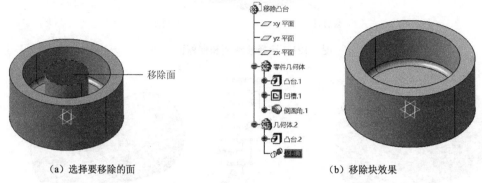，选中几何体 2，弹出"定义移除块（修剪）"对话框。激活"要移除的面"文本框，选取圆柱体上表面，其他选项采用默认设置，如图 8-125（a）所示。

（3）单击"预览"，如图 8-125（b）所示，确认无误后单击"确定"。

（a）选择要移除的面　　　　　　　　　　　（b）移除块效果

图 8-125　移除凸台操作

第9章 修饰与特征

> ## 导读
>
> ◆ 修饰特征工具栏
> ◆ 变换特征工具栏

修饰特征是在零件主体轮廓的基础上，对其进行后期处理与再加工的一种建模过程。变换特征是对已生成的实体进行特征变换，用于实体整体或局部几何部分的移动旋转、对称变换、阵列和仿射处理。图 9-1 为"修饰特征"工具栏与"变换特征"工具栏。

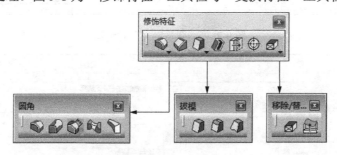

（a）"修饰特征"工具栏

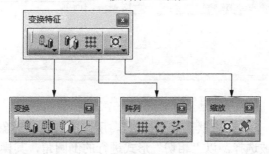

（b）"变换特征"工具栏

图 9-1 "修饰特征"工具栏与"变换特征"工具栏

9.1 圆角与倒角

在"修饰特征"工具栏中单击"倒圆角" 的下拉按钮，弹出"圆角"工具栏。该工具栏包括"倒圆角""可变半径圆角""弦圆角""面与面的圆角""三切线内圆角"，如图 9-1 所示。

9.1.1 圆角

1. 普通圆角

普通圆角使用"倒圆角" 在两个相邻面之间创建圆滑过渡的效果。

在"圆角"工具栏中单击"倒圆角" ，弹出"倒圆角定义"对话框，单击对话框中的

"更多",展开对话框,如图 9-2 所示。单击"选择模式"下拉列表,弹出列表框,"选择模式"包括"相切""最小""相交""与选定特征相交",如图 9-3 所示。

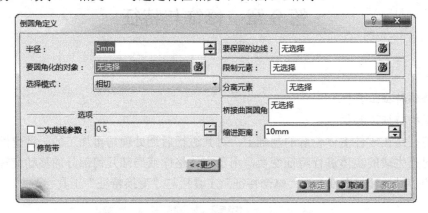

图 9-2 "倒圆角定义"对话框

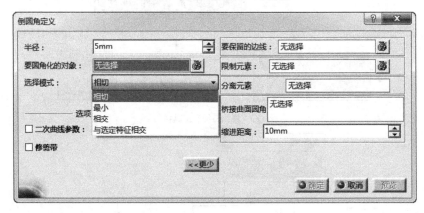

图 9-3 "选择模式"下拉列表

(1)相切。"拓展"下拉列表默认为"相切"。所选的圆角化对象只能为面或锐边,且所选对象的相切边线也将被选择,以"相切"形式进行的倒圆角,其操作项目如下。

① 半径。用于设置倒圆角半径的大小。

② 要圆角化的对象。用于选择要进行倒圆角的对象,可以是边线,也可以是面。

③ 选项。

a. 二次曲线参数。在倒圆角半径范围内使用二次曲线进行圆滑过渡,参数值为 0~1。

b. 修剪带。对两个重叠的圆角进行修剪。

④ 要保留的边线。在倒圆角边线时,根据定义的半径值可能会影响其他边线。为了避免产生这样的效果,在进行倒圆角操作之前,选中要保留的边线。

⑤ 限制元素。用于限制倒圆角的范围,可以选择一个或多个元素进行设置。

⑥ 分离元素。用于选择将倒圆角曲面分割开的元素。

⑦ 桥接曲面圆角。当倒圆角相交时,可能会影响圆角效果,使用该命令可以快速重新整形圆角。

⑧ 缩进距离。在边线顶点开始的空区域内添加材料以改进圆角外形。

(2)最小。在"拓展"下拉列表选择"最小",所选的圆角化对象只能为面或锐边,且只能对所选对象进行操作,"倒圆角定义"对话框切换显示如图 9-4 所示。

图 9-4　"倒圆角定义"对话框

　　以"最小"形式进行的倒圆角，与以"相切"形式进行的倒圆角不同的操作项目为修剪带，该复选框处于未激活状态。

　　（3）相交。在"拓展"下拉列表选择"相交"，所选的圆角化的对象只能为特征，且系统只对与所选特征相交的锐边进行操作，"倒圆角定义"对话框切换显示如图 9-5 所示。

图 9-5　"倒圆角定义"对话框

　　以"相交"形式进行的倒圆角，与以"相切"形式进行的倒圆角不同的操作项目为桥接曲面圆角，该文本框处于未激活状态。

　　（4）与选定特征相交。在"拓展"下拉列表选择"与选定特征相交"，所选的要圆角化的对象只能为特征，且还要选择一个与其相交的特征为相交对象，系统只对相交所产生的锐边进行操作，"倒圆角定义"对话框切换显示如图 9-6 所示。

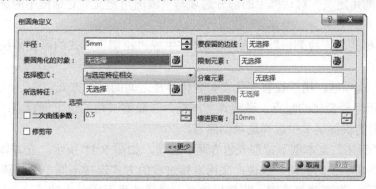

图 9-6　"倒圆角定义"对话框

以"与选定特征相交"形式进行的倒圆角，与以"相切"形式进行的倒圆角不同的操作项目如下。

① 所选特征。用于选择造型特征。

② 桥接曲面圆角。该文本框处于未激活状态。

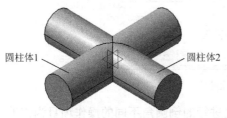

圆柱体1　　　　　　圆柱体2

图 9-7　实体模型

【例 9-1】四通管相贯线倒圆角。

（1）打开资源包中的 Part 文件，如图 9-7 所示。

（2）单击"倒圆角"，弹出"倒圆角定义"对话框。在"半径"文本框中输入数值，本例取"10"，在"拓展"下拉列表中选择"与选定特征相交"，激活"要圆角化的对象"文本框，选择圆柱体 1，激活"所选特征"文本框，选择圆柱体 2，其他选项采用默认设置。

（3）单击"预览"，如图 9-8（a）所示，确认无误后单击"确定"，如图 9-8（b）所示。

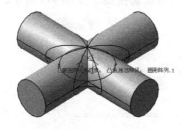

（a）倒圆角预览效果

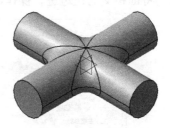

（b）倒圆角效果

图 9-8　四通管倒圆角

2. 可变半径圆角

"可变半径圆角"是通过在某条边线上指定多个圆角半径，从而生成半径以一定规律变化的圆角。

单击"可变半径圆角"，弹出"可变半径圆角定义"对话框，单击对话框中"更多"，展开对话框，如图 9-9 所示。单击"选择模式"下拉列表，弹出列表框，"选择模式"包括"相切"和"最小"，如图 9-10 所示。

"可变半径圆角定义"对话框中的部分选项与"倒圆角定义"对话框中的选项相同，相同部分不再赘述。

（1）"选择模式"下拉列表默认为"相切"，生成"相切"形式的可变半径圆角，其操作项目如下。

①"变化"选项区。用于设置变化点和变化半径之间的过渡方式。

a. 点。表示半径变化的起点。激活该文本框，在要倒圆角的边上创建点；也可以右击该文本框，在弹出的快捷菜单中选择选项创建点。

b. 变化。"变化"文本框下拉列表包含两个选项，如图 9-11 所示。立方体：采用逐渐过渡的方式连接不同半径的圆角。线性：采用直接过渡的方式连接不同半径的圆角。

② 圆弧圆角。激活该复选框，将使用垂直于脊线的平面所包含的圆进行倒圆角。

③ 脊线。用于选择倒圆角截面的控制线，所有的倒圆角截面都将经过该脊线。

④ 没有内部锐化边线。如果要连接的曲面是相切连续而不是曲率连续，则该复选框可以移除所有可能生成的锐化边线。

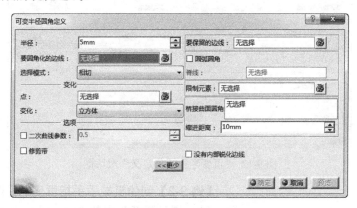

图 9-9　"可变半径圆角定义"对话框

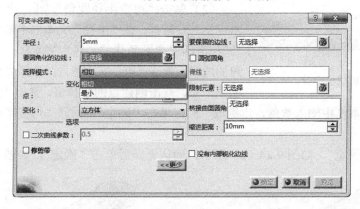

图 9-10　"选择模式"下拉列表

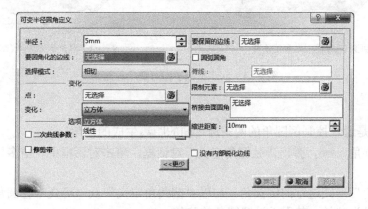

图 9-11　"变化"下拉列表

（2）在"选择模式"下拉列表选择"最小"，"倒圆角定义"对话框切换显示如图 9-12 所示。

以"最小"形式进行的倒圆角，与以"相切"形式进行的倒圆角不同的操作项目为修剪带，该复选框处于未激活状态。

图 9-12 "可变半径圆角定义"对话框

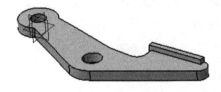

图 9-13 机械手手指

【例 9-2】创建机械手手指可变半径圆角。

（1）打开资源包中的 Part 文件，如图 9-13 所示。

（2）单击"可变半径圆角" ，弹出"可变半径圆角定义"对话框。在"半径"文本框中输入数值，本例取"3"，激活"要圆角化的边线"文本框，选择要进行倒圆角的边线，激活"点"文本框，在选择边线的拐角处单击创建一点，双击创建点的半径值，弹出"参数定义"对话框，在"值"文本框中输入数值，本例取"5"，单击"确定"，返回"可变半径圆角定义"对话框。

（3）单击"预览"，如图 9-14（a）所示，确认无误后单击"确定"，如图 9-14（b）所示。

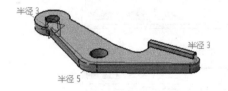

（a）可变半径圆角边线预览效果

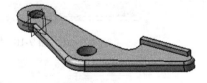

（b）可变半径圆角效果

图 9-14 创建机械手指可变半径圆角

3. 弦圆角

"弦圆角"是通过控制倒圆角的两条边之间的距离生成的圆角。

单击"弦圆角" ，弹出"弦圆角定义"对话框，单击对话框中"更多"，展开对话框，如图 9-15 所示。

以"弦圆角"形式进行的倒圆角，与以"倒圆角定义"及"可变半径圆角定义"倒圆角不同的操作项目为弦长，其用于设置圆角的弦长。

【例 9-3】钳口边线倒弦圆角。

（1）打开资源包中的 Part 文件，如图 9-16 所示。

（2）单击"弦圆角" ，弹出"弦圆角定义"对话框。在"弦长"文本框中输入数值，本例取"5"，激活"要圆角化的边线"文本框，选择要进行倒圆角的边线 L_1；激活"点"文本框，在选择的边线上单击创建 3 个点；双击创建点的半径值，弹出"参数定义"对话框，在"值"文本框中输入数值，本例取"10"，单击"确定"，返回"弦圆角定义"对话框。

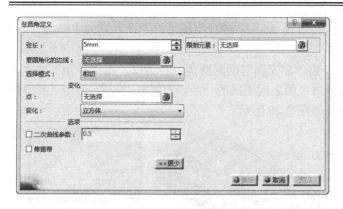

图 9-15　"弦圆角定义"对话框

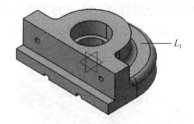

图 9-16　虎钳钳口

（3）单击"预览"，如图 9-17（a）所示，确认无误后单击"确定"，如图 9-17（b）所示。

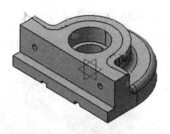

（a）弦圆角预览效果

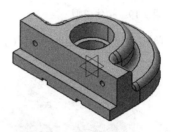

（b）弦圆角效果

图 9-17　钳口边线倒弦圆角

4. 面与面的圆角

"面与面的圆角"是指在不连接的曲面之间生成的圆滑过渡效果。

单击"面与面的圆角" ![icon] ，弹出"定义面与面的圆角"对话框，单击对话框中的"更多"，展开对话框，如图 9-18 所示。

图 9-18　"定义面与面的圆角"对话框

以"定义面与面的圆角"形式进行的倒圆角，与以"倒圆角定义"对话框中不同的操作项目如下。

（1）要圆角化的面。指定要圆角化的两个面。

（2）保持曲线。该曲线用来控制可变半径的倒圆角半径。

（3）脊线。指定要圆角化面的脊线。

【例 9-4】创建凸台间面与面的圆角。

（1）打开资源包中的 Part 文件，如图 9-19 所示。

（2）使用"倒圆角"分别对两个凸台边线 L_1、L_2 进行倒圆角，半径设置为"8mm"，如图 9-20 所示。

（3）单击"面与面的圆角" 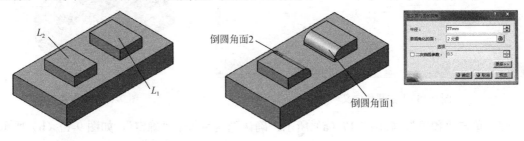，弹出"定义面与面的圆角"对话框。在"半径"文本框中输入合适数值，输入的半径值要大于两个面之间距离的一半，本例取"27"，激活"要圆角化的面"文本框，选择两个倒圆角面，如图 9-20 所示。

图 9-19　实体模型　　　　　　　　　　　图 9-20　倒圆角

（4）单击"预览"，如图 9-21（a）所示，确认无误后单击"确定"，如图 9-21（b）所示。

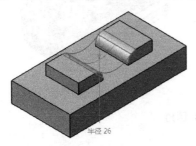
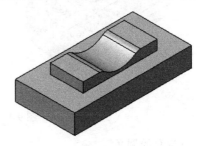

（a）面与面的圆角预览效果　　　　　　　　　（b）面与面的圆角效果

图 9-21　创建面与面间的圆角

5. 三切线内圆角

"三切线内圆角"是通过去除连接面而创建的两个不相邻面之间的圆滑过渡效果。

单击"三切线内圆角" ，弹出"定义三切线内圆角"对话框，单击对话框中的"更多"，展开对话框，如图 9-22 所示。

图 9-22　"定义三切线内圆角"对话框

以"定义三切线内圆角"形式进行的倒圆角，与"倒圆角定义"及"定义面与面的圆角"对话框中不同的操作项目为"要移除的面"，即移除两不相邻面间的平面。

【例 9-5】创建万向节叉三切线内圆角。

（1）打开资源包中的 Part 文件，如图 9-23 所示。

（2）单击"三切线内圆角" ，弹出"定义三切线内圆角"对话框。激活"要圆角化的面"文本框,选择图 9-23 中的上表面和下表面,激活"要移除的面"文本框,选择侧面。

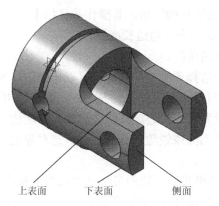

图 9-23　万向节叉

(3)单击"预览",如图 9-24(a)所示,确认无误后单击"确定",如图 9-24(b)所示。

(a)三切线内圆角预览效果

(b)三切线内圆角效果

图 9-24　创建万向节三切线内圆角

9.1.2　倒角

"倒角"是指在选定的边线上移除或添加平截面,以便在共用此边线的两个原始面之间创建斜曲面。通过沿一条或多条边线拓展可获得倒角。

在"修饰特征"工具栏中单击"倒角" ◇,弹出"定义倒角"对话框,如图 9-25 所示。单击"模式"下拉列表,弹出列表框,"模式"包括"长度 1/角度"和"长度 1/长度 2",如图 9-26 所示。

图 9-25　"定义倒角"对话框

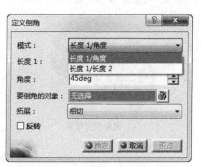

图 9-26　"模式"下拉列表

（1）长度 1/角度。"模式"下拉列表默认为"长度 1/角度"，使用一个边长和角度来创建倒角。以"长度 1/角度"形式进行的倒角，其操作项目如下。

① 长度 1。指定倒角的第一个直角边长度值。

② 角度。用于设置倒角的角度。

③ 要倒角的对象。用于选择要倒角的对象，可以选择边，也可以选择面。

④ 拓展。"拓展"下拉列表包含两种拓展方式，如图 9-27 所示。

a．相切。倒角对象只能为面或锐边，且所选对象的相切边线也将被选择。

b．最小。倒角对象只能为面或锐边，且只能对所选对象进行操作。

⑤ 反转。反转倒角的方向。

（2）长度 1/长度 2。在"模式"下拉列表选择"长度 1/长度 2"，使用两个直角边创建倒角，"定义倒角"对话框切换显示如图 9-28 所示。

图 9-27 "拓展"下拉列表

图 9-28 "定义倒角"对话框

边线

图 9-29 销轴

以"长度 1/长度 2"形式进行的倒角，与以"长度 1/角度"形式进行的倒角不同的操作项目如下。

① 长度 1。指定倒角的第一个直角边长度值。

② 长度 2。指定倒角的第二个直角边长度值。

【例 9-6】创建销轴倒角。

（1）打开资源包中的 Part 文件，如图 9-29 所示。

（2）单击"倒角" ，弹出"定义倒角"对话框。在"模式"文本框下拉列表中选择"长度 1/角度"模式，在"长度 1"文本框中输入数值，本例取"1"，"角度"文本框中输入值，本例取"45"，选择销轴的边线作为倒角对象。

（3）单击"预览"，如图 9-30（a）所示，确认无误后单击"确定"，如图 9-30（b）所示。

（a）倒角预览效果

（b）倒角效果

图 9-30 创建销轴倒角

9.2　拔　　模

注塑件和铸件通常需要一个拔模斜面，才能顺利脱模。在"修饰特征"工具栏中单击"拔模斜度" 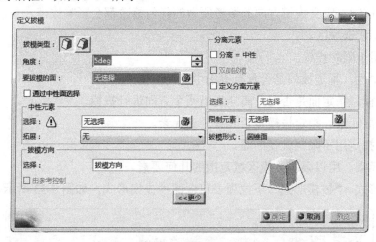 的下拉按钮，弹出"拔模"工具栏，该工具栏包括"拔模斜度""拔模反射线""可变角度拔模"。

9.2.1　拔模斜度

"拔模斜度"是通过指定要拔模的面、拔模方向、中性元素等参数创建拔模斜面。

在"拔模"工具栏中单击"拔模斜度" ，弹出"定义拔模"对话框，单击对话框中的"更多"，展开对话框，如图 9-31 所示。

图 9-31　"定义拔模"对话框

1. 常量

"拔模类型"选项卡默认为"常量"，通过设置一个常量值创建拔模（图 9-31），以"常量"形式进行的拔模，其操作项目如下。

（1）角度。设置拔模角度。

（2）要拔模的面。用于选择需要拔模的面。

（3）通过中性面选择。中性面指拔模后保持不变的顶面，激活该复选框后，系统会根据指定的中性面自动计算要拔模的面，此时，"要拔模的面"文本框取消激活。

（4）中性元素选项区。可以选择多个面来定义中性元素。

① 选择。在默认设置下，由选择的第一个面确定拔模方向。

② 拓展。"拓展"下拉列表包含两种拔模的延伸模式，如图 9-32 所示。

a. 无：默认选项，表示拔模不延伸。

b. 光顺：表示拔模平滑延伸。

（5）拔模方向选项区。

① 选择。指定模具的移除方向，一般是指直线或边线的方向，也可以是垂直于平面或面的方向。

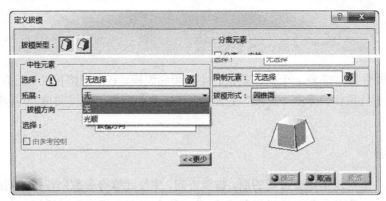

图 9-32 "拓展" 下拉列表

② 由参考控制。定义拔模方向的参考所做的任何修改都会影响拔模。

（6）分离元素选项区。

分离元素用于限制拔模。

① 分离=中性。指定拔模是否具有等于中性的分离元素。

② 双侧拔模。指定面是否用分离元素沿两个方向进行拔模。

③ 定义分离元素。指定拔模是否具有分离元素。

④ 选择。指定用于限制拔模的面。

（7）限制元素。用以限制拔模区域范围的几何要素。

（8）拔模形式。"拔模形式"下拉列表包含两种拔模形式，如图 9-33 所示。

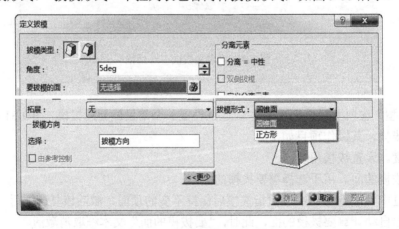

图 9-33 "拔模形式" 下拉列表

① 圆锥面。默认选项，以圆锥面的形式拔模。

② 正方形。以正方形的形式拔模。

2. 变量

在"拔模类型"选项卡中选择"变量"，通过设定多个角度值创建可变角度拔模，"定义拔模"对话框切换显示如图 9-34 所示。

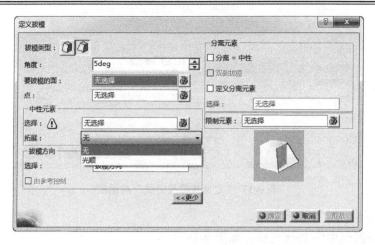

图 9-34　"定义拔模"对话框

　　以"变量"形式进行的拔模，与以"常量"形式进行拔模不同的操作项目为点，即指定拔模经过的点，可以通过创建点、中点、终点等方式确定中性线上的点。

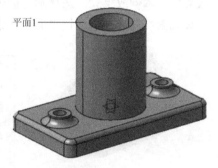

　　【例 9-7】支架柱体拔模。

　　（1）打开资源包中的 Part 文件，如图 9-35 所示。

　　（2）单击"拔模斜度" ，弹出"定义拔模"对话框。在"角度"文本框中输入数值，本例取"6"，激活"通过中性面选择"复选框，在"选择"文本框中选取"平面 1"，如图 9-35 所示。

图 9-35　支架柱体

　　（3）单击"预览"，如图 9-36（a）所示，确认无误后单击"确定"，如图 9-36（b）所示。

（a）拔模预览效果

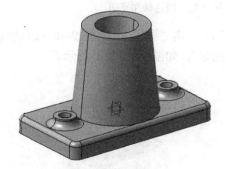

（b）拔模效果

图 9-36　支架柱体拔模

9.2.2　拔模反射线

　　"拔模反射线"是指将反射线用作中性线来拔模面。

　　在"拔模"工具栏中单击"拔模反射线" ，弹出"定义拔模反射线"对话框，单击对话框中的"更多"，展开对话框，如图 9-37 所示。对话框中的选项介绍参见 9.2.1 节。

图 9-37 "定义拔模反射线"对话框

【例 9-8】圆柱创建拔模反射线。

（1）打开资源包中的 Part 文件，如图 9-38 所示。

（2）单击"拔模反射线"，弹出"定义拔模反射线"对话框。在"角度"文本框中输入数值，本例取"5"，选择圆柱面作为要拔模的面，选择平面 1 作为拔模方向，激活"定义分离元素"复选框，选择平面 1 作为分离元素，对话框参数设置如图 9-39 所示。

平面1 ————◇

图 9-38 圆柱体和平面

图 9-39 "定义拔模反射线"对话框

（3）单击"预览"，如图 9-40（a）所示，单击箭头改变其拔模指示方向，确认无误后单击"确定"，如图 9-40（b）所示。

（a）拔模反射线预览效果

（b）拔模反射线效果

图 9-40 创建拔模反射线

9.2.3　可变角度拔模

"可变角度拔模"可以在中性线上创建多个点，从而可以创建出在各点有不同拔模角度的拔模效果。

在"拔模"工具栏中单击"可变角度拔模" ，弹出"定义拔模"对话框，单击对话框中的"更多"，展开对话框。对话框中的选项介绍参见 9.2.1 节中"定义拔模"对话框内容。

【例 9-9】创建可变角度的拔模。

（1）打开资源包中的 Part 文件，如图 9-41 所示。

（2）单击"可变角度拔模" ，弹出"定义拔模"对话框。在"角度"文本框中输入数值，本例取"5"；激活"要拔模的面"文本框，选择实体的前表面作为要拔模的面；激活"选择"文本框，选择实体的上表面作为中性元素；激活"点"文本框，在中性面和要拔模面的相交边线上单击以创建 3 个可变角度的点；双击创建点处的角度值，在弹出的"参数定义"文本框中输入数值，本例取"15"，如图 9-42 所示。

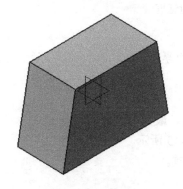

图 9-41　创建的实体

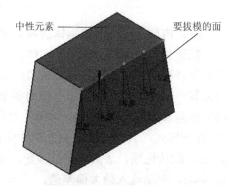

图 9-42　实体的变化

（3）单击"预览"，如图 9-43（a）所示，确认无误后单击"确定"，如图 9-43（b）所示。

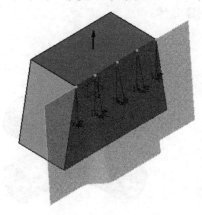

（a）可变角度拔模预览效果

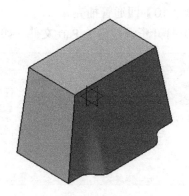

（b）可变角度拔模效果

图 9-43　创建可变角度拔模

9.3 盒　　体

　　"盒体"也称为抽壳，是将实体变成薄壳零件的操作，适用于薄壁零件的创建。

　　在"修饰特征"工具栏中单击"盒体" ，弹出"定义盒体"对话框，单击对话框中的"更多"，展开对话框，如图 9-44 所示。

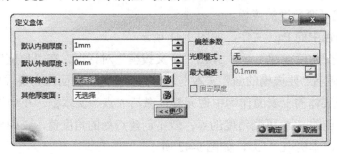

图 9-44　"定义盒体"对话框

（1）默认内侧厚度。设置实体的内侧厚度。

（2）默认外侧厚度。抽壳后，实体表面向外增加的厚度。

（3）要移除的面。指定要移除材料的面。

（4）其他厚度面。指定不同厚度的多个面。

（5）偏差参数选项区。"偏差参数"包括光顺模式、最大偏差和固定厚度。

① 光顺模式。其下拉列表包含 3 种模式，如图 9-45 所示。

a. 无。默认选项，最大偏差值锁定，不可设置偏差。

b. 手动。手动输入最大偏差值。

c. 自动。最大偏差值锁定，不可设置偏差。

② 最大偏差。在"手动"模式下，该选项才能被激活，输入最大偏差数值。

③ 固定厚度。为避免偏差，使用"固定厚度"创建盒体。

【例 9-10】四通管抽壳。

（1）打开资源包中的 Part 文件，如图 9-46 所示。

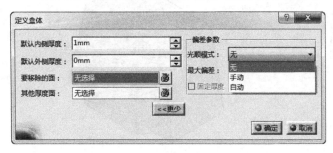

图 9-45　"光顺模式"下拉列表

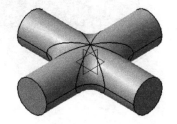

图 9-46　四通管

　　（2）单击"盒体" ，弹出"定义盒体"对话框。在"默认内测厚度"文本框中输入数值，本例取"2"，选取 4 个圆柱端面，其他选项采用默认设置，选取的移除面如图 9-47（a）所示，单击"确定"，如图 9-47（b）所示。

（a）选择的移除面

（b）抽壳效果

图 9-47 四通管抽壳

9.4 厚　　度

"厚度"是指对一个或多个面增加或减少厚度。

在"修饰特征"工具栏中单击"线宽" 🔳，弹出"定义厚度"对话框，单击对话框中的"更多"，展开对话框，如图 9-48 所示。

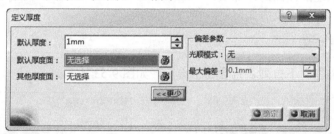

图 9-48 "定义厚度"对话框

"定义厚度"对话框与"定义盒体"对话框中不同的操作项目如下。

（1）默认厚度。设定厚度值。

（2）默认厚度面。选取的厚度面。

【例 9-11】六角螺母加厚特征变化。

（1）打开资源包中的 Part 文件，如图 9-49 所示。

（2）单击"线宽" 🔳，弹出"定义厚度"对话框（图 9-48）。在"默认厚度"文本框中输入数值，本例取"4"，在"默认厚度面"文本框选取螺母的 6 个侧面，单击"确定"，如图 9-50 所示。

【例 9-12】六角螺母减厚特征变化。

（1）引用【例 9-11】中的六角螺母实体模型（图 9-49）。

（2）单击"线宽" 🔳，弹出"定义厚度"对话框（图 9-48）。在"默认厚度"文本框中输入数值，本例取"−4"，在"默认厚度面"文本框选取螺母的 6 个侧面；单击"确定"，如图 9-51 所示。

图 9-49 六角螺母

图 9-50 六角螺母加厚特征

图 9-51 六角螺母减厚特征

9.5 螺　纹

"螺纹"是通过指定支持面、限制和数值来创建内螺纹或外螺纹。

在"修饰特征"工具栏中单击"内螺纹/外螺纹" ⊕，弹出"定义外螺纹/内螺纹"对话框，如图9-52所示。

1. 几何图形定义选项区

（1）侧面。选择螺纹所在的圆柱面。

（2）限制面。选择螺纹的限制平面。

（3）螺纹类型。

① 外螺纹。默认选项，创建圆柱面的外螺纹。

② 内螺纹。创建圆柱面的内螺纹。

③ 反转方向。反转螺纹方向。

2. 底部类型选项区

（1）类型。"类型"下拉列表包含3个选项，如图9-53所示。

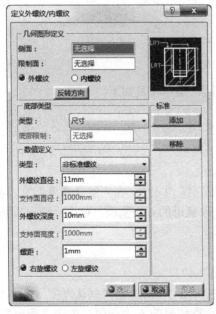

图9-52 "定义外螺纹/内螺纹"对话框

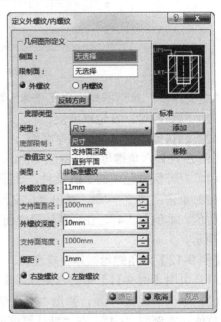

图9-53 "类型"下拉列表

① "类型"下拉列表默认为"尺寸"，用于设置螺纹深度值（图9-52）。

② 在"类型"下拉列表选择"支持面深度"，螺纹延伸至圆柱面底部，"定义外螺纹/内螺纹"对话框切换显示如图9-54所示。

③ 在"类型"下拉列表选择"直到平面"，螺纹延伸至底部限制平面处，"定义外螺纹/内螺纹"对话框切换显示如图9-55所示。

（2）底部限制。选择螺纹的底部限制面，该文本框只有在"直到平面"类型下才被激活。

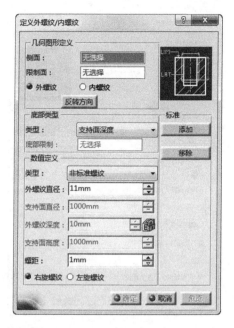
图 9-54　"定义外螺纹/内螺纹"对话框

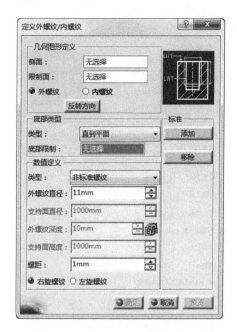
图 9-55　"定义外螺纹/内螺纹"对话框

3. 数值定义选项区

"类型"下拉列表包含 3 个选项，如图 9-56 所示。

（1）"类型"下拉列表默认为"非标准螺纹"（图 9-52），以"非标准螺纹"样式添加的螺纹，其操作项目如下。

① 外螺纹直径。调整外螺纹直径的大小。

② 支持面直径。指螺纹的公称直径，即螺纹的大径，处于未激活状态。

③ 外螺纹深度。指定的螺纹深度。

④ 支持面高度。所绘制螺纹的圆柱体高度，处于未激活状态。

⑤ 螺距。螺纹间的距离。

⑥ 右旋螺纹。默认选项。

⑦ 左旋螺纹。激活后，改变螺纹的旋向。

（2）在"类型"下拉列表选择"公制细牙螺纹"，"定义外螺纹/内螺纹"对话框切换显示如图 9-57 所示。

以"公制细牙螺纹"样式添加的螺纹，与以"非标准螺纹"样式添加螺纹不同的操作项目如下。

① 外螺纹描述。系统提供的较为常用的螺纹尺寸。

② 螺距。处于未激活状态。

（3）在"类型"下拉列表选择"公制粗牙螺纹"，"定义外螺纹/内螺纹"对话框切换显示如图 9-58 所示。

以"公制粗牙螺纹"样式添加的螺纹，与以"非标准螺纹"样式添加螺纹不同的操作项目如下。

① 外螺纹描述。系统提供的较为常用螺纹尺寸。

② 螺距。处于未激活状态。

图 9-56 "类型"下拉列表

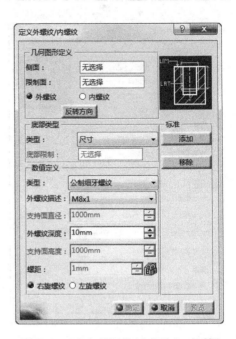

图 9-57 "定义外螺纹/内螺纹"对话框

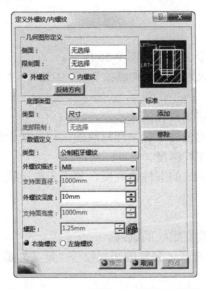

图 9-58 "定义外螺纹/内螺纹"对话框

4. 标准选项区

（1）添加。添加新的螺纹标准参数。

（2）移除。移除螺纹的标准参数。

☀【提示】添加螺纹的几何体在零件设计工作台并未显示出螺纹特征，在"工程制图"工作台中进行标注时，会显示出螺纹信息。

【例9-13】六角螺杆添加螺纹。

（1）打开资源包中的 Part 文件，如图 9-59 所示。

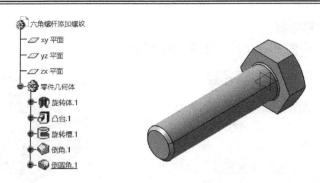

图 9-59　六角螺栓毛坯

（2）单击"内螺纹/外螺纹" ⊕，弹出"定义外螺纹/内螺纹"对话框（图 9-52）。在"侧面"文本框选择螺杆的圆柱面，在"限制面"文本框选择螺杆的起始面，在"类型"文本框下拉列表中选择"公制细牙螺纹"，外螺纹描述中选择"M10×1"，在"外螺纹深度"文本框中输入数值，本例取"30"，其他选项采用默认设置。

（3）单击"预览"，如图 9-60（a）所示，确认无误后单击"确定"，如图 9-60（b）所示。

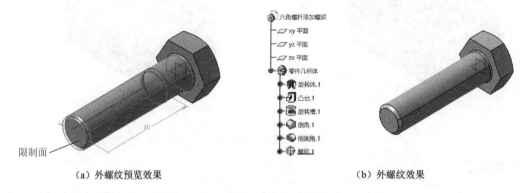

（a）外螺纹预览效果　　　　　　　　　　　（b）外螺纹效果

图 9-60　六角螺栓毛坯添加螺纹

9.6　移除与替换面

在"修饰特征"工具栏中单击"移除面" ⬛ 的下拉按钮，弹出"移除/替换面"工具栏，该工具栏包括"移除面"和"替换面"。

9.6.1　移除面

"移除面"用于删除实体对象上的面。

在"移除/替换面"工具栏中单击"移除面" ⬛，弹出"移除面定义"对话框，如图 9-61所示。

（1）要移除的面。如果选取单个移除面，必须要制定保留面来配合；如果选取所有的移除面，就无须选择保留面。

（2）要保留的面。选择的保留面。

（3）显示所有要移除的面。激活该复选框，当选择移除面时，能够看到选取移除面的状况。

【**例9-14**】盒体移除面。

（1）打开资源包中的 Part 文件，如图 9-62 所示。

图 9-61 "移除面定义"对话框

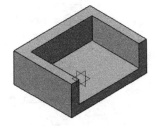

图 9-62 实体模型

（2）单击"移除面" ，弹出"移除面定义"对话框（图 9-61）。在"要移除的面"文本框中选择移除面，如图 9-63（a）所示，单击"确定"，如图 9-63（b）所示。

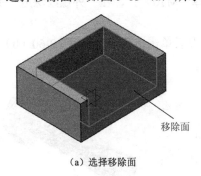

移除面

（a）选择移除面

（b）移除面效果

图 9-63 盒体移除面

9.6.2 替换面

MOOC

"替换面"是使用一个外部的曲面来替换实体上的面。曲面不能与实体相交或相切，且曲面投影面要不小于实体面。

在"移除/替换面"工具栏中单击"替换面" ，弹出"定义替换面"对话框，如图 9-64 所示。

（1）替换曲面。选择指定的曲面来替换实体面。

（2）要移除的面。选择要移除的面，可以是实体上的平面或曲面。

【**例9-15**】替换面操作。

（1）打开资源包中的 Part 文件，如图 9-65 所示。

图 9-64 "定义替换面"对话框

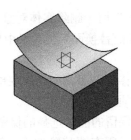

图 9-65 实体和曲面

（2）单击"替换面"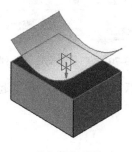，弹出"定义替换面"对话框（图 9-64）。在"替换曲面"文本框中选择曲面；在"要移除的面"文本框中选择实体上表面，如图 9-66（a）所示。

（3）单击"确定"，如图 9-66（b）所示。

（a）替换曲面和移除面　　　　　　　　　　　（b）替换面效果

图 9-66　替换面操作

9.7　移　　动

在"变换特征"工具栏中单击"平移"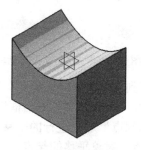的下拉按钮，弹出"变换"工具栏，该工具栏包括"平移""旋转""对称""定位变换"。

9.7.1　平移

"平移"是将实体的位置在空间中按直线方向移动。

在"变换"工具栏中单击"平移"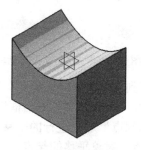，弹出"问题"提示框，如图 9-67 所示，同时弹出未激活状态的"平移定义"对话框，如图 9-68 所示。

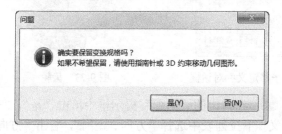

图 9-67　"问题"提示框　　　　　　图 9-68　"平移定义"对话框

"问题"提示框是用于防止误操作而改变实体相对于坐标平面的位置。如果单击"否"，则取消已启动的命令；单击"是"，才能使用平移功能，此时，"平移定义"对话框处于激活状态，如图 9-69 所示。

单击"向量定义"下拉列表，弹出列表框，"向量定义"包括"方向、距离""点到点""坐标"，如图 9-70 所示。

（1）方向、距离。"向量定义"下拉列表默认为"方向、距离"，通过指定移动方向和移动距离进行实体移动（图 9-69）。以"方向、距离"形式进行的平移，其操作项目如下。

① 方向。选择物体移动的运动参照。

② 距离。指定移动方向的距离。

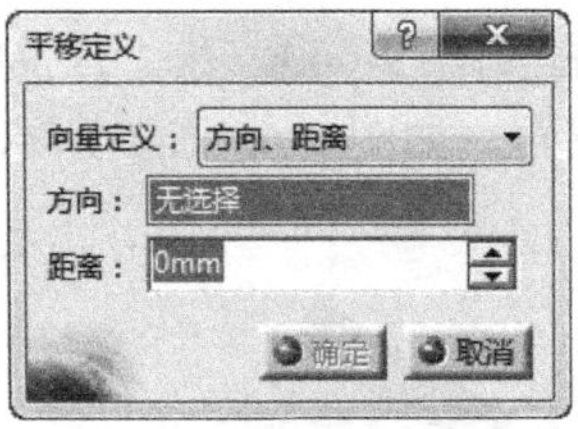

图 9-69 “平移定义”对话框

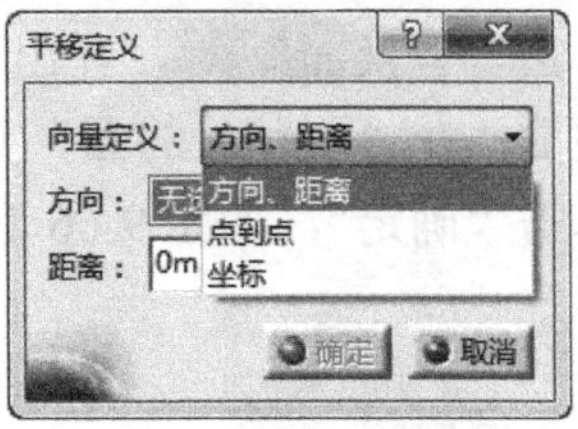

图 9-70 “向量定义”下拉列表

（2）点到点。在“向量定义”下拉列表中选择“点到点”，通过选择平移的起点和终点进行实体移动，“平移定义”对话框切换显示如图 9-71 所示。

以“点到点”形式进行的平移，其操作项目如下。

① 起点。对象平移的起点。

② 终点。对象平移的终点。

（3）坐标。在“向量定义”下拉列表选择“坐标”，通过在“X”“Y”“Z”文本框中输入坐标值进行实体的移动，“平移定义”对话框切换显示如图 9-72 所示。

以“坐标”形式进行的平移，其操作项目如下。

① X、Y、Z。在各文本框中输入坐标值。

② 轴系。坐标平移方向的基准。

【例 9-16】 齿轮空间平移。

（1）打开或创建任意 Part 文件，本例为齿轮，如图 9-73 所示。

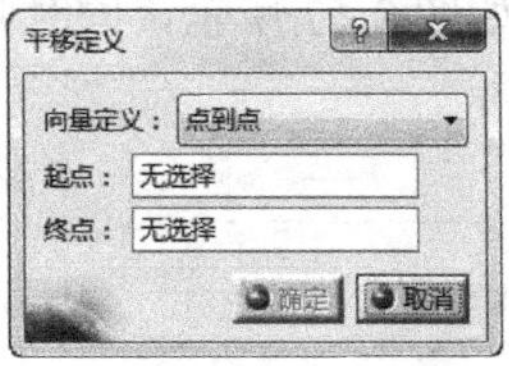

图 9-71 “平移定义”对话框

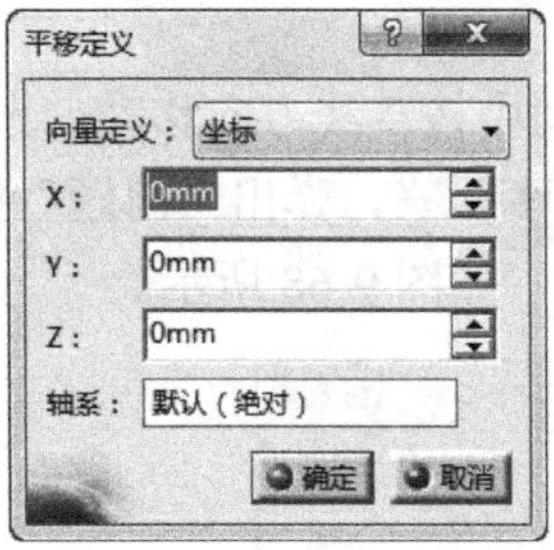

图 9-72 “平移定义”对话框

图 9-73 齿轮

（2）在“变换”工具栏中单击“平移”，在弹出的“问题”提示框中单击“是”，“平移定义”对话框处于激活状态。在“向量定义”下拉列表中选择“方向、距离”，右击“方向”文本框，选择 y 部件，在“距离”文本框中输入数值，本例取“−100”。

（3）预览效果如图 9-74（a）所示，确认无误后单击“确定”，平移后模型如图 9-74（b）所示。

（a）平移预览效果

（b）平移效果

图 9-74 齿轮空间平移

9.7.2　旋转

"旋转"是指实体绕着某旋转轴旋转一定的角度。

在"变换"工具栏中单击"旋转" ，弹出"问题"提示框（图 9-67），同时弹出未激活状态的"旋转定义"对话框，如图 9-75 所示。

在"问题"提示框中单击"是"，"旋转定义"对话框处于激活状态，如图 9-76 所示。单击"定义模式"下拉列表，弹出列表框，"定义模式"包括"轴线-角度""轴线-两个元素""三点"，如图 9-77 所示。

（1）轴线-角度。"定义模式"下拉列表默认为"轴线-角度"。指定的实体绕某固定轴旋转一定角度，以"轴线-角度"形式进行的旋转，其操作项目如下。

① 轴线。实体旋转时的参考轴线。

② 角度。实体的旋转角度。

（2）轴线-两个元素。在"定义模式"下拉列表中选择"轴线-两个元素"，选择旋转轴后，单击起点和终点以确定旋转位置，"旋转定义"对话框切换显示如图 9-78 所示。

图 9-75　"旋转定义"对话框

图 9-76　"旋转定义"对话框

图 9-77　"定义模式"下拉列表

图 9-78　"旋转定义"对话框

以"轴线-两个元素"形式进行的旋转，其操作项目如下。

① 第一元素。指定旋转第一元素。

② 第二元素。指定旋转第二元素。

（3）三点。在"定义模式"下拉列表选择"三点"，选择三点确定旋转位置。"旋转定义"对话框切换显示如图 9-79 所示。

以"三点"形式进行的旋转，其操作项目如下。

① 第一点。旋转时的牵引点。

② 第二点。旋转时的回转点。

③ 第三点。第一点的目标方向点。

【例 9-17】转向节旋转。

（1）打开或创建任意 Part 文件，本例为转向节，如图 9-80 所示。

图 9-79 "旋转定义"对话框

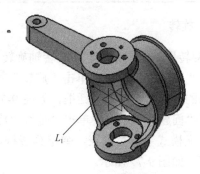

图 9-80 转向节

（2）在"变换"工具栏中单击"旋转"，在弹出的"问题"提示框中单击"是"，"旋转定义"对话框处于激活状态。在"定义模式"下拉列表选择"轴线-角度"，激活"轴线"文本框，选择中心线 L_1 作为轴线，在"角度"文本框中输入数值，本例取"150"。

（3）预览效果如图 9-81（a）所示，确认无误后单击"确定"，如图 9-81（b）所示。

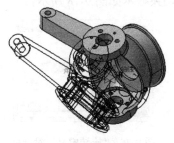

（a）旋转预览效果

（b）旋转效果

图 9-81 转向节旋转

9.7.3 对称

"对称"是根据选定面或坐标平面对实体进行镜像，但不复制实体。

在"变换"工具栏中单击"对称"，同样弹出"问题"提示框，同时弹出未激活状态的"对称定义"对话框，在"问题"提示框中单击"是"，"对称定义"对话框处于激活状态，如图 9-82 所示。

参考。用于选择对称的参考平面。

【例 9-18】排种器壳体对称。

（1）打开或创建任意 Part 文件，本例为排种器左壳体，如图 9-83 所示。

图 9-82 "对称定义"对话框

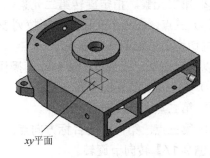

xy 平面

图 9-83 排种器左壳体

（2）在"变换"工具栏中单击"对称" ，在弹出的"问题"提示框中单击"是"，"对称定义"对话框处于激活状态，选择 xy 平面作为对称面。

（3）预览效果如图 9-84（a）所示，确认无误后单击"确定"，如图 9-84（b）所示。

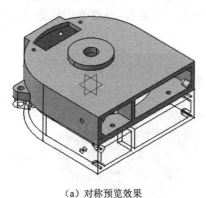
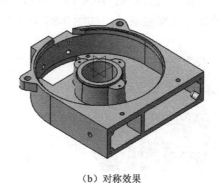

（a）对称预览效果　　　　　　　　　　　　　　　　（b）对称效果

图 9-84　排种器壳体对称变换

9.7.4　定位变换

"定位"是将实体在两个坐标系之间实现空间位置的转换。

在"变换"工具栏中单击"定位" ，同样弹出"问题"提示框，同时弹出未激活状态的"定位变换定义"对话框，在"问题"提示框中单击"是"，"定位变换定义"对话框处于激活状态，如图 9-85 所示。

（1）参考。定义变换前的轴系。

（2）目标。定义变换的目标轴系。

【例 9-19】锥齿轮轴系转换。

（1）打开或创建任意 Part 文件，本例为花键锥齿轮，如图 9-86 所示。

（2）在"变换"工具栏中单击"定位" ，在弹出的"问题"提示框中单击"是"，"定位变换定义"对话框处于激活状态。

图 9-85　"定位变换定义"对话框

（3）右击"参考"文本框，在弹出的快捷菜单中选择"创建轴系"，弹出"轴系定义"对话框。采用系统默认轴系，单击"确定"，创建的参考轴系如图 9-87 所示。

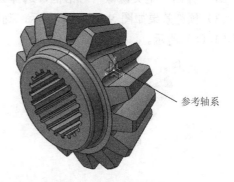

图 9-86　花键锥齿轮　　　　　　　　　　　　图 9-87　创建的参考轴系

（4）右击"目标"文本框，在弹出的快捷菜单中选择"创建轴系"，弹出"轴系定义"对话框，右击"原点"文本框，在弹出的快捷菜单中选择"坐标"，弹出"点定义"对话框。在"X""Y""Z"文本框中分别输入数值，本例取"−13.3""0""0"，单击"关闭"，返回至"轴系定义"对话框，单击"确定"，目标轴系创建完成。

（5）预览效果如图 9-88（a）所示，确认无误后单击"确定"，花键锥齿轮的位置由参考轴系处移至目标轴系处，如图 9-88（b）所示。

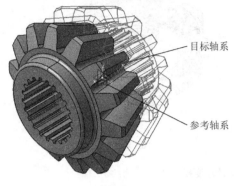 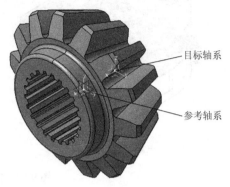

（a）定位变换预览效果 　　　　　　　　　　　　　（b）定位变换效果

图 9-88　花键锥齿轮轴系转换

9.7.5　镜像

图 9-89　"定义镜像"对话框

"镜像"是使实体或三维实体特征对称地复制一个副本。镜像的操作步骤与对称相似，不同的是，镜像后保留原来实体或三维实体特征，而对称后不保留原来实体。

在"变换特征"工具栏中单击"镜像"，选择任意平面后，弹出"定义镜像"对话框，如图 9-89 所示。

（1）镜像元素。选择的镜像平面。

（2）要镜像的对象。选择需要镜像的实体特征。

【例 9-20】检视窗安装孔镜像。

（1）打开或创建任意 Part 文件，本例为检视窗，如图 9-90 所示。

（2）在结构树中选择"孔.1"，在"变换特征"工具栏中单击"镜像"，弹出"定义镜像"对话框，选择 zx 平面为镜像元素。

（3）预览效果如图 9-91（a）所示，确认无误后单击"确定"，如图 9-91（b）所示。

图 9-90　检视窗

（a）镜像预览效果 　　　　　　　　　　　　　（b）镜像效果

图 9-91　检视窗安装孔镜像

【例 9-21】 排种器壳体镜像。

（1）打开或创建任意 Part 文件，本例为排种器左壳体。

（2）在"变换特征"工具栏中单击"镜像" 🔛 ，选择 xy 平面为镜像平面，弹出"定义镜像"对话框。

（3）预览效果如图 9-92（a）所示，确认无误后单击"确定"，如图 9-92（b）所示。

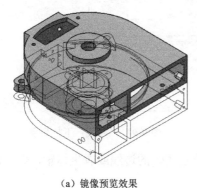

（a）镜像预览效果 　　　　　　　　　　　　　　 （b）镜像效果

图 9-92　排种器壳体镜像变换

9.8　阵　　列

　　"阵列"是选择一个实体或三维实体特征作为参考样式，以阵列的方式重复应用这些样式，从而快速生成新的实体或三维实体特征。在"变换特征"工具栏中单击"矩形阵列" ▦ 的下拉按钮，弹出"阵列"工具栏，该工具栏包括"矩形阵列""圆形阵列""用户阵列"。

9.8.1　矩形阵列

　　"矩形阵列"是以选择的实体特征为样式，按照指定的方向和距离以矩形数组的方式重复应用，生成一系列的造型特征。阵列可以选择两个阵列的方向，这两个方向既可以是正交模式也可以是任意角度的斜交模式。

　　在"阵列"工具栏中单击"矩形阵列" ▦ ，弹出"定义矩形阵列"对话框，单击对话框中的"更多"，展开对话框，如图 9-93 所示。单击"参数"下拉列表，弹出列表框，"参数"包括"实例和长度""实例和间距""间距和长度""实例和不等间距"，如图 9-94 所示。

　　"第一方向"和"第二方向"两个选项卡用于设置阵列在两个方向的阵列效果，两选项卡下的操作项目相同，下面以"第一方向"选项卡介绍对话框。

　　1. 实例和间距

　　"参数"下拉列表默认为"实例和间距"，通过设置实例的个数和间隔距离进行阵列（图 9-93）。以"实例和间距"形式进行的阵列，其操作项目如下。

　　（1）实例。设置在一个方向上的实例数，初始对象包括在内。

　　（2）间距。设置阵列的间距。

　　（3）长度。设置阵列的总长度，该文本框处于未激活状态。

　　（4）参考方向选项区。阵列的参考方向。

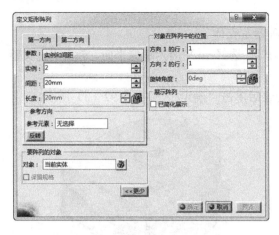

图 9-93 "定义矩形阵列"对话框   图 9-94 "参数"下拉列表

① 参考元素。用于选择阵列的参考元素，可以选定实体的边线或者坐标轴，也可以选定平面作为参考元素。

② 反转。用于反转阵列的方向。

（5）要阵列的对象选项区。

① 对象。用于选择要阵列的对象。

② 保留规格。激活此复选框后可以使用待阵列对象的所有规格来创建实例。

（6）对象在阵列中的位置选项区。用于对整个阵列进行设置。

① 方向1的行。用于设置阵列对象在第一方向上所在行的位置。

② 方向2的行。用于设置阵列对象在第二方向上所在行的位置。

③ 旋转角度。用于设置整个矩阵的旋转角度。

（7）展示阵列选项区。

已简化展示：选择该复选框后，单击某些阵列的中心点，这些阵列在设置阵列定义时以实体的形式展现，阵列创建完成后，单击过的阵列不可见。

2. 实例和长度

在"参数"下拉列表选择"实例和长度"，通过设置实例的个数和阵列总长度进行阵列，"定义矩形阵列"对话框切换显示，如图9-95所示。

图 9-95 "定义矩形阵列"对话框

以"实例和长度"形式进行的阵列，与以"实例和间距"形式进行阵列的不同操作项目如下。

（1）间距。该文本框处于未激活状态。

（2）长度。该文本框处于激活状态。

3．间距和长度

在"参数"下拉列表选择"间距和长度"，通过设置间隔的距离和阵列后的总长度进行阵列，"定义矩形阵列"对话框切换显示，如图 9-96 所示。

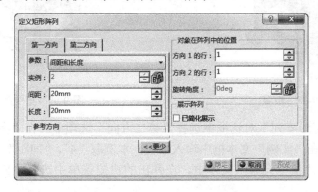

图 9-96　"定义矩形阵列"对话框

以"间距和长度"形式进行的阵列，与以"实例和间距"形式进行阵列的不同操作项目如下。

（1）实例。该文本框处于未激活状态。

（2）长度。该文本框处于激活状态。

4．实例和不等间距

在"参数"下拉列表选择"实例和不等间距"，通过设置实例的个数和不等间隔的距离进行阵列，"定义矩形阵列"对话框切换显示，如图 9-97 所示。

图 9-97　"定义矩形阵列"对话框

【例 9-22】板凳面气孔矩形阵列。

（1）打开或创建任意 Part 文件，本例为板凳，如图 9-98 所示。

（2）在"阵列"工具栏中单击"矩形阵列" ⚏，弹出"定义矩形阵列"对话框。

（3）在"参数"下拉列表中选择"实例和间距"，激活"对象"文本框，选择凹槽作为阵列对象。在"实例"文本框中输入数值，本例取"5"，"间距"文本框中输入数值，本例取"30"；右击"参考元素"文本框，在弹出的快捷菜单中选择"X轴"作为第一阵列方向，如图 9-99 所示。

图 9-98　板凳

图 9-99　第一阵列方向

（4）在"定义矩形阵列"对话框中选择"第二方向"选项卡。在"参数"下拉列表中选择"实例和间距"，在"实例"文本框中输入数值，本例取"4"，"间距"文本框中输入数值，本例取"30"；右击"参考元素"文本框，在弹出的快捷菜单中选择"Y轴"作为第二阵列方向。

（5）单击"预览"，如图 9-100（a）所示，确认无误后单击"确定"，如图 9-100（b）所示。

（a）矩形阵列预览效果

（b）矩形阵列效果

图 9-100　生成板凳气孔矩形阵列

9.8.2　圆形阵列

"圆形阵列"是将选择对象绕着参考元素按照圆周排列的方式进行对象的复制和排列。

在"阵列"工具栏中单击"圆形阵列" ，弹出"定义圆形阵列"对话框，单击对话框中的"更多"，展开对话框，如图 9-101 所示。单击"参数"下拉列表，弹出列表框，"参数"包括的"实例和总角度""实例和角度间距""角度间距和总角度""完整径向""实例和不等角度间距"，如图 9-102 所示。

1. 轴向参考选项卡（图 9-101）

（1）实例和角度间距。"参数"下拉列表默认为"实例和角度间距"，通过设置阵列的实例个数和各实例间的角度间距进行阵列。以"实例和角度间距"形式进行的阵列，其操作项目如下。

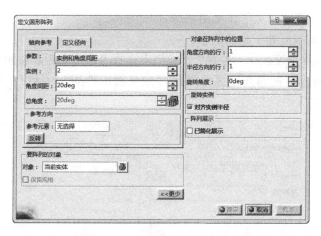

图 9-101　"定义圆形阵列"对话框

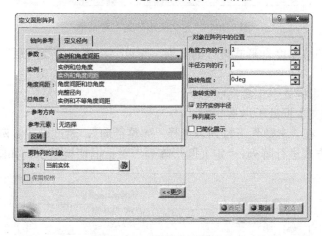

图 9-102　"参数"下拉列表

① 实例。在圆周上要阵列的个数。

② 角度间距。阵列相邻两元素间的夹角。

③ 总角度。阵列对象总的角度，该文本框处于未激活状态。

（2）实例和总角度。在"参数"下拉列表选择"实例和总角度"，通过设置实例个数以及阵列的总角度进行阵列，"定义圆形阵列"对话框切换显示，如图 9-103 所示。

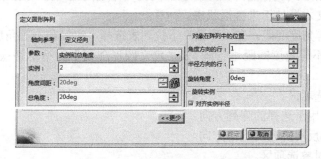

图 9-103　"定义圆形阵列"对话框

以"实例和总角度"形式进行的阵列，与以"实例和角度间距"形式进行阵列的不同操

作项目如下。

① 角度间距。该文本框处于未激活状态。

② 总角度。该文本框处于激活状态。

（3）角度间距和总角度。在"参数"下拉列表选择"角度间距和总角度"，通过设置各实例间的角度间距以及阵列的总角度进行阵列，"定义圆形阵列"对话框切换显示，如图 9-104 所示。

图 9-104 "定义圆形阵列"对话框

以"角度间距和总角度"形式进行的阵列，与以"实例和角度间距"形式进行阵列的不同操作项目如下。

① 实例。该文本框处于未激活状态。

② 总角度。该文本框处于激活状态。

（4）完整径向。在"参数"下拉列表选择"完整径向"，通过设置实例个数，阵列实例按照一周均匀排布的方式进行阵列，"定义圆形阵列"对话框切换显示，如图 9-105 所示。

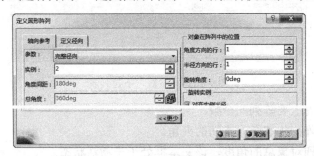

图 9-105 "定义圆形阵列"对话框

以"完整径向"形式进行的阵列，与以"实例和角度间距"形式进行阵列的不同操作项目为角度间距。该文本框处于未激活状态。

（5）实例和不等角度间距。在"参数"下拉列表选择"实例和不等角度间距"，通过设置实例个数和阵列的不等角度间距进行阵列，"定义圆形阵列"对话框切换显示，如图 9-106 所示。

（6）参考方向选项区。

① 参考元素。用于选择的阵列方向。

② 反转。用于反转阵列的旋转方向。

（7）要阵列的对象选项区。

① 对象。选择要阵列的对象。

② 保留规格。激活此功能后可以使用待阵列对象的所有规格来创建实例。

图 9-106　"定义圆形阵列"对话框

（8）对象在阵列中的位置选项区。用于对整个阵列进行设置。

① 角度方向的行。用于设置阵列对象在角度方向上所在行的位置。

② 半径方向的行。用于设置阵列对象在半径方向上所在行的位置。

③ 旋转角度。用于设置阵列对象的旋转角度。

（9）旋转实例选项区。

对齐实例半径：激活该复选框，则所有实例的方向将与圆切线垂直，不激活复选框，则所有实例的方向将与原始对象相同。

（10）阵列展示选项区。

已简化展示：选择该复选框后单击某些阵列的中心点，这些阵列在设置阵列定义时以实体的形式展现，阵列创建完成后，单击过的阵列不可见。

2. 定义径向选项卡（图 9-107）

单击"参数"下拉列表，弹出列表框，"参数"包括"圆和径向厚度""圆和圆间距""圆间距和径向厚度"，如图 9-108 所示。

（1）圆和径向厚度。在"参数"下拉列表选择"圆和径向厚度"，通过设置圆阵列的个数和相邻两圆圆心间的距离进行阵列，"定义圆形阵列"对话框切换显示，如图 9-109 所示。

以"圆和径向厚度"形式进行的阵列，与以"圆和圆间距"形式进行的阵列不同的操作项目如下。

① 圆间距。该文本框处于未激活状态。

② 径向厚度。该文本框处于激活状态。

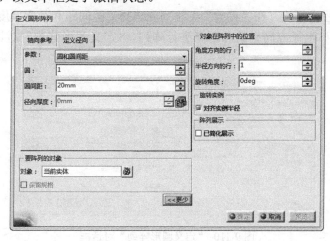

图 9-107　"定义径向"选项卡

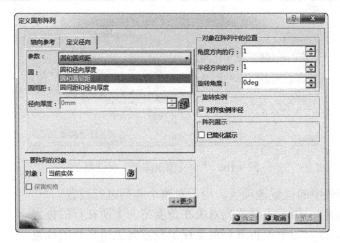

图 9-108　"参数"下拉列表

（2）圆和圆间距。"参数"下拉列表默认为"圆和圆间距"（图 9-107）。通过设置圆阵列的个数和相邻两圆圆心间的距离进行阵列。以"圆和圆间距"形式进行的阵列，其操作项目如下。

①　圆。定义圆阵列的个数。

②　圆间距。指定相邻两圆圆心距离。

③　径向厚度。定义阵列半径方向上的总距离，该文本框处于未激活状态。

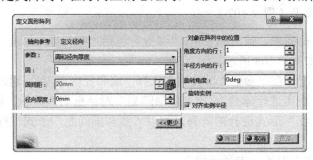

图 9-109　"定义圆形阵列"对话框

（3）圆间距和径向厚度。在"参数"下拉列表选择"圆间距和径向厚度"，通过设置相邻两圆圆心间的距离和半径方向上的总距离进行阵列，"定义圆形阵列"对话框切换显示，如图 9-110 所示。

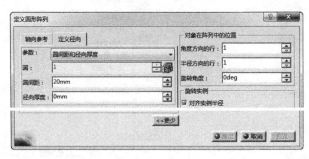

图 9-110　"定义圆形阵列"对话框

以"圆间距和径向厚度"形式进行的阵列，与以"圆和圆间距"形式进行阵列的不同操作项目如下。

① 圆。该文本框处于未激活状态。

② 径向厚度。该文本框处于激活状态。

【例9-23】生成凹槽圆形阵列。

（1）打开或创建任意 Part 文件，本例为花键轮，如图 9-111 所示。

图 9-111　花键轮

（2）在"阵列"工具栏中单击"圆形阵列" ，弹出"定义圆形阵列"对话框（图9-101）。

（3）在"参数"下拉列表中选择"实例和角度间距"，激活"对象"文本框，选择凹槽为阵列对象。在"实例"文本框中输入数值，本例取"6"，"角度间距"文本框中输入数值，本例取"60"；右击"参考元素"文本框，在弹出的快捷菜单中选择"X 轴"为轴。

（4）单击"预览"，如图 9-112（a）所示，确认无误后单击"确定"，如图9-112（b）所示。

（a）圆形阵列预览效果　　　　　　　　　（b）圆形阵列效果

图 9-112　生成花键轮圆形阵列

9.8.3　用户阵列

"用户阵列"是根据自定义的方式将实体特征进行阵列复制的操作。

在"阵列"工具栏中单击"用户阵列" ，弹出"定义用户阵列"对话框，如图 9-113 所示。

图 9-113　"定义用户阵列"对话框

1．实例选项区

（1）位置。生成阵列的位置点是在草绘平面上绘制的。

（2）数目。定义实体阵列的数目。

2．要阵列的对象选项区

（1）对象。用于选择需要阵列的实体。

（2）定位。用于选择参考点，系统默认的参考点是坐标原点。

【例9-24】生成车桥壳体连接螺栓孔用户阵列。

（1）打开或创建任意 Part 文件，本例为车桥右端盖，如

图 9-114 所示。

（2）以螺栓凸台表面为草绘平面进入草图工作台，通过"点"工具创建连接螺栓凸台的同心点，如图 9-115 所示。

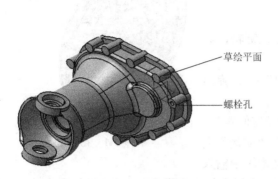

草绘平面

螺栓孔

图 9-114　车桥右端盖

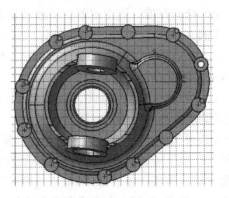

图 9-115　创建的点

（3）在"阵列"工具栏中单击"用户阵列" ，弹出"定义用户阵列"对话框（图 9-113）。激活"对象"文本框，选择螺栓孔作为阵列对象，激活"位置"文本框，选择在草图工作台创建的位置点。

（4）单击"预览"，如图 9-116（a）所示，确认无误后单击"确定"，如图 9-116（b）所示。

（a）用户阵列预览效果

（b）用户阵列效果

图 9-116　生成螺栓孔用户阵列

9.9　比　　例

"比例"是可以将实体进行放大或者缩小的变换。在"变换特征"工具栏中单击"缩放"
的下拉按钮，弹出"比例"工具栏，该工具栏包括"缩放"和"仿射"。

9.9.1　缩放

"缩放"是指实体沿指定方向进行等比例的放大或缩小。

在"缩放"工具栏中单击"缩放" ，弹出"缩放定义"对话框，如图 9-117 所示。

图 9-117　"缩放定义"对话框

（1）参考。选取缩放参考元素，参考元素既可以是点也可以

是面。如果选取点为参考元素，实体将会以选择点的三维
方向进行等比例缩放；如果选取面为参考元素，实体将会
沿着面的法线方向进行缩放。

（2）比率。用于设置缩放比例的数值。

【例 9-25】差速器外壳缩放。

（1）打开或创建任意 Part 文件，本例为差速器外壳，
如图 9-118 所示。

（2）在"比例"工具栏中单击"缩放" 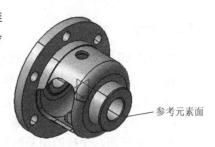，弹出"缩
放定义"对话框（图 9-117）。选取参考元素面，在"比率"
文本框中输入数值，本例取"0.7"。

图 9-118　差速器外壳

（3）单击图形区空白处，预览效果如图 9-119（a）所示，确认无误后单击"确定"，如
图 9-119（b）所示。

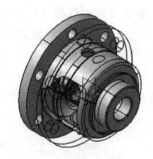

（a）缩放预览效果

（b）缩放后的差速器外壳

图 9-119　差速器外壳缩放变换

【例 9-26】手柄缩放变换。

（1）打开或创建任意 Part 文件，本例为手柄，如图 9-120 所示。

（2）在"比例"工具栏中单击"缩放" ，弹出"缩放定义"
对话框（图 9-117）。右击"参考"文本框，在弹出的快捷菜单中选
择"创建点"选项，弹出"点定义"对话框。采用系统默认原点，
单击"确定"，返回"缩放定义"对话框，在"比率"文本框中输
入数值，本例取"1.2"。

（3）单击图形区空白处，预览效果如图 9-121（a）所示，确
认无误后单击"确定"，如图 9-121（b）所示。

图 9-120　手柄

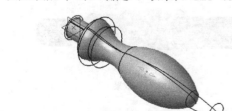

（a）缩放预览效果

（b）放大后的手柄

图 9-121　手柄缩放变换

9.9.2 仿射

"仿射"用于实体沿着坐标轴系的三个方向进行任意比例的放大或缩小。

在"缩放"工具栏中单击"仿射" ，弹出"仿射定义"对话框，如图9-122所示。

（1）轴系选项区。用于参考元素的选择。

① 原点。指定放射轴系的原点。

② XY平面。变换的面基准可以选择实体的某个表面作为XY平面，也可以创建平面。

③ X轴。变换的轴基准可以选择实体的某条轴线作为X轴，也可以创建直线的方式确定X轴。

（2）比率选项区。定义X、Y、Z轴三个方向上的缩放比例。

【例9-27】花键轴仿射变换。

（1）打开或创建任意Part文件，本例为花键轴，如图9-123所示。

（2）在"比例"工具栏中单击"仿射" ，弹出"仿射定义"对话框（图9-122）。

（3）右击"原点"文本框，在弹出的快捷菜单中选择"创建点"，弹出"点定义"对话框。选取花键轴轴线上一点或选择系统默认的原点，单击"确定"；右击"XY平面"文本框，在弹出的快捷菜单中选择"zx平面"为参考平面；右击"X轴"文本框，在弹出的快捷菜单中选择"Y轴"为参考轴；在"X""Y""Z"文本框中分别输入数值，本例取"1.2""0.8""0.8"；对话框参数设置如图9-124所示。

图9-122 "仿射定义"对话框　　　　图9-123 花键轴　　　　图9-124 "仿射定义"对话框

（4）单击图形区空白处，预览效果如图9-125（a）所示，确认无误后单击"确定"，如图9-125（b）所示。

　　　　（a）仿射预览效果　　　　　　　　　　　　　（b）仿射效果

图9-125 花键轴仿射变换

第 10 章　属性与渲染

➢ **导读**
◆ 材料添加及材料属性修改
◆ 测量间距、测量项及测量惯量
◆ 模型渲染

10.1　属　　性

10.1.1　材料添加

当模型绘制完成后，对其运用材料，以赋予模型的物理和机械属性，如密度等。

1. 材料应用分类

（1）一种材料可以应用于以下几个方面。

① ".CATPart"格式的零件、曲面、实体或几何图形集等模型，在同一个零件模型中可以为不同的几何体、几何图形集添加不同的材料。

② ".CATProduct"格式的装配体模型。

③ ".CATProduct"格式文件中的".model"".cgr"".CATPart"格式的实体。

⚠【注意】在".CATProduct"格式中，由于材料是零件的特定物理特性，所以不能将不同材料用于同一零件的不同实例。

（2）多种材料可以应用于以下几个方面。

① 可以储存在 ENOVIA VPM 中的多个零件、装配体及".cgr"格式的文件。ENOVIA（the collaborative innovation application）是数据管理和设计支持系统，与 CATIA 一起构成产品生命管理周期系统。

② ".3DXML"格式的装配体模型。

2. 材料添加方法

在机械设计模块组中的各工作台完成模型创建后为模型添加材料，单击"应用材料"工具栏的"应用材料"，弹出"打开"警示框，如图 10-1 所示，表示未创建中文材料库，直接单击"确定"。弹出"库（只读）"对话框，如图 10-2 所示。

图 10-1　"打开"警示框

3. 材料库

单击"应用材料"工具栏的"应用材料" 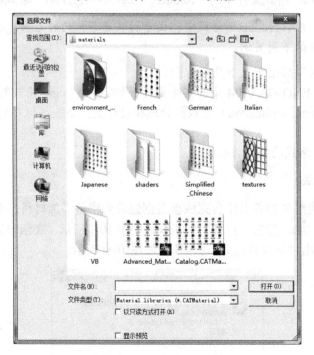，弹出"库（只读）"对话框（图10-2）。

1）打开新的材料库

单击 图标，弹出"选择文件"对话框，如图10-3所示，按照如下路径浏览材料库文件："C:\Program Files\Dassault Systemes\B21\intel_a\startup\materials"。

图10-2　"库（只读）"对话框

图10-3　"选择文件"对话框

在列表中选择一个材料库，也可以使用默认的材料库，例如，选择文件夹中的"Catalog.CATMaterial"材料库，如图10-4所示，单击"打开"，此时 前的文本框中出现了所选择材料库的路径，并且弹出"浏览"对话框，如图 10-5 所示。可以使用此对话框中的"文件"  打开材料库文件。单击"浏览"对话框中的"取消"，返回到"库（只读）"对话框。

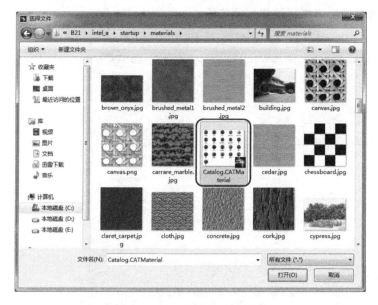

图 10-4　"选择文件"对话框　　　　　　　　图 10-5　"浏览"对话框

2）显示图标

单击  图标，"库（只读）"对话框显示。对话框中每个选项卡表示一种材料类别，分别为"Construction""Fabrics""Metal""Other""Painting""Shape Review""Stone""Wood"。单击每个选项卡，此选项卡类别的常见材料会出现在对话框列表中，例如，单击"Metal"选项卡，对话框中出现"Iron""Lead"等材料的列表。

有些材料的右下角有 标志，表示此材料具有 3D 纹理。例如，"Construction"类别中的"Bathroom Floor"材料，右下角具有 3D 纹理标识，如图 10-6 所示。

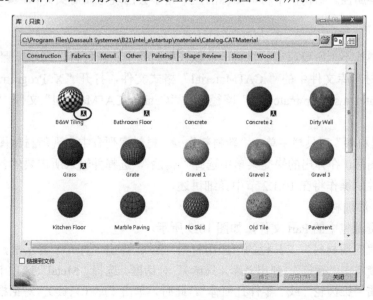

图 10-6　"Construction"选项卡

3）显示列表

单击▦图标，"库（只读）"对话框如图 10-7 所示，在下拉列表中选择材料的类别，列表中显示此类别的常见材料，同时显示该材料纹路的预览图。

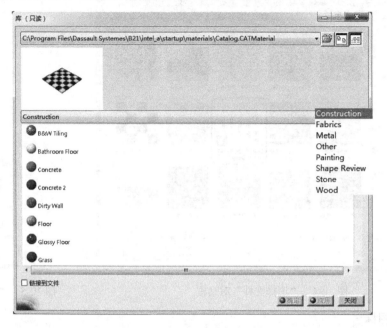

图 10-7 "库（只读）"对话框

4）链接到文件

如果激活"链接到文件"复选框，当材料库中的材料属性发生改变时，添加到模型单元上的材料属性也相应发生改变。结构树中材料图标的左下角会出现弯曲箭头标识●。

如果不激活此复选框，当材料库中的材料属性发生改变时，添加到模型单元上的材料会保持原来的材料属性。结构树中材料图标的左下角不会出现弯曲箭头标识●。

4. 新建材料

若材料库中找不到所要添加的材料，可以在材料库中新建材料。具体步骤如下。

（1）打开材料库文件中的".CATMaterial"格式文件，打开"X:\Program Files\Dassault Systemes\B21\intel_a\startup\materials"路径下的"Catalog.CATMaterial"文件，"X"为 CATIA 软件的安装盘。

（2）在"材料库"工具栏中单击"新材料"🌐，材料库列表中出现新材料图标，如图 10-8 所示。右击此图标，在弹出的快捷菜单中选择"属性"，选择并输入所需要的各属性参数。关于修改材料属性的操作将在 10.1.2 节中详细讲述。

【例 10-1】添加材料。

（1）打开资源包中的 Part 文件，如图 10-9 所示。

（2）单击"应用材料"工具栏的"应用材料"📇，弹出"打开"警示框，表示未创建中文材料库，直接单击"确定"。弹出"库（只读）"对话框。选择"Metal"选项卡下的"Steel"，在结构树上单击"锥齿轮"或"零件几何体"，此时，单击"库（只读）"对话框中的"确定"，完成模型材料的添加。

　　💡【提示】如果只在"库（只读）"对话框中选择要添加的材料，而没有单击结构树上的几何体名称，则"库（只读）"对话框中的"确定"按钮为灰色，无法完成命令。另外，选择对话框中的材料和单击结构树上的几何体名称无先后顺序。

　　（3）在"视图"→"视图模式"工具栏中单击"含材料着色" 🖼️，将材料信息显示出来，结构树及模型变化如图 10-10 所示。

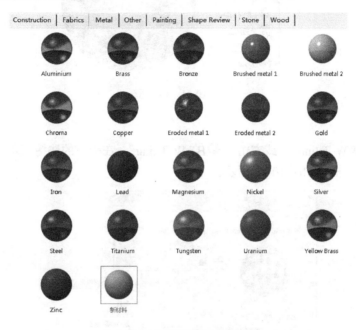

图 10-8　添加新材料

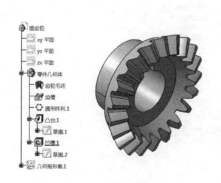

图 10-9　锥齿轮模型

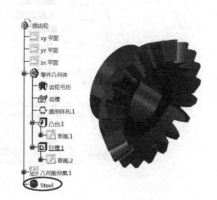

图 10-10　为模型添加材料并含材料着色

10.1.2　材料属性修改

　　当零部件的材料属性与材料库中相应材料的属性不同时，可以对其进行修改，使其符合零部件的实际情况。也可以在材料库中新建材料，对新建的材料进行属性定义。在材料库中新建材料的步骤参见 10.1.1 节"4.新建材料"相关内容的介绍。

　　【例 10-2】修改材料属性。

　　打开资源包中的 Part 文件，出现球零件模型，如图 10-11 所示。这里已经为此模型添加

了材料，本节讲述如何修改材料属性。

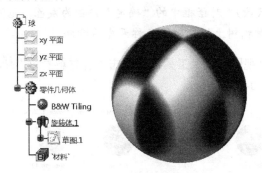

图 10-11　球模型

1. 材料属性

双击"⬤B&W Tiling"，或右击"⬤B&W Tiling"，在弹出的快捷菜单中选择"属性"，弹出"属性"对话框，如图 10-12 所示。

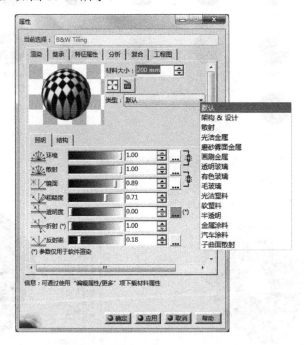

图 10-12　"属性"对话框

1）渲染

"渲染"选项卡为"属性"对话框的默认显示。

（1）材料大小。设置材料应用于对象时的大小。材料的大小不会对"属性"对话框中视图的预览产生任何影响。例如，本例中，材料大小设置为"100mm"和"200mm"时，模型含材料着色显示，如图 10-13 所示。

（2）适屏幕预览⊞。放大或缩小预览框中的材料几何图形，使其符合预览框中可用空间的大小。

（3）已跟踪射线预览🖼。启用此命令，可以查看如折射、过程化结构或凹凸等效果。

（4）类型。单击"类型"下拉菜单（图 10-12），用于更改材料的着色器类型。

（a）材料大小为 100mm　　　　　　　　　　　　（b）材料大小为 200mm

图 10-13　材料设置不同大小模型含材料着色显示

（5）照明。参见图 10-12，编辑材料的以下属性参数。

① 环境。定义材料整体明亮或整体暗淡。

② 散射。强调明亮区域和暗淡区域的区别。

③ 镜面。调整材料的光亮度。

④ 粗糙度。调整材料的亮度区域大小。

⑤ 透明度。调整材料的透明度。

⑥ 折射。调整材料的折射，（*）仅用于软件渲染。

⑦ 反射率。调整材料的反射率，如果材料具有结构，那么只有在材料不反光时才能看到。

（6）结构。如图 10-14 所示，选择"类型"下拉菜单中的类型来定义材料的结构参数。

2）继承

"继承"选项卡如图 10-15 所示。

 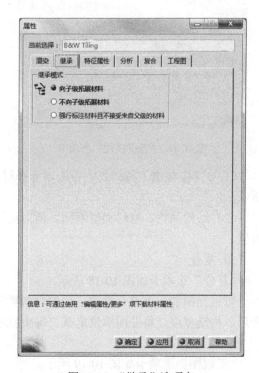

图 10-14　"属性"对话框　　　　　　　　　　　图 10-15　"继承"选项卡

有以下 3 种途径。

（1）向子级拓展材料。若激活此复选框，则该材料所映射到的该元素的所有子元素都从该材料继承。

（2）不向子级拓展材料。若激活此复选框，则该材料所映射到的该元素的所有子元素都不会从该材料继承。

（3）强行标注材料且不接受来自父级的材料。若激活此复选框，则强行标注该材料且不从所有父级材料继承该材料所映射到的元素。

3）特征属性

"特征属性"选项卡如图 10-16 所示。可在"特征名称"后的文本框中为材料修改名称。

4）分析

"分析"选项卡如图 10-17 所示。

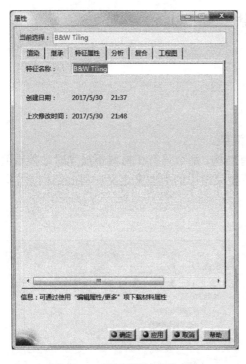

图 10-16　"特征属性"选项卡

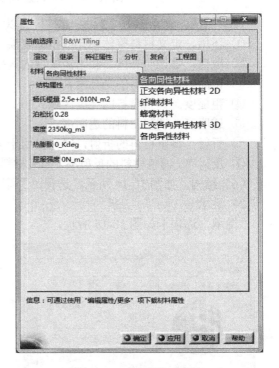

图 10-17　"分析"选项卡

（1）材料。根据下拉列表中各选项选择材料的类型。各类型材料需要满足的条件如表 10-1 所示。

（2）结构属性。材料类型不同，所对应的结构属性物理参数也不同，输入所需要的各参数值。

5）复合

"复合"选项卡如图 10-18 所示。

可根据需要更改复合选项卡中的材料类型、未处理厚度、已处理厚度、最大变形、限制变形、构造宽度、每曲面单位重量、每质量单位成本等属性及参数值。

6）工程图

"工程图"选项卡如图 10-19 所示。

表 10-1　各材料需满足的条件

中文名称	英文名称	满足条件	参数含义
各向同性材料	Isotropic Material	$0 \leqslant v < 0.5$	v 为泊松比
正交各向异性材料 2D	Orthotropic Material 2D	$\dfrac{E_{11}}{E_{22}} < 10^7$ $v_{12} < \sqrt{\dfrac{E_{11}}{E_{22}}}$	v_{12} 为材料在 xy 平面上的泊松比 E_{11} 为纵向杨氏模量 E_{22} 为横向杨氏模量
纤维材料	Fiber Material	$v_{12} < \sqrt{\dfrac{E_{11}}{E_{22}}}$	v_{12} 为材料在 xy 平面上的泊松比 E_{11} 为纵向杨氏模量 E_{22} 为横向杨氏模量
蜂窝材料	Honey Comb Material	—	
正交各向异性材料 3D	Orthotropic Material 3D	$\dfrac{E_{11}}{E_{22}} < 10^7$ $\dfrac{E_{11}}{E_{33}} < 10^7$ $v_{12} < \sqrt{\dfrac{E_{11}}{E_{22}}}$ $v_{13} < \sqrt{\dfrac{E_{11}}{E_{33}}}$ $v_{22} < \sqrt{\dfrac{E_{22}}{E_{33}}}$ $v_{12}{}^2\dfrac{E_{22}}{E_{11}} + v_{23}{}^2\dfrac{E_{33}}{E_{22}} + v_{13}{}^2\dfrac{E_{33}}{E_{11}} + 2v_{12}v_{23}v_{13}\dfrac{E_{33}}{E_{11}} < 1$	E_{11} 为纵向杨氏模量 E_{22} 为横向杨氏模量 E_{33} 为正常杨氏模量 v_{12} 为材料在 xy 平面上的泊松比 v_{13} 为材料在 xz 平面上的泊松比 v_{23} 为材料在 yz 平面上的泊松比
各向异性材料	Anisotropic Material	—	

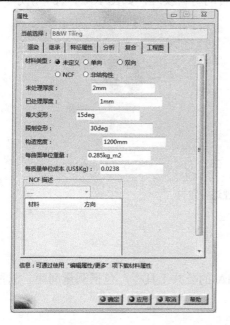

图 10-18　"复合"选项卡

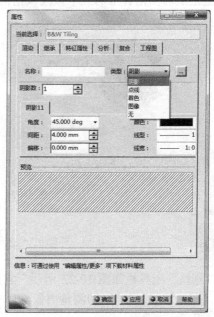

图 10-19　"工程图"选项卡

根据需要更改工程图中材料的名称、显示类型，以及在各显示类型下阵列的参数及属性。例如，图 10-19 所示的"阴影数"及"阴影 11"选项卡为显示类型，设定为"阴影"时的属性及参数。

2. 材料纹理定位

通过旋转或移动指南针，可以对几何体上的材料纹理进行倾斜、扭曲、旋转等操作，可使相同材料的不同几何体通过对纹理的重新定位来达到更加形象的视觉效果。

（1）单击结构树"球"节点下的"B&W Tiling"，指南针会自动定位到该几何体中心位置，如图 10-20 所示。

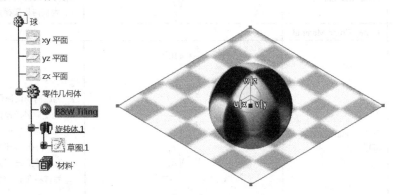

图 10-20　指南针自动定位

（2）通过拖动指南针上的三个轴线或拖动三个平面来移动材料纹理，如图 10-21（a）所示；通过旋转指南针上的三个弧线或指南针顶点来转动材料纹理，如图 10-21（b）所示。

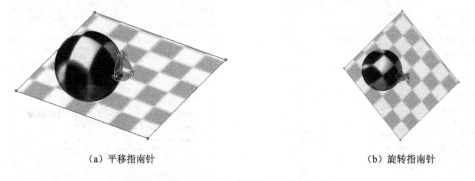

（a）平移指南针　　　　　　　　　　　　　　　（b）旋转指南针

图 10-21　对材料纹理进行定位

10.2　测　　量

"测量"工具栏如图 10-22 所示，它属于 CATIA 的公共工具栏，包括测量间距、测量项和测量惯量。

图 10-22　"测量"工具栏

10.2.1　测量间距

"测量间距" 用于测量模型中两个元素之间的参数，如距离、角度等。

（1）打开任意 Part/Product 文件，在"测量"工具栏中单击"测量间距" ⟷，弹出"测量间距"对话框，如图 10-23 所示。

（2）单击"自定义"，弹出"测量间距自定义"对话框，如图 10-24 所示。可以通过激活或取消激活"显示选项"选项区各图标，定制测量功能的第二选择项，定制结果在"测量间距"对话框中的"结果"选项区中显示。

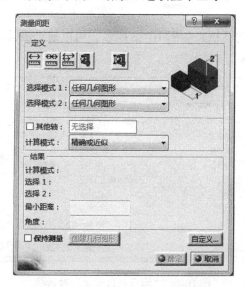

图 10-23　"测量间距"对话框

图 10-24　"测量间距自定义"对话框

测量间距类型、功能及示例如表 10-2 所示。

表 10-2　测量间距类型、功能及示例

名称	图标	功能	示例
测量间距	⟷	测量两个对象之间的距离	
在链式模式中测量间距	⟷⟷	第一次测量需要选择两个元素，以后的测量都是以前一次选择的元素作为再次测量的起始元素	
在扇形模式中测量间距	⟷⟷	第一次测量所选择的第一个元素作为以后每次测量的第一个元素	

10.2.2 测量项

"测量项" 用于测量模型中单个元素的尺寸参数，如点的坐标、边线的长度、弧的直径（半径）、曲面的面积、实体的体积等。

（1）打开任意 Part/Product 文件，在"测量"工具栏中单击"测量项" ，弹出"测量项"对话框，如图 10-25 所示。

（2）单击"自定义"，弹出"测量项自定义"对话框，如图 10-26 所示。可以通过激活或取消激活各图标，设置不同定制以获取想要的数据。

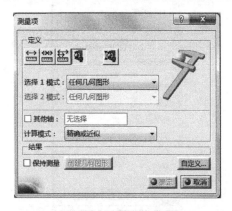

图 10-25 "测量项"对话框

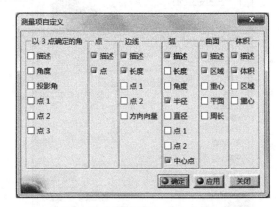

图 10-26 "测量项自定义"对话框

测量项类型、功能及示例如表 10-3 所示。

表 10-3 测量项类型、功能及示例

名称	图标	功能	示例
测量项		测量某个几何元素的参数，如长度、面积、体积等	
测量厚度		测量几何体的厚度	

图 10-27 "测量惯量"对话框

10.2.3 测量惯量

"测量惯量" 用于测量零、部件的惯量参数，如面积、质量、重心位置、对点的惯量矩、对轴的惯量矩等。

（1）打开任意 Part/Product 文件，在"测量"工具栏中单击"测量惯量" ，弹出"测量惯量"对话框，如图 10-27 所示。选择测量区域，展开对话框，如图 10-28 所示。

（2）单击"自定义"，弹出"测量惯量自定义"对话框，如图 10-29 所示。可以通过激活或取消激活各图标，设置不同定制以获取需要的数据。

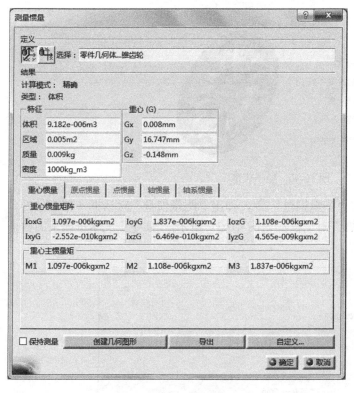

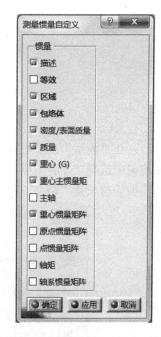

图 10-28　测量惯量结果　　　　　　　图 10-29　"测量惯量自定义"对话框

测量惯量类型、功能及示例如表 10-4 所示。

表 10-4　测量惯量类型、功能及示例

名称	图标	功能	示例
测量 3D 的惯量		测量模型的 3D 惯性特性、重心、重心惯量、原点惯量、点惯量、轴惯量、轴系惯量	单击此表面
测量 2D 的惯量		测量一个平面的重心、重心惯量和重心主惯量距	单击此表面

【例10-3】测量零件重量。

（1）打开资源包的 Part 文件，如图 10-30 所示，已为模型添加了材料，测量该模型的总质量。

图 10-30　轮子模型

（2）在"测量"工具栏中单击"测量惯量" 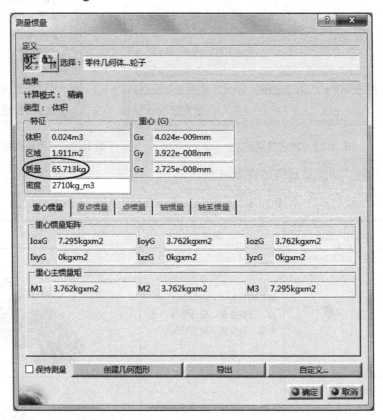，弹出"测量惯量"对话框（图 10-27）。在结构树中选择"零件几何体"，展开对话框，如图 10-31 所示，"质量"文本框显示的数值即为模型的总质量"65.713kg"。

图 10-31　结果显示

⚠【注意】在单击"测量惯量" 之后，需要选择要测量的目标，才能显示测量结果，若要测量整个零件几何体的质量，则需要在结构树中单击"零件几何体"，此时结构树上出现"测量"节点，同时图形区也对应显示测量包络体的状态，如图 10-32（a）所示；若要测量部分零件几何体的质量，则需要在结构树或图形区上单击选择要测量的元素，效果如图 10-32（b）所示。

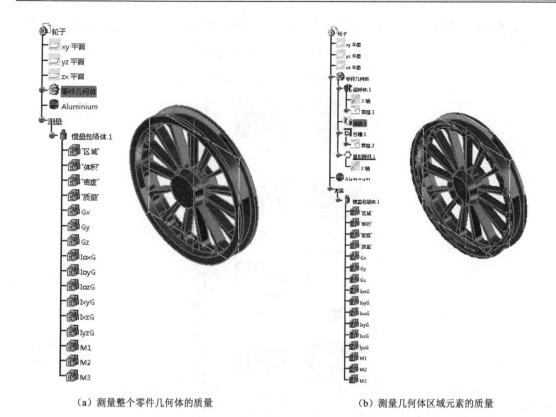

（a）测量整个零件几何体的质量　　　　　　（b）测量几何体区域元素的质量

图 10-32　选择不同的测量目标结构树及图形区的显示

10.3　渲　　染

CATIA 渲染是将产品通过材质、纹理、环境等的定义，生成逼真的渲染图，以更好地观察产品的造型、结构及外观特点；以便通过渲染效果找出优缺点，对产品做出相应的改进。

关于 CATIA 的渲染功能有很多，本节通过对已添加材料的模型，进行环境的初步渲染。用户也可以通过使用"图片工作室"工作台中的相关命令，对模型进行深一步的渲染操作。

单击"渲染"工具栏中的"图片工作室简易工具" ，弹出"渲染"工具栏，如图 10-33 所示。

图 10-33　"渲染"工具栏

10.3.1　场景选择

"渲染"工具栏中的"选择场景"命令是指为模型提供背景图片及自定义背景效果。单击"选择场景" ，弹出"场景"对话框，如图 10-34 所示。

1. 预定义

"预定义"选项卡（图 10-34），提供了可供选择的若干场景，选择任一场景，然后单击"确定"，则图形区背景变为选择的场景平铺图。

【提示】若取消激活"图片工作室简易工具" 📷，则选择的场景不会出现在图形区。

图 10-34 "场景"对话框

2. 收藏夹

单击"场景"对话框右上角的"将场景添加到收藏夹" ✿，弹出"添加收藏夹"对话框，如图 10-35 所示，可将当前使用的场景重命名并收藏到"收藏夹"选项卡下，如图 10-36 所示。

若要移除"收藏夹"内收藏的场景，在该场景上右击，选择"删除"命令。

图 10-35 "添加收藏夹"对话框

3. 自定义

"自定义"选项卡如图 10-37 所示。

（1）默认光源。可根据需要选择"无光源""单光源""双光源"，每选择一种光源形式，预览区都会出现图形预览效果。

效果预览区下方 4 个调节器可对光源效果进行调节。

① 环境：表示光源亮度，从左到右亮度逐渐增大。

② 散射：表示光的漫射级别，从左到右漫射级别逐渐增大。

③ 镜面：表示反射突出显示大小，从左到右反射突出显示逐渐增大。

④ 阴影柔和度：表示阴影柔和的程度，从左到右阴影逐渐由硬到柔。

（2）背景。可通过浏览路径，选择其他背景图片，修改场景。

（3）拉伸图像。若激活该选项，可使背景图片覆盖整个图形区；若不激活该选项，则在不更改图像比率的情况下，缩放该图像并使其适合图形区。

（4）地线。若激活该选项，可在 **3D** 窗口中显示水平地线；若不激活该选项，则不显示水平地线。下方的"透明度"及"反射率"调节器可分别用来定义水平地线的透明度和反射率。

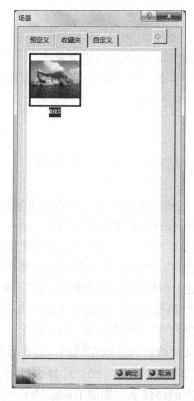

图 10-36 "收藏夹"选项卡

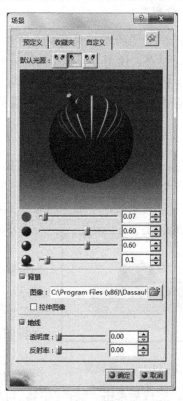

图 10-37 "自定义"选项卡

10.3.2 渲染选项

"渲染"工具栏中的"渲染选项"命令可对渲染后的图像质量及分辨率等进行定义。

单击"渲染选项" ，弹出"渲染选项"对话框，如图 10-38 所示。

图 10-38 "渲染选项"对话框

1. 质量

"质量"用于定义渲染的质量，分为低、中等和高三个档次。质量越高，渲染的效果越好，同时渲染所占的计算机内存和空间就越大，渲染时间就越长。

2. 实际照明

若激活"实际照明",可实现图像中真实的软阴影。没有完全显示的曲面被衰减,从而使其完全接收环境光源。

3. 分辨率

"分辨率"用于定义图像的分辨率。

(1)屏幕。使用与屏幕相同的分辨率,一个 3D 像素得到一个渲染的像素。

(2)自定义。使用自定义分辨率,一个 3D 像素得到多个渲染的像素,每个单位长度的比率都以像素为单位,这样即可使图像的分辨率大于屏幕的分辨率。

10.3.3 渲染区域定义及保存

"渲染"工具栏中的"定义已渲染的区域" 📷 功能激活后,用户可以在 3D 窗口中定义要渲染的子区域,若未激活该功能,则将渲染整个窗口。

设置好场景后,单击"渲染"工具栏中的"渲染" 📷,即可从当前视点渲染场景。

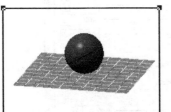

单击"保存" 💾 表示保存之前渲染的图片。

(1)当激活"定义已渲染的区域" 📷 时,在设置完成所有的渲染场景后,单击图形区,此时出现一个矩形选择框,如图 10-39 所示,可将要渲染的区域放进此矩形框内,然后单击"渲染" 📷,计算机自动进行渲染计算,完成后单击"保存" 💾,可将图像保存到指定的路径下,如图 10-40(a)所示。

图 10-39　矩形选择框

(2)当未激活"定义已渲染的区域" 📷 时,则在设置完成所有的渲染场景后,直接单击"渲染" 📷,计算机自动进行渲染计算,完成后单击"保存" 💾,可将图像保存到指定的路径下,如图 10-40(b)所示。

（a）激活渲染区域定义　　　　　　　　　　　（b）未激活渲染区域定义

图 10-40　定义渲染区域并生成图像

【例 10-4】汽车模型渲染。

打开资源包的 Part 文件,出现汽车零件模型,如图 10-41 所示,已经为此模型添加了材料。

(1)单击"渲染"工具栏中的"图片工作室简易工具" 📷,弹出"渲染"工具栏(图 10-33)。

(2)单击"选择场景" 🗺,弹出"场景"对话框(图 10-34)。在对话框中选择"小路 2"。

（3）单击"自定义"选项卡，对话框各参数设置如图 10-42 所示，单击"确定"。

（4）将模型摆放到场景中合适的位置和角度，单击"渲染" ，计算机自动进行渲染计算，完成后单击"保存" 。结果如图 10-43 所示。

图 10-41　汽车模型

图 10-43　汽车模型渲染结果

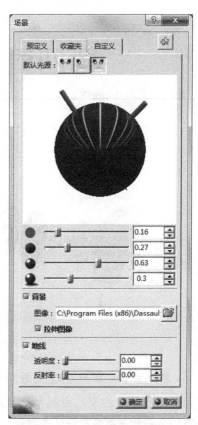

图 10-42　"自定义"选项卡

第四篇 产品装配

    本篇的主要内容为 CATIA 软件的装配设计。学习本篇内容的目的是掌握在 CATIA 装配工作台中建立装配约束从而制作产品的基本技能。本篇主要任务如下：

- ➲ 认识和熟悉装配设计工作台
- ➲ 理解并学会产品设计的两种方法
- ➲ 掌握对装配体进行管理的方法
- ➲ 掌握对装配体内各零部件进行约束和调整的方法
- ➲ 学会常用的装配特征操作方法
- ➲ 学会如何对装配体进行分析
- ➲ 掌握装配动画的制作步骤

第 11 章　装配设计工作台与基本操作

一件成形的产品往往是由多个零部件组合而成的。CATIA 装配设计（assembly design）的主要目的有：①提供产品整体应用操作平台；②定义产品中零部件之间的相互关系；③添加产品标识及清单；④检查产品中零部件的干涉、碰撞，分析自由度等是否符合要求；⑤为产品的后期应用提供准备。

通过装配设计，可以帮助用户在设计之初快速、准确地发现产品所潜在的问题。若在装配时有修改零件实体的情况，这些变动将会直接存储到零件各自的文件中。另外，当单独打开某产品内的零件文件做出修改操作时，产品内的零件也会跟随用户的意愿进行更新。因此，用户可以在进行装配的同时进行零件的修改，这样大大提高了产品的设计效率。

本章内容为 CATIA 装配设计的基础，首先介绍装配设计的一般流程和装配设计工作台的预备知识，然后介绍如何向装配体中添加新建的或已有的零部件，最后介绍对产品中的零部件进行结构管理的方法。熟悉这些基本知识是后续学习装配约束与调整的基础。值得注意的是，本章有些内容（如装配体管理部分）往往贯穿产品设计始终。因此，在后续学习过程中应当随时回阅本章以加强对相关内容的理解。

11.1　概　　述

11.1.1　装配设计的一般流程

用户在进行产品的三维设计时，可以采用"自下而上"（bottom-up）或"自上而下"（top-down）两种设计方法，关于这两种方法的区别在本书 1.3.2 节中已经有所提及。本节将详细介绍这两种设计方法的特点和设计流程，学习时注意结合案例进行理解。

1. "自上而下"的设计方法

当采用"自上而下"的设计方法时，零部件是在装配设计工作台中建立的。因此，无须建立单独的零件文件。用户必须首先建立一个产品文件，然后一步一步地在该产品文件中建立所有零部件。

CATIA "自上而下"装配设计的一般流程如图 11-1（a）所示，具体操作步骤如下。

（1）进入装配设计工作台。

（2）规划产品结构，分析产品中零部件的关系。

（3）插入新建零部件，创建新建零部件的三维模型。

（4）对已创建的零部件进行装配约束。

（5）装配分析及其他后续操作。

（6）若满足要求，则产品设计完成；若不满足要求，则按需进行修改。

图 11-1（b）是一个"自上而下"设计的简单案例（滚轮组）。首先，创建一个装配体文件，在装配体文件中直接新建"滚轮"；然后，以滚轮的销轴直径尺寸和端面作为参考，建立两侧"支架"；最后，以两侧支架作为参考，建立"底板"。这样就完成了滚轮组的设计。由于零部件之间建立了关联，因此，在修改某零件的特征或尺寸时，与之关联的零部件会随之变更。例如，当修改滚轮的销轴直径时，支架的孔径也会随之变更。

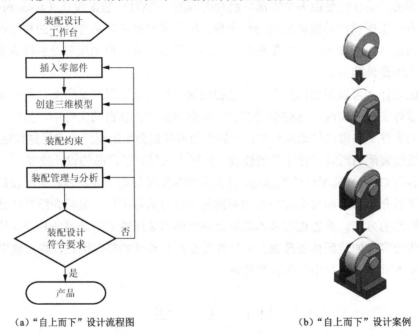

（a）"自上而下"设计流程图　　　　　（b）"自上而下"设计案例

图 11-1　"自上而下"的装配设计

"自上而下"设计法的优势是：用户可以使用某一个零部件的几何特征来定义另外一个零部件的几何特征。零部件的构建与装配是同时进行的，因此，用户可以实时地查看产品的建立过程。

2. "自下而上"的设计方法

当采用"自下而上"的设计方法时，零部件首先在零件设计工作台中完成创建，然后开始装配设计。通过装配设计工作台的工具，将创建完成的零部件插入并放置在装配体中，然后通过约束命令将零部件在三维空间中进行定位。

CATIA "自下而上" 装配设计的一般流程如图 11-2（a）所示，具体操作步骤如下。

（1）规划产品结构，进入零件设计工作台，创建所需零部件的三维模型。

（2）进入装配设计工作台。

（3）插入已经创建好的现有零部件。

（4）分析零部件的关系，对零部件进行装配约束。

（5）装配分析及其他后续操作。

（6）若满足要求，则产品设计完成，若不满足要求，则按需进行修改。

图 11-2（b）是一个"自下而上"设计的简单案例（气阀）。首先需要分别创建每个零件文件，并完成其造型设计；然后新建一个装配体文件，将已经设计完成的 5 个零件文件插入装配体文件中，再对零部件之间施加一定的"约束"关系，以确定它们之间的相对位置。这样就完成了气阀的设计。

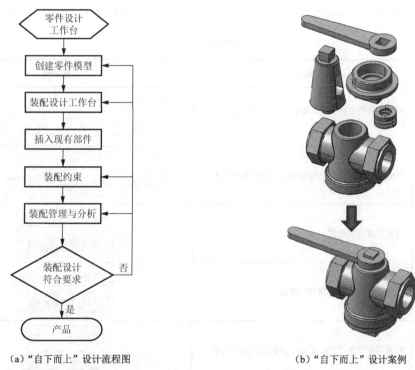

（a）"自下而上"设计流程图　　　　　　　（b）"自下而上"设计案例

图 11-2　"自下而上"的装配设计

采用"自下而上"设计法的优势是：用户能把更多的精力放在零部件的细节上，这是因为零部件都是单独设计的。由于其他零部件并不在同一窗口显示，所以当调整零部件内部的特征关系时，设计变得非常容易。

💡【提示】产品设计过程中可以兼用"自下而上"和"自上而下"两种设计方法，即混合设计。

11.1.2　装配设计工作台

1. 启动

用户可以通过以下方法进入装配设计工作台。

（1）通过开始菜单启动。在菜单栏中，依次选择"开始"→"机械设计"→"装配设计"命令。

（2）通过新建命令启动。在"标准"工具栏中单击"新建" ，弹出"新建"对话框，如图 11-3 所示。在"类型列表"中选择"Product"，也可直接在"选择"文本框中输入"Product"进行快速选择，单击"确定"。

（3）通过快捷方式启动。具体操作步骤请参见本书 2.5.1 节。

图 11-3 "新建"对话框

2. 专属工具栏

装配设计的专属工具栏主要包括"产品结构工具"工具栏、"约束"工具栏、"移动"工具栏、"装配特征"工具栏等，各工具栏的简介如表 11-1 所示。

表 11-1 装配设计专属工具栏

工具栏名称	简介	工具栏按钮
产品结构	对产品结构进行管理，如插入零部件并对其进行管理	产品结构工具
约束	对插入的零部件进行装配约束，建立装配关系	约束
移动	调整零部件的位置	移动
装配特征	对装配件整体进行修改和编辑	装配特征
空间分析	检查零部件的碰撞、干涉、距离和区域等分析	空间分析
标注	对零部件进行焊接符号、文本等标注	标注

3. 结构树

装配设计工作台中的结构树展示了产品中零部件的"层次"关系和"约束"关系等。

其中，"层次"关系可分为两种，一种是结构树中仅有零件，如图 11-4 所示，此种形式适用于简单的产品；另一种是结构树中零件和子装配同时存在，如图 11-5 所示，此种形式适用于较复杂的产品。

图 11-4　仅存在零件　　　　　　　　图 11-5　零件和子装配同时存在

11.1.3　常用术语

（1）零件（Part）。零件是组成部件和产品的基本单位，它不仅是最基本的装配单元，还是装配体结构树中显示的最后一级独立的几何体模型。

（2）部件（Component）。部件是组成产品的单位，它可以是一个零件、多个零件构成的子装配（Sub-assembly），也可以是由多个零件和（或）次级子装配构建而成的装配结果。产品结构树下面的所有零件或子装配可以统称为部件。

（3）装配（Assembly）。装配就是对零部件这些几何体的集合进行管理，指定部件之间的相对限制条件，而不是生成几何体。如果装配的零件发生改变，装配会随之更新。

（4）产品（Product）。产品是装配设计的最终产物。它由零件和（或）部件以及约束关系构成，是零件和（或）部件保存路径的集合。在大多数情况下，装配和产品的概念并不进行严格区分。

（5）实例（Instance）。产品中的每一个零部件，都是该零部件在该产品中的一个实例。某一零部件在产品中可以有多个实例。当用户修改零部件时，零部件在产品中的所有实例同步变化。

【难点】某一零部件在同一装配级别下的多个实例需要具有不同的实例名称（Instance Name）。如图 11-6 所示的法兰盘装配，在圆周上均布了螺栓的 8 个实例，螺栓的零件名称（Part Number）为"螺栓"，其在产品中的实例名称分别为"螺栓.1""螺栓.2""螺栓.3"等。

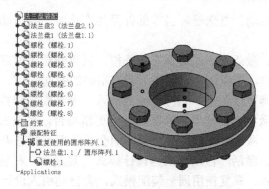

图 11-6　法兰盘装配中的多个螺栓实例

11.1.4 选项设置

在装配设计过程中，可以运行"选项"命令，设置与装配设计有关的选项。与装配设计有关的选项设置内容较多，下面仅介绍装配设计的常规选项设置，其余选项设置将在用到时进行讲解。

在菜单栏中，依次选择"工具"→"选项"命令，弹出"选项"对话框，在左侧目录中选择"机械设计"→"装配设计"，对话框右侧显示出装配设计的子选项卡分别为"常规""约束""DMU 碰撞-处理""DMU 剖切"。以"常规"选项卡为例，如图 11-7 所示，其中各个选项的功能如下。

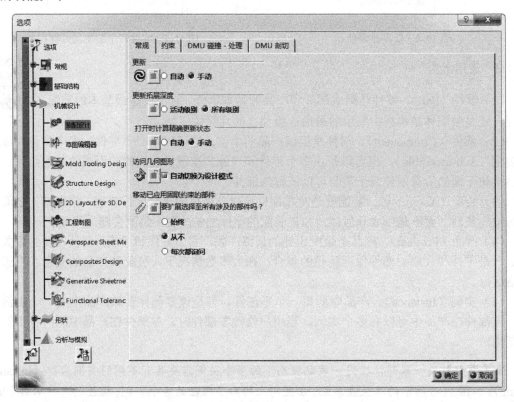

图 11-7 "选项"对话框

（1）更新。激活"自动"复选框，当零部件发生变化时，会自动更新；激活"手动"复选框，手动控制更新。

（2）更新拓展深度。激活"活动级别"复选框，只更新选定零部件下的第一层级变动；激活"所有级别"复选框，更新选定零部件下所有层级的变动。

（3）打开时计算精确更新状态。当打开或者插入一个装配零部件时，系统会精确地计算出零部件的更新状态。激活"自动"复选框，无论更新与否，系统都会加载零部件所需的最小数据来决定更新状态；激活"手动"复选框，则会显示更新状态未知。

（4）访问几何图形。激活"自动切换为设计模式"复选框，在装配过程中，如果设置装配约束、零部件重复插入、重复使用同一装配模式，会自动引入设计模式的几何数据。

【提示】装配体中的零部件有"可视化模式"（Visualization Mode）和"设计模式"（Design

Mode）两种，"可视化模式"下仅可视化部件的外部外观。此时，该部件的几何图形不可用，减少了内存占用。只有切换到"设计模式"时，才可以对该部件进行编辑。

（5）移动已应用固联约束的部件。可以设置是否将所选择的部件进行扩展，操作步骤参见 12.3.2 节。

11.2　零部件添加

前面已经提到，用户在进行产品设计时，可以采用"自下而上"或"自上而下"两种设计方法。本节将介绍如何向一个新建的空白装配体文件中插入现有的或新建的零部件。在插入零部件之后，用户可以进行零部件造型，或对零部件进行装配约束，以确定它们在空间中的位置。本节所介绍的命令中，"插入新建部件""插入新建产品""插入新建零件"命令主要用于"自上而下"的设计方法中，而"插入现有部件"命令主要用于"自下而上"的设计方法中。

11.2.1　插入新建部件

"插入新建部件"命令用于将一个新创建的部件插入当前产品中，这里的"部件"仅表示零件或产品的装配关系，有关该部件的数据直接储存在当前产品内，不会在硬盘上生成新文件。

☀【提示】在插入的新建部件下还可以插入其他产品或零件

⚠【注意】"插入新建部件"命令仅在当前产品内创建了装配关系，而并不会在硬盘中单独保存。因此，要想修改这种装配关系，只能进入主装配体产品进行修改。

为产品插入新建部件的具体操作步骤是：首先选中结构树中要插入部件的产品，在菜单栏中，依次选择"插入"→"新建部件"命令；或在"产品结构工具"工具栏中单击"部件" ⚙。此时，结构树中出现所插入部件的节点，如图 11-8 所示，在 Product1 产品下插入了新的 Product2 部件，请注意 Product1（产品）与 Product2（新插入的部件）图标的区别。

（a）插入前

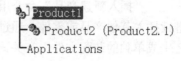
（b）插入后

图 11-8　插入新建部件

如果需要在插入新建部件时设置部件的名称，可以通过修改如下选项实现：在菜单栏中，依次选择"工具"→"选项"命令，弹出"选项"对话框，在左侧目录中选择"基础结构"→"产品结构"，对话框右侧选择"产品结构"选项卡，如图 11-9 所示。在"零件编号"区域中，激活"手动输入"复选框，单击"确定"，设置完成。在插入新建部件时，将弹出"零件编号"对话框，如图 11-10 所示。在"新零件编号"文本框中输入部件名称，单击"确定"，完成新部件的插入。

✏【经验】如果不输入部件名称而直接单击"确定"，那么新部件的名称将采用默认设置。

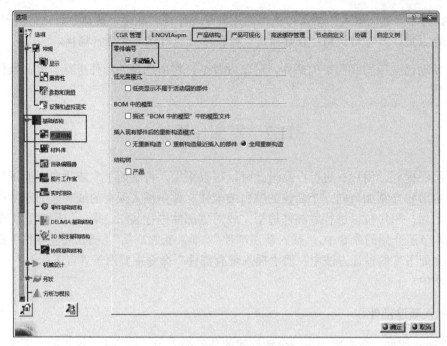

图 11-9 "零件编号"选项区

图 11-10 "零件编号"对话框

11.2.2 插入新建产品或零件

1. 插入新建产品

"插入新建产品"命令用于将一个新建的产品插入当前产品中，在这个产品下还可以继续插入其他产品或零件。通过插入新建产品命令可以将完整、独立的部分放到产品里，使之生成单独的装配文件。有关该新建产品的数据将储存在新文件内，当用户保存产品时，会在硬盘上生成该新建产品文件。

为产品插入新建产品的具体操作步骤是：选中结构树中要插入新建产品的节点，在菜单栏中，依次选择"插入"→"新建产品"命令；或在"产品结构工具"工具栏中单击"产品"。此时，结构树中增加了一个新节点，结构树的变化如图 11-11 所示，在 Product1 产品下插入了新的 Product2 产品。

（a）插入前

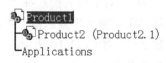

（b）插入后

图 11-11 插入新建产品

🖎【难点】"新建部件"与"新建产品"命令都可以互相放到各自的根目录下，都是属于结构树主根目录级别的特征。不相同的地方是，新建部件不保存到计算机硬盘路径下，只能用于管理。而新建产品可以保存到计算机硬盘路径下，产生装配数据零件，也可以单独打开装配产品。另外，部件目录下的子零件不允许单独拖拽进行移动与互相约束，目录下锁定为整个部件移动与约束。

2. 插入新建零件

"插入新建零件"命令用于将一个新零件插入当前产品中，这个零件是新创建的，其数据存储在独立的新文件内。

为产品插入新建零件的具体操作步骤是：选中结构树中要插入零件的产品，在菜单栏中，依次选择"插入"→"新建零件"命令；或在"产品结构工具"工具栏中单击"零件"🔩，此时结构树中增加一个新节点，如图 11-12 所示，一个名为"Part1"的新建零件被插入当前产品"Product1"当中。

双击"Part1"节点下的零件图标，即可在装配设计工作台中直接切换至零件设计工作台，进行"Part1"零件的相关操作，如创建零件特征、对零件进行修饰与变换等，操作步骤详见【例 11-1】。

(a) 插入前

(b) 插入后

图 11-12　插入零件

重复上述操作可以继续在产品中插入零件，在继续插入零件时弹出"新零件：原点"提示框，如图 11-13 所示。单击"是"，新建零件的原点可以由用户指定；单击"否"，新建零件的原点将与产品的原点重合。

继续插入新建零件后，结构树如图 11-14 所示。

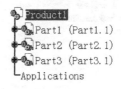

图 11-13　"新零件：原点"提示框　　　　图 11-14　插入多零件产品结构树

【例 11-1】自上而下设计方法初探"燕尾配合"。

（1）进入装配设计工作台，新建一个产品文件。

（2）在菜单栏中，依次选择"工具"→"选项"命令，弹出"选项"对话框，在左侧目录中选择"基础结构"→"零件基础结构"，在对话框右侧选择"常规"选项卡。激活"外部参考"区域"保持与选定对象的链接"和"创建与选定对象的链接时进行确认"两个选项的复选框，如图 11-15 所示，单击"确定"。这一操作的主要目的是保证所设计的零部件之间的

参考引用能够同步更新。

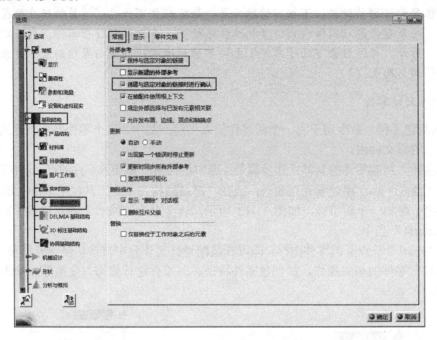

图 11-15 "外部参考"选项区

（3）选中结构树中的主产品名称，在"产品结构工具"工具栏中单击"零件" 🔲，此时结构树中增加一个新节点，一个名为"Part1"的新建零件被插入当前产品"yanweipeihe"当中，如图 11-16 所示。

（4）展开结构树，双击结构树中的"Part1"，此时结构树中的"Part1"被激活编辑，工作台被切换为零件设计工作台，如图 11-16 所示。

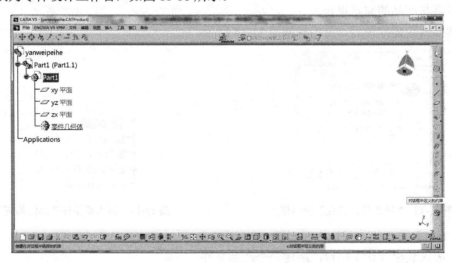

图 11-16 切换至零件设计工作台界面

（5）在 yz 平面上创建如图 11-17（a）所示的对称草图，通过"凸台"命令镜像拉伸总长为 400 的凸台，结果如图 11-17（b）所示。

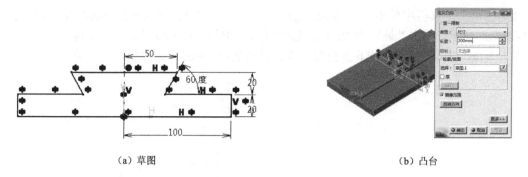

（a）草图　　　　　　　　　　　　　　　（b）凸台

图 11-17　Part1 草图与凸台参数

（6）双击结构树中的"yanweipeihe"，此时结构树中的"yanweipeihe"被激活编辑，工作台被切换回装配设计工作台，如图 11-18（a）所示。

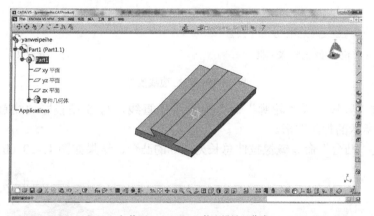

（a）切换回 yanweipeihe 装配设计工作台

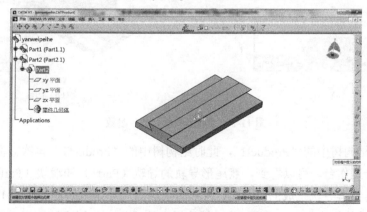

（b）切换至 Part2 零件设计工作台

图 11-18　切换设计工作台

（7）选中结构树中的主产品名称，在"产品结构工具"工具栏中单击"零件" ，此时结构树中增加一个新节点，一个名为"Part2"的新建零件被插入当前产品"yanweipeihe"中。

（8）展开结构树，双击结构树中的"Part2"，此时结构树中的"Part2"被激活编辑，工作台被切换为零件设计工作台，如图 11-18（b）所示。

（9）在 yz 平面上创建草图，按 Ctrl 键，选择"Part1"零件上方对称的 6 条连续边线，在

"3D 几何图形"工具栏中单击"投影 3D 元素"![icon]，弹出"在上下文中的选择"警示框，如图 11-19（a）所示，单击"是"，生成 6 条投影边线，如图 11-19（b）所示，结构树中出现"外部参考"节点，表明 Part2 中的 6 条投影边线已经与 Part1 中的 6 条边线建立链接关系。

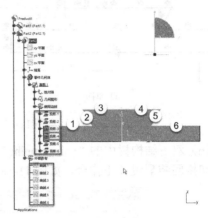

（a）"在上下文中的选择"警示框 　　　　　　（b）投影结果

图 11-19　投影边线操作

（10）通过"直线"或"轮廓"命令绘制 3 条直线，与 5 条投影边线首尾相接，构成图 11-20（a）所示的封闭图形。

（11）通过"凸台"命令镜像拉伸总长为 200 的凸台，结果如图 11-20（b）所示。

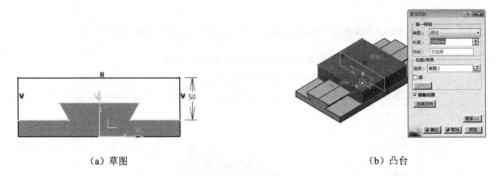

（a）草图 　　　　　　　　　　　　　　（b）凸台

图 11-20　Part2 草图与凸台参数

（12）双击结构树中的"Product1"，此时结构树中的"Product1"再次被激活，工作台被切换回装配设计工作台。可以看到，燕尾形导轨的导轨（Part1）和滑块（Part2）均已创建完毕。由于滑块是参考导轨生成的，因此，两者的接触面尺寸是全等的，如图 11-21（a）所示。

（13）双击结构树中的"Part1"，此时结构树中的"Part1"再次被激活，工作台被切换为零件设计工作台。将图 11-17（a）中的角度尺寸，由 60°修改为 50°。

（14）双击结构树中的"yanweipeihe"，此时结构树中的"yanweipeihe"再次被激活，工作台被切换回装配设计工作台，结果如图 11-21（b）所示。可以注意到，图形区 Part1 与 Part2 的结合面出现空隙，且 Part2 显示为红色，表示图形需要被更新。

（15）单击公共工具栏的"全部更新"![icon]，图形区被更新，"Part2"的图形尺寸跟随"Part1"更新，两者的接触面尺寸再次形成期望的配合关系，结果如图 11-21（c）所示。

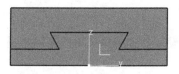
（a）设计结果正视图（60°）

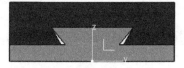
（b）待更新状态

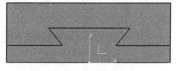
（c）更新完成（50°）

图 11-21　设计结果

11.2.3　插入现有部件

1. 插入现有部件

"插入现有部件"命令用于将已存在的部件插入当前产品中。

【难点】这里所指的"部件"可以是产品，也可以是零件，与"插入新建部件"命令中所指的"部件"含义不同。

为产品插入现有部件的具体操作步骤是：选中结构树中要插入现有部件的产品，在菜单栏中，依次选择"插入"→"现有部件"命令；或在"产品结构工具"工具栏中单击"现有部件" 。系统弹出"选择文件"对话框，如图 11-22 所示。选择已存储的目标文件，单击"打开"，结构树中即增加新节点，选择的目标文件即被插入到当前产品中。插入现有部件前后结构树的变化如图 11-23 所示。

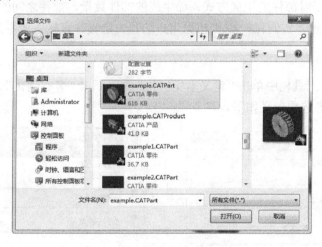

图 11-22　"选择文件"对话框

（a）插入前

（b）插入后

图 11-23　插入现有零部件

2. 具有定位的现有部件

"具有定位的现有部件"是指在插入一个已存在的部件时，设定其装配约束，直接确定插入部件在产品中的位置。

其基本操作步骤是：打开任意 Product 文件，选中结构树中要插入现有部件的产品，在"产品结构工具"工具栏中单击"具有定位的现有部件" ，弹出"选择文件"对话框，选择需要插入的零部件，单击"打开"，弹出"智能移动"对话框，"智能移动"操作的用法参见 12.4.1 节相关内容。

11.2.4 多实例化

"多实例化"命令用于在 X、Y、Z 或给定方向上，以一定间距复制生成零部件的多个实例，形成单行阵列。"多实例化"命令所生成的零部件实例之间不生成约束关系。

📖 **【经验】** 如果一个产品内包含某一个部件的多个实例，通过"多实例化"命令，可以简化需要多次运行"插入现有部件"命令才能完成的工作。

图 11-24 "多实例化"工具栏

在"产品结构工具"工具栏中单击"快速多实例化" 的下拉按钮，弹出"多实例化"工具栏，如图 11-24 所示。其中"定义多实例化" 用于对部件的生成方式，如生成的部件数量、部件之间的距离、生成方向等进行预先定义。"快速多实例化" 则根据用户的预先定义，直接生成零部件的多个实例。

1. 定义多实例化

在"多实例化"工具栏中单击"定义多实例化" ，弹出"多实例化"对话框，如图 11-25 所示，对话框中的各选项含义如下。

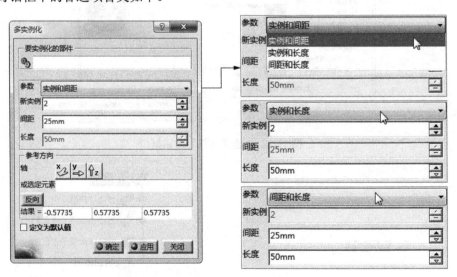

图 11-25 "多实例化"对话框与"参数"下拉列表

（1）要实例化的部件。用于添加需要实例化的零部件。

（2）参数。"参数"下拉列表包括实例和间距、实例和长度、间距和长度。

① 实例和间距。用于定义单行阵列零部件实例的数量和间距。选择"实例和间距"操作项目后，"新实例"和"间距"文本框激活，"长度"文本框取消激活。

② 实例和长度。用于定义单行阵列实例零部件的数量和总长度。选择"实例和长度"操作项目后，"新实例"和"长度"文本框激活，"间距"文本框取消激活。

③ 间距和长度。用于定义单行阵列零部件的间距和总长度。选择"间距和长度"操作项目后，"间距"和"长度"文本框激活，"新实例"文本框取消激活。

（3）参考方向。用于定义单行阵列的方向。

① 轴。用于选择单击 X 轴、Y 轴或 Z 轴作为单行阵列的参考方向。

② 选定元素。选择几何元素作为单行阵列的排列方向。

（4）反向。该项用于反转多实例化部件的方向。

（5）结果。该项表示对应 X 轴、Y 轴、Z 轴坐标，在 3 个文本框内输入数值即可确定多实例化部件在空间坐标轴的方向。

（6）定义为默认值。该项激活后，将保存现有参数设置，在使用"快速多实例化"命令时，会根据此时设置的参数直接进行零部件的多实例化复制。

2. 快速多实例化

通过"快速多实例化"命令，可以根据"多实例化"对话框中已经设置好的参数来复制生成零部件的多个实例，形成单行阵列。

在"多实例化"工具栏中单击"快速多实例化" ，选择需要复制的零部件，即可根据"定义多实例化"设置的参数进行复制操作。如果需要改动参数，在"定义多实例化"对话框中更改即可。定义多实例化可以通过自定义参数、参考方向来复制零部件。

【例 11-2】通过多实例化复制螺栓的具体操作方法。

（1）打开资源包中的本例文件，在"多实例化"工具栏中单击"定义多实例化" ，弹出"多实例化"对话框，如图 11-25 所示，选择螺栓作为多实例化的对象。

（2）在"参数"下拉列表中选择"实例和间距"项目。在"新实例"和"间距"文本框中分别输入数值，本例取"4"和"30"，参考方向选择 y 轴，单击"确定"，螺栓的多实例化操作完成，如图 11-26 所示。

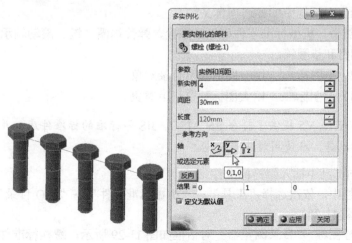

图 11-26　定义多实例化设置及效果图

11.2.5　机械标准零件库

机械标准零件库为 CATIA 软件提供了常用的标准件模型，供用户在产品开发过程中直接调用。

✐【经验】使用标准零件库可以节省大量的设计成本，极大地减少了重复性工作，缩短了设计周期。如果没有标准件的三维模型库，工程师将花费大量的时间在简单的重复建模工作上，造成设计资源的浪费。

在菜单栏中，依次选择"工具"→"机械标准零件"，如图 11-27 所示，可以看到"EN 目录""ISO 目录""JIS 目录"等子菜单。选中任一子菜单后，将弹出"目录浏览器"对话框，如图 11-28 所示。

图 11-27　快捷菜单　　　　　　　　　　　图 11-28　"目录浏览器"对话框

💡【提示】也可在菜单栏中，依次选择"工具"→"目录浏览器"；或在"目录浏览器"工具栏中单击"目录浏览器"，再从弹出的"目录浏览器"对话框中的"当前"下拉列表中选择需要的标准件库。

"目录浏览器"对话框中的各选项含义如下。

（1）标准件类型。机械标准零件库包括螺栓、弹性挡圈、键、滚动轴承锁定板、螺母、销、螺钉和垫圈等。

（2）小图标▦。用小图标预览目录对象。

（3）大图标▦。用大图标预览目录对象。

⚠【注意】CATIA V5 提供了符合 EN、ISO、JIS 等标准的标准件库，并不包含符合中国国标（GB）的标准件，在使用时应当注意。

【例 11-3】向产品中插入螺栓标准件。

（1）在菜单栏中，依次选择"工具"→"机械标准零件"→"ISO 目录"，弹出"目录浏览器"对话框（图 11-28）。

（2）双击螺栓图标，"目录浏览器"对话框如图 11-29 所示，螺栓标准件库提供 4 个系列的螺栓。

（3）双击上部列表第一个螺栓图标，弹出"ISO-4014"螺栓尺寸规格，可在下部列表中选择螺栓的尺寸规格，如图 11-30 所示。

图 11-29　"目录浏览器"对话框　　　　　图 11-30　"目录浏览器"对话框更新显示

（4）双击下部列表螺栓"3"，弹出"目录"对话框，如图 11-31 所示，单击"确定"返回至"目录浏览器"对话框，单击"关闭"，完成螺栓零件的调入。

图 11-31　"目录"对话框

11.3　装配体管理

11.3.1　零部件编辑

通过【例 11-1】了解到，在装配设计工作台中，可以直接双击结构树中的零件名称将零件激活，从而在装配设计模式下调用零件设计工作台的命令，对零件进行编辑。除此之外，用户也可以通过"在新窗口中打开"零部件的方式对零部件进行编辑。

如图 11-32 所示，在装配结构树中选中要打开的零部件，右击，弹出快捷菜单，在快捷菜单中依次选择"左悬挂 对象"→"在新窗口中打开"命令，即可在新窗口中打开装配体中

的零部件，方便用户在新窗口中对零部件进行编辑。

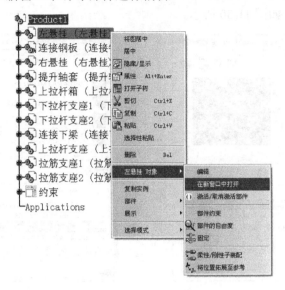

图 11-32　在新窗口中打开零部件操作

11.3.2　零部件属性设置

　　通过零部件"属性"对话框，可以对零部件的"产品""图形""机械""工程制图"等相关选项进行重新设置。

　　在结构树中或图形区中选中需要重新定义属性的零部件，在菜单栏中，依次选择"编辑"→"属性"命令；或按 Alt+Enter；或右击，在快捷菜单中选择"属性"，弹出"属性"对话框，如图 11-33 所示，对话框中的各选项含义如下。

图 11-33　"属性"对话框

（1）"产品"选项卡。可以重新定义零部件的实例名称和零件编号（零件名称），在"参考链接"选项区显示出零部件原始文件的路径（图 11-33）。

（2）"图形"选项卡。可以重新定义零部件的外观属性，包括零部件的颜色、线型、线宽和透明度等，如图 11-34 所示。

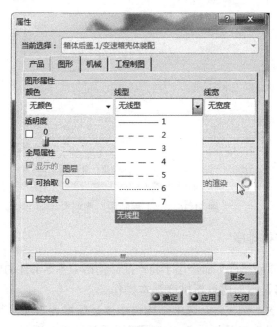

图 11-34　"图形"选项卡

（3）"机械"选项卡。在"机械"选项中列出了零部件的一些机械特性，包括体积、质量、曲面、惯性中心和惯性矩阵等，如图 11-35 所示。

图 11-35　"机械"选项卡

（4）"工程制图"选项卡。在绘制工程图前，可以设置零部件在工程图中的显示特性，如图 11-36 所示。

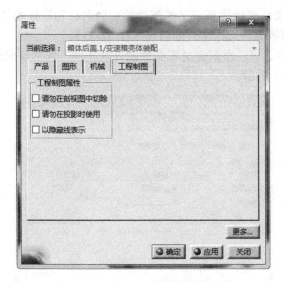

图 11-36　"工程制图"选项卡

11.3.3　结构树排序

"图形树重新排序"命令用于将产品结构树中各零部件的前后顺序进行重新排列。

【例 11-4】图形树重新排序基本操作。

（1）打开资源包中的本例文件，选中结构树中要重新排列零部件顺序的产品，如图 11-37 所示。在"产品结构工具"工具栏中单击"图形树重新排序" ，弹出"图形树重新排列"对话框，该对话框列出了结构树中所有的零部件，如图 11-38 所示。

图 11-37　选择产品

图 11-38　"图形树重新排序"对话框

（2）选择需要排序的零部件，单击"上箭头"、"下箭头"或"移动"，调整零部件的位置。单击"应用"，图形树目录中零部件的顺序发生改变。单击"确定"，结果如图 11-39 所示。

（a）排序前　　　　　　　　　　　　　　　　（b）排序后

图 11-39　图形树重新排序

11.3.4　装配元素删除

如果在装配过程中有些装配元素不再需要，可以将这些装配元素删除。

具体操作步骤是：选择要删除的装配元素，在菜单栏中，依次选择"编辑"→"删除"命令；或在要删除的装配元素上右击，在弹出的快捷菜单中选择"删除"；或选择要删除的装配元素，按 Delete 键。

如果删除的装配元素中含有父级、子级元素，则弹出"删除"对话框，如图 11-40（a）所示，对话框中的各选项含义如下。

（1）删除互斥父级。激活该复选框，将删除装配元素中所有父级元素。

（2）删除所有子级。激活该复选框，将删除装配元素中所有子级元素。

单击"更多"，展开"删除"对话框，可逐项删除装配元素，如图 11-40（b）所示。

（a）"删除"对话框　　　　　　　　　　　（b）展开的"删除"对话框

图 11-40　删除装配元素

11.3.5　零部件替换

"替换部件"是指用其他零部件代替现有装配体中的零部件。其基本操作步骤是：在"产品结构工具"工具栏中单击"替换部件"，弹出"选择文件"对话框，在"选择文件"对话框中选择需要替换的零部件后弹出"对替换的影响"对话框，如图11-41所示。单击"确定"，原来的零部件将被替换为新的零部件。

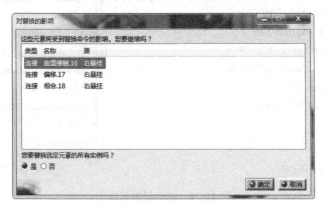

图11-41　"对替换的影响"对话框

【例11-5】替换装配中的轴套。

（1）打开资源包中的本例文件，本例为"轴"与"轴套"，如图11-42（a）所示。

（2）在图形区或结构树中选中"轴套"，在"产品结构工具"工具栏中单击"替换部件"，弹出"选择文件"对话框。

（3）在"选择文件"对话框中选择本例目录文件夹下的"轴套1"（zhoutao1），单击"打开"，弹出"对替换的影响"对话框，如图11-41所示。本例中的替换不会造成任何影响，因此，对话框中列表为空。

（4）单击"确定"，"轴套"被替换为"轴套1"，结果如图11-42（b）所示。

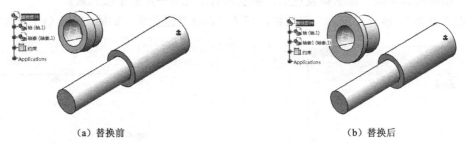

（a）替换前　　　　　　　　　　　　　　　（b）替换后

图11-42　替换装配中的轴套

11.3.6　零部件编号

通过"生成编号"命令，可以为产品中的零部件依次编写序号。

🔍【重点】在后期生成产品的工程图时，材料明细表会自动调用装配零部件的编号。

【例11-6】零部件编号基本操作。

在结构树中选择需要生成编号的产品，在"产品结构工具"工具栏中单击"生成编号"，弹出"生成编号"对话框，如图 11-43 所示。

　　系统提供了两种零部件编号方式：整数编号和字母编号。选择编号方式后，单击"确定"，生成零部件编号。编号生成后，用户可以在零部件的"属性"对话框的"产品"选项卡中查看。

💡【提示】如果已经存在零部件编号，"现有数字"选项区将被激活，用户可以根据需要选中相应的选项来"保留"或"替换"已有的编号。

　　（1）打开资源包中的本例文件，本例为"套销部装"，如图 11-44 所示。

图 11-43　"生成编号"对话框　　　　　　　　　　　图 11-44　套销部装

　　（2）在结构树中选中"套销部装"，在"产品结构工具"工具栏中单击"生成编号" 🔢，弹出"生成编号"对话框（图 11-43），单击"确定"，生成零件编号。

　　（3）在结构树中右击"上端盖"，在快捷菜单中选择"属性"，弹出"属性"对话框，选择"产品"选项卡，如图 11-45 所示、"实例"区域的"编号"文本框显示零件编号为"1"。

图 11-45　"产品"选项卡

11.3.7 零部件名称与展示

通过"产品管理"命令可为产品中的零部件添加"零件编号"（Part Number），并更改零部件在工作台上的展示。

⚠【注意】这里的"零件编号"（Part Number）是指零件（或部件）在结构树和材料明细表中显示的零件名称。请注意零件名称与零件在硬盘上的文件名的区别。

打开任意产品文件，在菜单栏中，依次选择"工具"→"产品管理"，弹出"产品管理"对话框，如图 11-46 所示，对话框中的各选项含义如下。

图 11-46 "产品管理"对话框

（1）对话框列表。展示出产品的所有零部件及其相关的数据，包括零件编号、文档、状态和展示。

（2）新零件编号。如果要改变零件编号，选择零部件后，在"新零件编号"文本框输入零件名称，单击"确定"。

【例 11-7】燕尾配合重新命名。

（1）打开资源包中的本例文件，本例为燕尾配合。

（2）在菜单栏中，依次选择"工具"→"产品管理"，弹出"产品管理"对话框（图 11-46）。

（3）选中列表框中的"yanweipeihe"，在"新零件编号"文本框输入零件名称"燕尾配合"，单击"应用"。

（4）重复上述操作，将列表框中的其他零件依次重新命名，燕尾配合的结构树与"产品管理"对话框中的零部件依次生成新零件编号，如图 11-47 所示。单击"确定"，完成产品管理。

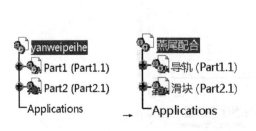

图 11-47 结构树与"产品管理"对话框生成编号

11.3.8　零部件卸载与加载

当产品中包含大量的零部件时，通过"卸载部件"命令可以将零部件的几何数据从计算机内存中移除，从而有效地减轻操作系统负担。"卸载"操作不会被保存到模型中。

与"卸载部件"命令相反，当需要对零部件进行编辑时，可以通过"加载部件"命令将已卸载的零部件的几何数据重新载入计算机内存中。

1.　卸载部件

卸载部件的操作步骤是：在结构树中选择需要卸载的零部件，在菜单栏中，依次选择"编辑"→"部件"→"卸载"；或右击结构树中的零部件，在快捷菜单中依次选择"部件"→"卸载"，弹出"要卸载的所有文档的列表"对话框，如图 11-48 所示，单击"确定"，完成零部件的卸载。

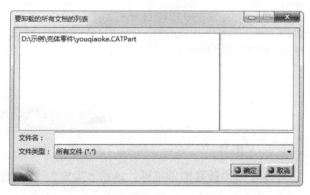

图 11-48　"要卸载的所有文档的列表"对话框

2.　加载部件

加载部件的操作步骤是：在结构树中选择需要加载的零部件，在菜单栏中，依次选择"编辑"→"部件"→"加载"；或右击结构树中的零部件，在快捷菜单中依次选择"部件"→"加载"，即可完成零部件的加载。

特别地，用户可以在"产品结构工具"工具栏中单击"选择性加载" ，进行更加具有选择性的加载，详见【例 11-8】。

【例 11-8】加载部件的基本操作。

（1）打开资源包中的本例文件，如图 11-49 所示，本例为"桥壳装配"，其中的右桥壳已经被卸载，请注意结构树中已卸载零部件和未卸载零部件的图标的区别。

图 11-49　已卸载桥壳的车桥装配

（2）在"产品结构工具"工具栏中单击"选择性加载" ，弹出"产品加载管理"对话框，如图 11-50 所示。

（3）在结构树中选择要加载的零部件"qiaoke2"，并在对话框的"Open depth"下拉列表选择加载程度，单击对话框中的"选择性加载" ，此时对话框"延迟的工作指令"列表框显示该零件将被加载，如图 11-50 中的放大图所示。

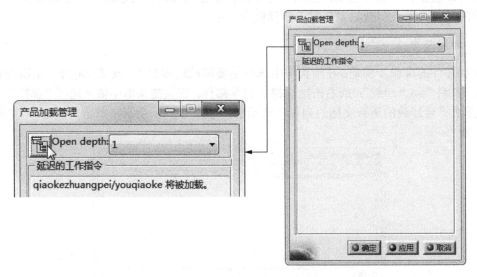

图 11-50 "产品加载管理"对话框

（4）单击"应用"，可以继续加载其他零部件；单击"确定"，完成加载，结果如图 11-51 图所示。

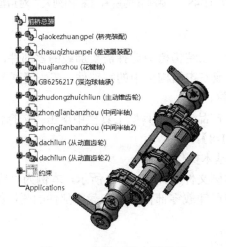

图 11-51 加载后的车桥装配

第 12 章　装配约束与调整

　　在本书草图绘制部分的内容中，已经对"草图约束"进行了学习。"草图约束"所定义的是草绘平面上元素之间的相对位置关系，而"装配约束"是定义各零部件上几何元素之间的相对位置关系。只有设置了规范的装配约束，才能正确定位零部件在空间中的位置，创建装配关系正确的产品。装配约束选择的规范性与装配顺序的正确性，对产品模型后续的数字样机、虚拟仿真等环节均具有重要的影响。

　　本章内容为 CATIA 的装配约束与调整。首先概述约束的基础知识，然后介绍装配约束命令的使用方法与注意事项，最后介绍如何对零部件进行位置调整。

12.1　概　　述

12.1.1　装配约束与自由度

　　当向一个产品中添加零部件后，下一步就是要对其进行装配。零部件是通过约束功能来进行装配的，通过约束功能可以帮助用户准确定位零部件与其他零部件之间的相对位置关系。

　　如果一个物体被完全固定，它在空间中不能运动，其自由度为 0；如果一个物体没有受到任何约束，它在空间中应该具有 6 个自由度。如图 12-1（a）所示，在直角坐标系 OXYZ 中，有 A 和 B 两个物体，假设物体 A 被完全固定，它的自由度为 0；假设物体 B 没有受到任何约束，它在空间中可以有 3 个平移运动和 3 个旋转运动。3 个平移运动分别是沿 X、Y、Z 轴的平移运动，3 个旋转运动分别是绕 X、Y、Z 轴的旋转运动。这 6 个独立运动即称为 6 个自由度。

　　如果给物体施加一定的约束措施，就可以限制物体的某些运动，也即消除物体的某些自由度，甚至将物体完全定位。在装配过程中，可以通过平面约束、直线约束和点约束等多种方式进行零部件自由度的限制。如图 12-1（b）所示，如果限制物体 B 的下表面与物体 A 底板的上表面重合，那么物体 B 的运动只剩下 3 个，即沿 X、Y 轴的平移运动，以及绕 Z 轴的转动。进一步地，如图 12-1（c）所示，如果继续限制物体 B 的侧面与物体 A 立板的侧面重合，那么物体 B 的运动只剩下 1 个，即沿 X 轴的平移运动。进一步地，如图 12-1（d）所示，如果继续限制物体 B 的另一相邻侧面与物体 A 的 L 形侧面重合，那么物体 B 的运动就被完全限制，其自由度为 0。

　　本质上，对零部件的装配，就是通过对零部件建立约束，逐步减少零部件自由度，最终确定零部件之间空间位置关系的过程。如果产品中的所有零部件的所有自由度都被限制，那么该产品称为"完全约束"装配体，否则称为"部分约束"装配体。有时为了要在产品装配后生成某些运动机构，需要故意将装配中的一些自由度保持"自由"状态。

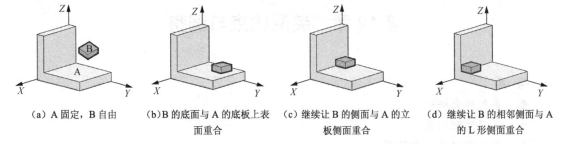

（a）A固定，B自由 　（b）B的底面与A的底板上表 　（c）继续让B的侧面与A的立 　（d）继续让B的相邻侧面与A
　　　　　　　　　　　　 面重合　　　　　　　　 板侧面重合　　　　　　　 的L形侧面重合

图 12-1　约束与自由度

12.1.2　常见装配约束符号

CATIA 装配设计工作台可以对产品施加装配约束和相关功能（包括固定、相合约束、接触约束、偏移约束、角度约束、固联、快速约束、柔性/刚性子装配、更改约束、重复使用阵列和多实例化等），装配约束工具栏参见表 11-1。

在图 12-1 中，通过在 B 与 A 上分别选择"平面"元素来定义约束，除此之外，还可能用到零部件上的其他特征元素进行约束，如边线、轴线、坐标平面、点、球面、圆锥面、圆柱面等。不同的特征元素之间进行组合，可以产生不同的约束类型；即使是相同的特征元素之间进行组合，也可以选择生成不同的约束类型。如平面与平面之间，除了可以重合，还可以平行、垂直或成角度。通过装配约束命令对装配体施加约束后，不同的约束类型会在几何图形区和结构树中显示出不同的标记符号，常见的装配约束类型，以及与之对应的几何图形区、结构树中的显示符号如表 12-1 所示。各种装配约束类型的使用方法将在 12.2 节和 12.3 节进行详细介绍。

表 12-1　常见约束类型的标识符号

约束类型	几何图形区中显示的符号	结构树中显示的符号
相合	◎（成对出现）	🌀
接触（点接触/线接触/面接触）	⊔ ⊔ ▣（成对出现）	◧ ◨ ▦
偏移	↕	🔩
角度（角度/平行/垂直）	∠ — ∟	◈ ◈ ✦
固定	⚓	⚓

12.1.3　操作对象的切换

通过装配约束命令，用户只需要指定两个部件之间的约束类型，系统将完全按照所需的方式定位部件。

但应当注意的是，对装配体中的零部件添加约束时，所选的几何体必须全部属于当前被激活的操作对象内。通过双击结构树中的操作对象，即可将操作对象激活。被激活的装配体在结构树中将以蓝色背景显示（选中后将显示橙色背景）。

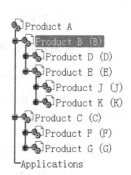

以图 12-2 所示的装配体中的结构树为例，首先双击子装配体 B 将其激活。

（1）D 和 G 之间不能施加约束，因为 G 不是当前被激活的 B 的部件，要在 D 和 G 之间施加约束，就必须激活 A。

（2）J 和 K 之间不能施加约束，因为 J 和 K 同属于 E，而 E 尚未被激活，要在 J 和 K 之间施加约束，必须激活 E。

（3）D 和 J 之间可以施加约束，它们是已被激活的 B 的部件。

图 12-2　结构树

⚠【注意】结构树中的操作对象被"选中"与被"激活"是两种截然不同的概念。无论操作对象是否被激活，被选中时均会显示为橙色背景。

12.2　常用装配约束

12.2.1　固定约束

"固定约束"用于对产品中的零部件进行固定，从而作为设置其他装配约束的参照。在"约束"工具栏中单击"固定" ⚓，选择需要添加"固定"约束的零部件，"固定"约束即添加完毕。

✎【经验】在进行产品设计时，向装配体中添加的第一个零部件通常是后续其他零部件的参考。因此，当向装配体中插入第一个零部件后，常常对该零部件添加固定约束。

💡【提示】在装配设计中，如果零部件的位置已经处于正确的位置，可以不用添加其他约束，直接添加固定约束，也可达到同样的效果。

【例 12-1】固定约束基本应用。

（1）新建一个产品文件，进入装配设计工作台。

（2）在"产品结构"工具栏中单击"现有部件" ，在弹出的"选择文件"对话框中，选择资源包中本例目录下的"zuoneiduanqiaoke"（左内端桥壳）文件，选择完成后，单击"打开"，左内端桥壳被添加到当前产品中，如图 12-3（a）所示。

（3）在"约束"工具栏中单击"固定" ⚓，选择左内端桥壳，"固定"约束添加完毕。此时，几何图形区中显示"固定"约束符号 ⚓，结构树中"约束"节点下可以看到"固定.1"约束被添加，如图 12-3（b）所示。

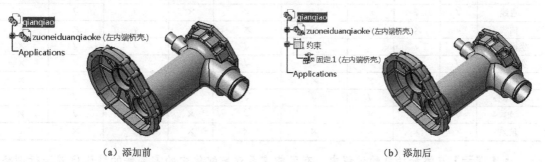

（a）添加前　　　　　　　　　　　　　　（b）添加后

图 12-3　固定约束添加

固定零部件的方法有以下两种。

1. 空间绝对位置固定

以装配原点为参照进行空间固定，结构树中的"固定"约束图标为 ![icon]，表示空间绝对位置固定，被固定的位置不再改变。使用指南针移动零部件后，单击"全部更新" ![icon]，零部件回到原来的位置。

2. 空间相对位置固定

在结构树中双击已创建的"固定"约束，弹出"约束属性"对话框，单击"更多"，取消激活"在空间中固定"复选框，对话框的变化如图 12-4 所示。此时，结构树中"固定"约束图标变为 ![icon]，表示被固定的零部件可以被用户改变位置。当用户对其移动后，单击"全部更新" ![icon]，被固定的零部件保持移动后的位置不变，其余与之有约束关系的零部件位置会随之被重新定义到新的位置。

 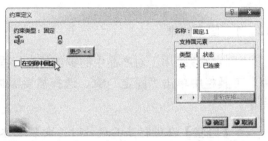

（a）激活"在空间固定"复选框　　　　　　　（b）取消激活"在空间固定"复选框

图 12-4　"约束定义"对话框

12.2.2　相合约束

MOOC

"相合约束"是指设置两个零部件的几何元素之间共点、共线（同轴）或共面。各几何元素能否设置相合约束一般可以通过经验判断，具体详见表 12-2（表中"√"表示可以创建，"×"表示不能创建，后同）。

表 12-2　相合约束的设置规则

	点	直线	曲线	坐标平面	实体平面	曲面	球/球心	轴	轴系
点	√	√	√	√	√	√	√	×	×
直线	√	√	×	√	√	×	√	√	×
曲线	√	×	×	×	×	×	√	×	×
坐标平面	√	√	×	√	√	×	√	√	×
实体平面	√	√	×	√	√	×	√	√	×
曲面	√	×	×	×	×	×	×	×	×
球/球心	√	√	√	√	√	√	√	√	×
轴	√	√	×	√	√	×	×	√	×
轴系	×	×	×	×	×	×	×	×	√

※【提示】在添加约束的过程中，有可能需要对装配体中的零部件的默认位置进行调整，具体参见 12.4 节。

　　新建装配设计工作台，插入两个或两个以上零部件，如图 12-5 所示（图例为轴与轴套）。在"约束"工具栏中单击"相合" 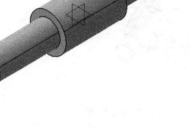，选择轴端面与轴套端面，弹出"相合约束属性"对话框，如图 12-6 所示，对话框中的各选项含义如下。

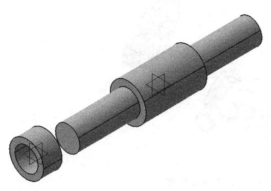

图 12-5　轴与轴套

图 12-6　"约束属性"对话框

　　（1）名称。显示所创建相合约束的名称，可进行更改。

　　（2）支持面元素。显示创建相合约束时所选的几何元素。

　　（3）方向。在选择的几何元素为平面时会出现该选项，用于定义所选择的约束平面方向是否相同。

　　① 未定义。系统自动选择的方向。

　　② 相同。全部更新后，几何元素的方向相同，如图 12-7（a）所示。同时，几何元素上出现绿色箭头，单击绿色箭头可以改变几何元素的方向。

　　③ 相反。全部更新后，几何元素的方向相反，如图 12-7（b）所示。同时，几何元素上出现绿色箭头，单击绿色箭头可以改变几何元素的方向。

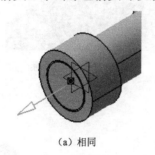

（a）相同　　　　　　　　　　　　　　（b）相反

图 12-7　约束方向

　　【例 12-2】相合约束基本应用"共线（同轴）"。

　　（1）打开资源包中的本例文件，本例为前桥装配，包含"左内端桥壳"与"右内端桥壳"两个零件，如图 12-8 所示。

　　（2）在"约束"工具栏中单击"相合" 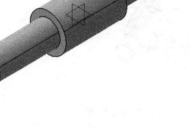。如果首次使用约束命令，会弹出"助手"提示框，如图 12-9 所示。激活"以后不再提示"复选框，单击"关闭"，后续使用约束命令时将不会再出现此提示框。

　　（3）将鼠标光标移动至左内端壳体螺栓孔附近，系统自动预览显示螺栓孔轴线，单击确认；同样的步骤选择右内端壳体螺栓孔轴线，如图 12-10 所示。

（4）此时，相合约束符号 ⊙ 显示为黑色，左、右内端桥壳位置未发生变化，如图 12-11（a）所示。单击"全部更新" 🔄，相合约束符号变为绿色，左、右内端桥壳螺栓孔轴线相合，结果如图 12-11（b）所示。

图 12-8　左内端桥壳与右内端桥壳

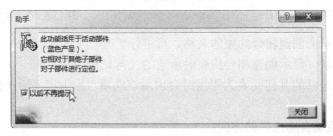

图 12-9　"助手"对话框

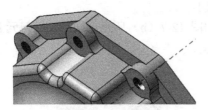

（a）左内端桥壳轴线选择

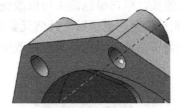

（b）右内端桥壳轴线选择

图 12-10　轴线选择

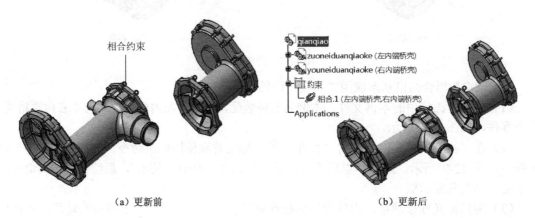

（a）更新前　　　　　　　　　　　　　　　（b）更新后

图 12-11　相合约束更新前后变化

【例 12-3】相合约束基本应用"平面相合"。

（1）打开资源包中的本例文件。

（2）在"约束"工具栏中单击"相合" ，分别选取左内端桥壳、右内端桥壳的端面，如图 12-12 所示。在弹出的"约束属性"对话框中单击"方向"下拉列表，选择"相反"。

（a）左内端桥壳端面

（b）右内端桥壳端面

图 12-12　端面选择

（3）单击"确定"，完成约束创建。单击"全部更新"，左、右内端桥壳位置发生更新，端面相合在一起，结果如图 12-13 所示。

图 12-13　共面相合约束

12.2.3　接触约束

"接触约束"用于使两个零部件实现面接触、点接触或线接触。表 12-3 列出了可以设置接触约束的几何元素。

表 12-3　可以设置接触约束的几何元素

	实体平面	球面	圆柱面	圆锥面	圆（圆弧）
实体平面	√	√	√	×	×
球面	√	√	×	√	√
圆柱面	√	×	√	×	×
圆锥面	×	√	×	√	√
圆（圆弧）	×	√	×	√	×

在装配设计工作台中插入两个或两个以上零部件（图 12-5，图例为轴与轴套）。在"约束"工具栏中单击"接触"，选择轴外圆柱表面与轴套内圆柱表面，弹出"约束属性"对话框，

如图 12-14 所示，对话框中的各选项含义如下。

（1）名称。用于更改接触约束名称。

（2）支持面元素。用于显示所选的几何元素。

（3）方向。用于改变接触约束所选元素的方向。

① 外部。所选元素的外部接触，如图 12-15（a）所示。

② 内部。所选元素的内部接触，如图 12-15（b）所示。

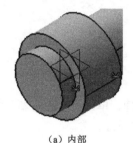

（a）内部　　　　　　　　　　　（b）外部

图 12-14 "约束属性"对话框　　　　　　　图 12-15 接触方向

（4）点接触、线接触、曲面接触。根据所选元素的不同，可以定义为点、线、面等不同的接触类型。

💡【提示】双击结构树中的约束名称，可以对已经创建的约束进行编辑。

【例 12-4】通过"接触"约束将左、右外端壳体分别与左、右内端壳体装配。

（1）打开资源包中的本例文件，如图 12-16 所示。

图 12-16 左、右外端桥壳约束前

（2）在"约束"工具栏中单击"接触" 📦，分别选择左内端桥壳定位销的外表面与左外端桥壳定位孔内表面，如图 12-17 所示。另外一组定位销与定位孔重复该操作。

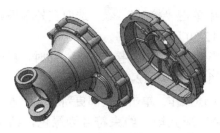  

（a）销轴位置图　　　　　　　　　　　　　　（b）局部放大图

图 12-17　定位销面选择

（3）接触面选择后，弹出"约束属性"对话框，如图 12-18 所示，单击"确定"。接触约束设置完成后，壳体位置未改变，接触约束符号■为黑色，如图 12-19（a）所示。

（4）另外一侧桥壳重复上述操作。单击"全部更新"，定位销外表面与孔内表面接触，结果如图 12-19（b）所示。

图 12-18　"约束属性"对话框

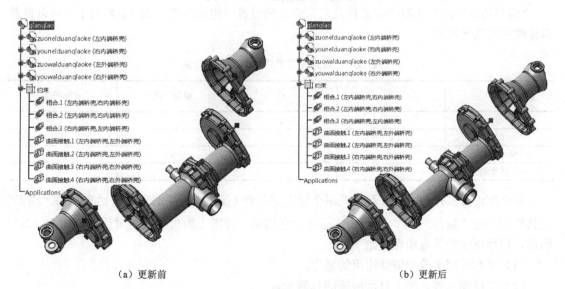

（a）更新前　　　　　　　　　　　　　　（b）更新后

图 12-19　曲面接触约束添加及更新

图 12-20　选取平面

（5）在"约束"工具栏中单击"接触" ，选取左外端桥壳端面与左内端桥壳端面，如图 12-20 所示。

（6）两相对平面选取完毕后，自动添加接触约束。此时，桥壳位置未改变，约束符号显示为黑色，如图 12-21（a）所示。

（7）另外一侧桥壳重复上述操作。单击"全部更新" ，左、右外端桥壳与左、右内端桥壳装配完毕，约束符号为绿色，结果如图 12-21（b）所示。

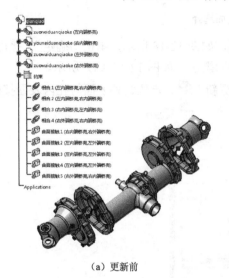

（a）更新前

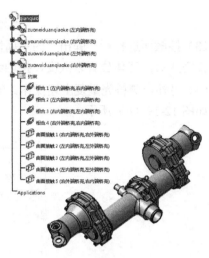

（b）更新后

图 12-21　平面接触约束添加及更新

12.2.4　偏移约束

"偏移约束"用于在两个零部件几何元素之间设置一定的距离。表 12-4 列出了可以设置偏移约束的几何元素。

表 12-4　可以设置偏移约束的几何元素

	点	线	坐标平面	实体平面
点	√	√	√	×
线	√	√	√	×
坐标平面	√	√	√	√
实体平面	×	×	√	√

在装配设计工作台中插入两个或两个以上零部件（图 12-5，图例为轴与轴套）。在"约束"工具栏中单击"偏移" ，选择轴端面与轴套端面，弹出"约束属性"对话框，如图 12-22 所示，对话框中的各选项含义如下。

（1）名称。用于改变偏移约束的名称。

（2）支持面元素。用于显示所选的几何元素。

（3）方向。用于改变偏移约束所选元素的方向，单击几何元素上出现的绿色箭头可以改变几何元素的方向。

① 未定义。系统自动选择方向。

② 相同。几何元素的方向相同，如图 12-23（a）所示。

③ 相反。几何元素的方向相反，如图 12-23（b）所示。

（4）偏移。用于输入偏移约束的数值。

图 12-22　"约束属性"对话框与"方向"下拉列表

（a）相同　　　　　　　　　　　　　（b）相反

图 12-23　偏移方向

【例 12-5】通过"偏移"约束设置前、后连接支座的间距。

（1）打开资源包中的本例文件，如图 12-24 所示。

图 12-24　前后连接支座

（2）首先，通过"相合"约束命令，将前、后连接支座孔进行同轴约束。

（3）在"约束"工具栏中单击"偏移" ，分别选取前、后连接支座平面相对的平面，

如图 12-25 所示。

（a）前连接支座内平面

（b）后连接支座内平面

图 12-25　选取平面

（4）平面选取完毕后，弹出"约束属性"对话框，在"偏移"文本框中输入数值，本例取"214.5"，单击"确定"，"偏移"约束添加完毕，如图 12-26 所示。

（a）"约束属性"对话框

（b）偏移结果

图 12-26　"约束属性"对话框及偏移约束效果

（5）通过"相合"和"接触"约束，将后连接支座与左内端桥壳连接轴装配，结果如图 12-27 所示。

左内端桥壳

（a）更新前　　　　　　　　　　　　　　（b）更新后

图 12-27　偏移约束更新

12.2.5　角度约束

"角度约束"用于设置两个零部件几何元素之间的角度。

⚠【注意】可以定义角度约束的元素包括直线、平面、圆柱面的轴和圆锥面的轴。

在装配设计工作台中插入两个或两个以上零部件，在"约束"工具栏中单击"角度约束"

，选择需要定义角度的元素，弹出"约束属性"对话框，如图 12-28 所示。根据所选择的约束元素的不同，对话框中会列出可用的约束类型供用户选择，约束类型包括垂直、平行、角度、平面角度。当选择不同约束类型所对应的复选框后，"约束属性"对话框也会相应地发生改动。以激活"角度"复选框为例，对话框中的各选项含义如下。

（1）名称。用于自定义角度约束的名称。

（2）支持面元素。用于显示所选的几何元素。

（3）角度。用于输入角度约束的角度数值。

（4）扇形。

① 扇形 1。等于输入角度。

② 扇形 2。等于 180°＋输入角度。

③ 扇形 3。等于 180°－输入角度。

④ 扇形 4。等于 360°－输入角度。

图 12-28　"约束属性"对话框

【例 12-6】坐标平面间角度约束基本应用。

（1）打开资源包中的本例文件，首先将左、右转向节与桥壳进行装配，如图 12-29 所示。

（a）约束前　　　　　　　　　　　　　　　　　（b）约束后

图 12-29　左、右转向节

（2）在"约束"工具栏中单击"角度" ，分别选择桥壳平面和转向节的 yz 平面，如图 12-30 所示。

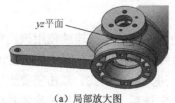

（a）局部放大图　　　　　　　　　　　　　（b）转向节平面选择

图 12-30　选取平面

（3）平面选取完毕后，弹出"约束属性"对话框。在"角度"文本框中输入角度值，本

例取"150",选择"扇形"下拉列表为"扇形3",单击"确定","角度"约束添加完毕。

（4）此时转向节位置未更新，角度约束显示为黑色，如图 12-31（a）所示。单击"全部更新" 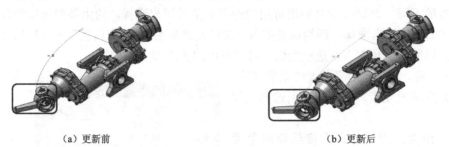，转向节位置更新，角度约束显示为绿色，如图 12-31（b）所示。

（a）更新前　　　　　　　　　　　　　（b）更新后

图 12-31　角度约束添加及更新

12.2.6　装配约束创建模式

在进行装配约束时，可以使用"创建约束模式"工具栏进行装配约束的连续设置。"创建约束模式"工具栏如图 12-32 所示，用户可以根据使用场合选择默认模式、链式模式或堆叠模式中的一种来进行约束创建，从而提高设计效率。

1. 默认模式

在默认模式下，可以连续使用某一项装配约束功能，对任意部件进行装配约束设置。

在"创建约束模式"工具栏中单击"默认模式" ⊞，进入默认模式。双击需要连续使用的约束按钮，以"偏移"约束为例，选择装配约束的几何元素，设置偏移参数添加约束，如图 12-33 所示。此时，"偏移"约束 仍处于激活状态，用户可以继续添加该约束，连续使用"偏移"约束，直至完成所有该类型约束的添加，再单击"偏移"约束 ，结束该约束的添加。

图 12-32　"创建约束模式"工具栏

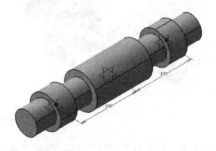

图 12-33　默认模式连续添加装配约束

2. 链式模式

在链式模式下，用户可以连续使用某一项装配约束功能，但用户在连续使用该约束时，所选的第二个几何元素会自动成为基准，下一次使用该约束时，它将成为第一个几何元素。

在"创建约束模式"工具栏中单击"链式模式" ，进入链式模式。双击需要连续使用的约束按钮，以"偏移"约束为例，第一个偏移约束添加完毕后，系统以第一次添加约束的几何元素作为此次约束添加的第一个几何元素，如图 12-34（a）所示，最后形成链式尺寸，如图 12-34（b）、（c）所示。

（a）链式模式约束添加 1　　　　　（b）链式模式约束添加 2　　　　　（c）链式模式约束添加 3

图 12-34　链式模式连续添加装配约束

3. 堆叠模式

在堆叠模式下，用户可以连续使用某一项装配约束功能；但用户在连续使用约束时，所选的第一个几何元素作为基准，它将一直是添加装配约束的第一个几何元素。

在"创建约束模式"工具栏中单击"堆叠模式" 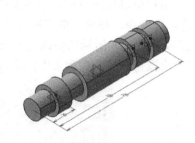，进入堆叠模式。双击需要连续使用的约束按钮，以"偏移"约束为例，第一个偏移约束添加完毕后，系统以第一次添加约束的几何元素作为此次约束添加的第一个几何元素，最后形成堆叠尺寸，如图 12-35 所示。

图 12-35　堆叠模式连续添加装配约束

3 种"创建约束模式"的使用场合及操作示例总结如表 12-5 所示，示例图片中的数字序号表示操作顺序。

表 12-5　创建约束模式的使用场合及操作示例

创建模式	使用场合	操作示例（数字序号表示操作顺序）	
		偏移约束	角度约束
默认模式	每次都重新选择两个几何元素来创建任意多个约束		
链式模式	始终重复使用创建上一个约束时选择的最后一个元素来创建任意多个约束		
堆叠模式	始终重复使用创建第一个约束时选择的第一个元素来创建任意多个约束		

12.3 其他装配约束与设置

12.3.1 快速约束

通过"快速约束"命令，可以按一定的优先级顺序设置可能实现的约束，包括曲面接触、相合、偏移、角度、平行、垂直等。

在"约束"工具栏中单击"快速约束" ，选择需要创建约束的元素，如平面、曲面、轴线等，系统将自动按用户指定的快速约束优先级顺序，依次尝试是否能够建立列表中的约束，若不能建立，则尝试建立下一项。

用户可以通过下述选项改变快速约束的优先级顺序：在菜单栏中，依次选择"工具"→"选项"命令，在对话框左侧目录中选择"机械设计"→"装配设计"，在"约束"选项卡中找到如图 12-36 所示的快速约束选项，在列表中选中需要调整顺序的约束，然后通过单击上、下箭头按钮改变其在列表中的位置。

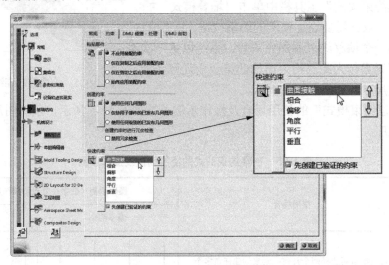

图 12-36 "选项"对话框

【例 12-7】快速为轴和轴套添加约束。

（1）打开资源包中的文件，如图 12-37（a）所示。本例包含两个零件：轴和轴套。其中，轴已添加固定约束，轴套未添加任何约束。通过本例操作，达到如图 12-37（b）所示的结果。

（a）添加前 （b）添加后

图 12-37 快速为轴与轴套添加约束

（2）在"约束"工具栏中单击"快速约束"，选择轴套的孔和轴的轴线作为第一个元素和第二个元素，如图 12-38（a）所示。由于所选元素的类型为两条线元素，应用程序无法创建快速约束列表中的"曲面接触"约束，因此，将创建列表中第二个可选约束，即"相合"约束。选择完毕后，图形区显示黑色的相合约束符号❷，表明已为选择的两个元素添加相合约束，如图 12-38（b）所示。

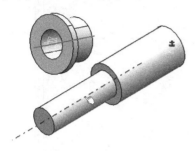 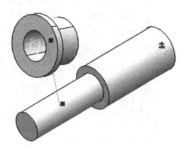

（a）选择两条线元素　　　　　　　　　　　　（b）快速约束结果

图 12-38　为两条线添加快速约束

（3）再次在"约束"工具栏中单击"快速约束"，选择轴套大端面与轴肩环面，如图 12-39（a）所示。由于所选元素的类型为两个面元素，应用程序直接创建快速约束列表中的第一个可选约束，即"曲面接触"约束。选择完毕后，图形区显示黑色的接触约束符号▪，表明已为选择的两个元素添加接触约束，如图 12-39（b）所示。

（4）单击"全部更新"，相合约束符号和接触约束符号由黑色变为绿色，轴套的位置发生更新，结果如图 12-37（b）所示。

 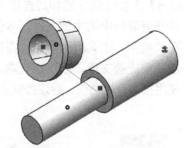

（a）选择两个面元素　　　　　　　　　　　　（b）快速约束结果

图 12-39　为两个面添加快速约束

12.3.2　固联约束

"固联约束"命令用于将选取的零部件连接在一起，固联后，零部件之间的相对位置即被固定。当移动其中任意一个零部件时，可以使已经固联的所有零部件作为整体一起移动。

用户可以通过更改与固联命令有关的选项，来设置固联功能是否开启。在菜单栏中，依次选择"工具"→"选项"命令，弹出"选项"对话框。在对话框左侧目录中选择"机械设计"→"装配设计"，在"常规"选项卡中选择"移动已应用固联约束的部件"下的选项，如图 12-40 所示。

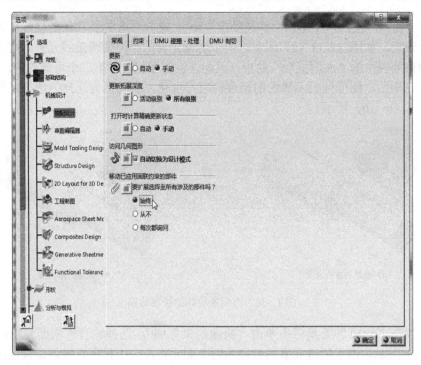

图 12-40 "选项"对话框

激活"始终",固联功能一直开启;激活"从不",固联功能一直关闭;激活"每次都询问",固联功能开启时出现对话框提示。

【例 12-8】为前连接支座和后连接支座添加固联约束。

(1)打开资源包中的本例文件,本例中,固联功能已经设置为"始终"开启状态。

(2)在"约束"工具栏中单击"固联" ,弹出"固联"对话框,如图 12-41 所示。

(3)选择前连接支座、后连接支座。单击"确定",固联约束添加完毕。

(4)使用指南针拖动前、后连接支座其中的一个,前、后连接支座将同步移动,如图 12-42 所示。

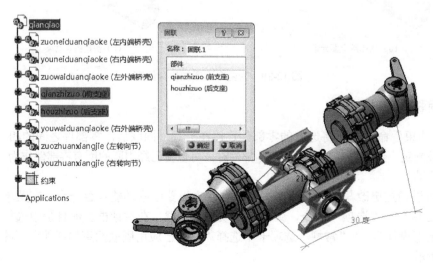

图 12-41 固联约束

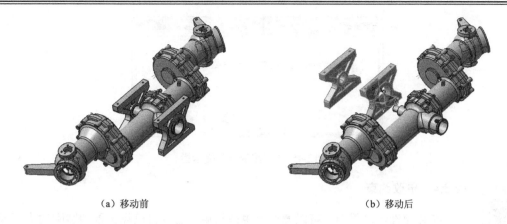

（a）移动前　　　　　　　　　　　（b）移动后

图 12-42　移动前、后连接支座

12.3.3　柔性与刚性子装配

在默认状态下，产品中的子装配是作为一个刚体存在的，子装配体内的所有零部件被"固联"在一起，相对位置不会发生变动，在总装配下，平移或旋转子装配时，子装配内的所有零部件被同步操作。

通过"柔性/刚性子装配"命令可以把子装配体由"刚性"装配转化为"柔性"装配，实现对子装配体内部零部件的操作。

💡【提示】对子装配的柔性操作并不会对原始子装配造成影响；如果在激活子装配的情况下移动子装配内部零部件，则不必对子装配转化成"柔性"装配。

【例 12-9】右悬挂的柔性/刚性部件转换。

（1）打开资源包中的本例文件，如图 12-43 所示，将右悬挂由刚性部件转换成柔性部件。

（2）在"约束"工具栏中单击"柔性/刚性子装配" ，选择结构树中的"右悬挂"，注意到结构树中"右悬挂"图标中的齿轮颜色由蓝色变为紫色。

（3）此时，刚性部件变为柔性部件，可以对该部件内的零部件、装配关系进行操作，如图 12-44 所示，将"右悬挂"中的加强肋进行平移。

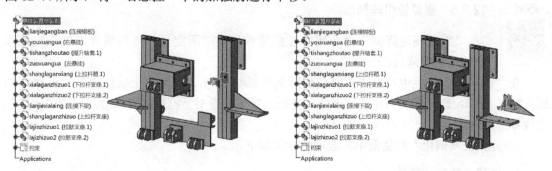

图 12-43　刚性部件操作　　　　　　　图 12-44　柔性部件操作

（4）在"约束"工具栏中再次单击"柔性/刚性子装配" ，在结构树中单击"右悬挂"，弹出"严重警告"提示栏，如图 12-45 所示，单击"确定"，该部件从柔性变为刚性。结构树中"右悬挂"图标中的齿轮颜色由紫色恢复为蓝色。图形区被移动的加强肋恢复到原始位置。

图 12-45 "严重警告"提示栏

12.3.4　更改约束

在装配设计过程中，可以通过"更改约束"命令将已经设置的装配约束更改为其他类型的约束。

【例 12-10】更改变速箱壳体装配的原有约束。

（1）打开资源包中的本例文件。

（2）在"约束"工具栏中单击"更改约束" ，选择需要更改的"曲面接触"约束，弹出"可能的约束"对话框，如图 12-46（a）所示，选择"相合"约束作为替换的约束。

（3）单击"确定"，"接触"约束变为"相合"约束，如图 12-46（b）所示。

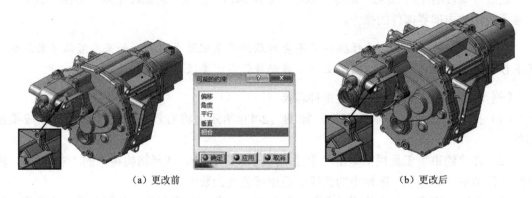

（a）更改前　　　　　　　　　　　　　　　（b）更改后

图 12-46　更改约束效果图

12.3.5　重复使用阵列

"重复使用阵列"命令用于按照零件建模时所定义的阵列模式来生成装配体中的零部件阵列。

在"约束"工具栏中单击"重复使用阵列" ，弹出"在阵列上实例化"对话框，如图 12-47 所示。选择要实例化的零部件，并根据需要设置对话框中的参数后，单击"确定"完成零部件阵列。

"在阵列上实例化"对话框中各选项的含义如下。

1. 保留与阵列的链接

（1）激活"保留与陈列的链接"复选框，表示在"装配设计"工作台中创建的零部件阵列和"零件设计"工作台中创建的阵列之间创建关联，若零件中的阵列发生改变，装配设计中的阵列结果会随之更新。

（2）取消激活该复选框，表示不创建关联，若零件中的阵列被改变，不会影响装配设计中重复使用阵列的结果。

图 12-47　"在阵列上实例化"对话框

以图 12-48（a）所示法兰盘上的孔和螺栓为例，法兰盘上共有 8 个均布的孔，使用"重复使用阵列"命令，在"重复使用阵列"对话框中激活"保留与阵列的链接"复选框，将生成 8 个螺栓。如果进入零件设计工作台，将法兰盘上孔的阵列数改为 4。然后切换至装配工作台，单击"全部更新" ，法兰盘上螺栓与孔的数量将自动更新为 4，如图 12-48（b）所示。

（a）更改前　　　　　　　　　　　　　　（b）更改后

图 12-48　阵列更改效果图

2. 名称

在使用"重复使用阵列"命令时，其名称不能定义，当"重复使用阵列"创建完毕后，可以在结构树中重新定义名称。

如图 12-49 所示，在结构树中展开"装配特征"节点，右击"装配特征"节点下的"重复使用的圆形阵列.1"，在弹出的快捷菜单中依次选择"重复使用的圆形阵列.1 对象"→"定义"。弹出"重复使用阵列定义"对话框，如图 12-50 所示，在此对话框中可以更改名称。

图 12-49　名称定义

图 12-50 "重复使用阵列定义"对话框

3. 已生成部件位置类型

当"保留与阵列的链接"复选框被激活后，该选项区的两个复选框被激活，两个复选框所生成的实例化结果如图 12-51 所示。

（a）激活阵列的定义复选框　　　　　　　　　　　　　　（b）激活已生成的约束复选框

图 12-51　阵列定义与已生成约束效果图

（1）激活"阵列的定义"复选框后，所实例化的零部件的阵列将与所选择的阵列保持关联。

（2）激活"已生成的约束"复选框后，"重复使用约束"部分将显示检测到的部件约束。用户可以定义在实例化部件时是否复制一个或多个原始约束，单击"全部"，约束全部使用，单击"清除"，约束全部不使用，如图 12-52 所示。如有必要，用户也可以按 Ctrl+鼠标左键，选择部分约束。

4. 阵列

"阵列"选项区包括阵列的类型、实例个数和所属部件，如图 12-53 所示。"阵列"选项区用于显示重复使用阵列中实例化部件生成的位置阵列。

（1）阵列 ▦。用于选择零件中定义的阵列，根据用户所选择的阵列不同，图标形状会相应改变。

（2）实例。用于显示零件定义的阵列的实例数量。

图 12-52　"在阵列上实例化"对话框

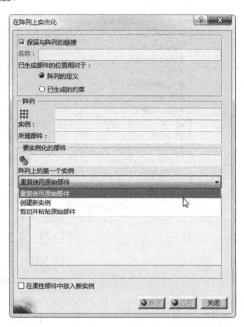

图 12-53　"阵列"选项区

5. 要实例化的部件

激活"要实例化的部件"文本框，选择需要阵列的零部件，零部件名称会显示在文本框中。

6. 阵列上的第一个实例

通过"阵列上的第一个实例"下拉列表可以对第一个零部件设置以下几种处理方式。

（1）重复使用原始部件。继续使用第一个零部件，其在结构树和装配关系中的位置保持不变。

（2）创建新实例。第一次装配的零部件保持不变，在第一次装配的零部件位置插入一个新零部件。

（3）剪切并粘贴原始部件。第一次装配的零部件会保留在装配模式中，但在结构树中的位置会改变。

7. 在柔性部件中放入新实例

（1）激活"在柔性部件中放入新实例"复选框后，重复使用阵列生成的零部件在结构树中的位置会放到一个新建的柔性子装配部件下面，如图 12-54（a）所示。

（2）取消激活该复选框后，这些零部件将分散在结构树中的根目录下，如图 12-54（b）所示。

【例 12-11】 重复使用阵列基本应用。

（1）打开资源包中的本例文件，在法兰盘上装配第一个螺栓。需要注意的是，这里与螺栓装配的孔是法兰盘上第一个创建的孔，而不要选择阵列后生成的孔，如图 12-55 所示。

（2）在"约束"工具栏中单击"重复使用阵列" ，弹出"在阵列上实例化"对话框。

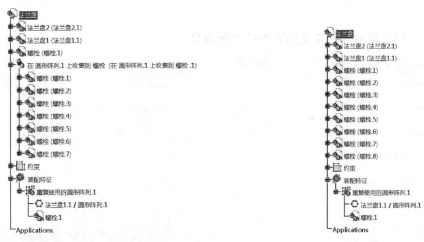

（a）激活复选框 （b）取消激活复选框

图 12-54 在柔性部件中放入新实例复选框

图 12-55 法兰盘上装配第一个螺栓

（3）单击法兰盘上已经约束的螺栓，"要实例化的部件"文本框显示"螺栓（螺栓.1）"，如图 12-56 所示。

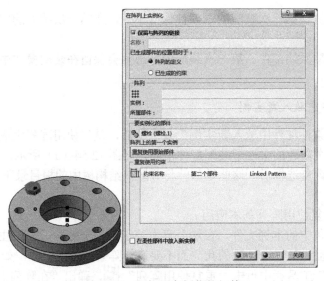

图 12-56 添加要实例化的部件

（4）选择法兰盘上创建孔的圆周阵列，在"法兰盘 1"的结构树中选择"圆形阵列.1"，如图 12-57 所示，阵列添加完毕。单击"确定"或"应用"，螺栓重复使用阵列添加完毕，结果如图 12-58 所示。

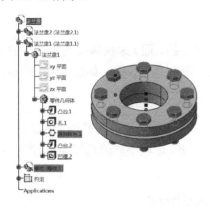

图 12-57　添加阵列　　　　　　　　　　　　图 12-58　重复使用阵列效果

12.3.6　查看某个部件的约束

在装配过程中，有时需要将与某些零部件相关的约束全部显示出来。选定零部件，在菜单栏中，依次选择"编辑"→"部件约束"；或在结构树中的零部件上右击，在弹出的快捷菜单中依次选择"*对象"（*号表示零部件名称）→"部件约束"，装配结构树的"约束"节点下，将高亮显示出零部件相关的装配约束。

【例 12-12】选取部件对应的装配约束。

（1）打开或任意创建一个装配约束的 Product 文件，本例为滚动凸轮，如图 12-59 所示。

（2）在结构树中选中"底座"，在菜单栏中，依次选择"编辑"→"部件约束"。可以看到，结构树的"约束"节点下高亮显示零部件对应的装配约束，如图 12-60 所示，共有 7 个。

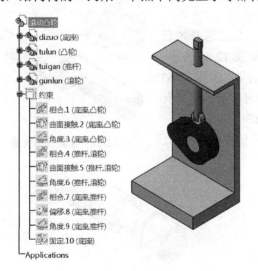

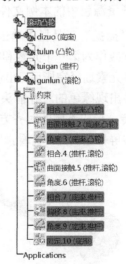

图 12-59　滚动凸轮　　　　　　　　　　　　图 12-60　零部件对应的装配约束

12.4 零部件位置调整

12.4.1 捕捉和智能移动

用户可以通过捕捉零部件的几何元素（点、线、面）来快速移动零部件的位置。"捕捉"工具栏包括"捕捉"和"智能移动"两个命令按钮，如图 12-61 所示。

图 12-61 "捕捉"工具栏

1. 捕捉

通过"捕捉"命令可以将一个零部件捕捉到另一个零部件上，使所选取的两零部件的几何元素对齐。选取不同的几何元素，产生的"捕捉"结果如表 12-6 所示。

表 12-6 不同几何元素产生的捕捉结果

第一个几何元素	第二个几何元素	对齐结果
点	点	共点
点	线	点移动到线上
点	平面	点移动到平面上
线	点	线通过点
线	线	共线
线	平面	线移动到平面上
平面	点	平面通过点
平面	线	平面通过线
平面	平面	共面

【例 12-13】捕捉基本应用"轴套与轴"。

（1）打开资源包中的本例文件。

（2）在"捕捉"工具栏中单击"捕捉" ，先后选择轴套的孔和轴的轴线作为第一个元素和第二个元素，如图 12-62 所示。

（3）对齐元素选择完毕后，出现预览的捕捉结果，如图 12-63（a）所示，并出现绿色的对齐箭头；单击图中的对齐箭头，轴套方向发生翻转，形成不同的对齐方式，如图 12-63（b）所示。

（4）单击屏幕空白处，查看预览结果，零部件捕捉操作完毕。

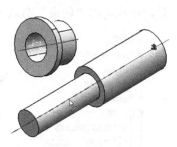

图 12-62 捕捉几何元素

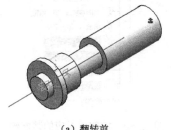

（a）翻转前

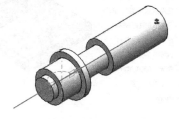

（b）翻转后

图 12-63 捕捉效果对比图

2. 智能移动

通过"智能移动"命令，可以按照用户设定的约束优先级，使零部件的某一几何元素智能移动到另一个零部件某一几何元素上，并且可以选择是否生成约束。用户甚至可以直接通过鼠标选中零部件的某一几何元素，并拖动到另一零部件的几何元素上进行智能移动。

【例 12-14】 轴套的智能移动操作。

（1）打开资源包中的本例文件，本例中，轴套与轴已经设置相合约束。

（2）在"捕捉"工具栏中单击"智能移动" ，弹出"智能移动"对话框，单击"更多"，展开"快速约束"，如图 12-64 所示。

（3）激活"自动约束创建"复选框，在"快速约束"选项区中，通过上、下箭头，将需要的约束移到最上层。本例中，曲面接触在最上层。

图 12-64　"智能移动"对话框

（4）选择轴套大端面与轴肩环面，出现预览的智能移动效果，轴套大端面与轴肩环面接触，并出现可用于调整接触方向的绿色箭头，如图 12-65（a）所示。可以注意到，轴套与轴的轴线不再相合，原来的相合约束符号由绿色变为黑色，表明相合约束需要更新。这是由于鼠标在单击选择两个面时的位置并不对应，智能移动命令会直接在鼠标所单击的位置产生对齐效果，因此会显示图示不对齐的结果。

（5）单击"确定"接受智能移动结果，图形区出现面接触约束符号 ，如图 12-65（b）所示。单击"全部更新" ，相合约束符号由黑色恢复为绿色，更新结果如图 12-65（c）所示。

（a）　　　　　　　　　　（b）　　　　　　　　　　（c）

图 12-65　智能移动操作

12.4.2　位置的自由调整

前面提到，通过"捕捉"和"智能移动"命令，可以根据用户期望快速移动零部件的位置。本节将介绍"指南针"和"操作"命令，通过这两个命令，可以对零部件的位置进行更加自由地调整。当向装配体中插入多个零件的过程中，零部件可能会发生重叠现象，此时可以应用"指南针"或"操作"命令进行位置调整。

1. 指南针

通过对指南针进行操作，可使选中的零部件脱离整个装配的约束条件，进行自由的位置调整。在装配工作台中使用指南针进行操作的步骤如下。

图 12-66　移动指南针　　（1）将鼠标移动到指南针的底座红点处，此时鼠标指针形状变为 ，

如图 12-66 所示。

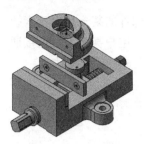

图 12-67　移动零部件

（2）拖动鼠标至零部件适当位置。

（3）单击选中需要移动的零部件，指南针变为绿色。

（4）通过拖动指南针上的直线和圆弧，即可移动或旋转选中的零部件，如图 12-67 所示。

有关指南针的其他内容参见 2.6.2 节。

2. 操作

通过"操作"命令，用户可以使用鼠标拖动来平移或旋转零部件。

在"移动"工具栏中单击"操作"，弹出"操作参数"对话框，如图 12-68 所示。对话框中提供了不同的调整方式按钮，用户可根据需要进行选择，然后通过鼠标拖动零部件进行操作。"操作参数"对话框中的各选项含义如下。

图 12-68　"操作参数"对话框

（1）调整方式

操作调整方式共有 12 个按钮。

第一行的 4 个按钮，前 3 个表示零部件沿 x、y 或 z 轴移动，最后一个表示零部件沿任意选定方向移动。

第二行的 4 个按钮，前 3 个表示零部件沿 xy、yz 或 xz 平面移动，最后一个表示零部件沿任意选定平面移动。

第三行的 4 个按钮，前 3 个表示零部件绕 x、y 或 z 轴旋转，最后一个表示零部件绕任意选定轴旋转。

（2）遵循约束

激活"遵循约束"复选框，用户在调整零部件时，所调整的零部件遵循所施加在零部件上的约束，即在已施加的约束条件下调整零部件的位置。

【例 12-15】对变速箱壳体装配进行移动操作。

（1）打开资源包中的本例文件。

（2）在"移动"工具栏中单击"操作"，弹出"操作参数"对话框（图 12-68），单击"沿 Z 轴拖动"，并取消激活"遵循约束"复选框。

（3）选择需要调整的零部件，按住鼠标左键并拖动鼠标，该零部件就会按照"操作参数"对话框中所选择的方式进行调整，如图 12-69 所示。

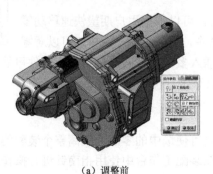
（a）调整前

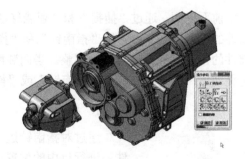
（b）调整后

图 12-69　零部件位置调整

（4）激活"遵循约束"复选框，再次对零部件进行调整，观察图形区的变化。

（5）单击"确定"，零部件位置调整完毕，若单击"取消"，零部件位置将恢复原始状态。

3. 碰撞时停止操作

通过"指南针"或"操作"命令调整某零部件位置时，可能会与其他零部件发生碰撞（干涉）。激活"碰撞时停止操作"功能，能够显示出零部件之间的最小距离以避免发生干涉。

⚠【注意】使用"操作"命令移动零部件时，必须选中"操作参数"对话框中的"遵循约束"复选框才能检测碰撞（干涉）。使用"指南针"命令移动零部件时，必须按住 Shift 键后再拖动指南针时才能检测碰撞（干涉）。

【例 12-16】碰撞时停止操作的一般步骤。

（1）打开资源包中的本例文件，本例为车床导轨，共包含滑轨、刀架、螺杆与压缩弹簧 4 个零件。在进行下面的操作步骤前，首先要对产品中的约束进行分析，理清零部件之间的装配关系。

（2）在"移动"工具栏中单击"碰撞时停止操作" 将其激活。

（3）将指南针拖动到需要移动的零部件上，本例选择螺杆的端面，如图 12-70（a）所示。

（4）选中螺杆，指南针高亮显示，先按住 Shift 键，然后拖动指南针的 w 轴（即 y 轴），使螺杆沿 y 轴方向移动。

（5）可以注意到，螺杆的位置并未发生变动，并且拖动过程中，螺杆会高亮显示，如图 12-70（b）所示。也就是说，螺杆只能在约束范围内及部件之间不干涉的情况下进行调整。

（6）选中压缩弹簧，指南针高亮显示，先按住 Shift 键，然后尝试拖动指南针 w 轴（即 y 轴），使压缩弹簧沿 y 轴方向移动。

（7）可以注意到，压缩弹簧的位置并未发生变动。在拖动指南针的过程中，与压缩弹簧相干涉的刀架会在图形区及结构树中高亮显示，如图 12-71 所示。

（8）零部件位置调整完毕后，再次单击"碰撞时停止操作" 将其取消激活。

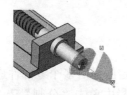

（a）选择端面

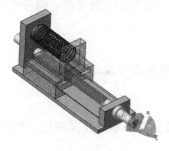

（b）拖动螺杆

图 12-70　碰撞时停止操作效果图

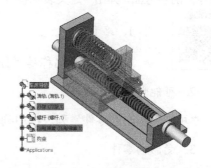

图 12-71　显示与调整零部件干涉的零部件

第13章 装配特征与高级应用

> ➤ **导读**
>   ◆ 装配特征
>   ◆ 装配标注
>   ◆ 装配分析
>   ◆ 装配动画

在进行装配设计时，适时采用装配特征命令，可以大大减少工作量。装配设计完成后，可以对装配体进行初步分析，从而发现产品可能存在的问题。通过装配动画仿真，可以形象和直观地展示产品的拆装过程。这些都是产品设计过程中应当掌握的技巧。

本章将介绍装配设计过程中较为高级的操作技能，主要内容包括装配特征、装配标注、装配分析、装配动画等。

13.1 装 配 特 征

通过 CATIA 的装配特征管理工具，可以对装配体进行"参考装配特征""对称""关联"

图 13-1 "装配特征"工具栏

"添加到已关联的零件"操作，"装配特征"工具栏如图 13-1 所示。单击"分割" 的下拉按钮，弹出"参考装配特征"工具栏，该工具栏包括"分割""孔""凹槽""添加""移除"工具。

⚠【**注意**】只能在被激活的操作对象的子部件之间创建参考装配特征。被激活的操作对象必须至少包含两个部件，而这两个部件又必须至少包含一个零件。

13.1.1 部件分割

"部件分割"命令用于以选定的面对多个零部件进行部分切除。在"参考装配特征"工具栏中单击"分割" ，选定某个产品零件的参考面，弹出"定义装配特征"对话框，如图 13-2 所示，对话框中的各选项含义如下。

1. 名称

系统的默认名称是"分割装配.1"，可根据需要重命名。

2. 可能受影响的零件

"可能受影响的零件"列表框中列出了所有可能被分割的零件及其路径，供用户选择。

3. 受影响零件

"受影响零件"列表框中列出了用户所选择的需要进行分割的零件。用户可以通过对话框中部的四个功能按钮添加或移除受影响的零件。

图 13-2　"定义装配特征"对话框

4. 功能按钮

（1）按钮 ⯆。添加所有零件至受影响零件的列表。单击"添加所有零件至受影响零件的列表" ⯆ 后，可以将"可能受影响的零件"列表框中的所有零部件添加至"受影响零件"列表框中。

（2）按钮 ⌄。添加选定零件至受影响零件的列表。按住 **Ctrl** 键，在"可能受影响的零件"列表框中选中所需零件，然后单击"添加选定零件至受影响零件的列表" ⌄，可以将"可能受影响的零件"列表框中选中的零部件添加至"受影响零件"列表框中。

（3）按钮 ⯅。从受影响零件的列表中移除所有零件。单击"从受影响零件的列表中移除所有零件" ⯅ 后，可以将"受影响零件"列表框中的所有零部件移除，并退回至"可能受影响的零件"列表框中。

（4）按钮 ︿。从受影响零件的列表中移除选定零件。按住 **Ctrl** 键，在"可能受影响的零件"列表框中选中所需零件，然后单击"从受影响零件的列表中移除选定零件" ︿，可以将"受影响零件"列表框中选中的零部件移除，并退回至"可能受影响的零件"列表框中。

【例 13-1】 分割滑动轴承。

（1）打开资源包中的本例文件，本例为滑动轴承，如图 13-3 所示。

（2）在"参考装配特征"工具栏中单击"分割" 🗔，选定轴承座的 zx 平面，弹出"定义装配特征"对话框（图 13-2）。

（3）单击"添加所有零件至受影响零件的列表" ⯆，将所有零部件均添加至"受影响零件"列表框中。

（4）弹出"定义分割"对话框，并指定出分割平面，如图 13-4 所示；图形区中出现指示箭头，箭头所指方向为部件的保留部分，单击箭头可以更改保留部分，如图 13-5 所示。

（5）单击"确定"，装配分割结果如图 13-6 所示。

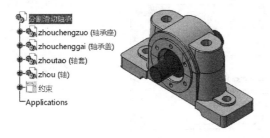

图 13-3　滑动轴承　　　　　　　　　图 13-4　"定义分割"对话框

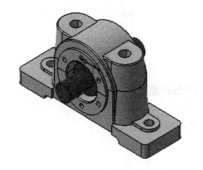

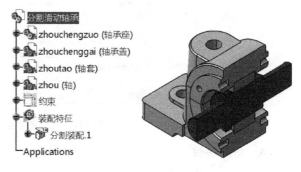

图 13-5　箭头指示方向　　　　　　　　图 13-6　分割结果

13.1.2　装配孔

通过"装配孔"命令可以在装配体中创建一个穿过多个零件的孔。

在"参考装配特征"工具栏中单击"孔" ，选定产品零件的实体特征平面，弹出"定义装配特征"和"定义孔"对话框，"定义装配特征"对话框参见图 13-2，"定义孔"对话框中各选项含义详见 8.3 节。

【例 13-2】壳体耳座开孔。

（1）打开资源包中的本例文件，本例为排种器左壳体和右壳体装配，如图 13-7 所示。

（2）双击"排种器左壳体"节点下的零件图标切换至零件工作台，选中左耳座表面，单击"草图" 进入草图工作台，创建一个点，如图 13-8 所示，退出草图工作台。

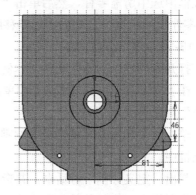

图 13-7　排种器壳体装配　　　　　　　图 13-8　创建点

（3）双击"排种器壳体装配"节点图标切换至装配设计工作台。在"参考装配特征"工具栏中单击"孔" ，选中步骤（2）所创建的点，然后单击点所在的平面，弹出"定义装配特征"和"定义孔"对话框。

（4）在"定义装配特征"对话框选中"可能受影响的零件"列表中的"排种器右壳体"，单击"添加选定零件至受影响零件的列表" ；"定义孔"对话框中参数设置，如图13-9所示。

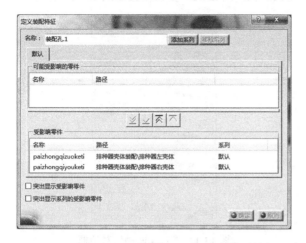
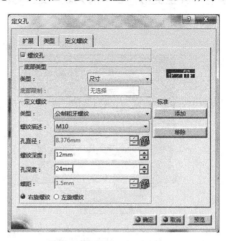

图 13-9 "定义装配特征"对话框与"定义孔"对话框

（5）单击"预览"。预览装配孔效果如图 13-10 所示，确认无误后单击"确定"，在"更新"工具栏中单击"全部更新" ，最终结果如图13-11所示。

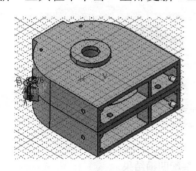
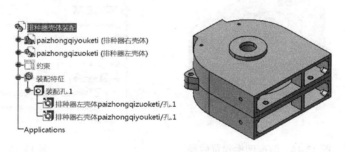

图 13-10 装配孔预览效果　　　　　图 13-11 装配孔结果

13.1.3 装配凹槽

通过"装配凹槽"命令可以在一次移除操作中同时在多个零部件上创建凹槽。

⚠【注意】凹槽的创建与孔有所不同，创建凹槽装配特征时必须首先创建凹槽轮廓线，可以在草图工作台中绘制凹槽的轮廓、子元素。

在"参考装配特征"工具栏中单击"凹槽" ，选定凹槽的轮廓线，弹出"定义装配特征"对话框，单击对话框中的"添加所有零件至受影响零件的列表" ，弹出"定义凹槽"对话框，"定义凹槽"对话框中各选项含义详见8.1.2节。

【例13-3】为排种器壳体定义一个装配凹槽。

（1）打开资源包中的本例文件，本例引用【例13-2】中已经完成装配孔特征的排种器壳体。

（2）双击"排种器左壳体"节点下的零件图标切换至零件工作台，选中壳体表面，单击"草图" ，进入草图工作台，绘制的图形如图13-12所示，退出草图工作台。

（3）双击"排种器壳体装配"节点图标切换至装配设计工作台。在"参考装配特征"工具栏中单击"凹槽" 🗔，选中已创建的轮廓线，弹出"定义装配特征"对话框，单击对话框中的"添加所有零件至受影响零件的列表" ⩗，弹出"定义凹槽"对话框，参数设置如图 13-13 所示。

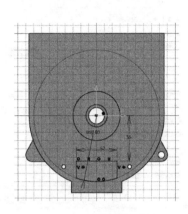

图 13-12　绘制的轮廓线　　　　　　　　图 13-13　"定义凹槽"对话框

（4）单击"预览"，装配凹槽预览效果如图 13-14 所示，确认无误后单击"确定"，在"更新"工具栏中单击"全部更新" 🔁，最终结果如图 13-15 所示。

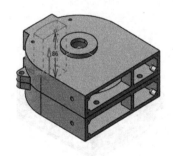

图 13-14　装配凹槽预览效果　　　　　　　图 13-15　装配凹槽结果

13.1.4　部件添加

"部件添加"命令用于将某个零部件添加到另外一个零部件中，从而组合为一个整体。

在"参考装配特征"工具栏中单击"添加" 🗂，选择要添加的零部件，弹出"定义装配特征"对话框（图 13-2）。在弹出的对话框中选择要添加的几何体对象，单击"添加选定零件至受影响零件的列表" ⩗，将其移到"受影响的零件"列表框中，弹出"添加"对话框，如图 13-16 所示，对话框中的各选项含义如下。

（1）添加。选择要添加的几何体。

（2）之后。选择添加的几何体后，系统自动将添加的几何体置于目标零件下。

【例 13-4】创建齿轮轴。

（1）打开资源包中的本例文件，本例为齿轮与轴，如图 13-17 所示。

图 13-16　"添加"对话框

图 13-17　齿轮与轴

（2）选择合适的约束命令将齿轮与轴进行装配，约束结果如图 13-18 所示。

（3）在"参考装配特征"工具栏中单击"添加" 🔲，选择齿轮作为添加参考对象，在弹出的对话框中选择轴作为添加的几何体对象，单击"添加选定零件至受影响零件的列表" ↙，弹出"添加"对话框（图 13-16），单击"确定"，将齿轮添加到轴上。

（4）在结构树中的轴上右击，在弹出的快捷菜单中依次选择"轴对象"→"在新窗口中打开"，可以看到，齿轮轴已经创建完成，如图 13-19 所示。

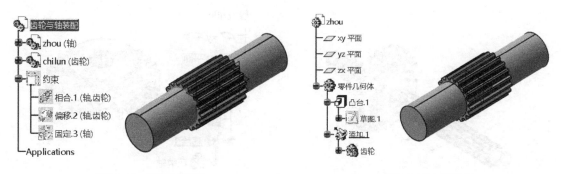

图 13-18　装配后图形

图 13-19　齿轮轴

13.1.5　部件移除

与"部件添加"功能相反，"部件移除"用于将某个零部件的外形从另外一个零部件中去除。

在"参考装配特征"工具栏中单击"移除" 🔳，选择要移除的零部件，弹出"定义装配特征"对话框。在弹出的对话框中选择要移除的几何体对象，单击"添加选定零件至受影响零件的列表" ↙，将其移动至受影响的零件列表中，弹出"移除"对话框，如图 13-20 所示，对话框中的各选项含义如下。

（1）移除。选择要移除的几何体。

（2）之后。选择移除的几何体后，系统自动将几何体从目标零件中移除。

【例 13-5】创建齿轮花键。

（1）打开资源包中的本例文件，本例为一个直齿圆柱齿轮和一根带有花键的轴，如图 13-21 所示。

图 13-20 "移除"对话框

图 13-21 花键轴与齿轮

（2）选择合适的约束命令将花键轴与齿轮装配，装配结果如图 13-22 所示。

（3）在"参考装配特征"工具栏中单击"移除" ，选择花键轴作为移除参考对象，在弹出的"定义装配特征"对话框中选择齿轮 1 作为移除对象，单击"添加选定零件至受影响零件的列表" ，弹出"移除"对话框（图 13-20），单击"确定"，完成移除。

（4）在结构树中选中齿轮，右击，在弹出的快捷菜单中依次选择"齿轮对象"→"在新窗口中打开"，可以看到，带有内花键的齿轮创建完成，如图 13-23 所示。

图 13-22 装配后图形

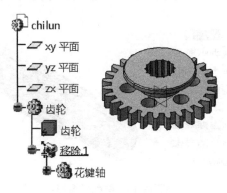

图 13-23 花键齿轮

13.1.6 部件对称

"部件对称"命令用于对零部件进行镜像、旋转、移动、平移等操作。

在"装配特征"工具栏中单击"对称" ，弹出"装配对称向导"提示框，如图 13-24 所示。提示用户按以下步骤进行操作：①选择对称平面；②选择要变换的产品。

图 13-24 "装配对称向导"提示框

要变换的产品选择完毕后，弹出"装配对称向导"对话框，如图 13-25 所示，对话框中的各选项含义如下。

（1）镜像，新部件。部件镜像，并产生新部件。

（2）旋转，新实例。部件旋转，并产生新部件。

（3）旋转，相同实例。部件旋转，不产生新部件。

（4）平移，新实例。部件移动，并产生新部件。

【例 13-6】生成对称轴承单体架。

（1）打开资源包中的本例文件，本例为单体架，如图 13-26 所示。

图 13-25　"装配对称向导"对话框　　　　　　　　　图 13-26　单体架

（2）单击"对称" ，弹出"对称装配向导"提示框。选择单体架 *zx* 平面为对称平面，要变换的产品选择单体架后，弹出"装配对称向导"对话框（图 13-25）。

（3）选择"镜像，新部件"复选框，预览效果如图 13-27（a）所示。单击"完成"，弹出"装配对称结果"对话框，单击"关闭"，完成操作，生成的对称单体架如图 13-27（b）所示。

（a）预览图形　　　　　　　　　　　　　　　　　（b）对称后图形

图 13-27　生成对称单体架

13.2　装　配　标　注

13.2.1　焊接特征

"焊接特征"用于在产品零部件的焊接处标注焊接符号。

在"标注"工具栏中单击"焊接特征" ，在图形区选择需要标注的元素，弹出"焊接符号"对话框，如图 13-28 所示。对话框中各选项功能详见 16.6 节。

【例 13-7】为支座添加焊接特征。

（1）打开资源包中的文件，本例为"支座"，由一个底板和两个立孔板焊接而成，如图 13-29（a）所示。

（2）在"标注"工具栏中单击"焊接特征" ，选择立孔板与底板的交线，如图 13-29（b）

所示。

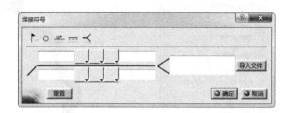

图 13-28 "焊接符号"对话框

（a）支座的结构

（b）选择标注位置

图 13-29 支座

（3）弹出"焊接符号"对话框，对话框设置如图 13-30（a）所示，将对话框中基准线双侧的焊缝类型设置为"角焊缝" ，单击"确定"。

（4）焊接特征标注完成，"焊接符号.1"出现在结构树中，如图 13-30（b）所示。用户可以通过鼠标拖动来改变其默认的显示位置。

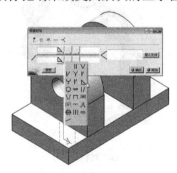

（a）设置焊接符号

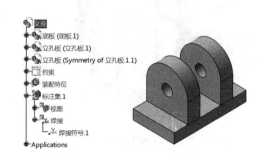

（b）标注结果

图 13-30 焊接特征的标注

图 13-31 "文本"工具栏

13.2.2 文本

"文本标注"用于在产品的零部件中标注文本信息。

在"标注"工具栏中单击"带引出线的文本" 的下拉按钮，弹出"文本"工具栏，该工具栏包括"带引出线的文本" 、"文本" 和"平行于屏幕的文本" ，如图 13-31 所示，各工具命令的功能如下。

（1）带引出线的文本 。定义引出线箭头端点位置引出标注。

（2）文本 。垂直于标注平面无引出线形式的标注。

（3）平行于屏幕的文本 。平行于屏幕无引出线形式的标注。

【例 13-8】套销部装标注文本。

（1）打开资源包中的本例文件，本例为套销部装。

（2）在"文本"工具栏中单击"带引出线的文本" ，选择"双联链轮"作为引出对象，弹出"文本编辑器"对话框，如图 13-32 所示。

（3）在"文本编辑器"对话框中输入文本"双联链轮"，单击"确定"，完成文本的标注，结果如图 13-33 所示。

图 13-32　"文本编辑器"文本框

图 13-33　标注文本

13.2.3　标识注解

"标识注解"用于对产品中的零部件标注带有 URL 链接的旗标。

在"标注"工具栏中单击"带引出线的标识注解"的下拉按钮，弹出"标识注解"工具栏，该工具栏包括"带引出线的文本标识注解"和"标识注解"，如图 13-34 所示，各工具命令的功能如下。

图 13-34　"标识注解"工具栏

（1）带引出线的标识注解。创建带引出线的链接标注。

（2）标识注解。创建不带引出线的链接标注。

在"标识注解"工具栏中单击"带引出线的标识注解"，选取需要标注的零部件，弹出"定义标识注解"对话框，如图 13-35 所示，对话框中的各选项含义如下。

（1）名称。在"名称"文本框输入标识注解的名称。

（2）URL。在"URL"文本框输入链接的文件路径或网页，也可以通过单击"浏览"选择文件。

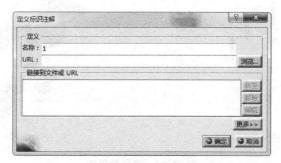

图 13-35　"定义标识注解"对话框

（3）链接到文件或 URL。

① 转至。打开链接文件的编辑环境。

② 移除。删除该链接。

③ 编辑。通过浏览选择另外的链接。

13.3　装配分析

13.3.1　零部件分解

通过"分解"命令可以将产品中的各个零部件分解显示。分解功能的目的是更好地了解如何构建装配。

💡【提示】"分解"命令也可用于更多的用途，如创建场景、打印、生成工程图的分解视图等，或在对零部件施加约束时用于调整零部件的位置。

在"移动"工具栏中单击"分解" ，弹出"分解"对话框，如图 13-36 所示。调整对话框中各选项后，单击"应用"可以对分解结果进行预览；单击"确定"，生成分解结果。

图 13-36　"分解"对话框

1. 定义

（1）深度。

① 所有级别。将所选产品分解至零件状态，如图 13-37（a）所示。

② 第一级别。将所选产品的结构树第一层分解，如图 13-37（b）所示。

（a）所有级别

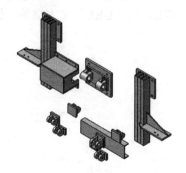

（b）第一级别

图 13-37　深度效果图

（2）类型。

① 3D。用于使产品在三维空间中均匀分解，如图 13-38（a）所示。

② 2D。用于在产品分解后投影到垂直于坐标平面的二维投影面上，如图 13-38（b）所示。

③ 受约束。按照约束关系进行分解，此设置只有在产品中有零部件且约束为轴线相合或面相合时使用，如图 13-38（c）所示。

（3）选择集。用于选择需要分解的产品。

（4）固定产品。用于产品分解时固定某一零部件的位置，激活"固定产品"文本框，选择需要固定的零部件。

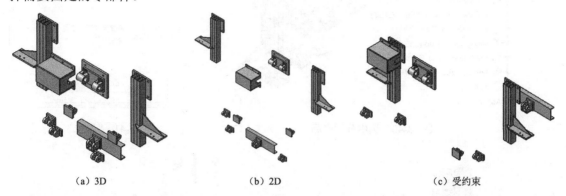

(a) 3D　　　　　　　　　　(b) 2D　　　　　　　　　　(c) 受约束

图 13-38　类型效果图：第一级别分解

2. 滚动分解

用于显示产品分解的过程和控制产品分解的程度。

单击"应用"后，即可使用该选项。拖动滚动条，可显示产品分解的动态过程；单击滚动条右侧的"前进"和"后退"，可控制产品的分解程度，如图 13-39 所示。

【例 13-9】零部件分解基本应用。

（1）打开资源包中的本例文件。

（2）在"移动"工具栏中单击"分解" ，选中根目录节点作为要分解的产品，如图 13-40 所示。弹出"分解"对话框。

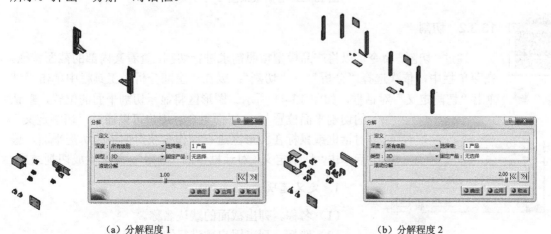

(a) 分解程度 1　　　　　　　　　　　　(b) 分解程度 2

图 13-39　产品分解程度：所有级别分解

（3）单击"确定"，弹出"警告"提示框，如图 13-41 所示，单击"是"，产品分解完毕，效果如图 13-42 所示。可以使用 3D 指南针在分解视图内移动产品。

（4）如果产品约束完全，单击"全部更新" ，产品可恢复到分解前状态；如果约束不完全，则需要通过"撤销"命令恢复到分解前状态。

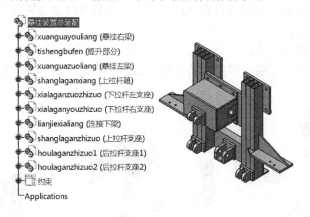

图 13-40　选中分解产品　　　　　　　　　　　图 13-41　"警告"提示框

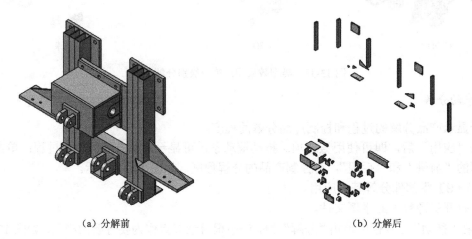

（a）分解前　　　　　　　　　　　　　　（b）分解后

图 13-42　分解效果图

13.3.2　切割

通过"切割"命令可以将产品模型按照需求进行切割，查看其内部的截面特征。

在菜单栏中，依次选择"分析"→"切割"；或在"空间分析"工具栏中单击"切割" ，弹出"切割定义"对话框，如图 13-43 所示。图形区将显示切割平面的位置，默认的切割平面位置与 yz 平面重合。用户可以通过"切割定义"对话框或鼠标在图形区进行操作来获得期望的切割平面，最后单击"切割定义"对话框中的"确定"，即可生成切割结果。

图 13-43　"切割定义"对话框

1. 定义选项卡

（1）名称。列出截面的默认名称。

（2）选择。列出用户欲进行切割的特征。

（3）截面平面按钮组。"截面平面"按钮组包括"截面平面"、"截片"和"截面框"（图 13-43）。

（4）剪切包络体。创建一个剪切平面，从该平面上切除材料。

2. 定位选项卡

（1）法线约束。定义平面的法线，可以选择 X、Y、Z 轴作为法线。如图 13-44 所示。

图 13-44　"定位"选项卡

（2）编辑位置和尺寸。通过该按钮可以在对话框中编辑截面的位置和尺寸。

（3）几何目标。通过该按钮可以根据选择的几何图形定位切割位置。

（4）通过 2/3 选择定位。允许用户通过选择 3 点、2 线或 1 线定位截面平面。

（5）反转法向。反转切割工具的法线方向。

（6）重置位置。将切割工具的位置重置为初始位置。

⚙【技巧】当需要修改切割平面的位置时，还可以通过鼠标在图形区进行操作。在图 13-45 中，将鼠标移动到截面附近，将显示一个双向箭头，箭头的方向与切割平面垂直，此时可以用鼠标拖动平面来将其定位。用户也可以通过红色的指南针来对平面进行调整，操作方法与 12.4.2 节中"指南针"的操作方法相同。切割平面的大小可以通过拖拽其边缘来进行修改。

3. 结果选项卡

（1）"导出为"按钮组。用户可以通过导出按钮组选择多种导出方式，如图 13-45 所示。

（2）编辑网格。通过该按钮可以在对话框中对网格属性进行编辑。

（3）结果窗口。选中该按钮后，选项区被激活，用户可以选择是否填充截面，是否进行碰撞检测，以及是否显示网格。

4. 行为选项卡

用户可以选择手动更新、更新或冻结截面，如图 13-46 所示。

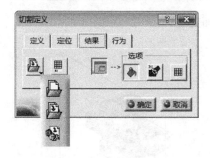

图 13-45　"结果"选项卡

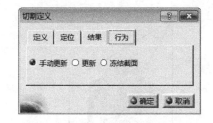

图 13-46　"行为"选项卡

💡【提示】①执行"切割"命令之前，如果未选择零部件，平面将切割整个产品。如果已选定零部件，平面将切割选定的零部件。②切割不会对零部件几何体产生影响。③若需取消显示切割结果，可在结构树中将切割结果取消激活或删除。

图 13-47　滑动轴承

【例 13-10】生成滑动轴承的切割截面。

（1）打开资源包中的本例文件——滑动轴承，如图 13-47 所示。

（2）在"移动"工具栏中单击"切割" ，弹出"切割定义"对话框，同时弹出切割截面的 2D 预览窗口，如图 13-48 所示。

（3）在"切割定义"对话框的"定义"选项卡上单击"剪切包络体" ，几何图形区显示切割平面的一侧被切除，如图 13-49（a）所示。

（4）将"切割定义"对话框切换至"定位"选项卡，鼠标激活"法线约束"选项区的"Y"复选框，图形区以 zx 平面作为切割平面进行更新，如图 13-49（b）所示。

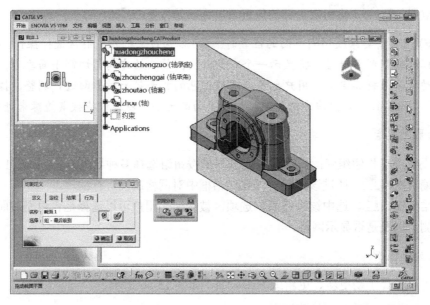

图 13-48　软件操作界面变化

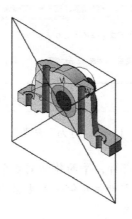

（a）默认剪切结果预览

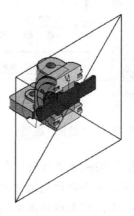

（b）更改切割平面结果预览

图 13-49　切割效果预览

（5）单击"切割定义"对话框中的"确定"生成切割，结果如图 13-50 所示。同时可以注意到，结构树中的"Applications"节点下出现"截面"子节点，"截面.1"被创建完成。

【难点】对比图 13-6 和图 13-50，前面讲过的"分割"命令 与本节的"切割"命令 所生成的结果在图形区显示效果相似，需注意的是，"分割"命令 是一种装配特征操作，被分割的零部件几何特征被修改。而"切割"命令 只是为了生成装配体内部的截面特征，用于对装配体进行分析，并不会对零部件产生影响。

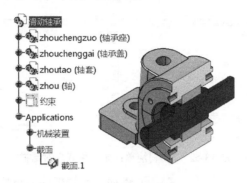

图 13-50　切割结果

13.3.3　物料清单

"物料清单"命令可以列出选定产品所用的零部件清单，在"物料清单"对话框中进行格式设置以便在工程制图工作台中生成符合国家标准的材料明细表。

打开或任意创建一个需要进行物料清单分析的产品文件，在菜单栏中，依次选择"分析"→"物料清单"，弹出"物料清单"对话框，如图 13-51 所示，对话框中的各选项含义如下。

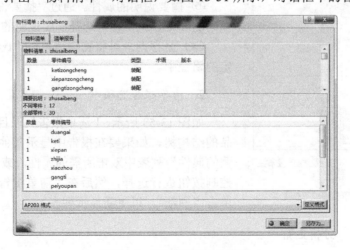

图 13-51　"物料清单"选项卡

1．物料清单选项卡

（1）物料清单。列出选定产品的所有部件。

（2）摘要说明。列出选定产品的不同零件数以及零件总数。

（3）定义格式。单击"定义格式"选项卡，弹出"物料清单：定义格式"对话框，对话框切换显示，如图 13-52 所示。

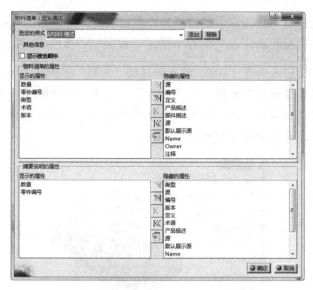

图 13-52 "物料清单：定义格式"对话框

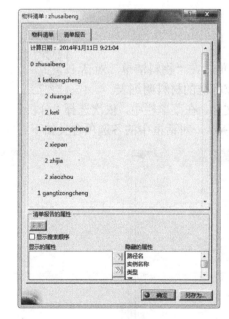

图 13-53 "清单报告"选项卡

① 添加。增加新的清单格式。

② 移除。删除已有的清单格式。

③ 显示搜索顺序。如果在装配过程中设置过搜索路径，可以激活"显示搜索顺序"选项，搜索路径会出现在清单中。

④ 物料清单的属性。可以通过"物料清单的属性"列表中间的 5 个控制按钮选择物料清单的显示项目。

⑤ 摘要说明的属性。通过"摘要说明的属性"列表中间的 5 个控制按钮，选择摘要说明的显示项目。

（4）另存为。可将物料清单以"txt"格式保存在规定的路径中。

2. 清单报告选项卡

如图 13-53 所示，"清单报告"以目录的方式显示产品的结构树，如果要在报告中显示其他信息，可在"隐藏的属性"列表中双击所需的属性，或通过中间的 5 个控制按钮进行选择，然后在"清单报告的属性"选项区单击"刷新"，以更新显示列表。

13.3.4 分析更新

移动部件或编辑约束等操作后，可能需要对产品进行"更新"，以显示最新的装配特性。

在"更新"工具栏中单击"全部更新" ，可对整个产品进行更新。

如果需要对某部件进行更新，则选定任意要更新的部件，在菜单栏中，依次选择"分析"→"更新"命令。如果部件无须更

图 13-54 "更新分析"提示框

新，则弹出"更新分析"提示框，提示所选部件不需要更新，如图 13-54 所示；如果部件需要更新，则弹出"更新分析"对话框，如图 13-55 所示。

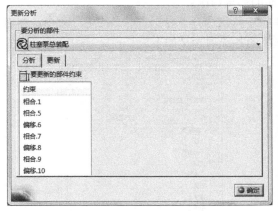
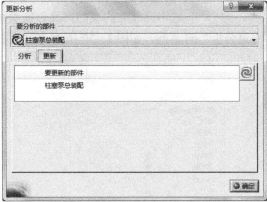

（a）"分析"选项卡　　　　　　　　　　　（b）"更新"选项卡

图 13-55　"更新分析"对话框

1. 分析选项卡

"分析"选项卡显示部件所有需要更新的元素及其装配的约束关系。在"要分析的部件"选项区显示正在分析的产品名称，可以通过下拉列表切换分析对象。

2. 更新选项卡

选中要更新的装配元素，单击对话框右侧的"更新" 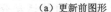 进行更新。

【例 13-11】更新柱塞泵装配约束。

（1）打开资源包中的本例文件，本例为柱塞泵装配体，各零部件之间已经进行装配约束，但并未进行更新，如图 13-56（a）所示。可以注意到，在"更新"工具栏中，"全部更新"为可用状态。

（2）在菜单栏中，依次选择"分析"→"更新"，弹出"更新分析对话框"。

（3）将对话框切换至"更新"选项卡，选中要更新的装配元素"柱塞泵总装配"，单击对话框右侧的"更新" 进行更新，更新结束后，弹出"更新完成"提示框，提示"部件是最新的"，单击"确定"，更新结果如图 13-56（b）所示。

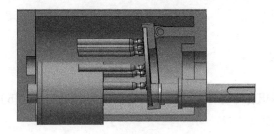
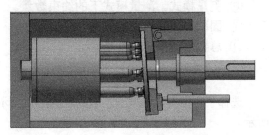

（a）更新前图形　　　　　　　　　　　（b）更新后图形

图 13-56　更新缸体总成装配约束

13.3.5 约束与自由度分析

"约束分析"用于分析部件或产品的约束情况。

选中已建立约束的产品，在菜单栏中依次选择"分析"→"约束"命令，弹出"约束分析"对话框，如图13-57所示，对话框中的各选项含义如下。

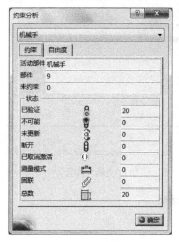

（a）"约束"选项卡

（b）"自由度"选项卡

图13-57 "约束分析"对话框

1. 约束选项卡

"约束"选项卡为默认选项卡，如图13-57（a）所示。

（1）活动部件。显示活动部件的名称。

（2）部件。显示活动部件中所包含的子部件数。

（3）未约束。显示活动部件中未约束的子部件数。

（4）状态选项区。显示约束状态。

① 已验证。已验证的约束数量。

② 不可能。不可能实现的约束数量。

③ 未更新。还未更新，需要更新的约束数量。

④ 断开。约束的某个参考元素因某些原因丢失，造成断开的约束数量。

⑤ 已取消激活。被停用的约束数量。

⑥ 测量模式。测量模式下的约束数量。

⑦ 固联。固联约束的数量。

⑧ 总数。约束的总数量。

2. 自由度选项卡

选择"自由度"选项卡，以列表的形式显示出各零部件对应的自由度数目，如图13-57（b）所示。

✎【经验】"自由度"约束分析功能可以为添加其他约束或后续的机构运动分析做准备。

【例13-12】机械手约束分析。

（1）打开资源包中的本例文件，本例为机械手，如图13-58所示。

（2）在菜单栏中，依次选择"分析"→"约束分析"，弹出"约束分析"对话框。"约束"选项卡显示统计结果为：活动部件中包含 9 个子部件，已验证的约束数为 20，约束总数为 20。

（3）选择"自由度"选项卡，对话框切换显示，列表框中列出各零件对应的自由度数目。

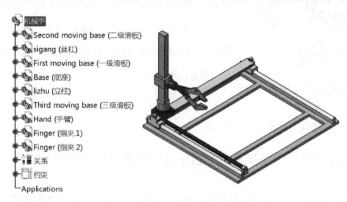

图 13-58　机械手

用户可以通过在图 13-57（b）所示的"自由度"选项卡中双击部件名称来分析各个部件的自由度，也可以通过在菜单栏中依次选择"分析"→"自由度"命令，分析产品中被激活的零部件的自由度。

【例 13-13】万向节传动机构手轮的自由度分析。

（1）打开资源包中的本例文件，本例为万向节传动机构，如图 13-59 所示。

（2）双击激活结构树中的"手轮"，在菜单栏中，依次选择"分析"→"自由度"，弹出"自由度分析"对话框，如图 13-60 所示。

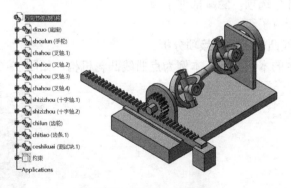

图 13-59　万向节传动机构

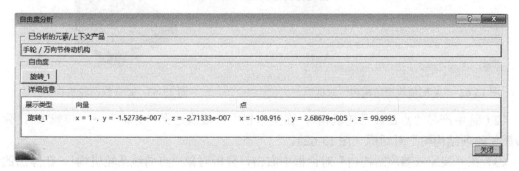

图 13-60　"自由度分析"对话框

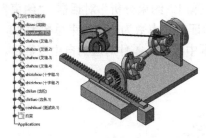

图 13-61　图形区未被约束的旋转自由度

（3）"详细信息"选项区显示该零件仅有一个旋转自由度，在列表框以旋转轴向量和旋转中心坐标的形式展示；同时图形区中以黄色箭头的方式展示。

（4）在"自由度"选项区中选定旋转.1 自由度时，图形区中相对应的自由度指示箭头由黄色变为红色，如图 13-61 所示。

13.3.6　依赖项分析

"依赖项分析"是指在对话框中通过展开结构树来查看部件之间的约束、关联和关系。

选中已建立约束的产品，在菜单栏中，依次选择"分析"→"依赖项"，弹出"装配依赖项结构树"对话框，如图 13-62 所示。

1. 元素选项区

（1）约束。默认选项，展开部件的所有约束。

（2）关联。修改装配部件时而导致的相互关联性。

（3）关系。显示部件所含有的方程。

2. 部件选项区

（1）叶。激活"叶"选项，隐藏部件子级。

（2）子级。显示所有子级。

【例 13-14】点曲线凸轮机构依赖项分析。

（1）打开资源包中的本例文件，本例为点曲线凸轮机构，如图 13-63 所示。

图 13-62　"装配依赖项结构树"对话框

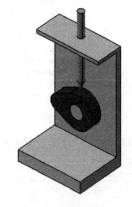

图 13-63　点曲线凸轮机构

（2）选中产品"点曲线凸轮机构"，在菜单栏中，依次选择"分析"→"依赖项"，弹出"装配依赖项结构树"对话框（图 13-62）。

（3）在"装配依赖项结构树"对话框中右击，分析对象"点曲线凸轮机构"，在弹出的快捷菜单中选择"展开节点"，将展开所选部件相关的约束，如图 13-64 所示。

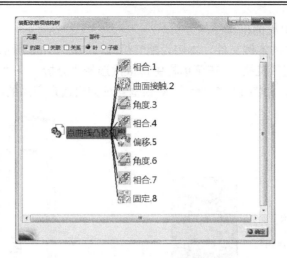

图 13-64　展开节点装配依赖项结构树

（4）右击分析对象"点曲线凸轮机构"，在弹出的快捷菜单中选择"全部展开"，将显示与所选部件相关的所有约束和部件，如图 13-65 所示。通过对话框中所显示出的约束和部件，容易分析各个零部件所包含的约束，以及每个约束所参与的零部件。

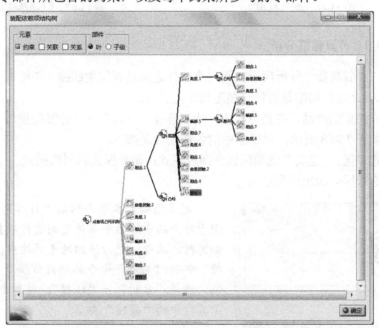

图 13-65　全部展开装配依赖项结构树

（5）由图 13-65 可见，"固定.8"约束默认高亮显示，且同时出现在"底座"节点下，这表明"固定.8"约束是由"底座"参与构成的。单击其他的约束名称，可以将其高亮显示，从而方便浏览该约束的构成。

13.3.7　机械结构分析

通过"机械结构分析"命令可以检测出选定产品所包含的部件和约束的详细结构关系。

【例 13-15】 配气机构的机械结构分析。

（1）打开资源包中的本例文件，本例为配气机构，如图 13-66 所示。

（2）选中产品"配气机构"，在菜单栏中，依次选择"分析"→"机械结构分析"，弹出"机械结构树"对话框，如图 13-67 所示，对话框详细列出选定产品的结构关系。

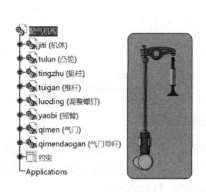

图 13-66　配气机构

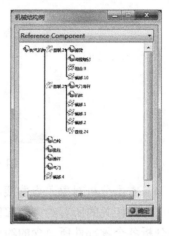

图 13-67　"机械结构树"对话框

13.3.8　计算碰撞分析

"计算碰撞"分析用于检测两个部件之间是否发生碰撞（干涉），也可以检测两个部件之间的间隙是否符合装配设计的要求。

选中已建立约束的产品，在菜单栏中，依次选择"分析"→"计算碰撞"，弹出"碰撞检测"对话框，如图 13-68 所示，对话框中的各选项含义如下。

（1）定义选项区。"定义"选项区包含两种模式：碰撞模式和间隙模式。

（2）结果选项区。输出检测结果。

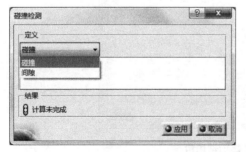

图 13-68　"碰撞检测"对话框

✐**【经验】**本节介绍的"计算碰撞"命令主要用于对产品中的两个部件之间进行碰撞或间隙分析，如需对产品进行更为详细的干涉检查，可以使用"碰撞"命令。"碰撞"命令的运行方法是：在菜单栏中，依次选择"分析"→"碰撞"；或单击"空间分析"工具栏中的"碰撞" 。

【例 13-16】 计算碰撞"碰撞模式"。

（1）打开资源包中的本例文件，本例为轴与 3 个轴套的配合。其中轴与轴套 1 为过盈配合，轴与轴套 2 为过渡配合，轴与轴套 3 为间隙配合，如图 13-69 所示。

（2）在菜单栏中，依次选择"分析"→"计算碰撞"，弹出"碰撞检测"对话框，按住 Ctrl 键，在结构树中选取轴和轴套 1 两个零件。

（3）单击"应用"，对话框"结果"选项区的输出结果为"碰撞"，信号灯变为红色，如图 13-70 所示；同时，图形区中标出产品发生碰撞的部分，如图 13-71 所示。

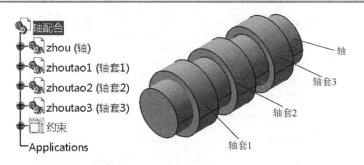

图 13-69　轴配合

图 13-70　"碰撞检测"对话框

图 13-71　图形区显示碰撞结果

（4）按住 Ctrl 键，在机构树中选择轴和轴套 2 两个零件，重复上述操作，"结果"选项区的输出结果为"接触"，信号灯变为黄色，如图 13-72 所示；同时，图形区中标出产品接触部分，如图 13-73 所示。

（5）按住 Ctrl 键，在机构树中选择轴和轴套 3 两个零件，重复上述操作，"结果"选项区的输出结果为"无干涉"，信号灯变为绿色，如图 13-74 所示。

图 13-72　"碰撞检测"对话框

图 13-73　图形区显示接触结果

【例 13-17】计算碰撞"间隙模式"（续【例 13-16】）。

（1）在"定义"选项区的下拉列表选择"间隙"，并输入间隙值，本例间隙值取"2mm"。

（2）按住 Ctrl 键，在机构树中选择轴和轴套 1 两个零件，单击"应用"，对话框"结果"选项区的输出结果为"碰撞"，信号灯变为红色，同时，图形区中标出产品发生碰撞的部分。

（3）按住 Ctrl 键，在机构树中选择轴和轴套 3 两个零件，重复上述操作，"结果"选项区的输出结果为"间隙违例"，信号灯变为黄色，如图 13-75 所示；同时，图形区中标出产品间隙违例部分，如图 13-76 所示。

图 13-74 "碰撞检测"对话框

图 13-75 "碰撞检测"对话框　　　　图 13-76 图形区显示间隙违例结果

13.4 装配动画

13.4.1 装配动画简介

通过装配动画，可以将产品的运行、装配和拆卸顺序、维护步骤等以动态视频的形式演示出来。装配动画在产品设计与研发等方面能起到如下作用。

（1）产品设计阶段。装配动画直观的演示可以减少外观设计者、机械工程师、制图员及模具制造商之间的沟通障碍，节约时间成本。

（2）产品市场调研阶段。装配动画代替样机给予客户直观的展示，既节约了样机的生产成本，又便于携带和展示。

（3）产品图样完成后，即可进行三维机械仿真动画开发。装配动画可全面模拟产品的外观和各项功能特性，减少模具反复修改的成本。

CATIA 中产品的装配动画是在 DMU 配件（DMU fitting simulator）工作台中进行的。该工作台专门用于模拟装配和维护性问题，可以处理消费品、大型汽车、航空航天项目，以及工厂、船舶、重型机械等各类广泛的产品。使用该工作台可以设计零部件的拆装轨迹、编排拆装顺序，甚至可以检查拆装过程中是否会发生干涉，最终录制虚拟装配演示动画。

✎【经验】为了使装配动画的输出质量好，动作合理，要求操作者要有一定的装配知识，否则对复杂机器来说，很难确保装配顺序的合理性。

- 316 -

13.4.2　DMU 配件工作台

1. 启动

在菜单栏中，依次选择"开始"→"数字化装配"→"DMU 配件"，即可进入"DMU 配件"工作台。

DMU 配件工作台的工作界面如图 13-77 所示。

图 13-77　DMU 配件工作台的工作界面

2. 专属工具栏

DMU 配件工作台的专属工具栏包括"DMU 模拟"和"DMU 检查"，各工具栏简介如表 13-1 所示。

表 13-1　"DMU 配件"工作台专属工具栏

工具栏名称	简介	工具栏按钮
DMU 模拟	用于动画对象运动轨迹和运动序列等运动要素的生成与模拟	DMU 模拟
DMU 检查	用于对间隙、碰撞等进行检查	DMU 检查

💡【提示】运行不同的命令时，可能还会弹出不同的附属工具栏和对话框。

13.4.3　装配动画的制作流程

通过 DMU 配件工作台进行装配动画制作的一般流程如图 13-78 所示，具体操作步骤如下。

（1）进入 DMU 配件工作台。

（2）分析产品中零部件的关系。

（3）创建零部件的运动轨迹。

（4）规划零部件运动轨迹的播放序列。

（5）装配动画模拟与调整。

（6）装配动画视频输出。

【例 13-18】气阀的装配动画制作。

（1）打开资源包中的本例文件"气阀"，如图 13-79 所示，它是由基座、阀芯、端盖、弹簧和手柄共 5 个零件组成的。

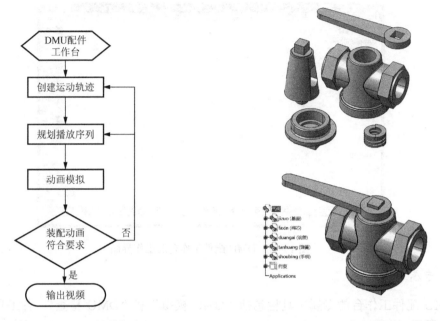

图 13-78　装配动画的制作流程　　　　　　　　图 13-79　气阀模型

（2）切换至 DMU 配件工作台，在"DMU 模拟"工具栏中单击"往返" ，弹出"编辑梭"对话框，同时弹出"预览"窗口和"操作"工具栏，如图 13-80 所示。在结构树中选择"阀芯"、"端盖"和"弹簧"，"预览"窗口实时预览选择结果。

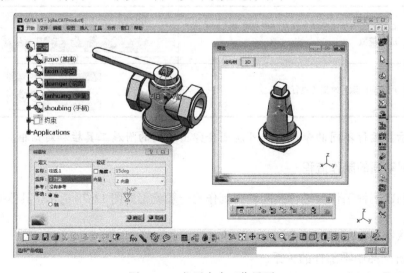

图 13-80　往返命令工作界面

（3）单击"确定"，结构树的"Applications"节点下增加一个"往返"节点，"阀芯""端盖""弹簧"共 3 个零件被分为同一组对象，名称为"往返.1"，如图 13-81 所示。该组名为"往返.1"的对象将可以同步移动。

（4）在"DMU 模拟"工具栏中单击"跟踪" ，弹出"跟踪"对话框，如图 13-82 所示。在结构树中选择"手柄"，将同时弹出"操作"、"记录器"和"播放器"工具栏，图形区出现指南针，如图 13-83 所示。

图 13-81　生成一个往返

图 13-82　"跟踪"对话框

图 13-83　跟踪命令工作界面

（5）在"跟踪"对话框中，选择"模式"选项区的"时间"复选框，并将文本框设置为"3s"。鼠标在指南针的"W|Z"轴方向拖动适当距离，然后在"记录器"工具栏中单击"记录" 。此时，图形区出现一条轨迹线，如图 13-84 所示。单击"确定"，结构树中"Applications"节点下的"轨迹"节点下增加"追踪.1 手柄"，设置好的轨迹被记录下来。在后面的模拟中，"手柄"将会在 3s 的时间内，沿设置好的轨迹移动。

（6）在"DMU 模拟"工具栏中单击"跟踪" ，弹出"跟踪"对话框，在结构树中选择"往返.1"对象（内含"阀芯""端盖""弹簧"），在"跟踪"对话框中，选择"模式"选项区的"时间"复选框，并将文本框设置为"5s"。

（7）在"操作"对话框中，单击"编辑器" ，弹出"用于指南针操作的参数"对话框，

如图 13-85 所示。

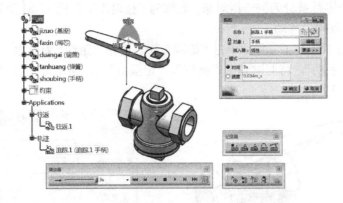

图 13-84　手柄轨迹生成

图 13-85　"用于指南针操作的参数"对话框

（8）分别将"沿 W"选项的"平移增量"和"旋转增量"设置为"50mm"和"90deg"。单击"沿 W"选项"平移增量"后面的下箭头 1 次，注意到图形区"往返.1"向 Z 轴的负方向移动了 50mm；单击"沿 W"选项"旋转增量"后面的负值 3 次，注意到图形区"往返.1"绕 Z 轴逆时针旋转了 270°，单击"应用"。然后在"记录器"工具栏中单击"记录" 。

（9）在"用于指南针操作的参数"对话框中单击"沿 W"选项"平移增量"后面的下箭头 若干次，直至"往返.1"移动至图形下方足够远的位置。单击"应用"，然后单击"关闭"。然后在"记录器"工具栏中单击"记录" 。在"跟踪"对话框中，单击"确定"。"往返.1"的轨迹线被生成，图形区如图 13-86 所示。在后面的模拟中，"往返.1"对象中的零件组，将首先从"基座"中旋转拧开，然后直线运动到下方较远位置。

（10）同样的操作步骤，通过"跟踪"命令，分别将"阀芯"和"弹簧"移动到端盖上方适当位置，时间设置为 3s 和 2s。此时图形区应如图 13-87 所示。至此，所有期望的运动追踪轨迹已被记录。

（11）在"DMU 模拟"工具栏中单击"编辑序列" ，弹出"编辑序列"对话框，如图 13-88 所示。在"会话中的工作指令"选项区选择"追踪.1"，单击右箭头 ，"追踪.1"即被加入右侧的序列中。将剩余 3 条追踪按相同步骤全部加入右侧的序列中，如图 13-89 所示。

如有必要，可以选中其中的序列，调整其工作指令周期和延迟时间。

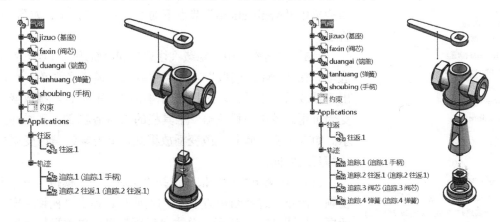

图 13-86　往返.1 的轨迹生成　　　　图 13-87　阀芯和弹簧的轨迹生成

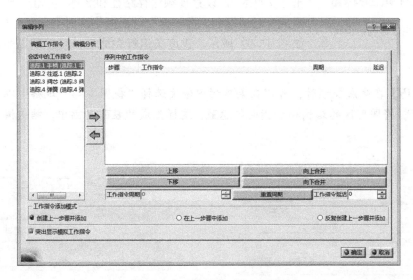

图 13-88　"编辑序列"对话框

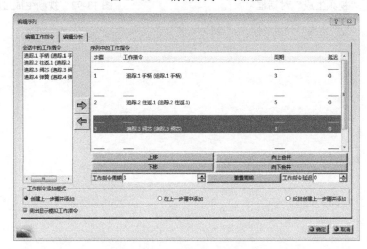

图 13-89　向序列中添加追踪

图 13-90　生成序列机构树

（12）单击"确定"。包含 4 个追踪的"序列.1"被添加到结构树中"Applications"节点下的"序列"节点下，如图 13-90 所示。

（13）在结构树中，隐藏"往返"和"轨迹"节点下的所有选项。在"DMU 模拟"工具栏中单击"模拟播放器"▦▦，弹出"播放器"工具栏。选择结构树中的"序列.1"，播放器按钮变为可用。单击"播放器"工具栏的向前播放 ▶，观看动画演示。如有必要，单击 → 改变播放模式，单击参数 ▦ 改变采样步长和延迟时间。

（14）在菜单栏中，依次选择"工具"→"模拟"→"生成视频"命令，选择结构树中的"序列.1"。弹出"视频生成"对话框，如图 13-91 所示。单击"设置"可以更改视频质量。单击"文件名"，设置视频保存路径和名称。单击"确定"，"视频生成"对话框和"播放器"对话框将实时显示视频的生成进度，如图 13-92 所示。进度条运行完成后，装配动画即被保存在指定的目录下。

❀【技巧】在生成视频时，可以在菜单栏中依次选择"视图"→"规格"以及"视图"→"指南针"，将图形区的结构树和指南针隐藏，这样生成的装配动画中，结构树和指南针即被隐藏。

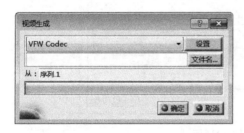

图 13-91　"视频生成"对话框

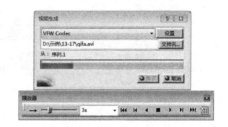

图 13-92　视频生成过程

第五篇 工程制图

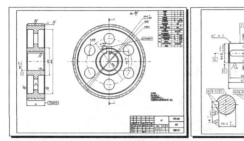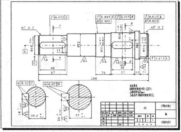

本篇的主要内容为 CATIA 工程制图。通过本篇内容的学习，掌握在 CATIA 工程制图工作台中建立零件图和装配图的方法。本篇主要任务如下：

- ➲ 认识和熟悉工程制图工作台
- ➲ 了解标准文件自定义的步骤
- ➲ 掌握 CATIA 进行视图表达的方法
- ➲ 学会对已生成视图进行标注
- ➲ 学会对工程图标注技术要求

第 14 章　制图工作台与基本操作

➢ **导读**
◆ 工程图工作台的基本操作与设置
◆ 各种视图的表达方式和创建方法
◆ 尺寸、形位公差、表面粗糙度和焊接标注方法
◆ 文本注释和表格的创建方法
◆ 工程图创建的一般过程

14.1　概　　述

14.1.1　基本概念

使用 CATIA 工程制图工作台可以方便、高效、快捷地创建三维模型的工程图，且工程图与模型相关联，同时工程图可以和模型保持同步更新。

1. CATIA 工程制图方式

CATIA 工程制图模块提供了两种生成工程图的方式：交互式工程制图和创成式工程制图。交互式工程制图可以直接进行产品的二维设计，制图方法类似于 AutoCAD、CAXA 电子图板等 2D 制图软件，它集成了 2D 绘图以及修饰、标注等功能，但交互式工程制图 2D 工程图不与 3D 零部件模型关联。而创成式工程制图可以快速、准确地从 3D 零部件模型生成与之相关联的 2D 工程图，在工程图中可以自动创建基本视图、剖视图、放大视图等视图，添加尺寸、剖面线、图框、标题栏、明细表等内容，具有高效、简单、快捷的特点，是现代三维设计软件制作工程图纸的重要特征。因此，实践中是以创成式方法为主，交互式方法为辅的操作形式。

2. CATIA 工程制图特点

使用 CATIA 可直接创建三维模型的工程图，且所创建的工程图与三维模型具有关联性，使工程图视图与零部件模型保持同步。这种全相关的设计方法给用户带来极大的便利，可节省大量的修改时间。CATIA 工程图的特点如下。

（1）实现了工程图与 3D 模型的关联性。

（2）CATIA 工程图操作界面直观、简洁、易学、易用，可以通过已完成的零部件模型简单、快速地创建工程图。

（3）CATIA 中提供了许多视图生成工具，利用视图工具栏可以方便、快速地创建投影视图、剖面图、放大视图、轴测视图等视图。

（4）可以通过尺寸标注工具栏自动创建尺寸或手动添加尺寸。

（5）可以通过零件序号命令自动生成零件序号。

（6）可以通过表命令创建普通表格、材料清单等。

（7）可以从外部插入工程图文件，也可以导出不同类型的工程图文件，实现对其他软件的兼容。

（8）可以自定义 CATIA 的配置文件来满足不同标准的要求。计算机辅助设计（computer aided design，CAD），是利用计算机快速的数值计算和强大的图文处理功能，辅助工程技术人员进行产品设计、工程绘图和数据管理的一门计算机应用技术，是计算机科学技术发展和应用中的一门重要技术。

3．CATIA 工程制图的一般流程

CATIA 工程制图的一般流程如图 14-1 所示。

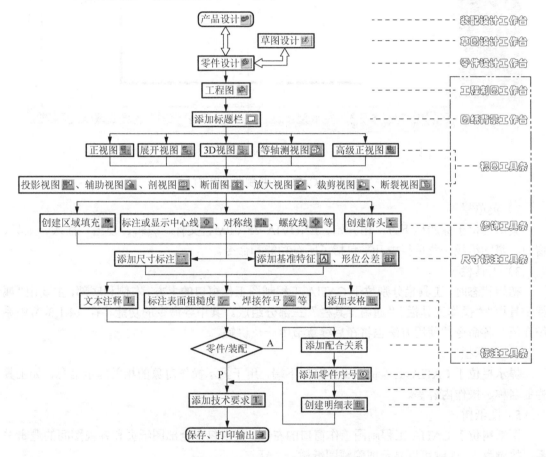

图 14-1　CATIA 工程制图流程图

4．工作窗口

启动 CATIA 软件工程制图工作台后，其工作窗口如图 14-2 所示，主要由标题栏、菜单栏、工具栏、提示栏、图纸树和绘图区等组成。下面对各部分的位置、组成及功能进行简单介绍。

1）标题栏

标题栏位于 CATIA 工程制图工作窗口最上端，显示当前正在运行的程序名称"CATIA V5"和当前打开的图形文件的名称，系统默认文件名称为"Drawing1"。

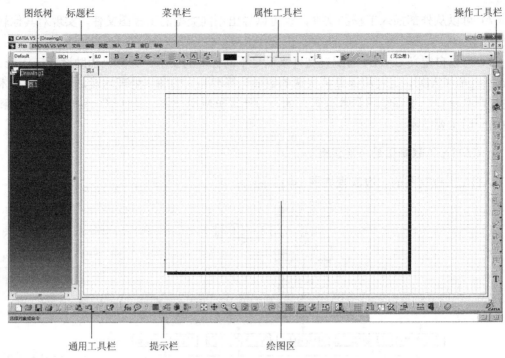

图 14-2　CATIA 工程制图工作窗口

2）菜单栏

菜单栏位于标题栏下方，由开始、ENOVIA V5 VPM、文件、编辑、视图、插入、工具、窗口、帮助组成。菜单栏中几乎包括了所有功能和命令。

3）工具栏

初始状态时，工具栏分别位于 CATIA 工程制图工作窗口的上方、右侧和底部，主要由"属性工具栏""操作工具栏""通用工具栏"三部分组成。其中各命令的功能将在 14.1.3 节中系统介绍，各命令的使用方法也将在后续章节中一一讲解。

4）提示栏

提示栏位于 CATIA 工程制图工作窗口下端，用于提示操作对象的相关提示信息，如工具栏的名称、操作内容等。

5）图纸树

图纸树位于 CATIA 工程制图工作窗口的左侧，其中包含全部图纸页和各视图间的逻辑关系。按键盘上 F3 键可以显示或隐藏图纸树。

6）绘图区

绘图区位于 CATIA 工程制图工作窗口的中心位置，是绘制图样的区域，也是显示图样的窗口。

14.1.2　工程制图工作台的启动

CATIA 工程制图工作台的启动有以下 3 种方法。

1. 通过新建命令启动

（1）在菜单栏中，依次选择"文件"→"新建"命令，或在图 14-3 所示的"标准"工具栏中直接单击"新建"，弹出"新建"对话框，然后在"类型列表"列表框中选择"Drawing"选项，如图 14-4 所示。

（2）单击"确定"，弹出"新建工程图"对话框，如图 14-5 所示。

图 14-3　"标准"工具栏

图 14-4　"新建"对话框

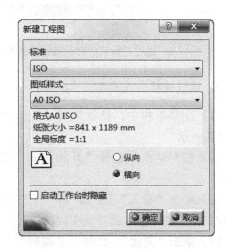

图 14-5　"新建工程图"对话框

在"新建工程图"对话框的"标准"下拉列表里只包含了 ISO、ANSI、ASME 等几种国际常用的制图标准。然而，这些标准与我国所使用的制图标准不完全相同。一般需要通过修改相应配置来自定义标准文件，创建一个符合我国国家标准的工程图标准文件。另外，通过设置管理模式，所创建的标准文件也将会出现在"新建工程图"对话框中的"标准"下拉列表中，供用户调用。其操作方法将在 14.2 节中给予详细介绍。

（3）在"新建工程图"对话框中，采用系统默认设置。其他操作设置将在 15.2.1 节中给予详细介绍。

（4）单击"确定"，启动 CATIA 工程制图工作台。

2. 通过开始菜单启动

（1）在菜单栏中，依次选择"开始"→"机械设计"→"工程制图"命令，其选择操作过程如图 14-6 所示。

（2）单击"工程制图"命令后，弹出"创建新工程图"对话框，如图 14-7 所示。在此可以选择和修改图纸的布局方式，其操作方法将在后续章节中给予详细介绍。

（3）单击"确定"，弹出"新建工程图"对话框。

（4）后续操作步骤参见"通过新建命令启动"中的步骤（3）和步骤（4）。

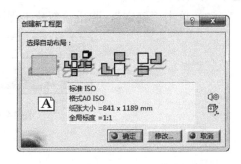

图 14-6 通过开始菜单启动操作步骤图   图 14-7 "创建新工程图"对话框

3. 通过快捷方式启动

（1）在菜单栏中，依次选择"工具"→"自定义"命令，弹出"自定义"对话框，如图 14-8 所示。

（2）在对话框中选择"开始菜单"选项卡，在"可用的"列表框中选中"工程制图"选项。

（3）单击"导入" ⇒，将"工程制图"快捷启动方式添加到右侧"收藏夹"中，定义"工程制图"的"加速器"为 F12。

（4）单击"关闭"。此时"工程制图"启动快捷方式加入"收藏夹"，"工程制图"命令就会位于"开始"菜单的最上端，而无需再从"机械设计"中选择"工程制图"命令选项。

（5）在菜单栏中，依次选择"开始"→"工程制图"命令或在"工作台"工具栏中直接单击"工作台" ⚙，弹出"欢迎使用 CATIA V5"对话框，在弹出的对话框中选择"工程制图"启动快捷方式 ，如图 14-9 所示，或启动 CATIA 软件后，直接按 F12 键。

（6）单击"工程制图"命令后，弹出"创建新工程图"对话框。

（7）后续操作步骤参见"通过开始菜单启动"中的步骤（3）和步骤（4）。

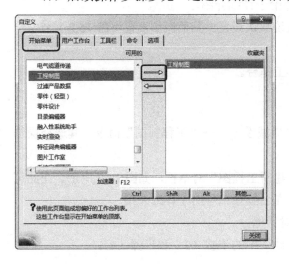

图 14-8 "自定义"对话框   图 14-9 "欢迎使用 CATIA V5"对话框

14.1.3　工具栏

1. 属性工具栏

属性工具栏主要由"样式"、"文本属性"、"数字属性"、"尺寸属性"和"图形属性"等部分组成。下面对各部分的功能进行简要介绍，如表 14-1～表 14-5 所示。

表 14-1　样式工具栏命令及功能

按钮	功能
Default ▾	设置当前绘图样式

表 14-2　文本属性工具栏命令及功能

按钮	功能	按钮	功能
FangSong_GB ▾	设置文本字体	x^2	设置上角标或下角标
6.0 ▾	设置文本字号	≣	设置对齐方式
B	设置文本字体为粗体	⁺A	设置文本位置基准点
I	设置文本字体为斜体	A	文本添加框架
S	文本添加上划线或下划线	⍺⊥	插入特殊符号
S̶	文本添加删除线		

表 14-3　数字属性工具栏命令及功能

按钮	功能	按钮	功能
NUM.DIMM ▾	设置数字显示格式	0.010(▾	设置数字显示精度

表 14-4　尺寸属性工具栏命令及功能

按钮	功能	按钮	功能
⬒	设置尺寸线显示样式	+-0.05 ▾	定义公差值
TOL_NUM2 ▾	设置尺寸公差格式		

表 14-5 图形属性工具栏命令及功能

按钮	功能	按钮	功能
	设置图形颜色	无	设置层
	设置线宽		复制对象格式，格式刷
	设置线型		设置剖面线
	设置点样式		

2. 操作工具栏

操作工具栏主要由"视图""工程图""尺寸标注""生成""标注""修饰""几何图形创建""几何图形修改"等部分组成，下面对各命令的功能进行简要介绍，如表 14-6～表 14-13 所示。

表 14-6 视图工具栏命令及功能

按钮		功能	按钮		功能
视图		创建正视图	详细信息		创建显示圆形轮廓局部放大视图
		创建展开视图			创建显示任意轮廓局部放大视图
		创建展开视图	裁剪		创建圆形轮廓裁剪视图
		创建投影视图			创建自定义轮廓裁剪视图
		创建辅助视图			创建圆形轮廓快速裁剪视图
		创建轴测视图			创建自定义轮廓快速裁剪视图
		创建高级正视图	断开视图		创建局部视图
截面		创建偏移剖视图			创建局部剖视图
		创建对齐剖视图			创建 3D 裁剪视图
		创建偏移截面分割	向导		视图创建向导
		创建对齐截面分割			创建正视图、俯视图和左视图
详细信息		创建局部放大视图			创建正视图、仰视图和右视图
		创建轮廓局部放大视图			创建所有视图

表 14-7　工程图工具栏命令及功能

按钮		功能	按钮	功能
图纸	🔲	创建新图纸	🔲	创建新视图
	◉	创建新详细图纸	⚙	创建 2D 部件实例

表 14-8　尺寸标注工具栏命令及功能

按钮		功能	按钮		功能
尺寸	⬓	创建尺寸	技术特征尺寸	⬓	创建技术特征尺寸
	⬓	创建链式尺寸		⬓	创建多个内部技术特征尺寸
	⬓	创建累积尺寸		⬓	创建链式技术特征尺寸
	⬓	创建堆叠式尺寸		⬓	创建长度技术特征尺寸
	⬓	创建长度或距离尺寸		⬓	创建角度技术特征尺寸
	⬓	创建角度尺寸		⬓	创建半径技术特征尺寸
	⬓	创建半径尺寸		⬓	创建直径技术特征尺寸
	⬓	创建直径尺寸	尺寸编辑	⬓	重设尺寸
	⬓	创建倒角尺寸		⬓	创建中断
	⬓	创建螺纹尺寸		⬓	移除中断
	⬓	创建坐标尺寸		⬓	创建或修改裁剪
	⬓	创建孔尺寸表		⬓	移除裁剪
	⬓	创建点坐标尺寸表	公差	Ⓐ	标注基准特征
				⬓	标注形位公差

表 14-9　生成工具栏命令及功能

按钮	功能	按钮	功能
🔧	自动生成尺寸	🔧	自动生成零件序号
🔧	逐步生成尺寸		

表 14-10　标注工具栏命令及功能

按钮		功能	按钮		功能
T 文本	T	标注文字	符号		标注粗糙度
		标注带引线的文字			标注焊接符号
	TT	复制文字			标注焊缝形状位置
	⑥	标注零件序号	表		创建表
		标注基准目标			导入 csv 表
		放置文本模板			

表 14-11　修饰工具栏命令及功能

按钮		功能	按钮		功能
轴和 螺纹		创建中心线	轴和螺纹		创建轴线
		创建具有参考的中心线			创建轴线和中心线
		创建螺纹	区域填充		创建区域填充
		创建具有参考的螺纹			修改区域填充
					创建箭头

表 14-12　几何图形创建工具栏命令及功能

按钮		功能	按钮		功能
点		创建点	轮廓		创建轮廓线
		输入坐标创建点			创建矩形
		创建等距点			创建斜置矩形
		创建相交点			创建平行四边形
		创建投影点			创建六边形

续表

按钮		功能	按钮		功能
直线		创建直线	轮廓		创建延长孔
		创建无限长直线			创建圆柱形延长孔
		创建双切线			创建锁孔形轮廓
		创建角平分线			创建居中矩形
		创建曲线的法线			创建居中平等四边形
圆和椭圆		创建圆	曲线		创建样条线
		创建三点圆			创建连接曲线
		输入坐标创建圆			创建抛物线
		创建三切线圆			创建双曲线
		创建弧			创建二次曲线
圆和椭圆		创建三点弧（第一点为起点，第三点为终点）			
		创建三点弧（第一点为圆心，第二点为起点，第三点为终点）			
		创建椭圆			

表 14-13　几何图形修改工具栏命令及功能

几何图形修改

按钮		功能	按钮		功能
重新限定		创建圆角	交换		平移元素
		创建倒角			旋转元素
		裁剪元素			缩放元素
		断开元素			偏移元素
		快速裁剪			创建几何约束
		封闭弧			创建在对话框中定义的约束
		补充弧	约束		创建固联
交换		创建镜像元素			创建接触约束
		创建对称元素			

3. 通用工具栏

通用工具栏由"标准""知识工程""视图""更新""工具""可视化""测量""目录浏览器"8组工具栏组成。其中，在CATIA工程制图工作台中常用到的有"标准""工具""可视化"工具栏。因此，下面主要对这三组工具栏中各命令的功能进行简要介绍，如表14-14～表14-16所示。

表 14-14　标准工具栏命令及功能

按钮	功能	按钮	功能
	新建		复制
	打开		粘贴
	保存		撤销
	打印		重做
	剪切		命令按钮功能提示

表 14-15　工具工具栏命令及功能

按钮	功能	按钮		功能
	点对齐			尺寸系统选择模式
	创建已检测到的约束	2D 分析		草图求解状态
	创建关联修饰			草图分析

表 14-16　可视化工具栏命令及功能

按钮	功能	按钮	功能
	草图编辑器网格		过滤已生成的约束
	显示约束		分析显示模式
	隐藏/显示视图框架		

14.1.4　基本操作

1. 点的输入

CATIA "几何图形创建" → "点" 工具栏中提供了多种输入点的命令按钮。下面对各命令的功能进行简要介绍，如表 14-17 所示。

表 14-17　点输入命令及功能

按钮	操作方法	功能
通过单击创建点	方法一：单击该命令按钮，直接在绘图区中目标位置处单击，创建一点 方法二：单击该命令按钮，然后在下图所示的工具控制板中输入所要创建点的水平及垂直坐标后按 Enter 键 工具控制板 点坐标：H：0mm　　　　V：0mm	创建普通点
通过坐标创建点	单击该命令按钮，然后在下图所示的 "点定义" 对话框中输入所要创建点的直角坐标或极坐标，单击 "确定" 点定义 直角 | 极 H：0mm V：0mm 确定　取消	创建坐标点
等距点	单击该命令按钮，然后选中已有的直线、圆弧或曲线，在弹出的 "等距点定义" 对话框中输入新点数，单击 "确定" 创建 n 个等距点 等距点定义 参数 参数：点和长度 新点：9 间距：1mm 长度：10mm 反转方向 确定　取消	创建 n 个等距点，等距点将原直线、圆弧或曲线 $n+1$ 等分
相交点	单击该命令按钮，先后选中需要产生相交点的两几何元素	创建相交点
投影点	单击该命令按钮，首先选中源点，然后再选中目标几何元素，在目标几何元素上创建一投影点	创建投影点

2. 直线输入

CATIA "几何图形创建" → "直线" 工具栏中提供了多种输入直线的命令按钮。下面对各命令的功能进行简要介绍，如表 14-18 所示。

表 14-18　直线输入命令及功能

按钮	操作方法	功能
使用两点创建直线	① 在绘图区中不同位置分别单击，确定直线的起点和终点 ② 在工具控制板中输入所要绘制直线的长度和角度后按 Enter 键，在视图的不同位置单击，确定直线的起点和终点 ③ 在工具控制板中输入长度和角度后按 Enter 键，在视图的目标位置单击，确定直线的起点，然后在视图的任意位置单击确定直线的终点 工具控制板 长度：0mm　　　角度：0deg	创建直线
无限长直线	① 在工具控制板中选择无限长直线的方向后直接在视图的目标位置单击确定无限长直线位置 ② 在工具控制板中选择无限长直线的方向后输入角度 工具控制板 角度：0deg	创建无限长直线
双切线	先后选中两段弧	创建双切线
角平分线	先后选中两条直线	创建角平分线
曲线的法线	选择是否激活之前选择曲线模式，不激活的情况下需要先选定法线起点，后选定目标法线，激活后起点和目标法线同步选择，然后选择终点 工具控制板	创建曲线的法线

3. 命令取消和重复

连续按两下 Esc 键可终止正在执行的命令，或者再次单击正在执行的命令的相应命令按钮，可取消其激活状态，也可终止正在执行的命令。例如，单击草图编辑器"网格" ▦ ，可以激活显示图纸网格，再次单击隐藏图纸网格。

✿【技巧】若要重复使用同一命令，可双击该需要重复使用的命令按钮。例如，双击"通过单击创建点" ·，可重复创建点而不需要每添加一个点就单击一次"点"命令按钮。

4. 操作撤销和恢复

在"标准"→"撤销"工具栏中单击"撤销" ↺，撤销上一步操作。

在"撤销"工具栏中单击"按历史撤销" ↺，弹出"按历史撤销"对话框，如图 14-10 所示，双击列表框中第一项可以撤销最近一次的操作，若双击其他操作项可以撤销该项对应的操作以及该项对应的操作之后的所有操作。

5. 图形的屏幕显示

改变图形在屏幕上的显示，主要操作有选择、平移和缩放，其可通过选择视图工具栏上的命令按钮来完成，但如果每次绘图时都单击视图工具栏上相应命令按钮，会浪费很多时间，若熟练掌握鼠标的快捷操作方法可以有效地提高工作效率。因此，本节将着重介绍不同命令所对应的鼠标操作方法。

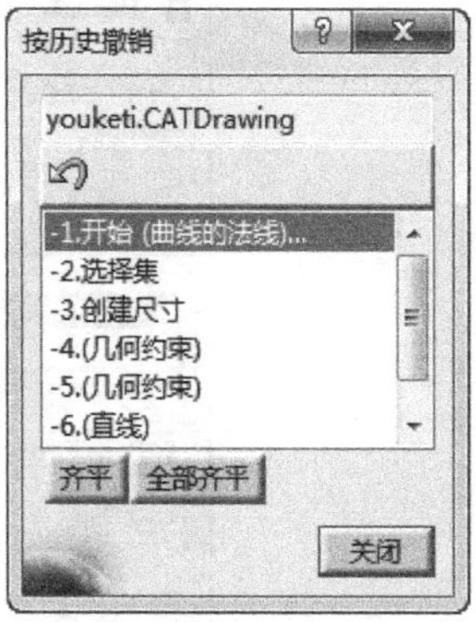

1）选择

在绘图区中，单击视图中某个元素对象，如点、线等，选中该元素，此时被选中的元素对象会以高亮显示。按住 Ctrl 键可以进行多个元素的选择。

2）平移

图 14-10　"按历史撤销"对话框

在绘图区的任何位置按住鼠标中键不放并拖动鼠标，实现工程图纸的平移，这时图纸会随着鼠标的移动而移动，各视图在图纸上的相对位置不变。

若将鼠标光标停放在某个视图框架上，按住鼠标左键不放并拖动鼠标，这时可对该视图进行移动，改变了该视图在图纸中与其他视图的相对位置。

3）缩放

方法一：在绘图区中任何位置处按住鼠标中键不放，然后单击或按住鼠标的左键或右键，上下拖动鼠标，实现工程图纸在绘图区中的缩放，其缩放中心始终在绘图区的中心。

方法二：先按住 Ctrl 键，然后按住鼠标中键，上下拖动鼠标，同样可实现工程图纸在绘图区中的缩放。

14.2　制图工作台设置

前面已经提到，由于 CATIA 软件中自带的制图标准只包含了如 ISO、ANSI、JIS 等几种国际常用的制图标准，这些标准并不符合我国国家标准。因此，需要用户通过修改配置文件来自定义标准文件，创建一个符合国标的工程图标准文件，这将极大地方便以后的使用。

下面将详细介绍配置 CATIA V5 工程图标准文件的一般操作步骤。

14.2.1　标准文件自定义

若使用常规方式进入 CATIA 工作台，软件中的一些设置和选项是禁止被修改的，如果要修改工程图的配置文件，需以管理员的身份才可进入软件的管理模式，所以在此需要进入 CATIA 工程图的管理模式，下面详细介绍其设置方法。

1. 环境储存目录创建

（1）在 D 盘（任意盘皆可）中新建一个文件夹，将其重命名为"cat_env"。

（2）在 Windows 任务栏中，依次选择"开始"→"所有程序"→"CATIA"→"Tools"→"Environment Editor V5R21"命令，弹出"环境编辑器"对话框和"环境编辑器消息"对话框，分别如图 14-11 和图 14-12 所示。

（3）单击"环境编辑器消息"对话框中的"是"，弹出"环境编辑器消息"警告对话框，如图 14-13 所示，提示"作为管理员，您可以创建、修改和删除全局环境"，然后单击"确定"。

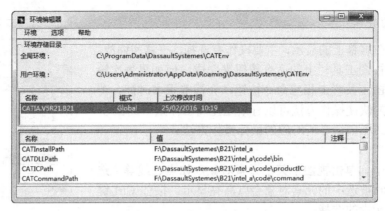

图 14-11　"环境编辑器"对话框

图 14-12　"环境编辑器消息"对话框

图 14-13　"环境编辑器消息"警告对话框

（4）在图 14-11 所示"环境编辑器"对话框中找到"CATReconcilePath"选项，选择并右击该选项，弹出如图 14-14 所示的快捷菜单。然后单击"编辑变量"命令，弹出"变量编辑器"对话框。注意：此时将输入法切换到英文输入状态，在"变量编辑器"对话框"值"文本框内输入步骤（1）中所创建的文件夹路径"D:\cat_env"，如图 14-15 所示，输入后单击"确定"。

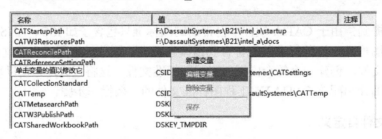

图 14-14　编辑变量快捷菜单

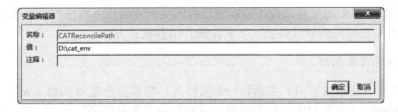

图 14-15　"变量编辑器"对话框

（5）参照步骤（4）所示，在图 14-11 所示"环境编辑器"对话框中再分别设置名称为"CATReferenceSettingPath"和"CATCollectionStandard"两项中"变量编辑器"值为"D:\cat_env"。设置完成后，"环境编辑器"对话框内容如图 14-16 所示。

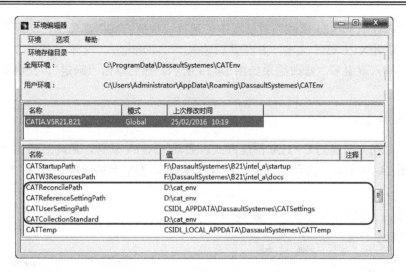

图 14-16 "环境编辑器"对话框

（6）关闭"环境编辑器"对话框，弹出如图 14-17 所示的"环境编辑器消息"对话框，单击"是"，完成了环境储存目录的设置。

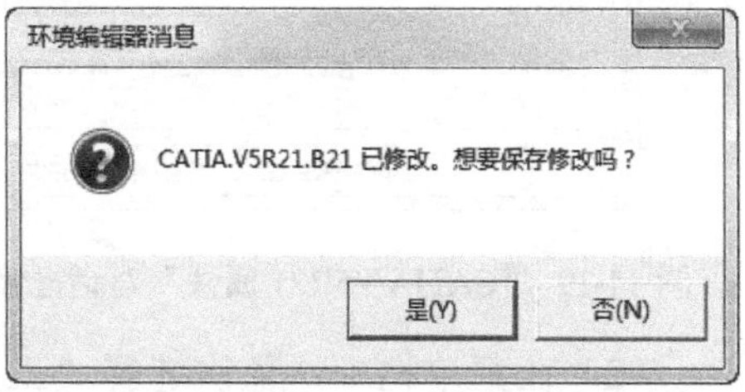

2. 新的快捷方式创建

（1）右击桌面上已存在的 CATIA 快捷启动方式图标。

（2）在弹出的快捷菜单中选择"复制"命令，然后在桌面上进行粘贴，创建一个新的 CATIA 快捷启动方式图标。

图 14-17 "环境编辑器消息"对话框

（3）在桌面上，右击新创建的快捷启动方式图标，在弹出的快捷菜单中选择"属性"命令，弹出"CATIA V5R21 属性"对话框，如图 14-18 所示。

图 14-18 "CATIA V5R21 属性"对话框

（4）在"CATIA V5R21 属性"对话框中，选择"快捷方式"选项卡，然后在"目标"文本框内找到"CNEXT.EXE"文本，并在其后输入"␣-admin␣"文本，其中"␣"代表一个空格，不需要输入双引号，修改结果如图 14-19 所示。然后单击"确定"，完成新快捷方式的创建。

3. 标准文件定义

（1）双击桌面上新建的 CATIA 快捷方式，启动 CATIA 软件，启动后弹出"管理模式"对话框，如图 14-20 所示，提示"正在运行管理模式"，然后单击"确定"，进入 CATIA 管理模式。

图 14-19 "CATIA V5R21 属性"对话框修改显示

图 14-20 "管理模式"对话框

（2）在菜单栏中，依次选择"工具"→"标准"命令，弹出"标准定义"对话框，如图 14-21 所示。

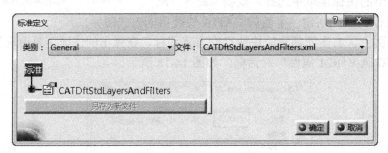

图 14-21 "标准定义"对话框

（3）在"标准定义"对话框的"类别"下拉列表中选取"drafting"选项，然后在其右侧"文件"下拉列表中选取"ISO.xml"选项作为被修改的文件对象，结果如图 14-22 所示。

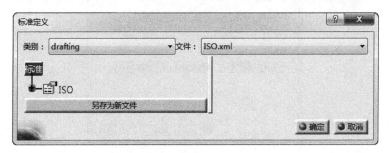

图 14-22 "标准定义"对话框

（4）字体名称修改。

① 修改长度/距离尺寸标注字体名称。在"标准定义"对话框左侧的"标准"结构树中，依次展开并选择"ISO"→"样式"→"长度/距离尺寸"→"Default"→"字体"→"名称"选项，然后在"标准定义"对话框右侧"名称"文本框中输入字体名称"FangSong_GB2312␣(TrueType)"，表示所使用默认字体更改为仿宋字体，如图 14-23 所示，其中"␣"为一空格，所输入的"FangSong_GB2312␣(TrueType)"需在英文状态下输入并区分大小写。另外，系统应存在此字体，若不存在，可打开资源包，选择仿宋字体文件复制并粘贴到 C:\WINDOWS\Fonts 路径下。

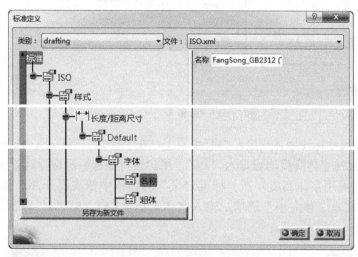

图 14-23　"标准定义"对话框

☀【提示】若不进行环境设置，想在 CATIA 使用过程中使用仿宋字体，可打开资源包，选择仿宋字体文件"FangSong_GB2312.ttf"复制并粘贴到："X:\Program Files\Dassault Systemes\B21\intel_a\resources\fonts\TrueType"路径下，"X"为 CATIA V5 R21 软件的安装盘。

② 修改其他标注字体名称。参照步骤①，在"样式"节点下，将其他全部标注选项的字体名称，如角度尺寸、半径尺寸、T 文本等其他所有标注名称均设置为"FangSong_GB2312␣(TrueType)"仿宋字体。

③ 修改其他可用字体名称。在对话框左侧的选项区中，依次选择"ISO"→"常规"→"允许的文本字体"选项，输入字体名称"FangSong_GB2312␣(TrueType)""Times New Roman""SICH"等常用字体，结果如图 14-24 所示。

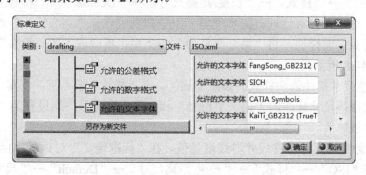

图 14-24　"标准定义"对话框

（5）字体高度修改。

① 修改长度/距离尺寸标注字体高度。在"标准定义"对话框左侧"标准"结构树中，依次展开并选择"ISO"→"样式"→"长度/距离尺寸"→"Default"→"字体"→"尺寸"选项，然后在右侧"尺寸"文本框内输入字高值"3.5"，表示将尺寸文本字号大小设置为默认为 3.5 号字，如图 14-25 所示。

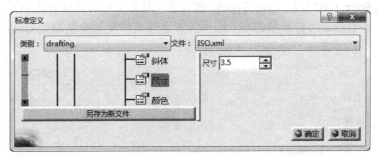

图 14-25 "标准定义"对话框

② 修改其他尺寸标注字体高度。参照步骤①，在"样式"节点下，依次选择各子选项，将其他全部尺寸标注字体高度均设定为"3.5"，用户也可根据情况自行设置字高值。

③ 修改其他可用字体高度。在"标准定义"对话框中依次展开并选择"ISO"→"常规"→"允许的文本字体大小"选项，输入字体大小"3.5""5""7"等常用字体高度，如图 14-26 所示。

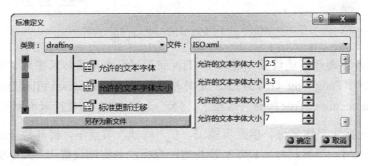

图 14-26 "标准定义"对话框

（6）尺寸标注箭头样式修改。

① 修改长度/距离尺寸标注箭头样式。在"标准定义"对话框"标准"结构树中，依次展开并选择"ISO"→"样式"→"长度/距离尺寸"→"Default"→"符号"→"第一个符号"→"类型"选项，在对话框右侧"类型"下拉列表中选择"实心箭头"选项，表示尺寸箭头使用实心箭头。同样地，将"第二个符号"的类型也更改成"实心箭头"样式，分别如图 14-27 和图 14-28 所示。

② 修改其他尺寸标注箭头样式。参照步骤①，在"样式"节点下，将其他全部标注，如角度、半径、直径等尺寸标注的"第一个符号"和"第二个符号"均设置为"实心箭头"。

（7）尺寸界线修改。

① 修改长度/距离尺寸标注尺寸界线消隐值。在"标准定义"对话框"标准"结构树中，依次展开并选择"ISO"→"样式"→"长度/距离尺寸"→"Default"→"尺寸界线"→"左侧"→"消隐"选项，在对话框右侧"消隐"文本框中输入数值"0"，表示尺寸界线与所标

注元素相连接不留空隙。同样地，将"右侧"的"消隐"值也更改为"0"，如图 14-29 和图 14-30 所示。

② 修改其他尺寸界线消隐值。参照步骤①，在"样式"节点下，将其他全部标注，如角度尺寸、半径尺寸、直径尺寸等尺寸标注的"左侧"和"右侧"的"消隐值"均设置为"0"。

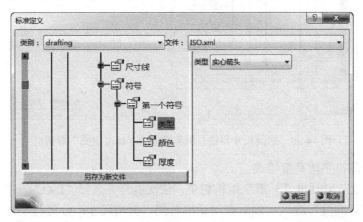

图 14-27　修改第一符号箭头样式的"标准定义"对话框

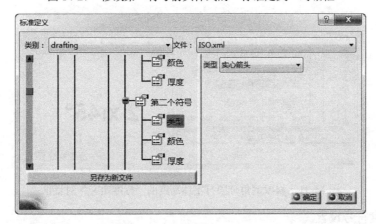

图 14-28　修改第二符号箭头样式的"标准定义"对话框

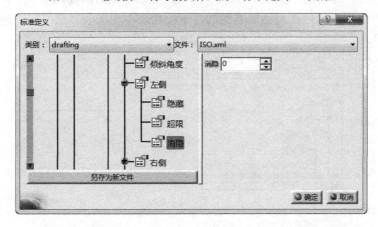

图 14-29　修改尺寸界线左侧消隐值的"标准定义"对话框

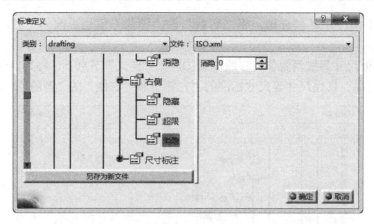

图 14-30　修改尺寸界线右侧消隐值的"标准定义"对话框

（8）倒角分隔符字体高度修改。

在"标准定义"对话框"标准"结构树中，依次展开并选择"ISO"→"尺寸"→"倒角尺寸：分隔符字体高度"选项，然后在对话框右侧"倒角尺寸：分隔符字体高度"中输入高度值为"3.5"，如图 14-31 所示。

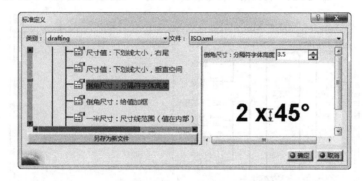

图 14-31　修改倒角分隔符字体高度的"标准定义"对话框

（9）粗糙度符号设置。

在"定义标准"对话框"标准"结构树中，依次展开并选择"ISO"→"标注"→"粗糙度"→"布局"选项，然后在对话框右侧的各下拉列表中均选取"已授权"选项，修改结果如图 14-32 所示。

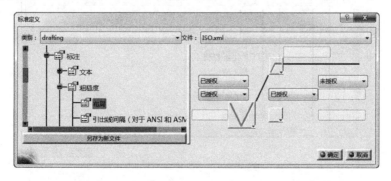

图 14-32　设置粗糙度符号时的"标准定义"对话框

（10）截面标注修改。

① 修改截面标注字体名称。在"标准定义"对话框"标准"结构树中，依次展开并选择"ISO"→"样式"→"截面标注"→"Default"→"文本"→"字体"→"名称"选项，然后在对话框右侧"名称"中输入需要系统默认的字体名称"Times New Roman"，如图 14-33 所示。

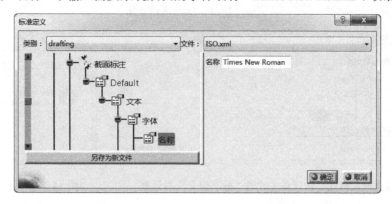

图 14-33　修改截面标注字体名称时的"标准定义"对话框

② 修改截面标注字体为斜体。在"标准定义"对话框"标准"结构树中，依次展开并选择"ISO"→"样式"→"截面标注"→"Default"→"文本"→"字体"→"斜体"选项，然后在对话框右侧"斜体"下拉列表中选择"是"选项，如图 14-34 所示。

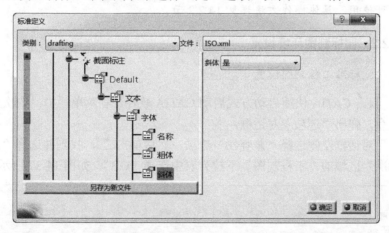

图 14-34　修改截面标注字体为斜体标注时的"标准定义"对话框

③ 设置截面标注字体倾斜度。在"标准定义"对话框"标准"结构树中，依次展开并选择"ISO"→"样式"→"截面标注"→"Default"→"文本"→"字体"→"倾斜度"选项，然后在对话框右侧"倾斜度"文本框中输入倾斜度值"15"，系统默认单位"度"，如图 14-35 所示。

（11）修改文件保存。

当工程图中的各选项设置完成后，在"标准定义"对话框中单击"确定"，弹出如图 14-36 所示的"信息"对话框。在该对话框中单击"确定"，"ISO"标准文件将保存在"D:\cat_env"中一个新建的名为"drafting"的文件夹中。

（12）所设置的标准文件的修改和移动。

打开"D:\cat_env\drafting"文件夹，将"标准文件"文件名由"ISO.xml"重命名为"GB.xml"，

并将该文件复制到"X：\Dassault systemes\B21\intel_a\resources\standard \drafting"中，其中"X"代表 CATIA 所在的安装路径。

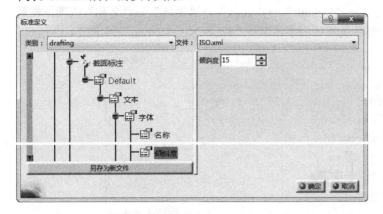

图 14-35 设置截面标注字体倾斜度时的"标准定义"对话框

图 14-36 "信息"对话框

资源包"Exercise\14\14.2"文件夹中提供了一个已经完成设置的 CATIA 工程图标准文件"GB.xml"，该文件配置基本符合我国国家标准。用户也可以将该文件复制到上述路径中的"drafting"文件夹中。

⚠【注意】以上所创建的标准文件"GB.xml"并不能立即被 CATIA 所使用，需要设置工程图环境后才可使用，具体操作方法详见 14.2.2 节。

14.2.2 国标制图环境设置

1. 标准工程制图设置

双击 CATIA 快捷启动方式启动 CATIA 软件，在菜单栏中，依次选择"工具"→"选项"命令，弹出"选项"对话框。

在"选项"对话框左侧选择"兼容性"选项，然后单击 ，找到并选择"IGES 2D"选项卡，在"标准"区域的"工程制图"下拉列表中选择"GB"，如图 14-37 所示。

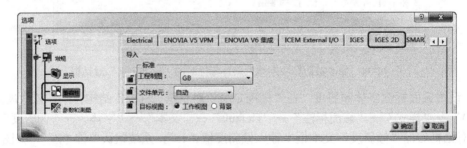

图 14-37 设置工程制图默认标准的"选项"对话框

2. 视图布局设置

在"选项"对话框左侧的选项区中依次选择"机械设计"→"工程制图"选项，然后选择"布局"选项卡，取消激活"视图名称"和"缩放系数"两个复选框，因为 CATIA 工程图的视图名称和显示比例不符合国标，如图 14-38 所示。

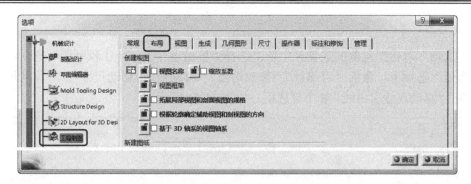

图 14-38　"布局"选项区

3. 视图显示模式设置

在"选项"对话框左侧的选项区中依次选择"机械设计"→"工程制图"选项,然后选择"视图"选项卡,激活"生成轴""生成螺纹""生成中心线""生成圆角""应用 3D 规格"五个复选框,如图 14-39 所示。

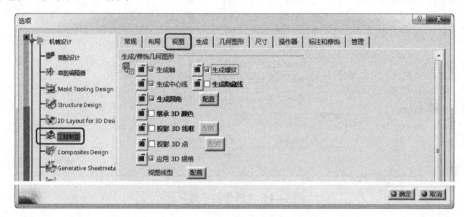

图 14-39　"视图"选项区

4. 尺寸生成模式设置

在"选项"对话框左侧的选项区中依次选择"机械设计"→"工程制图"选项,然后选择"生成"选项卡,激活"生成前过滤"和"生成后分析"复选框,如图 14-40 所示。

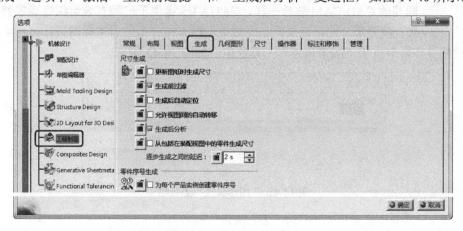

图 14-40　"生成"选项区

5. 操作器设置

在"选项"对话框左侧的选项区中依次选择"机械设计"→"工程制图"选项，然后选择"操作器"选项卡，激活"可缩放""修改消隐""移动值""移动尺寸线""移动尺寸线次要零部件""移动尺寸引出线"6个复选框，如图 14-41 所示。

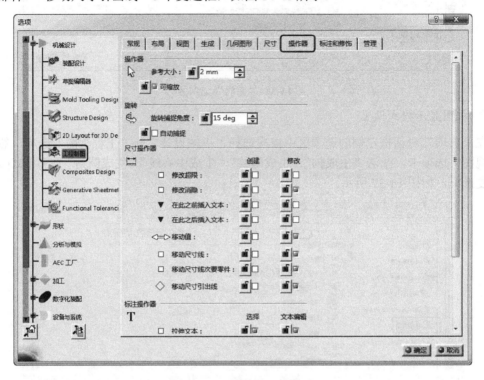

图 14-41 "操作器"选项区

6. 保存修改

设置完成后，单击"确定"，保存 CATIA 工程图操作环境设置，完成制图环境的设置。

14.2.3 图层的设置

同其他 CAD/CAM 软件一样，CATIA V5 提供了一种有效组织管理零部件要素的手段，就是层。它可以快速、有效地组织、管理和应用工程图设计过程中的各种操作。层的操作命令位于"图形属性"工具栏中，如图 14-42 所示。

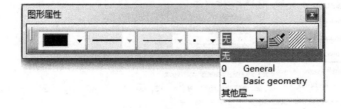

图 14-42 "图形属性"工具栏

1. 基本概念

图层可看作透明的纸，绘图时可使用多张透明重叠的纸。每一层上可设定默认的一种标注类型，如表面粗糙度标注、尺寸标注、焊接标注等。有了图层，就可以将一张图上不同特征的标注分别画在不同的层上。通过可视化过滤器，对所有共同特征的要素进行显示、隐藏等操作，同时组织层中的模型要素用层来简化显示，这样不仅可以提高可视化程度，又便于管理和修改，极大地提高工作效率。

"图层属性"工具栏通常位于绘图窗口上部菜单栏下方，也可能在最初界面中不显示，要使之显示，只需在工具栏区右击，在弹出的快捷菜单中通过向上或向下箭头找到并激活"图形属性"复选框。

2. 图层的性质

（1）在一个 CATIA 工程图中，最多可创建 999 个层，但每个图层上定义的标注数量没有限制。

（2）每个图层可定义一个名称，加以区别。当开始创建一张新图时，CATIA 自动创建名为"0 General"和"1 Basic geometry"两个图层，这两个图层为系统自带图层，既不能改名，也不能删除。其他图层名称需由用户自定义，可以包括中文、英文、数字或专用符号"#""_"等。

（3）一般情况下，一个图层上的对象只定义一种特征标注。

（4）虽然 CATIA 可以创建多个图层，但只能在当前图层上绘图，所以在绘制前要首先确认所要使用的层。

（5）图层可以通过可视化过滤器的操作进行图层的显示和隐藏。合理关闭一些图层可以使绘图或看图时显得更加清楚。

3. 图层的创建

图层的基本操作包括新建图层、图层的改名和指定当前图层等。

下面将详细介绍如何进入层操作界面和创建新层的一般操作步骤，具体如下。

（1）在"图形属性"工具栏中打开"无"下拉菜单，选择"其他层"选项（图 14-42），弹出"已命名的层"对话框，如图 14-43 所示。

（2）单击"已命名的层"对话框中的"新建"，系统将在对话框编号列表中创建一个编号为"2"的新层，然后在新建层的名称处单击，将其重新命名为"形位公差"，如图 14-44 所示，最后单击"确定"，完成新层的创建。

图 14-43　"已命名的层"对话框

图 14-44　添加新层

4. 在图层中添加项目

工程图中的内容，如视图、尺寸标注、基准符号、形状与位置公差、表面粗糙度等，称为层的"项目"。将项目添加到图层中存在两种情况：一种是绘制前先选定层，之后在相应图层中绘制，这样可以直接将所绘制的项目添加到层中；另外一种是先绘制工程图项目，之后再将项目添加到层中。绘图前通过选定图层再将项目添加到层中的方法比较简单，在此不再赘述。

【例 14-1】绘制项目后将项目添加到层中。

打开资源包中的本例工程图文件，出现检视窗工程图文件，以检视窗正视图为例，如图 14-45 所示。

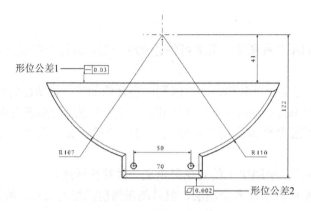

图 14-45 检视窗零件图

（1）创建"形位公差"层和"尺寸标注"层，方法参见 14.2.3 节"3.图层的创建"。

（2）按住 Ctrl 键，选中图 14-45 所示的两个形位公差，然后在"图形属性"工具栏的"无"下拉列表中选择"2 形位公差"层，将形位公差全部放置到"2 形位公差"层中。

（3）先在图纸空白处单击，以取消选择步骤（2）操作所选中的形位公差，同样方法，再按住 Ctrl 键，选取图 14-45 中 6 个尺寸标注，然后在"图形属性"工具栏的"无"下拉列表中选择"3 尺寸标注"层，将尺寸标注全部放置到"3 尺寸标注"层中。

5. 层的可视化操作

如果将某个层设置为"过滤"状态，则其他层中的项目在工程图中将被隐藏。

【例 14-2】过滤器设置的一般操作步骤。

打开资源包中的本例工程图文件，其正视图参见图 14-45。

（1）在菜单栏中，依次选择"工具"→"可视化过滤器"命令，弹出"可视化过滤器"对话框，如图 14-46 所示。

（2）在"可视化过滤器"对话框中单击对话框右侧"新建"，弹出"可视化过滤器编辑器"对话框，如图 14-47 所示。

图 14-46 所示的"可视化过滤器"对话框中列出各图层过滤器的名称，每个过滤器对应一种可视化规则。对话框中各部分功能介绍如下。

① 全部可视：选中此选项，系统将自动应用默认的当前过滤器"全部可视"，它允许查看文档的全部内容，此过滤器无法删除。

图 14-46　"可视化过滤器"对话框　　　　图 14-47　"可视化过滤器编辑器"对话框

② 只有当前层可视：选择此选项卡，系统将自动应用默认的当前过滤器"只有当前图层可视"，它允许查看文档的当前图层的内容，此过滤器无法删除。

③ 新建：单击此按钮，弹出"可视化过滤器编辑器"对话框，创建新的过滤规则。

④ 删除：单击此按钮，可以将当前选中的过滤器删除，且只能对过滤器列表中新建的过滤器起作用，而无法删除"全部可视"和"只有当前图层可视"这两项。

⑤ 编辑：单击此按钮，可以对当前选中的过滤器进行编辑，修改过滤规则，且只能对过滤器列表中新建的过滤器起作用，而无法编辑"全部可视"和"只有当前图层可视"这两项。

新建过滤器后，单击某一过滤器，间隔 1s 左右再次单击此过滤器，可以进行过滤器名称的修改。

图 14-47 所示的"可视化过滤器编辑器"对话框：此对话框允许新建并修改过滤器。对话框中各部分功能介绍如下。

① 过滤器运算符：此列表框包含可使用的运算符：=、! =、>、<、<=、>=。系统默认运算符为"="。

② 图层选择框：以图层的序号作为唯一的运算依据进行图层的选择，如系统自带的"1 Basic geometry"层中的"1"是图层序号。

③ And：此按钮允许用户添加"并"关系条件的图层。例如，若输入 Layer>0 & Layer<4，则表示显示序号大于 0 并且序号小于 4 的图层，即显示图层 1~3 中的内容。

④ Or：此按钮允许用户添加"或"关系条件的图层。例如，若输入 Layer<2 + Layer=3，则表示显示序号小于 2 或序号等于 3 的图层，即显示图层 0~1 和图层 3 中的内容。

（3）在"可视化过滤器编辑器"对话框的"过滤器运算符"列表框中选择"="运算符，在"图层选择框"列表框中选择"2 形位公差"选项，如图 14-48 所示，然后单击对话框的"确定"，过滤器名称列表中增加名为"过滤器 001"的过滤器。选中"过滤器 001"间隔 1s 后再次单击它，此时将其重命名为"显示形位公差"，如图 14-49 所示。

图 14-48　"可视化过滤器编辑器"对话框　　　　图 14-49　"可视化过滤器"对话框

（4）在"可视化过滤器"过滤器名称列表中选中"显示形位公差"选项，并单击"应用"，则图形区中只显示"2 形位公差"层的项目，其他层中的对象则被隐藏，如图 14-50（a）、（b）

所示可视化过滤前后的不同。图 14-50 中，由于图形元素没有设置层，所以层的可视化操作对其无效。

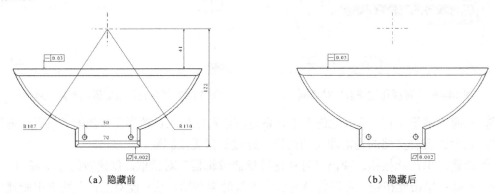

（a）隐藏前　　　　　　　　　　　　　（b）隐藏后

图 14-50　设置层的隐藏

（5）单击"可视化过滤器"对话框的"确定"，完成层的可视化操作。

14.2.4　图纸格式及图框设置

在 CATIA 中，系统提供了几种常用的"制图标准"、"幅面大小"及"横向"、"纵向"两种图纸放置方向。因此，在绘图过程中，用户可以根据需要选择所需的图纸格式。

1. 图纸格式设置

图纸格式设置过程是在"页面设置"对话框中完成的，其一般操作步骤如下。
（1）在菜单栏中，依次选择"文件"→"页面设置"命令，弹出"页面设置"对话框。
（2）在"标准"下拉列表中可以选择制图标准，如选择"GB"标准，如图 14-51 所示。
（3）在"图纸样式"下拉列表中可以选择图纸幅面，如选择"A4 ISO"，如图 14-52 所示。
（4）在"图纸样式"区域，可以选择图纸方向，如选择"横向"，如图 14-53 所示。
（5）单击"确定"，完成图纸格式设置。

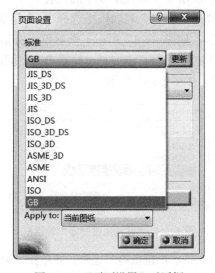　　

图 14-51　"页面设置"对话框　　　　图 14-52　"页面设置"对话框

图 14-53 "图纸样式"选项区

2. 图框设置

当格式设置完成后，该图纸的图框也应确定，但 CATIA 工程制图并不具有图框，因此需另行添加。

CATIA 工程制图中，添加图框的方法有三种，分别为手动绘制图框、插入图框和自动生成图框。下面将简要介绍这三种添加图框的方法。

（1）手动绘制图框。手动绘制图框是指按照国标规定的尺寸，绘制图框线，完成图框的添加。这种方法直观明了，易于操作，但是每绘制一张工程图就需要绘制一次图框，效率不高。具体操作方法参见 16.8.3 节"手动绘制标题栏"。

（2）插入图框。插入图框是指将已保存好的工程图中的图框插入新建的工程图中。这种方法的前提是已保存好的工程图中存在图框，并且图框是在"图纸背景"界面中绘制的。这种方法相对于手动绘制图框更方便。具体操作方法参见 16.8.3 节"2.标题栏插入"。

（3）自动生成图框。自动生成图框是指使用宏命令自动完成图框的绘制。宏命令自动化程度高，运行稳定，并且 CATIA 调用宏命令的操作也比较简便，所以较为常用。

由于图框与标题栏都在"图纸背景"界面进行绘制，所以通常将图框与标题栏的插入过程合并到一起，具体操作方法参见 16.8.3 节"3.自动生成标题栏"。

第 15 章　机件的表达

> **导读**

- ◆ 机件的基本表达形式
- ◆ 常用视图的表达方式和创建方法
- ◆ 剖视图及区域填充创建方法
- ◆ 断面图、局部视图、轴测图等其他视图表达方法
- ◆ 视图更新、移动、隐藏、复制等操作

15.1　概　　述

　　在工程制图中，将机件向多面投影体系的各投影面做正投影所得的图形称为视图。视图主要是用于表达机件外部结构形状，对机件不可见的结构形状在必要时用虚线画出。采用正六面体的六个面称为基本投影面，将机件放入其中，按第一角投影法分别向六个基本投影面投射，可得到六个基本视图。其名称分别定义为主视图（由前向后投影得到的视图）、俯视图（由上向下投影得到的视图）、左视图（由左向右投影得到的视图）、右视图（由右向左投影得到的视图）、仰视图（由下向上投影得到的视图）、后视图（由后向前投影得到的视图），六个基本视图的配置关系如图 15-1（a）所示。

　　当某视图不能按投影关系配置时，可按向视图绘制。向视图是可自由配置的视图，如图 15-1（b）所示，绘图时应在向视图上方标注 "*X*"（"*X*" 为大写拉丁字母）。在相应视图的附近用箭头指明投射方向，并标注相同的字母。图 15-1（b）是将图 15-1（a）中的右视图、仰视图和后视图三个视图画成 *A*、*B*、*C* 三个向视图，并自由配置在图纸的适当位置。

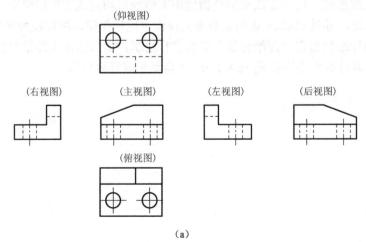

（a）

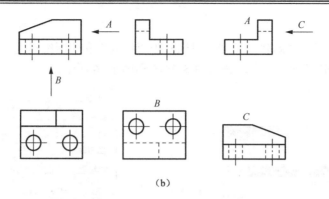

（b）

图 15-1　基本视图配置形式

在工程制图里，除了上述六个基本视图，还包括轴测图、剖视图、断裂视图、局部放大图和辅助视图等。各类视图的组合又可以得到许多的视图类型。

CATIA V5 工程制图工作台并没有为了创建各种视图而单独提供一一对应的命令工具，而是只须插入基本视图，通过基本视图创建局部放大图、剖视图、断裂视图等其他视图。另外，CATIA 工程制图不仅可以通过视图属性对话框修改视图的角度、比例、名称、显示模式等，还可以对视图进行隐藏、显示、删除、复制、粘贴及锁定等操作。可以说，在视图"属性"对话框中几乎包括了创建工程图视图的所有内容，使得创建不同视图的步骤与方法统一起来。

15.2　常用视图的创建

15.2.1　正视图

正视图是工程图中最为重要的视图，因为通常情况下，它能较多地反映组合体的形体特征及其相对位置。在 CATIA 绘制工程制图过程中，应当首先确定和创建正视图，因为其他视图均是以正视图为基准创建的。

【例 15-1】创建正视图。

打开资源包中的本例文件，出现左壳体零件三维模型文件，如图 15-2 所示。

1. 新建图纸

（1）在菜单栏中，依次选择"文件"→"新建"命令，或在"标准"工具栏中直接单击"新建" □，弹出"新建"对话框，如图 15-3 所示。

（2）在"新建"对话框"类型列表"列表框中选择"Drawing"选项。

（3）单击"确定"，弹出"新建工程图"对话框，如图 15-4 所示。

图 15-2　左壳体零件三维模型图

（4）在"标准"下拉列表中选择"GB"选项，在"图纸样式"下拉列表中选择"A2 ISO"选项，"图纸方向"选择"横向"，如图 15-4 所示。用户也可根据需要自行设置。

（5）单击"确定"，进入 CATIA 工程制图工作台，新建一张工程图图纸，工作窗口参见

图 14-2。

下面对图 15-4 所示"新建工程图"对话框中"标准"和"图纸样式"下拉列表中各选项进行简要介绍。展开两下拉列表，分别如图 15-5 和图 15-6 所示。

图 15-3 "新建"对话框

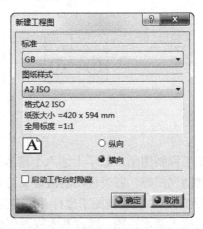

图 15-4 "新建工程图"对话框

图 15-5 "标准"下拉列表

图 15-6 "图纸样式"下拉列表

在"标准"下拉列表中，列举出了目前国际上几种具有代表性的工程图标准。

① ANSI：美国国家标准化组织标准。

② ASME：美国机械工程师协会标准。

③ ISO：国际标准化组织标准。

④ JIS：日本工业标准。

⑤ GB：中国国家标准。

在默认安装的 CATIA 系统中不存在中国国家标准，但其配置文件已在第 14 章中进行了详细介绍，具体创建方法和操作步骤参见 14.2 节。

在"图纸样式"下拉列表中，给出几种常用的图纸样式。在此，推荐采用基本幅面 A0、A1、A2、A3、A4。

图纸方向是指图纸的放置形式，包括纵向和横向两种。

① 纵向：选中该选项，表示纵向放置图纸。

② 横向：选中该选项，表示横向放置图纸。

2. 正视图创建

（1）在菜单栏中，依次选择"插入"→"视图"→"投影"→"高级正视图"命令，或在"视图"→"投影"工具栏中直接单击"高级正视图"![icon]，弹出"视图参数"对话框，如图 15-7 所示。

　　另一种方法是在菜单栏中，依次选择"插入"→"视图"→"投影"→"正视图"命令，或在"视图"→"投影"工具栏中直接单击"正视图"![icon]来创建正视图。其中"高级正视图"与"正视图"两项命令的区别在于是否弹出"视图参数"对话框，若使用"正视图"命令则不弹出"视图参数"对话框，其后续操作步骤完全相同。

（2）在"视图名称"和"标度"列表框中可以修改视图的名称和比例，此例中采用默认设置，单击"确定"。

　　若采用"正视图"命令创建，虽然没有弹出"视图参数"对话框，但在视图创建后，同样可以对视图名称和比例进行修改，其修改方法将在后续章节中进行详细介绍。

（3）根据提示栏"在 3D 几何图形上选择参考平面"的提示，在菜单栏中，依次选择"窗口"→"1.zuoketi.CATPart"选项，将工作窗口切换至左壳体零件设计工作台，如图 15-8 所示。

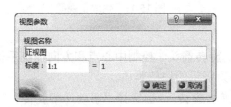

图 15-7　"视图参数"对话框　　　　　图 15-8　切换窗口至零件设计工作台

（4）在零件设计工作台左壳体"结构树"中，选择"zx"平面作为投影平面，系统自动将窗口切换到工程制图工作台，产生正视图预览图，如图 15-9 所示。

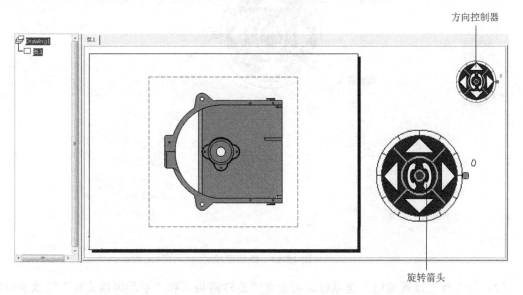

图 15-9　工程图显示窗口

※【提示】用户也可以根据需要选取一点和一条直线、两条不平行的直线、3 个不共线的

点或其他平面来确定投影平面。

（5）根据提示栏"单击图纸生成视图，或使用箭头重新定义视图方向"的提示，可改变视图的摆放角度，连续单击 3 次逆时针旋转箭头，使正视图预览图逆时针旋转 90°竖直放置，如图 15-10 所示。

（6）在绘图区中任意位置单击以放置正视图，完成正视图的创建，结果如图 15-11 所示。

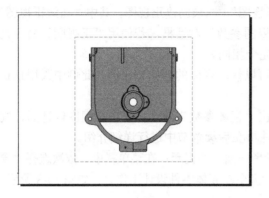
图 15-10　调整视图摆放角度

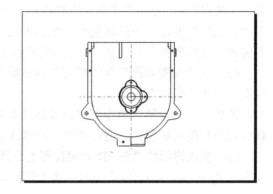
图 15-11　生成正视图

下面对方向控制器的使用进行详细介绍。

如图 15-12 所示，方向控制器主要由翻转按钮、旋转箭头、控制中心点和方向控制手柄 4 部分构成。右击方向控制手柄，弹出如图 15-13（a）所示的快捷菜单。

（1）如图 15-13 所示，系统默认选项为"手动递增旋转"，当选择"手动递增旋转"时，可以通过旋转"方向控制手柄"来调整视图的放置方向，每次旋转的角度为"设置递增"选项中所设定的值。

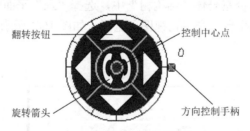
图 15-12　方向控制器

（a）

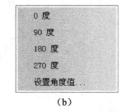
（b）

图 15-13　快捷菜单

（2）当选择"设置递增"选项时，可设置"旋转箭头"和"手动递增旋转"每次旋转的步进值。选择后，弹出"递增设置"对话框，如图 15-14 所示，系统默认递增值为"30"。用户也可根据需要自行设置递增角度。

（3）当选择"设置当前角度为"选项时，展开其子菜单，给出几个视图的放置角度，参见图 15-13（b）。当选择不同角度时，视图会以不同方向放置，如图 15-15 所示。用户也可通过"设置角度值"选项来自定义任意角度放置视图。

（4）当选择"自动旋转"选项时，方向控制器圆周上的角度分隔环将去除，可通过手动旋转"方向控制手柄"来自定义视图放置角度，其旋转步进值为"1°"。

图 15-14　"递增设置"对话框

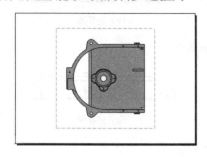

（a）0° 放置

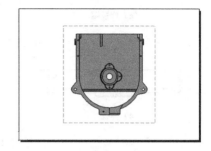

（b）90° 放置

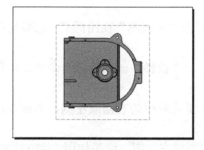

（c）180° 放置

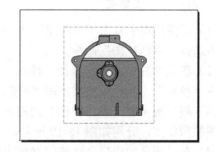

（d）270° 放置

图 15-15　设置视图放置角度

15.2.2　投影视图

投影视图是以一个视图为基准向某个方向进行投射而形成的视图，其中包括仰视图、俯视图、左视图、右视图和后视图。

【例 15-2】创建投影视图。

打开资源包中的本例文件，分别出现左壳体零件三维模型文件和工程图文件，如图 15-2 和图 15-16 所示。

1．仰、俯视图创建

（1）在左壳体正视图文件图纸树中，双击"正视图"，或在绘图区中右击"正视图"视图框架，在弹出的快捷菜单中选择"激活视图"命令。

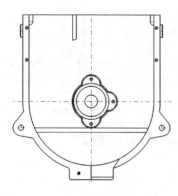

图 15-16　正视图

　❀【技巧】若所打开的视图中无图纸树，用户可按键盘上的 F3 键，将图纸树显示出来，再次按下，又可将其隐藏。若视图中无视图框架，可在"可视化"工具栏中直接单击"显示为每个视图指定的视图框架" ，将其显示出来。

（2）在菜单栏中，依次选择"插入"→"视图"→"投影"→"投影"命令，或在"视图"→"投影"工具栏中直接单击"投影" 🔲。

（3）根据提示栏"单击视图"的提示，移动鼠标至正视图的上方或下方，生成仰视图或俯视图的预览图，如图 15-17 所示。

（4）在绘图区中选择合适的位置单击以生成仰视图或俯视图，结果如图 15-18 所示。

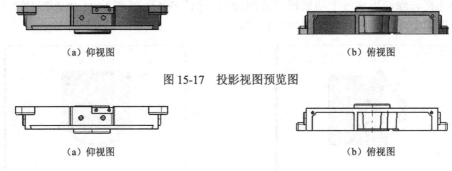

（a）仰视图　　　　　　　　　　　　　　　（b）俯视图

图 15-17　投影视图预览图

（a）仰视图　　　　　　　　　　　　　　　（b）俯视图

图 15-18　生成投影视图

2. 左、右视图创建

（1）在图纸树中双击"正视图"，或在绘图区中右击"正视图"视图框架，在弹出的快捷菜单中选择"激活视图"命令。

（2）在菜单栏中，依次选择"插入"→"视图"→"投影"→"投影"命令，或在"视图"→"投影"工具栏中直接单击"投影" 🔲。

（3）根据提示栏"单击视图"的提示，移动鼠标至正视图的右侧或左侧，生成左视图或右视图的预览图，分别如图 15-19 所示。

（4）在绘图区中选择合适的位置单击以生成左视图或右视图，结果如图 15-20 所示。

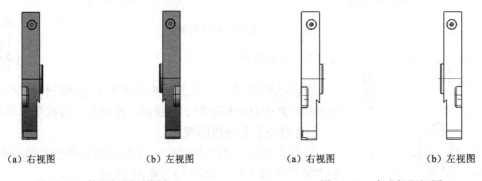

（a）右视图　　　　（b）左视图　　　　　　　（a）右视图　　　　（b）左视图

图 15-19　投影视图预览图　　　　　　　图 15-20　生成投影视图

3. 后视图创建

仰视图、俯视图、左视图和右视图都是以正视图为参考对象来创建的，而后视图则是以左视图或右视图为参考对象来创建。因此，需要激活"左视图"或"右视图"才可以创建。

（1）在图纸树中双击"左视图"，或在绘图区中右击"左视图"视图框架，在弹出的快捷菜单中选择"激活视图"命令。

（2）在工程制图工作台菜单栏中，依次选择"插入"→"视图"→"投影"→"投影"

命令，或在"视图"→"投影"工具栏中直接单击"投影" 。

（3）将鼠标移至左视图的右侧，可观察到生成的后视图预览图，如图 15-21 所示。

（4）在绘图区中左视图右侧合适位置处，单击用以生成后视图，结果如图 15-22 所示。

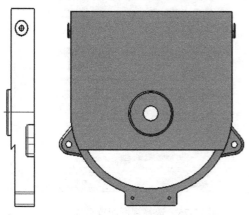

图 15-21　生成后视图预览图　　　　　　　图 15-22　生成后视图

15.2.3　快速创建基本视图

在 CATIA 工程制图中，提供了快速创建基本视图命令，其简单、高效的制图模式被广大用户所认可。通过使用该命令，可以一次性生成多个视图，大大减少了制图时间，提高了工作效率。

【例 15-3】创建正、俯、左 3 个基本视图以及轴测图。

打开资源包中的本例文件，出现检视窗零件三维模型文件，如图 15-23 所示。

1. 新建图纸

（1）在菜单栏中，依次选择"文件"→"新建"命令，或在"标准"工具栏中直接单击"新建" ，弹出"新建"对话框。

（2）在"新建"对话框"类型列表"列表框中选择"Drawing"选项。

（3）单击"确定"，弹出"新建工程图"对话框。

（4）在"标准"下拉列表中选择"GB"选项，在"图纸样式"下拉列表中选择"A3 ISO"选项，"图纸方向"选择"横向"，用户也可根据需要自行设置。

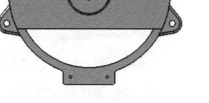

图 15-23　检视窗零件三维模型图

（5）单击"确定"，新建一张工程图图纸。

2. 基本视图创建

（1）在菜单栏中，依次选择"插入"→"视图"→"向导"→"向导"命令，或在"视图"→"向导"工具栏中直接单击"视图创建向导" ，弹出"视图向导（步骤 1/2）：预定义配置"对话框，如图 15-24 所示。

（2）在"视图向导（步骤 1/2）：预定义配置"对话框中单击"使用第一角投影方法的配

置 3" 🔲，此时会在预览区中显示 3 个视图，分别为正视图、俯视图和左视图，如图 15-25 所示。用户也可根据需要自行选择其他视图配置形式。

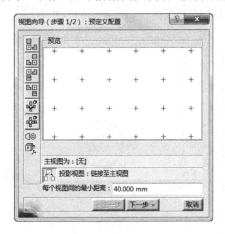

图 15-24 "视图向导"对话框

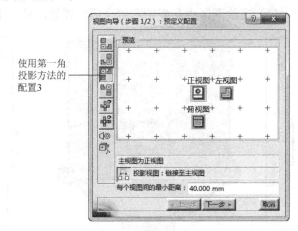

图 15-25 选择视图配置形式

（3）在"视图向导（步骤 1/2）：布置配置"对话框中，每个视图间的最小距离采用默认值"40mm"，然后单击"下一步"，弹出"视图向导（步骤 2/2）：布置配置"对话框，如图 15-26 所示。

（4）单击如图 15-26 所示的"等轴测视图" 🔲，将光标移至三视图右下方位置，单击以放置轴测图，结果如图 15-27 所示。然后单击"完成"，完成所要创建视图的布局形式。

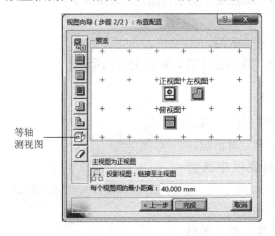

图 15-26 "视图向导"对话框

图 15-27 添加轴测视图

（5）根据提示栏"在 3D 几何图形上选择参考平面"的提示，在菜单栏中，依次选择"窗口"→"1.jianshichuang.CATPart"选项，将窗口切换至检视窗零件设计工作台。

（6）选取"yz"平面或参见图 15-23 所示零件模型中所指平面作为投影平面，选定后，返回至工程制图工作台。

（7）根据提示栏"单击图纸生成视图，或使用箭头重新定义视图方向"的提示，在绘图区中任意位置处单击用以完成 3 个基本视图和一个等轴测视图的创建。

（8）移动"正视图"视图框架，调整视图位置，使其全部位于工程图纸内部，完成基本视图的快速创建，结果如图 15-28 所示。

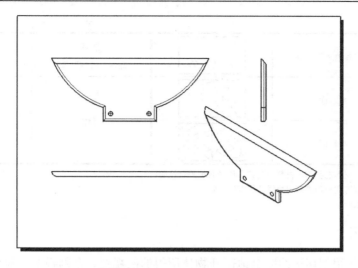

图 15-28　快速创建基本视图

15.3　剖视图的创建

　　为了清楚地表达机件的内部形状，假想用剖切面剖开物体，将处在观察者和剖切面之间的部分移去，其余部分向投影面投射所得的图形，称为剖视图。剖视图主要用于表达机件中不可见的结构形状。当视图中存在虚线与虚线、虚线与实线重叠而难以用视图表达机件的不可见部分的形状时，以及当视图中虚线过多，影响清晰读图和标注尺寸时，常用剖视图表达。剖视图主要分为全剖视图、半剖视图、局部剖视图、斜剖视图、阶梯剖视图和旋转剖视图等几类。

　　假想用剖切面剖开零件，剖切面与零件的接触部分称为剖面区域。应在剖面区域中填充剖面符号用以表示该零件的材料类别，如表 15-1 所示。若不需要表示材料类别时，剖面符号也可按习惯剖面线表示。在机械制图中，常用的金属材质剖面线应以适当角度的同方向、等间距的细实线绘制，最好与主要轮廓线或剖面区域的对称线成 45°。在零件图中，各个剖面区域中的剖面线的方向和间距必须一致；在装配图中，同一零件的各个剖面区域应使用相同的剖面线，相邻零件的剖面线应该使用方向不同或间距不同的剖面线。

表 15-1　常用工程材料剖面符号

金属材料 （已有规定剖面符号者除外）		木质胶合板 （不分层数）	
线圈绕组元件		基础周围的泥土	
转子、电枢、变压器和电抗器等的 叠钢片		混凝土	
非金属材料 （已有规定剖面符号者除外）		钢筋混凝土	
型砂、填砂、粉末冶金、砂轮、陶瓷刀 片、硬质合金刀片等		砖	

玻璃及供观察用的其他透明材料		╱╱ ╱╱ ╱╱ ╱╱ ╱╱ ╱╱	格网 （筛网、过滤网等）	▬▬▬▬
木材	纵剖面		液体	
	横剖面			

注：① 剖面符号仅表示材料的类别，材料的名称和代号必须另行注明；
② 叠钢片的剖面线方向应与束装中叠钢片的方向一致；
③ 液面用细实线绘制。

15.3.1 全剖视图

全剖视图是指用剖切平面完全地剖开物体所得的剖视图。全剖视图一般用于表达在投射方向上不对称机件的内部结构形状；或对称机件，但外形简单，不需要保留的机件外部结构形状。

【例 15-4】创建全剖视图。

打开资源包中的本例文件，出现左壳体工程图文件和零件三维模型文件，分别如图 15-29（a）、（b）所示。

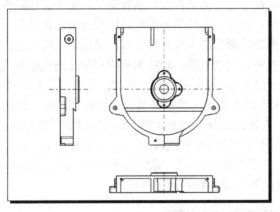

（a）工程图文件

（b）零件三维模型文件

图 15-29 左壳体工程图文件和零件三维模型文件

（1）在图纸树中双击"正视图"，或在绘图区中右击"正视图"视图框架，在弹出的快捷菜单中选择"激活视图"命令。

（2）在菜单栏中，依次选择"插入"→"视图"→"截面"→"偏移剖视图"命令，或直接在"视图"→"截面"工具栏中直接单击"偏移剖视图" ⊞。

（3）根据提示栏"选择起点、圆弧边或轴线"的提示，绘制如图 15-30（a）所示的剖切线，双击结束剖切线绘制。

（4）移动鼠标至主视图右侧合适位置处，单击用以生成全剖视图，结果如图 15-30（b）所示。

在绘制剖切线时，需注意以下两点。

（1）剖切线可以通过任意两点确定，也可以通过选择圆弧、轴线等确定。当选择圆弧时，

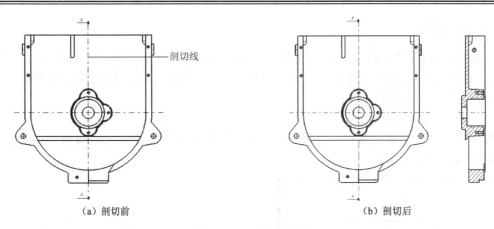

（a）剖切前	（b）剖切后

图 15-30　创建全剖视图

出现一条通过圆弧圆心的剖切线，即剖切线的一端由系统自动给出，另一个端点由用户给定。选择轴线时，剖切线的一端由系统自动给出，为轴线的方向，另一个端点由用户给定。绘制结束后双击可以结束剖切线的绘制。

（2）选中命令后，根据提示栏"选择起点、圆弧边或轴线"的提示，单击确定第一点后，弹出"工具控制板"工具栏，其由平行、垂直、角度和偏移四个命令按钮组成，如图 15-31（a）所示。

在绘制剖面线时，要熟练运用此工具栏来帮助我们绘制剖面线。其操作使用方法如下。

（1）若选中"平行" ⁄⁄ ，系统默认选中命令，单击图中任意一参考线，那么会使所绘制的剖切线与此参考线平行。

（2）若选中"垂直" ⊥ ，单击图中任意一参考线，会使所绘制的剖切线与参考线垂直。

（3）若选中"角度" ∠ ，"工具控制板"自动展开"角度输入框"，如图 15-31（b）所示，在该文本框内可输入角度值，然后单击图中任意一条参考线，会使所绘制的剖切线与参考线成一定角度绘制。

（4）若选中"偏移" ⊢⊣ ，"工具控制板"自动展开"偏移输入框"，如图 15-31（c）所示，在该文本框内可输入偏移值，然后单击图中某一参考线，会使所绘制的剖切线与该参考线偏移一定的距离。

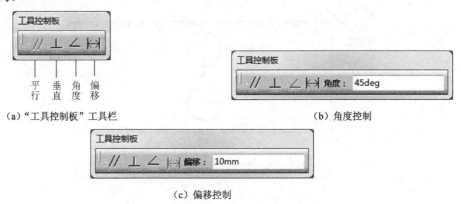

（a）"工具控制板"工具栏	（b）角度控制

（c）偏移控制

图 15-31　"工具控制板"工具栏

默认状态下所生成的剖面线与水平方向夹角为 30°，用户可以通过修改剖面线属性来修改剖面线的线型、线宽以及与水平方向的夹角等，具体操作方法将在 15.3.7 节中详细叙述。

15.3.2 半剖视图

半剖视图是指当物体具有对称平面时，以对称平面为界，用剖切面剖开机件的一半所得的剖视图。这样的表达方法既可以表达机件的内部结构形状，又可以兼顾表达机件的外部结构形状，也是较为常用的一种视图表达方法。

【例 15-5】创建半剖视图。

打开资源包中的本例文件，出现排种器上盖工程图文件和部装三维模型文件，分别如图 15-32（a）、（b）所示。

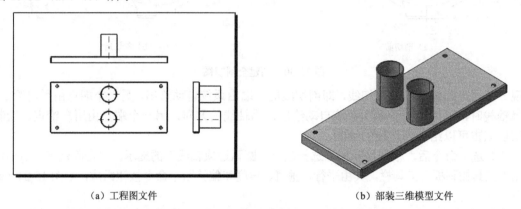

（a）工程图文件　　　　　　　　　　　　　　　　（b）部装三维模型文件

图 15-32　上盖工程图文件和部装三维模型文件

（1）在图纸树中双击"正视图"，或在绘图区中右击"正视图"视图框架，在弹出的快捷菜单中选择"激活视图"命令。

（2）在菜单栏中，依次选择"插入"→"视图"→"截面"→"偏移剖视图"命令，或在"视图"→"截面"工具栏中直接单击"偏移剖视图" 🔲 。

（3）根据提示栏"选择起点、圆弧边或轴线"的提示，绘制如图 15-33（a）所示的 3 段剖切线，双击结束剖切线绘制，绘制方法参见 15.3.1 节剖切线的绘制。

（4）在绘图区选择合适的位置，单击生成半剖视图，结果如图 15-33（b）所示。

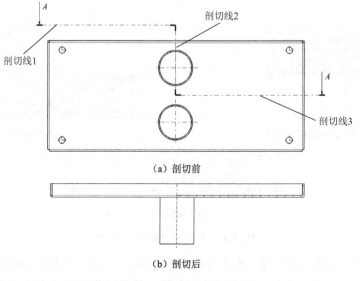

（a）剖切前

（b）剖切后

图 15-33　创建半剖视图

15.3.3　局部剖视图

局部剖视图是用剖切平面局部剖开物体所得的剖视图。这种表示法一般用于表达机件局部的内部结构形状，或用于不宜采用全、半剖视图表达的地方，如轴、连杆、螺钉等实心零件上的某些孔、槽等部位。

【例 15-6】创建局部剖视图。

打开资源包中的本例文件，出现左壳体工程图文件和零件三维模型文件，参见图 15-29。

（1）在图纸树中双击"正视图"，或在绘图区中右击"正视图"视图框架，在弹出的快捷菜单中选择"激活视图"命令。

（2）在菜单栏中，依次选择"插入"→"视图"→"断开视图"→"剖面视图"命令，或在"视图"→"断开视图"工具栏中直接单击"剖面视图" 🔲。

（3）根据提示栏"单击第一点"和"单击点或双击结束轮廓定义"的提示，绘制如图 15-34（a）所示的矩形剖切线。绘制方法参见 15.3.1 节剖切线的绘制。弹出"3D 查看器"窗口，然后将窗口中的剖切面拖动至合适的剖切位置，如图 15-35 所示。

（4）单击"确定"，完成局部剖视图的创建，结果如图 15-34（b）所示。

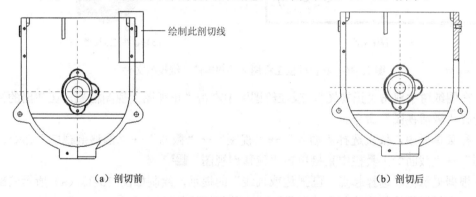

（a）剖切前　　　　　　　　　　　　　　　　　　（b）剖切后

图 15-34　创建局部剖视图

图 15-35　"3D 查看器"窗口

15.3.4 斜剖视图

斜剖视图是用不平行于任何基本投影面的剖切平面剖开物体所得的剖视图。斜剖视图与全剖视图剖切方法基本相同，区别在于前者的剖切线不与坐标轴平行或垂直。

【例 15-7】创建斜剖视图。

打开资源包中的本例文件，出现右护种板工程图文件和零件三维模型文件，如图 15-36 所示。

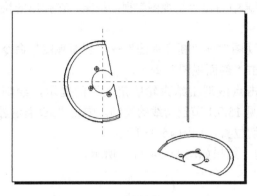
（a）工程图文件

（b）零件三维模型文件

图 15-36　右护种板工程图文件和零件三维模型文件

（1）在图纸树中双击"正视图"，或在绘图区中右击"正视图"视图框架，在弹出的快捷菜单中选择"激活视图"命令。

（2）在菜单栏中，依次选择"插入"→"视图"→"截面"→"偏移剖视图"命令，或在"视图"→"截面"工具栏中直接单击"偏移剖视图" ▦ 。

（3）根据提示栏"选择起点、圆弧边或轴线"的提示，绘制如图 15-37（a）所示的剖切线，双击结束剖切线绘制，绘制方法参见 15.3.1 节剖切线的绘制。

（4）移动鼠标至正视图的左下方，在绘图区中选择合适的位置，单击以生成斜剖视图，结果如图 15-37（b）所示。

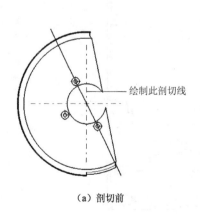
（a）剖切前

绘制此剖切线

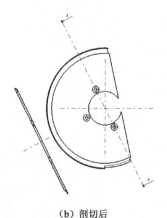
（b）剖切后

图 15-37　创建斜剖视图

15.3.5　阶梯剖视图

阶梯剖视图是用几个平行的剖切平面剖开物体所得的视图。阶梯剖视图与半剖视图剖切方法基本相同，只是剖切面选取的位置不同。

【例 15-8】创建阶梯剖视图。

打开资源包中的本例文件，出现左壳体工程图文件和零件三维模型文件，参见图 15-29。

（1）在图纸树中双击"正视图"，或在视图区中右击"正视图"视图框架，在弹出的快捷菜单中选择"激活视图"命令。

（2）在菜单栏中，依次选择"插入"→"视图"→"截面"→"偏移剖视图"命令，或单击"视图"→"截面"工具栏中直接单击"偏移剖视图" 🔳 。

（3）绘制如图 15-38（a）所示的 3 段剖切线，绘制结束后双击结束剖切线的绘制。

（4）移动鼠标至正视图的右侧，然后在绘图区中选择合适的位置，单击用以生成阶梯剖视图，结果如图 15-38（b）所示。

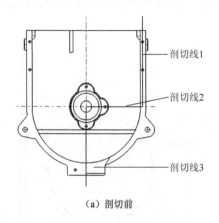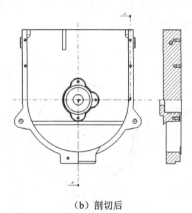

（a）剖切前　　　　　　　　　　　（b）剖切后

图 15-38　创建阶梯剖视图

15.3.6　旋转剖视图

旋转剖视图是用几个相交的剖切平面剖开物体所得到的视图。采用这种方法创建剖视图时，是先假想按剖切位置剖开机件，然后将被剖开的结构旋转到平行于投影平面的位置，再进行投射。

【例 15-9】创建旋转剖视图。

打开资源包中的本例文件，出现右壳体侧板工程图文件和零件三维模型文件，分别如图 15-39（a）、（b）所示。

（1）在图纸树中双击"正视图"，或在绘图区中右击"正视图"视图框架，在弹出的快捷菜单中选择"激活视图"命令。

（2）在菜单栏中，依次选择"插入"→"视图"→"截面"→"对齐剖视图"命令，或在"视图"→"截面"工具栏中直接单击"对齐剖视图" 🔳 。

（3）绘制 3 段剖切线。图 15-40（a）中剖切线的绘制顺序为自上向下，图 15-40（b）中剖切线的绘制顺序为自下向上，二者的区别在于剖切线展开的方向不同。绘制结束后，双击结束剖切线的绘制。绘制剖切线时，要熟练运用弹出的"工具控制板"工具栏，其使用方法

详见 15.3.1 节。

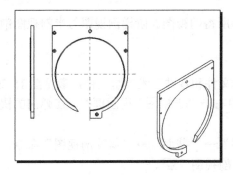

（a）工程图文件

（b）零件三维模型文件

图 15-39　右壳体侧板工程图文件和零件三维模型文件

（4）移动鼠标至正视图下方，在绘图区中选择合适的位置，单击用以生成旋转剖视图，结果如图 15-40 所示。

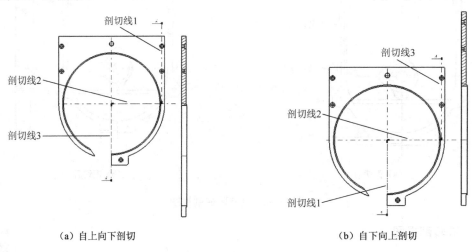

（a）自上向下剖切　　　　　　　　　　　　　　　　（b）自下向上剖切

图 15-40　创建旋转剖视图

15.3.7　区域填充

区域填充是指在图纸闭合区域内填充某种颜色或图案，该闭合区域可以是由使用"几何图形创建"工具栏中的命令绘制而成，也可以是由系统自动生成视图的边线所组成。

1.　区域填充创建

在 CATIA 工程制图中，根据闭合区域选取的方法不同，分为"自动检测填充法"和"选择轮廓填充法"。

1）自动检测填充法

自动检测填充法是指根据单击的位置自动检测要填充的区域进行填充的方法。

【例 15-10】自动检测填充。

打开资源包中的本例文件，出现自动检测填充工程图文件，如图 15-41（a）所示。

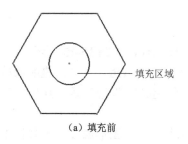
（a）填充前

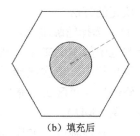
（b）填充后

图 15-41　区域填充

（1）在菜单栏中，依次选择"插入"→"修饰"→"区域填充"→"创建区域填充"命令，或在"修饰"→"区域填充"工具栏中直接单击"创建区域填充" ，弹出"工具控制板"工具栏，如图 15-42 所示。

图 15-42　"工具控制板"工具栏

（2）在"工具控制板"工具栏中激活"自动检测" ，该命令按钮在系统默认状态下为激活状态。然后在"图形属性"工具栏中，展开"阵列" 下拉菜单，系统将自动弹出"阵列选择器"对话框，如图 15-43 所示。在该对话框中有"阴影""加点""着色""图片"等多种剖面样式可供选择，用户可根据需要选择所需的剖面样式。

（3）根据提示栏"在您想要填充的区域中单击"的提示，单击如图 15-41（a）所示的圆形填充区域，生成剖面线，结果如图 15-41（b）所示。

如需对之前所选剖面线图案进行修改，可双击该剖面线，弹出"属性"对话框，如图 15-44 所示，在此对话框"阵列"选项卡中，可以编辑剖面线的线型、角度、间距等属性，在预览区可以看到剖面线的预览图。

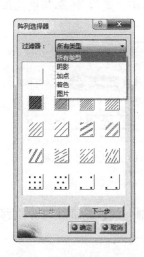

图 15-43　"阵列选择器"对话框

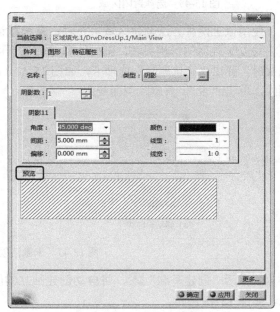

图 15-44　"属性"对话框

2）选择轮廓填充法

选择轮廓填充法是指先选择构成要填充区域闭合轮廓的所有 2D 元素，然后在该区域内单

击后再进行填充的方法。

【例 15-11】选择轮廓填充。

打开资源包中的本例文件，出现选择轮廓填充工程图文件，如图 15-45 所示。

（1）在菜单栏中，依次选择"插入"→"修饰"→"区域填充"→"创建区域填充"命令，或在"修饰"→"区域填充"工具栏中直接单击"创建区域填充" ♥，弹出"工具控制板"工具栏（图 15-42）。

（2）在"工具控制板"工具栏中激活"选择轮廓" ☜，在"图形属性"工具栏中，展开"阵列" ▨ 下拉菜单，系统将自动弹出"阵列选择器"对话框（图 15-43），在该对话框中选择所需的剖面线样式。

（3）根据提示栏"选择元素，它们将组成您想要填充区域的边界，然后在该区域中单击。"的提示，依次选取如图 15-45 所示的 1～6 条边线以及圆 1，然后单击图 15-45 所示的填充区域，生成剖面线，结果如图 15-46 所示。需要注意的是，区域填充不能应用于非闭合轮廓，所以要确保所有元素都相交且闭合。

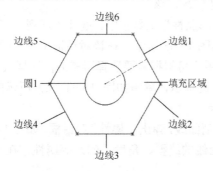

图 15-45　选择封闭区域

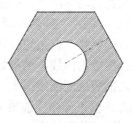

图 15-46　生成剖面线

使用以上两种方法创建区域填充时，系统默认情况下均未激活"创建基准" ⚡，区域填充将与 2D 几何图形相关联，剖面线和轮廓线不可单独移动，如图 15-47（a）所示。删除剖面线时，弹出"确认删除"选项卡，如图 15-47（b）所示，单击"是"，轮廓与剖面线同时被删除，单击"否"，只删除剖面线。

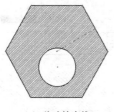

（a）移动轮廓线　　　　　　　　　　（b）"确认删除"提示框

图 15-47　未激活创建基准按钮

若激活"创建基准" ⚡，将自动创建独立的区域填充，剖面线或轮廓线可分别移动或删除，如图 15-48 所示。

2. 区域填充修改

创建区域填充后，如对所填剖面样式感觉不理想或填充区域选择有误，可通过"修改区域填充"命令来修改区域填充，定义区域填充是独立还是关联等。

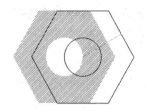
（a）移动剖面线

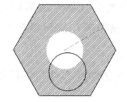
（b）移动轮廓线

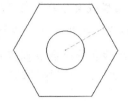
（c）删除剖面线

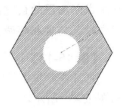
（d）删除轮廓线

图 15-48　激活创建基准按钮

【例 15-12】修改区域填充。

打开资源包中的本例文件，出现如图 15-49（a）所示的工程图文件。

（1）在菜单栏中，依次选择"插入"→"修饰"→"区域填充"→"修改区域填充"命令，或在"修饰"→"区域填充"工具栏中直接单击"修改区域填充" 。

（2）根据提示栏"选择要修改的区域填充"的提示，单击要修改的剖面线，弹出"工具控制板"工具栏（图 15-42）。

（3）根据提示栏"在您想要填充的区域中单击"的提示，选择剖面样式，然后单击要重新选择填充的区域，此例中选择除圆形轮廓以外的其他区域，生成剖面线，如图 15-49（b）所示。

（a）修改前

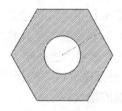
（b）修改后

图 15-49　修改区域填充

⚠️**【注意】**此命令相当于重新创建填充区域，用户可根据需要自行选择自动检测法或轮廓选择法来重新选择需要填充的区域。还可以重新定义创建基准是否激活，来定义区域填充是独立还是关联参数，详细操作步骤参见 15.3.7 节相关内容。

15.4　其他视图表达方法

15.4.1　断面图

断面图主要用来表达机件某部分截断面的形状，它是假想用剖切面把机件的某处切断，仅画出截断面的图形，这样的图形称为断面图。这种视图常用在只需表达零件断面的情况下，不仅使得工程图的表达更加简单，而且使视图所表达的零件结构清晰。在断面图中，机件和剖切面接触的部分称为剖面区域。依照国家规定，在剖面区域内也要画上剖面符号，不同材料类型需用不同的剖面符号填充，此部分内容在 15.3 节已作详细介绍，在此不再赘述，剖面符号参见表 15-1。

👆**【难点】**在 CATIA 工程图中，可通过"偏移截面分割"或"对齐截面分割"两个命令

来完成断面图的创建。"偏移截面分割"与"对齐截面分割"的不同之处在于，当绘制多条剖切线时，前者相邻两段剖切线互相垂直，而后者相邻两段剖切线可为任意角度线。

【例15-13】运用偏移截面分割命令创建断面图。

打开资源包中的本例文件，出现排种轴工程图文件和零件三维模型文件，分别如图 15-50 和图 15-51 所示。

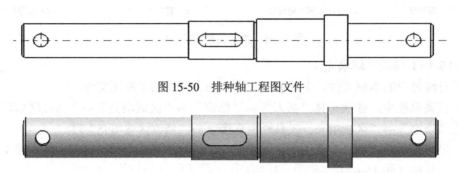

图 15-50 排种轴工程图文件

图 15-51 排种轴零件三维模型文件

（1）在图纸树中双击"正视图"，或在绘图区中右击"正视图"视图框架，在弹出的快捷菜单中选择"激活视图"命令。

（2）在菜单栏中，依次选择"插入"→"视图"→"截面"→"偏移截面分割"命令，或在"视图"→"截面"工具栏中直接单击"偏移截面分割" 按钮。

（3）根据提示栏"选择起点，圆弧边或轴线"的提示，绘制如图 15-52 所示断面线的"第1点"，然后根据提示栏"选择或单击边线"的提示，绘制该图所示断面线的"第2点"，双击完成断面线的绘制。

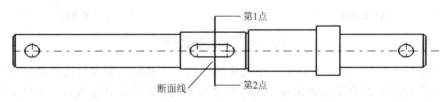

图 15-52 绘制断面线

（4）移动鼠标，将断面图视图预览图移动至正视图左侧，选择合适的位置单击用以放置断面图，结果如图 15-53 所示。

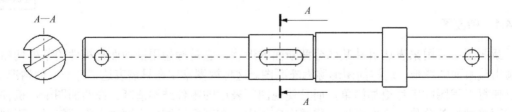

图 15-53 创建断面图

15.4.2 断裂视图

断裂视图是指从工程图中删除选定两线之间的视图部分，将余下的两部分合并成一个带断裂线的视图。采用该表达方法是由于在工程制图中，经常会遇到一些较长机件，如轴、杆、型材、连杆等机件，当它们沿长度方向的形状一致或按一定规律变化时，就可以用断裂视图来表达。

【例 15-14】创建断裂视图。

打开资源包中的本例文件，分别出现排种轴工程图文件和零件三维模型文件，参见图 15-50 和图 15-51。

（1）在图纸树中双击"正视图"，或在绘图区中右键单击"正视图"视图框架，在弹出的快捷菜单中选择"激活视图"命令。

（2）在菜单栏中，依次选择"插入"→"视图"→"断开视图"→"局部视图"命令，或在"视图"→"断开视图"工具栏中直接单击"局部视图" 🔳。

（3）根据提示栏中"在视图中选择一个点以指示第一剖面线的位置"的提示，在排种轴断裂处内部单击一点，用以选择断裂的起始位置。

此时系统出现一条绿色实线和一条绿色虚线，两者相互垂直。其中实线表示断开线，若将鼠标移至虚线上，则实线和虚线可相互转化。

（4）根据提示栏"单击所需的区域以获取垂直剖面或水平剖面"的提示，移动鼠标使第一条断开线即绿色实线所表示的那条线垂直放置，然后单击确定第一条断开线即断裂的起始位置，如图 15-54 所示。

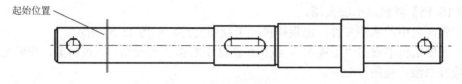

图 15-54　选择断裂起始位置

此时图中出现如图 15-55 所示的两条红色实线，两条红色实线表明需在此区域内选择第二条剖面线。

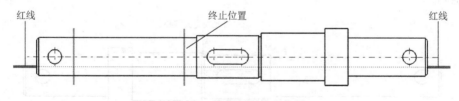

图 15-55　选择断裂终止位置

（5）根据提示栏"在视图中选择一个点以指示第二条剖面线的位置"的提示，移动鼠标使第二条断开线移至所需位置，单击确定第二条断开线的位置，即断裂的终止位置，如图 15-55 所示。

（6）在绘图区中任意位置单击，完成断裂视图的创建，结果如图 15-56 所示。

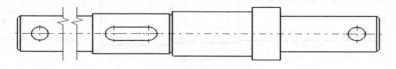

图 15-56　创建断裂视图

15.4.3 局部放大图

局部放大图是指将机件的部分结构用大于原图形的比例所画出的图形。局部放大图可画成视图，也可画成剖视图、断面图，它与被放大部分的表达方式无关。在绘制局部放大图时，应注意以下几点。

（1）局部放大图应尽量配置在被放大部位的附近。

（2）绘制局部放大图时，除螺纹牙型、齿轮和链轮的齿形外，应用细实线圈出被放大的部位。

（3）同一机件上不同部位的局部放大图，当图形相同或对称时，只需画出一个。

（4）当机件上被放大的部分仅一个时，在局部放大图上方只须注明所采用的比例。如果机件上有多处结构被局部放大，还需将细实线圆圈用罗马数字按顺序进行编号，并在相应的局部放大图的上方中间位置处标注出相应的罗马数字和所采用的比例，在罗马数字和比例数字之间用细实线画一条短水平线。

在 CATIA 工程制图中，局部放大图的绘制方法包括详细视图、详细视图轮廓、快速详细视图和快速详细视图轮廓四种。下面以排种轴为例分别介绍应用这四种命令创建局部放大图的一般操作步骤。

1. 详细视图

"详细视图"用于生成圆形区域的局部放大图。

【例 15-15】创建局部放大图。

打开资源包中的本例文件，出现排种轴工程图文件，如图 15-57 所示。

（1）在图纸树中双击"正视图"，或在绘图区中右击"正视图"视图框架，在弹出的快捷菜单中选择"激活视图"命令。

（2）在菜单栏中，依次选择"插入"→"视图"→"详细信息"→"详细信息"命令，或在"视图"→"详细信息"工具栏中直接单击"详细视图" 📖。

（3）根据提示栏"选择一个点或单击以定义圆心"的提示，在如图 15-57 所示位置，单击定义圆心。

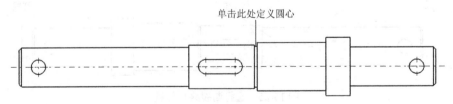

图 15-57　定义放大区域圆心

（4）根据提示栏"选择一点或单击以定义圆半径"的提示，拖动鼠标，绘制圆形放大区域至适当大小，然后单击，确定圆的大小，如图 15-58 所示。

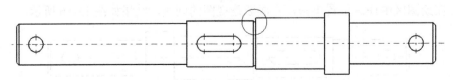

图 15-58　绘制放大区域

（5）移动鼠标，在绘图区中选择合适位置处单击，用以放置使用详细视图命令生成的圆形局部放大图，结果如图 15-59 所示。

2. 详细视图轮廓

"详细视图轮廓"用于生成任意多边形局部放大图。

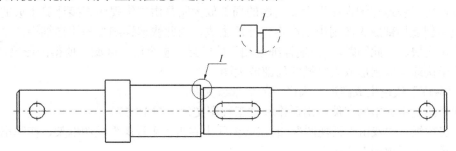

图 15-59　通过详细视图命令生成的局部放大图

【例 15-16】创建任意多边形局部放大图。

打开资源包中的本例文件，出现排种轴工程图文件（图 15-57）。

（1）在图纸树中双击"正视图"，或在绘图区中右击"正视图"视图框架，在弹出的快捷菜单中选择"激活视图"命令。

（2）在菜单栏中，依次选择"插入"→"视图"→"详细信息"→"草绘的详图轮廓"命令，或在"视图"→"详细信息"工具栏中直接单击"详细视图轮廓" 。

（3）根据提示栏"单击点"的提示，绘制如图 15-60 所示多边形轮廓。当确定最后一点时，双击以结束多边形轮廓定义。

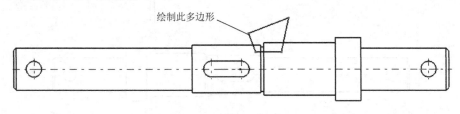

绘制此多边形

图 15-60　定义放大区域

（4）移动鼠标，在绘图区中选择合适位置单击，用以放置使用详细视图轮廓命令生成的多边形局部放大图，如图 15-61 所示。

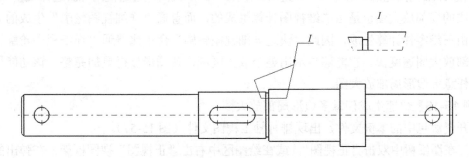

图 15-61　通过详细视图轮廓命令生成的局部放大图

【提示】由图 15-59 和图 15-61 可知，使用"详细视图"命令与"详细视图轮廓"命令生成的局部放大图不同点在于，前者的放大区域是一个圆形放大区域，而后者则是由线段所组成的任意多边形放大区域。

3. 快速详细视图

通过使用"快速详细视图"命令创建的局部放大图是由二维视图直接计算生成的，而普通详细视图创建局部放大图则由三维零件计算生成，因此快速详细视图比详细视图生成的局部放大图速度快。与此同时，"快速详细视图"能够显示整个放大区域，使得图形更加完整。该功能用于快速生成圆形放大区域的局部放大图。

【例 15-17】快速生成圆形放大区域的局部放大图。

打开资源包中的本例文件，出现排种轴工程图文件（图 15-57）。

（1）在图纸树中双击"正视图"，或在绘图区中右击"正视图"视图框架，在弹出的快捷菜单中选择"激活视图"命令。

（2）在菜单栏中，依次选择"插入"→"视图"→"详细信息"→"快速详图"命令，或在"视图"→"详细信息"工具栏中直接单击"快速详细视图" 。

（3）根据提示栏"选择一个点或单击以定义圆心"的提示，单击用以定义圆心（图 15-57）。

（4）根据提示栏"选择一点或单击以定义圆半径"的提示，拖动鼠标，绘制圆形放大区域至适当大小，然后单击，确定放大区域。

（5）移动鼠标，在绘图区中选择合适的位置单击，用以放置使用快速详细视图命令生成的圆形局部放大图，结果如图 15-62 所示。

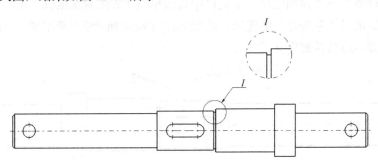

图 15-62　通过快速详细视图命令生成的局部放大图

4. 快速详细视图轮廓

"快速详细视图轮廓"命令与"快速详细视图"命令相同，通过使用"快速详细视图轮廓"命令生成的局部放大图也是由二维视图计算生成的，而普通"详细视图轮廓"生成的局部放大图则由三维零件计算生成，因此"快速详细视图轮廓"命令比普通"详细视图轮廓"命令生成局部放大图速度快。它能够显示出整个放大区域，使图形显得更加完整。该功能用于快速生成任意多边形局部放大图。

【例 15-18】快速生成任意多边形局部放大图。

打开资源包中的本例文件，出现排种轴工程图文件（图 15-57）。

（1）在图纸树中双击"正视图"，或在绘图区中右击"正视图"视图框架，在弹出的快捷菜单中选择"激活视图"命令。

（2）在菜单栏中，依次选择"插入"→"视图"→"详细信息"→"草绘的快速详图轮廓"命令，或在"视图"→"详细信息"工具栏中直接单击"快速详细视图轮廓" 📐 。

（3）根据提示栏"单击点"的提示，绘制如图 15-63 所示多边形。当确定最后一点时，双击以结束多边形轮廓定义。

（4）移动鼠标，在绘图区中选择合适的位置单击，用以放置通过使用快速详细视图轮廓生成的多边形局部放大图，结果如图 15-63 所示。

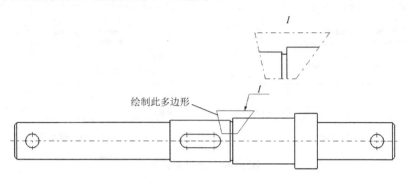

图 15-63　"快速详细视图轮廓"生成的局部放大图

5．修改局部放大图

应用 CATIA 软件自动生成的局部放大图中，系统采用的默认标识是用大写字母 A、B、C 等表示。前面已介绍，这种标识不符合制图规定，需要对其进行修改，应当采用罗马数字进行标识。另外，在生成放大视图时，系统默认放大比例为 $2:1$，如果不满足设计要求，同样可以对其进行修改。

【例 15-19】修改局部放大图。

打开资源包中的本例文件，出现排种轴工程图文件，如图 15-64 所示。

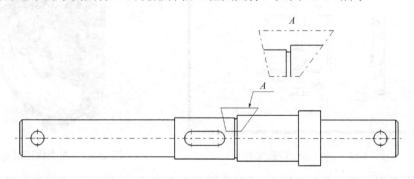

图 15-64　修改前工程图

（1）在图纸树中右击"详图 A"，或在绘图区中右击"详图 A"视图框架，在弹出的快捷菜单中选择"属性"命令，弹出"属性"对话框，如图 15-65（a）所示。

（2）在"属性"对话框"视图"选项卡"比例和方向"区域中，可对放大比例进行修改，在此将"缩放"比例值由 $2:1$ 更改为 $3:1$"。用户也可以根据需要自行更改。

（3）在"视图名称"下的"ID"区域中，将放大标识字母由"A"更改为"I"，修改结果如图 15-65（b）所示。

（4）单击"确定"，完成放大视图比例和标识的修改，结果参见图 15-63。

（a）修改前

（b）修改后

图 15-65　属性对话框

15.4.4　局部视图

将机件的某一部分向基本投影面投射所得到的视图称为局部视图。

【例 15-20】创建局部视图。

打开资源包中的本例文件，分别出现左壳体工程图文件和零件三维模型文件，如图 15-66 和图 15-67 所示。

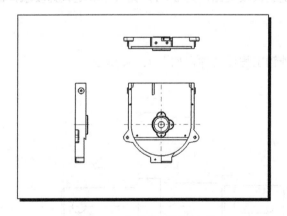

图 15-66　左壳体工程图文件

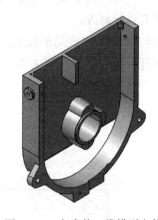

图 15-67　左壳体三维模型文件

（1）在图纸树中双击"仰视图"，或在绘图区中右击"仰视图"视图框架，在弹出的快捷菜单中选择"激活视图"命令。

（2）在菜单栏中，依次选择"插入"→"视图"→"详细信息"→"草绘的快速详图轮廓"命令，或在"视图"→"详细信息"工具栏中直接单击"快速详细视图轮廓" 。

（3）根据提示栏"单击点"的提示，绘制如图 15-68 所示封闭多边形。当确定最后一点时，双击以结束多边形轮廓定义。

（4）移动鼠标，在绘图区中选择合适的位置单击，用以放置使用"快速详细视图轮廓"生成的多边形局部视图，如图 15-69 所示。

（5）在图纸树中右击"详图 A"，或在绘图区中右击"详图 A"视图框架，在弹出的快捷菜单中选择"属性"命令，弹出"属性"对话框，参见图 15-65（a）。

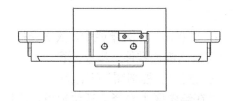

图 15-68　绘制轮廓线

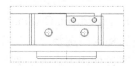

图 15-69　创建局部视图

（6）在"属性"对话框"视图"选项卡"比例和方向"区域中，将"缩放"比例值由"2：1"更改为"1：1"，单击"确定"。

（7）由于仰视图中的信息在其他视图中均可表达清楚，因此可以删除仰视图，使得整张图纸简单明了。在图纸树中右击仰视图，在弹出的快捷菜单中选择"删除"命令，弹出"确认删除"警示框，如图 15-70 所示，单击"确定"，即可删除仰视图。

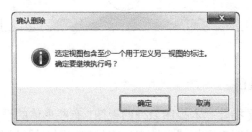

图 15-70　"确认删除"警示框

15.4.5　展开视图

在 CATIA 工程制图中，由于展开视图命令的特殊性，通常情况下是不可用的，因为该功能只能用于生成在"机械设计"→"Generative Sheetmetal Design"工作台中所创建的钣金件的展开视图，而此命令对于在"零件设计"工作台中所创建的零件图是无效的。

【例 15-21】生成展开视图。

打开资源包中的本例文件，出现上盖底座三维模型文件，如图 15-71 所示。

1. 新建图纸

（1）在菜单栏中，依次选择"文件"→"新建"命令，或在"标准"工具栏中直接单击"新建" □，弹出"新建"对话框。

（2）在"新建"对话框"类型列表"中选择"Drawing"选项，单击"确定"，弹出"新建工程图"对话框。在"标准"下拉列表中选择"GB"，"图纸样式"和"图纸方向"可根据需要自行选择，在此示例中选择 A4 图纸，横向放置视图。

图 15-71　上盖底座三维模型图

（3）单击"确定"，新建一张工程图图纸。

2. 展开视图创建

（1）在菜单栏中，依次选择"插入"→"视图"→"投影"→"展开视图"命令，或在"视图"→"投影"工具栏中直接单击"展开视图" 🔲。

（2）根据提示栏"在3D几何图形上选择参考平面"的提示，在菜单栏中，依次选择"窗口"→"1.shanggaidizuo.CATPart"选项，将工作窗口切换到钣金零件三维模型窗口。

（3）在结构树中选择"xy"平面作为投影平面，返回到"工程制图"工作台。

（4）可通过使用方向控制器调整视图放置方向，并在绘图区中选择合适位置单击用以放置视图，结果如图15-72所示。

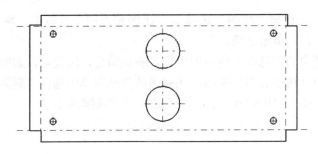

图 15-72　创建展开视图

15.4.6　辅助视图

辅助视图是指除基本视图以外的视图。有些形体的平面与基本投影平面倾斜时需要利用辅助视图来更加清晰地表达实体的构型。辅助视图类似于投影视图，但它是垂直于现有视图中参考元素的展开视图，该参考元素可以是模型的一条边、侧影轮廓线、轴线或草图直线等。辅助视图与源视图的比例相同且保持对齐。

【例15-22】创建辅助视图。

打开资源包中的本例文件，出现左清种舌工程图文件，如图15-73（a）所示。

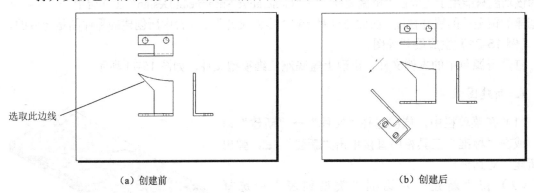

（a）创建前　　　　　　　　　　　　（b）创建后

图 15-73　创建辅助视图

（1）在图纸树中双击"正视图"，或在绘图区中右击"正视图"视图框架，在弹出的快捷菜单中选择"激活视图"命令。

（2）在菜单栏中，依次选择"插入"→"视图"→"投影"→"辅助视图"命令，或在"视图"→"投影"工具栏中直接单击"辅助视图" 🔲。

（3）根据提示栏"选择起点或线性边线以定义方向"的提示，选取图 15-73（a）所示的边线作为投影的参考线。

（4）根据提示栏"单击结束"的提示，沿着垂直参考线的方向移动鼠标，然后选择合适位置处单击，用以生成辅助视图，结果如图 15-73（b）所示。

若想将辅助视图移至其他位置，需要右击所创建的辅助视图视图框架，在弹出的快捷菜单中，设置其"视图定位"方式为"不根据参考视图定位"，然后移动鼠标可将辅助视图移至绘图区中任意位置，其具体操作方法参见 15.5.3 节。

15.4.7　轴测视图

轴测视图是用平行投影法将物体连同确定该物体的直角坐标系一起，沿不平行于任一坐标平面的方向投射到一个投影面上所得到的图形。轴测视图属于单面平行投影视图，它能反映立体的正面、侧面和水平面的形状。由于其立体感较强，便于读图，所以在工程设计和工业生产中通常作为辅助图样添加到图纸上。

🔍【重点】轴测视图具有两条基本特性：①相互平行的两直线，其投影仍持平行；②空间平行于某坐标轴的线段，其投影长度等于该坐标轴的轴向伸缩系数与线段长度的乘积。

【例 15-23】创建轴测视图。

打开资源包中的本例文件，分别出现左清种舌零件三维模型文件和工程图文件，如图 15-74 所示。

（a）三维模型图

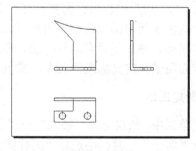
（b）工程图

图 15-74　左清种舌三维模型图和工程图

（1）在菜单栏中，依次选择"插入"→"视图"→"投影"→"等轴测视图"命令，或在"视图"→"投影"工具栏中直接单击"等轴测视图" 🔲 。

（2）根据提示栏"在 3D 几何图形上选择参考平面"的提示，依次选择下拉列表"窗口"→"1.zuoqingzhongshe.CATPart"选项，将工作窗口切换到左清种舌零件设计工作台。

（3）在左清种舌三维零件模型上的任意位置处单击，返回至工程制图工作台，显示出轴测图预览图，如图 15-75 所示。

由于表达的需要，所创建轴测图的视角方位并不唯一，用户可先在零件设计工作台将零件图摆放至需要的视角方位，再在工程制图工作台中创建等轴测视图。这种方法方便、灵活，可将零件图以任意视角方位形成轴测视图摆放到工程图中，以适应不同的表达要求。在此，推荐采用创建正等轴测图进行表达。

（4）在生成过程中，可通过"方向控制器"进行角度方位的调整，其具体操作方法参见15.2.1 节中方向控制器的使用。还可通过"属性"对话框修改视图比例，其具体修改方法参

见 15.5.6 节 "3.视图比例修改"，在此不再赘述。

（5）在绘图区中，拖动视图框架，将轴测图移至合适位置后单击用以创建轴测视图，创建后如图 15-76 所示。

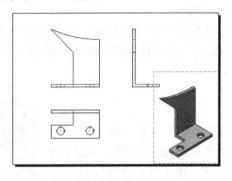
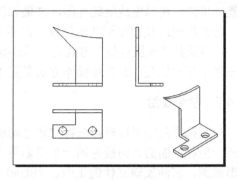

图 15-75　轴测图创建预览　　　　　　　　　图 15-76　轴测图创建结果

15.5　视图的操作

15.5.1　增加新页

在工程实践中，有时用一张图纸不能完全清楚地表达零部件结构，需要多张图纸。用户可以根据需要，在一个工程图中增加一页或多页图纸，CATIA 工程制图工作平台提供了新建图纸命令，用户可以十分方便、快速地增加图纸，新增加的图纸样式与原有样式相同。增加新页有两种方法，即新建图纸和新建详图，二者的区别在于新建详图中的视图建立用于自定义标准件入库，或重用图形入库。

1. 新建图纸

在菜单栏中，依次选择"插入"→"工程图"→"图纸"→"新建图纸"命令，或在"工程图"→"图纸"工具栏中选择"新建图纸" □，图纸树中显示新增加的页号，新建的一张图纸自动命名为"页.2"，如图 15-77 所示。

2. 新建详图

在菜单栏中，依次选择"插入"→"工程图"→"图纸"→"新建详图"命令，或在"工程图"→"图纸"工具栏中选择"新建详图" □，在图纸树中显示新增详图的页号，新建的一张详图自动命名为"页.2（细节）"，如图 15-78 所示。

图 15-77　新建图纸　　　　　　　　　图 15-78　新建详图

15.5.2　视图的更新

在设计过程中，由于设计的需要，可能要经常对三维模型进行修改。然而，当三维模型的外形或者尺寸发生变化后，那么之前通过三维模型所生成的工程图并不会发生变化，这时就需要通过更新视图来修改二维图形的样式及尺寸大小，使之与修改后的三维模型表达一致。

【例 15-24】更新视图。

打开资源包中的本例文件，出现左清种舌零件三维模型文件和工程图文件，分别如图 15-79 和图 15-80 所示。

图 15-79　左清种舌零件三维模型图

图 15-80　左清种舌工程图

（1）在菜单栏中，依次选择"窗口"→"1.zuoqingzhongshe.CATPart"命令，将窗口换到左清种舌三维零件设计工作窗口。

（2）在零件设计工作台结构树中，展开"零部件几何体"的节点。

（3）双击"凸台.1"特征选项，弹出"定义凸台"对话框，将"长度"文本框内数值"35"改为"40"，如图 15-81 所示。然后单击"确定"。

（a）更改前　　　　　　　　　　　　　　　　　（b）更改后

图 15-81　更改凸台拉伸长度

（4）在零件设计工作台结构树上，右击"凹槽 5"在弹出的快捷菜单中选择"删除"命令，将左清种舌上的凹槽删除。

（5）在菜单栏中，依次选择"窗口"→"2.zuoqingzhongshe.CATDrawing"命令，将窗口切换到 CATIA 工程制图工作台。这时可以观察到，工程制图图纸树的图标发生变化，在每一

行左下角都有一刷新命令符号 ，如图 15-82 所示。

（a）修改前　　　　　　　　　　　　　　（b）修改后

图 15-82　左清种舌工程图图纸树变化

（6）在菜单栏中，依次选择"编辑"→"更新当前图纸"命令，或直接单击"更新当前图纸" ，将视图进行更新，更新后的零件三维模型图和二维工程图分别如图 15-83（a）、（b）所示。

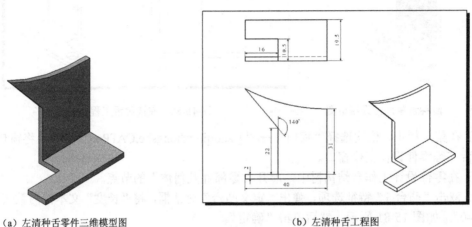

（a）左清种舌零件三维模型图　　　　　　　　（b）左清种舌工程图

图 15-83　更新后的左清种舌零件三维模型图和工程图

（7）调整和删除多余尺寸。如发现更新后的尺寸位置不合适，可通过拖动该尺寸进行位置调整。

⚠【注意】在完成修改更新后需要保存工程图时，应先保存零件三维模型文件再保存工程图文件，否则系统将会报错。

15.5.3　视图的移动与旋转

当工程图创建完成后，若某个视图在图纸上的位置不合适，如各视图间间距过大或过小，就需要对视图进行移动，使之放置到合适的位置。视图的移动有以下两种方法。

1. 视图框架移动

【例 15-25】移动视图框架。

打开资源包中的本例文件，出现检视窗工程图文件，如图 15-84（a）所示。

（1）将鼠标停放在"左视图"的视图框架上，用户也可根据需要将鼠标放在其他要移动的视图框架上。若窗口中没有显示视图框架，可以单击"可视化"工具栏中的"显示为每个视图指定的视图框架" ，视图框架可显示在工程图上。

（2）当光标变成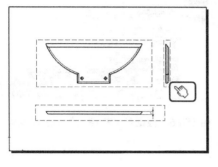时，如图 15-84（a）所示，拖动视图至合适位置，结果如图 15-84（b）所示。

由于系统默认是"根据参考视图定位"，遵循"长对正、高平齐、宽相等"的原则，当移动投影视图时，只能做横向或纵向移动，此时主视图及其他视图不随之移动。但当移动主视图时，由主视图生成的其他投影视图均会随着主视图的移动而移动，如图 15-84（c）所示。

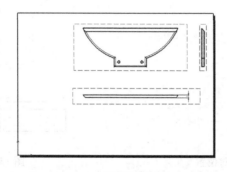

（a）移动前　　　　　　　　　　　　　（b）移动后

（c）移动主视图

图 15-84　通过视图框架移动视图

【提示】 有时创建完成投影视图时，为了布局合理的需要，要使某个投影视图向其他位置移动，而不根据参考视图定位布置，那么就需要解除参考视图定位后，再进行视图的移动。

下面以检视窗为例介绍解除和锁定参考视图定位的一般操作步骤。

（1）解除参考视图定位。在图纸树中右击"⊞左视图"，在弹出的快捷菜单中，依次选择"视图定位"→"不根据参考视图定位"命令，如图 15-85 所示。然后通过移动某视图框架，将视图移动至绘图区中任意位置。

（2）锁定参考视图定位。在图纸树中右击"⊞左视图"，在弹出的快捷菜单中，依次选择"视图定位"→"根据参考视图定位"命令，如图 15-86 所示。所移动的视图又会自动与主视图对齐放置。

2. 相对位置设置

【例 15-26】 通过设置相对位置进行视图移动。

打开资源包中的本例文件，出现左清种舌工程图文件，如图 15-87 所示。

（1）在图纸树中右击"⊞左视图"，在弹出的快捷菜单中，依次选择"视图定位"→"设

置相对位置"命令。视图中随即出现相对位置控制器，如图 15-87 所示。

（2）根据提示栏"在图纸上单击结束命令，或使用操作器更改视图位置"的提示，将鼠标移至操纵器的"移动控制点"处并按住鼠标左键，移动鼠标将左视图绕中心点旋转进行移动，当将视图移动至合适位置时，松开鼠标左键，结果如图 15-88 所示。

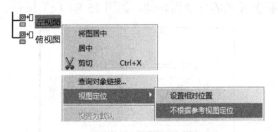

图 15-85　不根据参考视图定位的选取过程

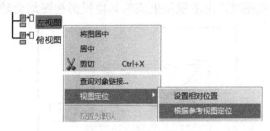

图 15-86　根据参考视图定位的选取过程

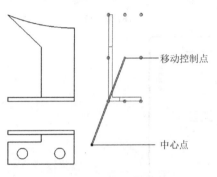

图 15-87　设置相对位置

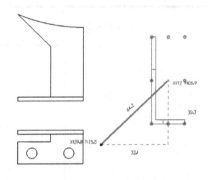

图 15-88　移动视图

若只通过系统当前给定的移动控制点对视图进行移动，有时不能满足需求，我们可以更改移动控制点。如图 15-89 所示，单击左视图右下角控制手柄，将该控制手柄设置为移动控制点，结果如图 15-90 所示。同样可通过移动控制点将视图移至合适位置，在绘图区任意空白区域单击，关闭操作器，完成移动视图的操作。

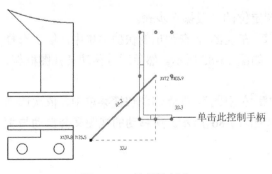

图 15-89　选择控制点

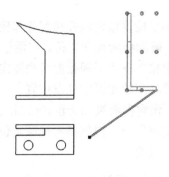

图 15-90　更改控制点

3．视图对齐

若基本视图创建后发生了移动，可通过"使用元素对齐视图"命令来使视图重新对齐。

【例 15-27】视图对齐。

打开资源包中的本例文件，出现左清种舌工程图文件，如图 15-91（a）所示。

（1）在图纸树中右击"▦◨左视图"，在弹出的快捷菜单中依次选择"视图定位"→"使用元素对齐视图"命令。

（2）根据提示栏"选择要对齐或叠加的第一个元素（直线、圆或点）"的提示，选取图 15-91（a）所示的"边线 1"作为第一对齐元素，然后根据提示栏"选择要对齐或叠加的第二个元素，确保它与第一个元素的类型相同"的提示，选取如图 15-91（a）所示的"边线2"作为第二对齐元素，此时完成视图的对齐，结果如图 15-91（b）所示。

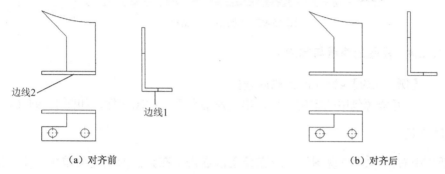

（a）对齐前　　　　　　　　　　　　　　　（b）对齐后

图 15-91　视图的对齐

4. 视图的旋转

当基本视图创建后，若想将某个视图旋转一定的角度，可通过更改视图属性来实现。

【例 15-28】旋转视图。

打开资源包中的本例文件，出现左清种舌工程图文件，如图 15-92（a）所示。

（1）在图纸树中右击"▦◨左视图"，或在绘图区中右击"左视图"视图框架，弹出快捷菜单，在弹出的快捷菜单中选择"属性"命令，弹出"属性"对话框。

（2）在"视图"选项卡"比例和方向"标签下的"角度"文本框中输入要旋转的角度值，在此输入"45"，系统默认单位为 deg（度），不用手动输入，如图 15-93 所示，表示将视图逆时针旋转 45°。用户也可根据需要自行设置。

（3）单击"确定"，旋转结果如图 15-92（b）所示。

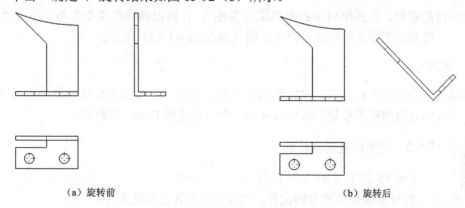

（a）旋转前　　　　　　　　　　　　　　　（b）旋转后

图 15-92　视图的旋转

图 15-93 "属性"对话框

15.5.4 视图的隐藏与删除

【例 15-29】隐藏/显示/删除视图。

打开资源包中的本例文件，出现左清种舌工程图文件，如图 15-94（a）所示。

1. 视图隐藏

在图纸树中右击"▨□左视图"，或在绘图区右击，在弹出的快捷菜单中单击"隐藏/显示"命令，结果如图 15-94（b）所示。

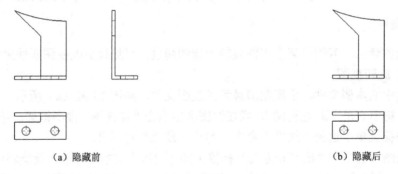

（a）隐藏前 　　　　　　　　　　　　　　　　　（b）隐藏后

图 15-94 隐藏视图

2. 视图显示

视图被隐藏后，在图纸树中右击"▨□左视图"，在弹出的快捷菜单中再次单击"隐藏/显示"命令，隐藏的视图就可以显示出来，结果如图 15-94（a）所示。

3. 视图删除

若想将某个视图进行删除，在图纸树中右击该视图，在弹出的快捷菜单中选择"删除"命令，或双击该视图视图框架，选中该视图，然后直接按 Delete 键删除。

15.5.5 视图的复制与粘贴

【例 15-30】复制/粘贴视图。

打开资源包中的本例文件，出现左清种舌工程图文件。

（1）在图纸树中右击"▨□正视图"，在弹出的快捷菜单中选择"复制"命令。

（2）在图纸树中右击"□页.1"，在弹出的快捷菜单中选择"粘贴"命令，此时在图纸树的节点下会生成一个新的节点"□正视图[2]"，如图 15-95（a）所示。

（3）由于复制的视图会与原视图重合在一起，需要对其进行移动，将鼠标停放在视图框架上，当出现选择提示图标👆，拖动视图至合适位置，复制粘贴后结果如图 15-95（b）所示。

（a）图纸树变化

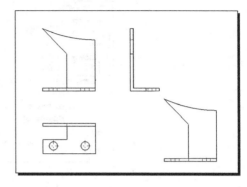

（b）复制粘贴后

图 15-95　复制与粘贴视图

15.5.6　视图的属性修改

1. 视图的显示模式

视图的显示模式是指根据需要设置生成视图的形式，使其可以自动添加轴线、中心线、螺纹线、圆角等元素。在 CATIA 工程制图工作台中，可通过"属性"对话框来设置和修改视图的显示模式。

【例 15-31】设置视图显示模式。

打开资源包中的本例文件，出现左壳体工程图文件，如图 15-96（a）所示。

（1）在图纸树中右击"□左视图"，在弹出的快捷菜单中选择"属性"命令，弹出"属性"对话框，如图 15-97 所示。

（2）单击"视图"选项卡，在"视图"选项卡的"修饰"区域中，激活"轴"复选框。

（3）单击"确定"，完成自动显示"轴线"操作，结果如图 15-96（b）所示。

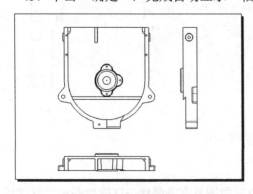

（a）无轴线显示模式

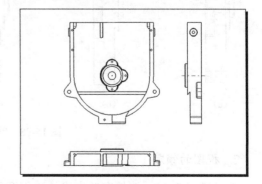

（b）轴线显示模式

图 15-96　修改视图的显示模式

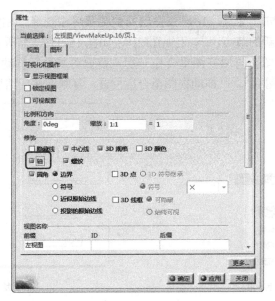

图 15-97 "属性"对话框

如图 15-97 所示,其中几种常用的显示模式介绍如下。

① 隐藏线:激活该复选框,用于显示不可见边线并以虚线显示,如图 15-98(a)所示。

② 中心线:激活该复选框,用于显示视图中的中心线,如图 15-98(b)所示。

③ 3D 规范:激活该复选框,只显示视图中的可见边线;如图 15-98(c)所示。

④ 3D 颜色:激活该复选框,视图中线条颜色显示为 3D 模型的颜色,如图 15-98(d)所示。

⑤ 螺纹:激活该复选框,用于显示视图中具有螺纹特征的螺纹线,如图 15-98(e)所示。

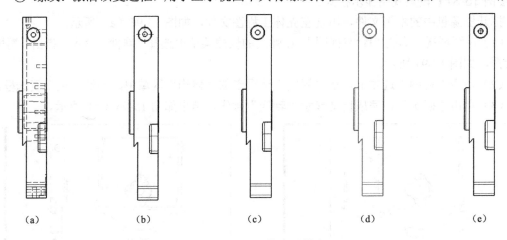

(a)　　　　　(b)　　　　　(c)　　　　　(d)　　　　　(e)

图 15-98　常用的显示模式

2. 视图的锁定

由于通过 CATIA 软件自动生成的工程图与 3D 模型图具有关联性,3D 模型图进行修改后,工程图中所有视图也将随之重新创建。然而有时在修改三维模型图时,不希望所生成的全部视图均进行更改,那么就可以通过使用视图的锁定命令来锁定视图,锁定之后的视图将不再随零件模型的修改而更改,也无法对该视图进行比例、方向、修饰、视图名称等相关属性的修改。

【**例 15-32**】锁定视图。

打开资源包中的本例文件，出现左壳体工程图文件，如图 15-99 所示。

（1）在图纸树中右击"左视图"，或在绘图区中右击"左视图"视图框架，在弹出的快捷菜单中选择"属性"命令，弹出"属性"对话框（图 15-97）。

（2）在"属性"对话框"视图"选项卡的"可视化和操作"区域中，激活"锁定视图"复选框，如图 15-100 所示。

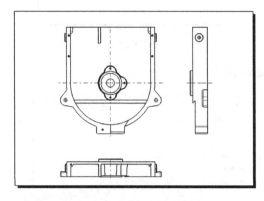

图 15-99　左壳体工程图文件

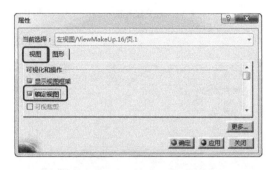

图 15-100　"属性"对话框

（3）单击"确定"，完成视图的锁定。可以看到，在图纸树上，左视图的图标下面会显示锁定标识，如图 15-101 所示。

3. 视图比例修改

视图比例分为全局比例和个体比例两种。其中，全局比例又称工程图比例，当全局比例被修改时，工程图中所有视图的比例均会随之发生改变；若视图中的个体比例被修改，那么只有所选视图的比例发生变化，其他视图比例均保持不变。

图 15-101　图纸树上的锁定标识

在创建视图时，系统不会根据图纸幅面的大小来自动调整视图的比例，而是根据图纸"属性"对话框中默认的比例来生成视图大小。若要获得指定比例的视图，则需通过手动方式修改视图比例。

1）全局比例修改

【**例 15-33**】修改全局比例。

打开资源包中的本例文件，出现右排种盘工程图文件，如图 15-102（a）所示。

（1）在图纸树中右击"页.1"选项，在弹出的快捷菜单中选择"属性"命令，弹出"属性"对话框。

（2）在"属性"对话框的"标度"文本框中，将默认视图比例"1∶1"更改为"1∶2"，如图 15-103 所示。

（3）单击"确定"，完成全局比例的修改，结果如图 15-102（b）所示。

从修改后的图纸中可看出，工程图中的所有视图比例均发生了改变，而不是单一视图比例发生了改变。

2）个体比例修改

【**例 15-34**】修改个体比例。

打开资源包中的本例文件，出现右排种盘工程图文件，如图 15-104（a）所示。

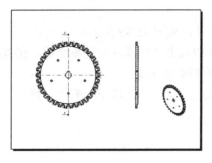
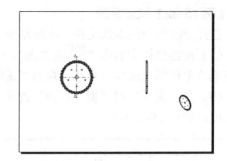

（a）修改前 （b）修改后

图 15-102　全局比例修改

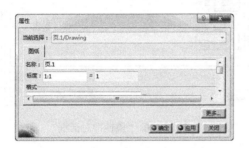
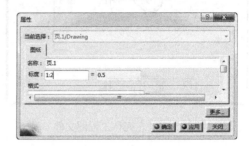

（a）修改前 （b）修改后

图 15-103　"属性"对话框

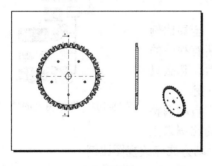
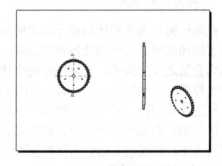

（a）修改前 （b）修改后

图 15-104　个体比例修改

（1）在图纸树中右击"正视图"，或在绘图区中右击"正视图"视图框架，在弹出的快捷菜单中选择"属性"命令，弹出"属性"对话框。

（2）在"属性"对话框的"缩放"文本框中，将正视图默认视图比例"1：1"更改为"1：2"，如图 15-105 所示。

（3）单击"确定"，完成个体比例的修改，结果如图 15-104（b）所示。

由修改后的工程图可看到，工程图中只有正视图的比例发生了改变，其他视图比例均保持不变。

4. 视图名称修改

在 CATIA 工程制图中，若视图在创建完成后，认为某个视图名称不恰当，同样可以通过

"属性"对话框对其进行修改。

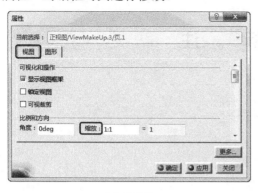

(a) 修改前　　　　　　　　　　　　　　　(b) 修改后

图 15-105　"属性"对话框

【例 15-35】修改视图名称。

打开资源包中的本例文件，出现右排种盘工程图文件，图纸树如图 15-106 (a) 所示。

(1) 在图纸树中右击"剖视图 A-A"，在弹出的快捷菜单中选择"属性"命令，弹出"属性"对话框。

(2) 在该对话框"视图"选项卡"视图名称"区域下的"前缀"文本框中，将原有名称"剖视图"修改为"全剖视图"，如图 15-107 所示。

(a) 修改前　　　　　　　　　　　　　　　(b) 修改后

图 15-106　修改视图名称图纸树变化

(3) 单击"确定"，完成视图名称的修改。

可以看到，在图纸树中，剖视图的名称被修改为"全剖视图"，如图 15-106 (b) 所示。

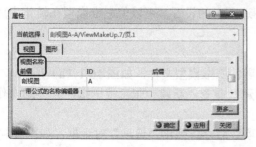

(a) 修改前　　　　　　　　　　　　　　　(b) 修改后

图 15-107　修改视图名称

第 16 章 标 注

➢ **导读**
- ◆ 工程图标注概述
- ◆ 参考线、轴线、中心线等的添加
- ◆ 尺寸标注的基础、生成和编辑等
- ◆ 形位公差、表面粗糙度、焊接符号的创建
- ◆ 文本注释和表格的创建

16.1 概 述

对于一张工程图，除了具有一组用来表达零部件的图形，还应包括一些用来显示零部件的尺寸大小、加工精度等标注。工程图标注在工程图中占有重要地位，是工程图不可或缺的组成部分，它在产品设计、研发和制造等过程中具有指导意义。工程图标注主要包括参考线与特征线标注、尺寸标注、形位公差标注、表面粗糙度标注、焊接标注和文本注释标注等几部分。CATIA 工程制图工作台提供了"尺寸标注""尺寸生成""批注""修饰"等工具栏，用户可以根据需要自行选择命令进行标注，操作过程简单、方便。

16.2 参考线与特征线

参考线主要包括中心线和轴线。中心线是用以标识中心的线条，制图中常常在物体的中心用点画线绘出，中心线在机械、建筑、水利、市政等各大专业制图中，有其特定的用途，它能给物体以准确的定位。

16.2.1 自动生成参考线

通过对系统"选项"对话框中视图选项卡的设置，可以使三维模型在转化生成工程图时，自动生成工程图的轴线和中心线。

【例 16-1】自动生成轴线和中心线。

打开资源包中的本例文件，出现右壳体侧板零件三维模型文件，如图 16-1（a）所示。

（1）在菜单栏中，依次选择"文件"→"新建"命令，新建一张工程图纸，其详细操作过程参见 15.2.1 节"1.新建图纸"。

（2）在菜单栏中，依次选择"工具"→"选项"命令，弹出"选项"对话框，如图 16-2 所示。

（3）在"选项"对话框中，依次展开并选择"机械设计"→"工程制图"选项，然后在"选项"对话框右侧选择"视图"选项卡。

（4）在"视图"选项卡"生成/修饰几何图形"区域中分别激活"生成轴"和"生成中心线"复选框，如图 16-2 所示。用户也可根据需要，自行选择"生成螺纹""生成隐藏线"等

复选框。

（5）单击"确定"，完成自动显示轴线和中心线的设置。

（6）设置完成后，用"正视图"命令创建右壳体侧板的正视图，系统会自动显示其轴线和中心线，结果如图 16-1（b）所示。

（a）零件三维模型文件

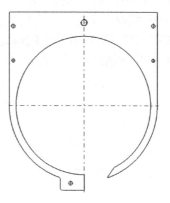

（b）自动显示轴线和中心线

图 16-1　自动生成轴线和中心线

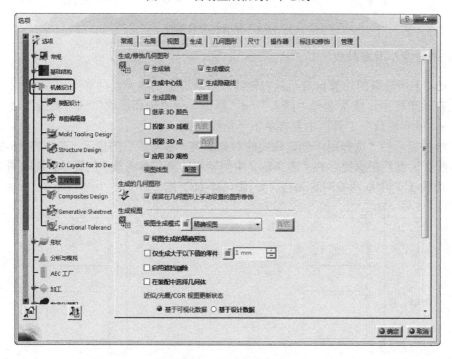

图 16-2　"选项"对话框

16.2.2　手动添加轴线

通过"轴线"命令可以方便地创建对称中心线，而不需要手动绘制轴线。另外，在 CATIA 工程图视图中，通过"轴线"命令生成轴线时存在两种情况，一种是所选取的轮廓自身具有轴线，另一种是所选取的轮廓不具有自身轴线。其区别在于，前者只须选择一条边线，后者则须选择两条边线来确定轴线。

1. 轮廓自身具有轴线

【例 16-2】 所选取的轮廓自身具有轴线，手动添加轴线。

打开资源包中的本例文件，出现排种器上盖工程图文件，其左视图如图 16-3（a）所示。

（1）在菜单栏中，依次选择"插入"→"修饰"→"轴和螺纹"→"轴线"命令，或在"修饰"→"轴和螺纹"工具栏中直接单击"轴线" 按钮。

（2）根据提示栏"选择用于创建轴线的对象或第一参考线"的提示，选取图 16-3（a）所示的"边线 1"，生成轴线，说明此轮廓自身具有轴线，结果如图 16-3（b）所示。

（a）标注前　　　　　　　　　　　　　　（b）标注后

图 16-3　轮廓自身具轴线

2. 轮廓自身不具有轴线

【例 16-3】 所选取的轮廓自身不具有轴线，手动添加轴线。

（1）在菜单栏中，依次选择"插入"→"修饰"→"轴和螺纹"→"轴线"命令，或在"修饰"→"轴和螺纹"工具栏中直接单击"轴线" 按钮。

（2）根据提示栏"选择用于创建轴线的对象或第一参考线"的提示，选取图 16-4（a）所示的"边线 2"，然后根据提示栏"选择定义中间轴线的第二参考线"的提示，选取图 16-4（a）所示的"边线 3"，生成两线对称轴线，如图 16-4（b）所示。

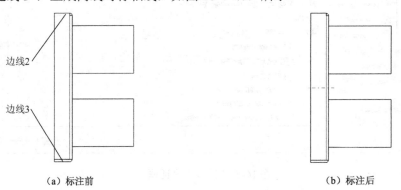

（a）标注前　　　　　　　　　　　　　　（b）标注后

图 16-4　轮廓自身不具有轴线

16.2.3　手动添加中心线

1. 一般中心线

生成工程图时，某些圆本身不具有中心线，那么可以通过"中心线"命令来手动添加中心线。

【例 16-4】手动添加一般中心线。

打开资源包中的本例文件，出现右壳体侧板工程图文件，如图 16-5（a）所示。

（1）在菜单栏中，依次选择"插入"→"修饰"→"轴和螺纹"→"中心线"命令，或在"修饰"→"轴和螺纹"工具栏中直接单击"中心线" ⊕。

（2）根据提示栏"选择用于创建中心线的对象"的提示，选取图 16-5（a）所示需要标注中心线的圆弧，标注出中心线，结果如图 16-5（b）所示。

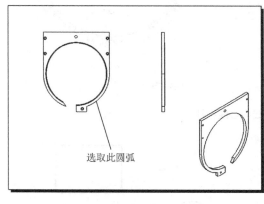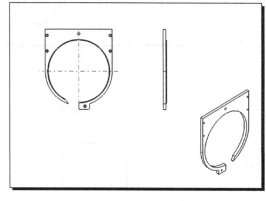

（a）标注前　　　　　　　　　　　　　　　　　　（b）标注后

图 16-5　一般中心线标注

2. 具有参考的中心线

"具有参考的中心线"命令主要用于创建呈圆周分布圆的中心线。

【例 16-5】手动添加具有参考的中心线。

打开资源包中的本例文件，出现右排种盘工程图文件，其正视图如图 16-6（a）所示。

（1）在菜单栏中，依次选择"插入"→"修饰"→"轴和螺纹"→"具有参考的中心线"命令，或在"修饰"→"轴和螺纹"工具栏中直接单击"具有参考的中心线" ⊠。

（2）根据提示栏"选择用于创建中心线的对象"的提示，选取如图 16-6（a）所示的需要标注中心线的圆。

（3）根据提示栏"选择点、线或圆"的提示，选择如图 16-6（a）所示的参考线，标注出中心线，结果如图 16-6（b）所示。

⚠【注意】通过"具有参考的中心线"命令标注中心线，若选取的参考线为圆，那么所标注的中心线，其中一条为通过两圆圆心的直线，另外一条则是与参考圆同心，以两圆心距离为半径的一段圆弧，如图 16-6（b）所示；若选取的参考线为非圆或圆弧参考线，那么所标注的中心线，其中一条与所选参考线平行，另外一条则与之垂直，如图 16-7 所示。

3. 带轴线的中心线

当两个圆的圆心在零件的对称轴线上时，那么这两个圆中心线的连心线方向可以绘制成该视图的对称轴线，中心线的另一个方向与轴线垂直。使用轴线和中心线命令就可以绘制带轴线的中心线，即在绘制两个圆的中心线时就可完成零件对称轴线的绘制。

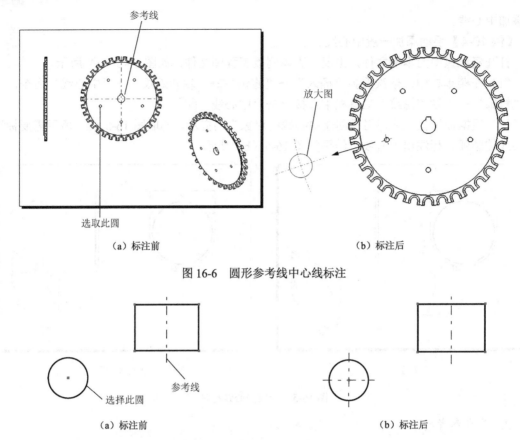

（a）标注前 （b）标注后

图 16-6　圆形参考线中心线标注

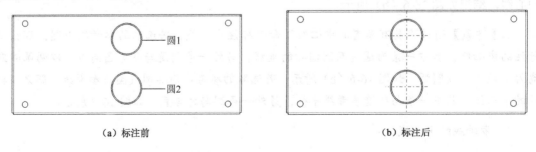

（a）标注前 （b）标注后

图 16-7　非圆参考线中心线标注

【例 16-6】手动添加带轴线的中心线。

打开资源包中的本例文件，出现上盖工程图文件，其正视图如图 16-8（a）所示。

（1）在菜单栏中，依次选择"插入"→"修饰"→"轴和螺纹"→"轴线和中心线"命令，或在"修饰"→"轴和螺纹"工具栏中直接单击"轴线和中心线" 。

（2）根据提示栏"选取第一圆形轮廓"的提示，选择如图 16-8（a）所示的"圆 1"，然后根据提示栏"选取第二圆形轮廓"的提示，再选取图中所标注的"圆 2"，自动生成中心线，结果如图 16-8（b）所示。

（a）标注前 （b）标注后

图 16-8　标注带轴线的中心线

16.2.4　螺纹线添加

1.　一般螺纹线

在 CATIA 工程视图中，如果视图中的孔自身含有螺纹特征，那么可以在生成工程图时将孔的螺纹修饰线自动显示出来；如果零件上的孔自身不含有螺纹特征，也可以通过螺纹修饰线命令来创建孔的螺纹修饰线。

【例 16-7】显示和创建螺纹修饰线。

打开资源包中的本例文件，出现左壳体工程图文件，如图 16-9（a）所示。

（1）自动显示螺纹修饰线。

① 在图纸树中右击"正视图"，在弹出的快捷键菜单中选择"属性"命令，如图 16-9（b）所示，弹出"属性"对话框，如图 16-10 所示。

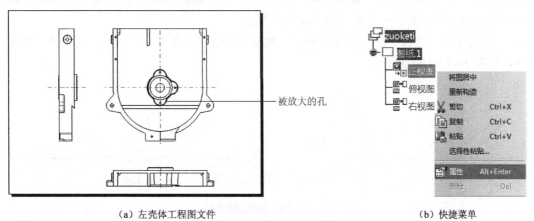

（a）左壳体工程图文件　　　　　　　　　　　　　　　（b）快捷菜单

图 16-9　左壳体工程图

② 在"属性"对话框中，选择"视图"选项卡，然后在"修饰"区域中激活"螺纹"复选框，如图 16-10 所示。

图 16-10　"属性"对话框

③ 单击"确定"，进行更新显示，完成生成螺纹线的设置。

为看清螺纹修饰线，将图 16-9（a）中具有螺纹特征的孔放大，标注前后如图 16-11 所示。

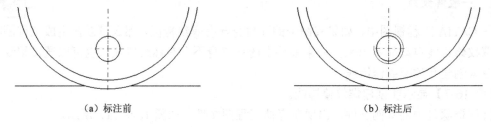

（a）标注前　　　　　　　　　　　　　　　　（b）标注后

图 16-11　自动显示螺纹线

（2）手动标注螺纹修饰线。

① 在菜单栏中，依次选择"插入"→"修饰"→"轴和螺纹"→"螺纹"命令，或在"修饰"→"轴和螺纹"工具栏中直接单击"螺纹" ⊕ 。

② 根据提示栏"选择一个圆以创建螺纹"的提示，选取如图 16-12（a）所示的圆，生成螺纹线，如图 16-12（b）所示。

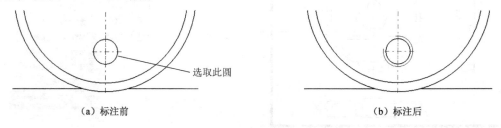

选取此圆

（a）标注前　　　　　　　　　　　　　　　　（b）标注后

图 16-12　手动标注螺纹修饰线

2. 具有参考的螺纹线

通过"具有参考的螺纹"命令，可创建开口位置不同的螺纹修饰线。

【例 16-8】生成具有参考的螺纹线。

打开资源包中的本例文件，出现排种器左壳体工程图文件。

（1）在菜单栏中，依次选择"插入"→"修饰"→"轴和螺纹"→"具有参考的螺纹"命令，或在"修饰"→"轴和螺纹"工具栏中直接单击"具有参考的螺纹" ◙ 。

（2）根据提示栏"选择一个圆以创建螺纹"的提示，选择如图 16-13（a）所示的圆，再根据提示栏"选择一个点、一条直线或一个圆作为参考"的提示，选取图 16-13（a）所示的中心线为参考，系统会自动生成螺纹线，结果如图 16-13（b）所示。

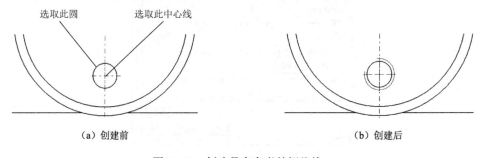

选取此圆　　　　选取此中心线

（a）创建前　　　　　　　　　　　　　　　　（b）创建后

图 16-13　创建具有参考的螺纹线

16.3　尺寸与配合

尺寸与配合标注可以指导零部件的加工、测量、组装和检验。标注是否合理，直接影响零部件的加工质量和互换性，是工程图中不可缺少的一部分。

16.3.1　标注基础

在标注尺寸时，需满足国家标准中对尺寸标注的基本规定。下面列举几种常用尺寸标注规定，其他详细规定参见 GB/T 4458.4—2003 和 GB/T 16675.2—1996。

1. 尺寸线、尺寸界线

（1）尺寸线和尺寸界线均以细实线画出。

（2）线性尺寸的尺寸线应平行于所表示长度或距离的线段。

（3）图形的轮廓线、中心线或它们的延长线，可以用作尺寸界线，但不能用作尺寸线。

（4）尺寸界线一般应与尺寸线垂直，当尺寸界线过于贴近轮廓线时，允许将其倾斜画出。在光滑过渡处，需用细实线将轮廓线延长，从其交点引出尺寸界线。

（5）尺寸线的终端首先应当选择箭头，线性尺寸线的终端允许采用斜线，当采用斜线时，尺寸线与尺寸界线必须垂直。

（6）对于未完整表示的要素，可仅在尺寸线的一端画出箭头，但尺寸线应超过该要素的中心线或断裂处。

2. 尺寸数字

（1）线性尺寸数字的方向应按图 16-14 所示的方式注写，并尽量避免在图上所示的 30°范围内标注尺寸，无法避免时，可按图 16-15 所示的方式标注。

（2）尺寸数字不可被任何图线通过。当不可避免时，需把图线断开。

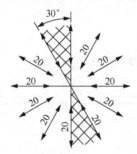

图 16-14　线性尺寸数字标注方式

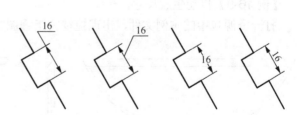

图 16-15　线性尺寸 30°范围标注方式

3. 直径及半径尺寸的注法

（1）直径尺寸数字之前应加注符号"ϕ"。

（2）半径尺寸数字之前应加注符号"R"，其尺寸线应通过圆弧的中心。

（3）半径尺寸应注在投影为圆弧的视图上。

（4）当圆弧半径过大，或在图纸范围内无法注出圆心位置时，可采用折线形式标出。

4. 球面尺寸的注法

（1）当标注球面的直径和半径时，应在符号"ϕ"和"R"前再加注符号"S"。

（2）对于螺钉、铆钉的头部、轴及手柄的端部等，在不致引起误解时，可省略符号"S"。

5. 小部位尺寸的注法

在没有足够的位置画箭头或注写尺寸数字时，可按图 16-16 的形式标注尺寸。

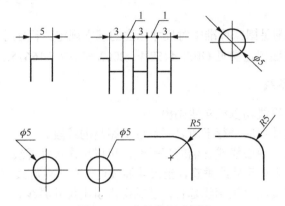

图 16-16　小部位尺寸标注

16.3.2　标注生成

MOOC

1. 自动生成尺寸标注

CATIA 提供了自动生成尺寸标注的功能，该功能可以一次性将三维零件模型草图设计中的尺寸约束和三维部件模型中的特征约束转换为工程图中的尺寸标注。

✎【经验】使用该命令进行尺寸标注方便、快捷，但自动生成的尺寸标注位置不规整，标注通常也不完全，需要用户手动调整并另外添加尺寸标注，这种标注方式适用于尺寸较少的零件，当图中标注多且复杂时不建议使用。

【例 16-9】自动生成尺寸。

打开资源包中的本例文件，出现检视窗工程图文件，如图 16-17（a）所示。

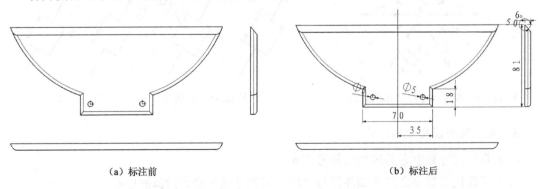

（a）标注前　　　　　　　　　　　（b）标注后

图 16-17　自动生成尺寸

（1）在菜单栏中，依次选择"工具"→"选项"命令，弹出"选项"对话框。

（2）在"选项"对话框中，依次展开并选择"机械设计"→"工程制图"选项，然后在

"选项"对话框右侧选择"生成"选项卡。

（3）在"生成"选项卡"尺寸生成"区域中激活"生成前过滤"和"生成后分析"两复选框，如图 16-18 所示。

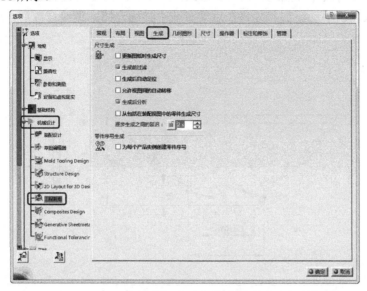

图 16-18　"尺寸生成"选项区

（4）在菜单栏中，依次选择下拉菜单"插入"→"生成"→"生成尺寸"命令，或在"生成"→"尺寸生成"工具栏中直接单击"生成尺寸" 按钮，弹出"尺寸生成过滤器"对话框，如图 16-19 所示。

（5）在"尺寸约束过滤器"对话框中选择约束类型，激活约束类型中所有复选框，系统默认为全选。

（6）单击"确定"，工程图中生成尺寸预览，弹出"生成的尺寸分析"对话框，如图 16-20 所示。

图 16-19　"尺寸生成过滤器"对话框

图 16-20　"生成的尺寸分析"对话框

（7）单击"确定"，生成尺寸标注，结果如图 16-17（b）所示。

从图 16-17（b）中可以看到，自动生成的尺寸标注过于杂乱，位置不够规整，标注也不够完全，所以需要对尺寸标注进行调整和修改，主要包括尺寸位置调整、手动添加标注和删除多余标注等操作。手动添加尺寸将在后续章节中详细介绍。调整修改后，结果如图 16-21 所示。

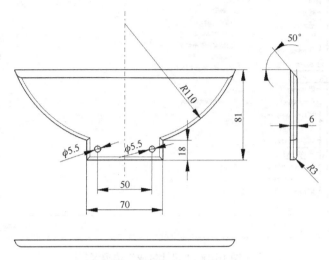

图 16-21　调整和修改后的尺寸标注

下面对图 16-20 所示的"生成的尺寸分析"对话框中"3D 约束分析"和"2D 尺寸分析"中各选项功能进行介绍。

（1）"3D 约束分析"选项组中的各选项功能如下。

① 已生成的约束：在三维模型中显示在工程图中标出的尺寸。

② 其他约束：在三维模型中显示未在工程图中标注出的尺寸。

③ 排除的约束：在三维模型中显示自动标注时未考虑的尺寸。

（2）"2D 约束分析"选项组中的各选项功能如下。

① 新生成的尺寸：在工程图中显示最新生成的尺寸。

② 生成的尺寸：在工程图中显示所有已生成的尺寸。

③ 其他尺寸：在工程图中显示所有手动标注的尺寸。

2. 逐步生成尺寸标注

逐步生成尺寸，又称为半自动生成尺寸，其与自动生成尺寸命令相似，不同之处在于，通过逐步生成尺寸命令在生成尺寸过程中可以随时调整或删除某些尺寸。

【例 16-10】逐步生成尺寸标注。

打开资源包中的本例文件，出现检视窗工程图文件。

（1）在菜单栏中，依次选择"插入"→"生成"→"逐步生成尺寸"命令，或在"生成"→"尺寸生成"工具栏中直接单击"逐步生成尺寸" ，弹出"尺寸生成过滤器"对话框。

（2）在"尺寸约束过滤器"对话框中选择约束类型，系统默认为全选，即激活约束类型中所有复选框。

（3）单击"确定"，弹出"逐步生成"对话框，如图 16-22 所示。

下面对"逐步生成"对话框中的各命令功能进行介绍。

① 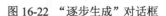 下一个尺寸生成：启动尺寸生成，每过一个时间间隔，生成一个新的尺寸。

② ▶▶ 尺寸生成直到结束：一次性生成所有尺寸标注。

③ ■ 尺寸生成异常中止：停止生成尺寸标注。

④ ▐▌ 尺寸生成暂停：暂停生成尺寸标注。

⑤ 🗑 尚未生成：删除选定的尺寸标注。

⑥ 📑 已转换的：将生成的尺寸标注转移到另一个视图上。

图 16-22 "逐步生成"对话框

⑦ ☐ 超时： 5 s ▲▼ 超时：选定该复选框，可设定生成两个尺寸的时间间隔，若不选定，每单击一次"下一个尺寸生成" ▶ ，才能生成下一个尺寸标注。

（4）在"逐步生成"对话框中，设置"超时"时间为"5s"，表示两个尺寸生成的时间间隔为"5s"。用户也可根据需要自行设置。

（5）单击"下一个尺寸生成" ▶ ，系统会按照设定的时间间隔生成尺寸，直到全部尺寸生成完毕，如图 16-23（a）、（b）所示。在生成过程中，可以手动调整尺寸位置，系统会自动暂停生成尺寸，调整后，再次单击"下一个尺寸生成" ▶ 。若单击"尺寸生成直到结束" ▶▶ ，系统将一次性生成所有尺寸，生成方式和结果与自动生成尺寸相同。

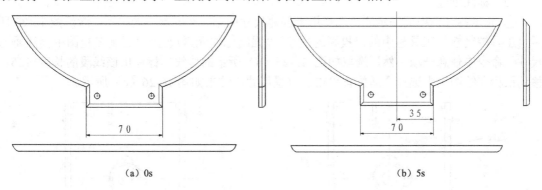

(a) 0s   (b) 5s

图 16-23 工程图尺寸标注显示

（6）尺寸生成结束后，弹出"生成的尺寸分析"对话框。

（7）单击"确定"，完成逐步生成尺寸标注。

（8）与自动生成尺寸标注相同，创建尺寸标注结束后，须调整和修改尺寸标注，调整结果参见图 16-21。

3. 手动生成尺寸标注

前面介绍了自动生成尺寸标注和逐步生成尺寸标注，其优点是简单、方便、快捷，但缺点是标注不够完整。这样就需要通过手动生成的方式生成尺寸标注。

💡【提示】这类尺寸标注与三维零件模型具有单向的关联性，当零件模型尺寸改变时，工程图中对应的尺寸会随之改变，但是这些尺寸不能改变三维零件模型的尺寸。

1）智能尺寸标注

智能标注可以根据所选图形的类型不同而自动识别合适的标注方式，它能进行长度、距离、角度、直径等的标注。

【例 16-11】 智能尺寸标注。

打开资源包中的本例文件，出现右壳体工程图文件，如图 16-24 所示。

（1）命令选择。在菜单栏中，依次选择"插入"→"尺寸标注"→"尺寸"→"尺寸"命令，或在"尺寸标注"→"尺寸"工具栏中直接单击"尺寸" 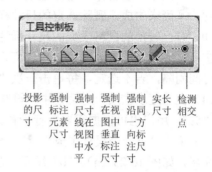，弹出如图 16-25 所示的"工具控制板"工具栏。用户可根据标注需要自行选择命令进行激活。

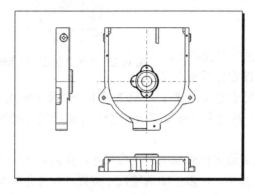

图 16-24 右壳体工程图

图 16-25 "工具控制板"工具栏

（2）标注创建。

① 长度标注：根据提示栏"选择用于创建尺寸的第一个元素"的提示，激活图 16-25 所示"工具控制板"工具栏中的"投影的尺寸""强制标注元素尺寸""强制在视图中标注垂直尺寸"命令中任意一项，然后选取如图 16-26（a）所示的边线，标注出该线段的长度 135。移动鼠标在绘图区中选择合适位置单击以放置尺寸，结果如图 16-26（b）所示。

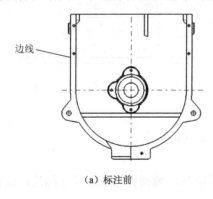
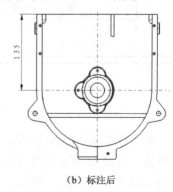

（a）标注前

（b）标注后

图 16-26 长度标注

② 距离标注：根据提示栏"选择用于创建尺寸的第一个元素"的提示，激活"工具控制板"工具栏中的"投影的尺寸""强制标注元素尺寸""强制尺寸线在视图中水平"中任意一项，然后选取如图 16-27（a）所示的中心线，根据提示栏"选择用于创建尺寸的第二个元素或单击创建"的提示，选择图 16-27（a）所示的边线，标注出两条直线间的距离 24。移动鼠标在绘图区中选择合适位置单击以放置尺寸，结果如图 16-27（b）所示。

③ 角度标注：根据提示栏"选择用于创建尺寸的第一个元素"的提示，激活"工具控制板"工具栏中的"强制标注元素尺寸"命令，然后选取如图 16-28（a）所示的边线 1。根据提示栏"选择用于创建尺寸的第二个元素或单击创建"的提示，选择图 16-28（a）中所示的边线 2，标注出两条直线夹角 60°。

若系统标注出的是两条直线端面点的距离，则右击，在弹出的快捷菜单中选择"角度"命令，如图 16-28（b）所示。移动鼠标，在绘图区中选择合适的位置单击以放置尺寸，结果如图 16-28（c）所示。

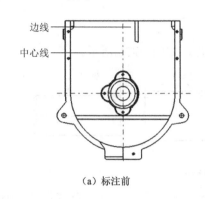
（a）标注前

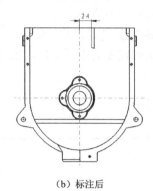
（b）标注后

图 16-27　距离标注

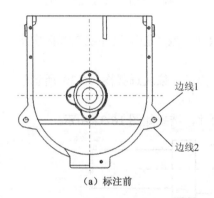
（a）标注前

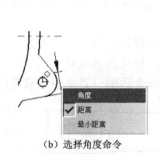
（b）选择角度命令

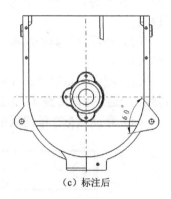
（c）标注后

图 16-28　角度标注

④ 直径标注：根据提示栏"选择用于创建尺寸的第一个元素"的提示，选择图 16-29（a）所示的圆弧，标注出圆的直径或半径。若标注方式不合适，用户可以右击，在弹出的快捷菜单中选择标注半径或直径，此例中选择直径标注方式，如图 16-29（b）所示。选中后，标注出此圆直径ϕ200。移动鼠标，在绘图区中选择合适的位置单击以放置尺寸，结果如图 16-29（c）所示。

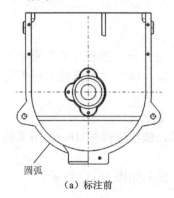
（a）标注前

（b）选择标注样式

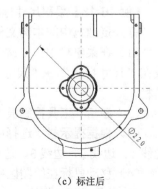
（c）标注后

图 16-29　直径标注

2）链式尺寸标注

在轴类零件中，由于其具有很多轴段，为使表达清晰明了，常应用链式尺寸标注方法。链式尺寸是连续标注长度或距离尺寸，即前一尺寸的终止线作为后一尺寸的起始线，并且尺寸线均排列在一条直线。

【例16-12】链式尺寸标注。

打开资源包中的本例文件，出现排种轴工程图文件，如图16-30所示。

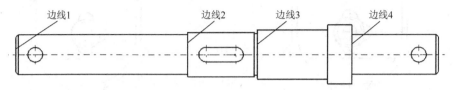

图16-30　排种轴工程图

（1）在菜单栏中，依次选择"插入"→"尺寸标注"→"尺寸"→"链式尺寸"命令，或在"尺寸标注"→"尺寸"工具栏中直接单击"链式尺寸"，弹出"工具控制板"工具栏。

（2）激活"工具控制板"工具栏中的"强制标注元素尺寸"或"强制尺寸线在视图中水平"命令。

（3）根据提示栏"选择用于创建尺寸的第一个要素"的提示，依次选择图 16-30 所示的边线1、边线2、边线3、边线4，标注出链式尺寸。

（4）移动鼠标在绘图区中选择合适的位置单击以放置尺寸，结果如图16-31所示。

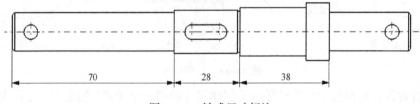

图16-31　链式尺寸标注

3）累积尺寸标注

"累积尺寸"是指先确定一个起始边线，然后进行连续标注，之后所有标注的尺寸数值都是从最初确定的起始边线累积起来的。

【例16-13】累积尺寸标注。

打开资源包中的本例文件，出现排种轴工程图文件。

（1）在菜单栏中，依次选择"插入"→"尺寸标注"→"尺寸"→"累积尺寸"命令，或在"尺寸标注"→"尺寸"工具栏中直接单击"累积尺寸"，弹出"工具控制板"工具栏。

（2）激活"工具控制板"工具栏中的"强制标注元素尺寸"命令。

（3）根据提示栏"选择用于创建尺寸的第一个要素"的提示，依次选择图 16-30 所示的边线1、边线2、边线3、边线4，标注出累积尺寸。

（4）移动鼠标在绘图区中选择合适的位置单击以放置尺寸，结果如图16-32所示。

4）堆叠式尺寸标注

"堆叠尺寸"标注就是参考同一个基准线而进行的连续尺寸标注，并且尺寸线以堆叠的方式排列。

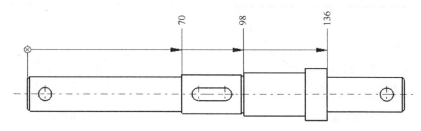

图 16-32　累积尺寸标注

【例 16-14】堆叠式尺寸标注。

打开资源包中的本例文件，出现排种轴工程图文件。

（1）在菜单栏中，依次选择"插入"→"尺寸标注"→"尺寸"→"堆叠式尺寸"命令，或在"尺寸标注"→"尺寸"工具栏中直接单击"堆叠尺寸" 🖼️，弹出"工具控制板"工具栏。

（2）激活"工具控制板"工具栏中的"强制标注元素尺寸"命令。

（3）根据提示栏"选择用于创建尺寸的第一个要素"的提示，依次选择图 16-30 所示的边线 1、边线 2、边线 3、边线 4，标注出堆叠式尺寸。

（4）移动鼠标，在绘图区中选择合适的位置单击以放置尺寸，结果如图 16-33 所示。

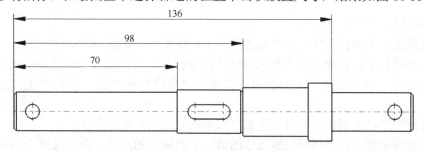

图 16-33　堆叠式尺寸标注

5）长度/距离标注

通过"长度/距离尺寸"命令，可以标注出某个边线的长度或两个图形之间的距离。

【例 16-15】长度/距离标注。

打开资源包中的本例文件，出现检视窗工程图文件，如图 16-34（a）所示。

（1）在菜单栏中，依次选择"插入"→"尺寸标注"→"尺寸"→"长度/距离尺寸"命令，或在"尺寸标注"→"尺寸"工具栏中直接单击"长度/距离尺寸" 🖼️，弹出"工具控制板"工具栏。

（2）激活"工具控制板"工具栏中的"强制标注元素尺寸"命令。

（3）长度标注：提示栏提示"选择用于创建尺寸的第一个要素"，选择图 16-34（a）所示的直线，系统标注出长度尺寸 70。移动鼠标，在绘图区中选择合适的位置单击以放置尺寸，结果如图 16-34（b）所示。

（4）距离标注：提示栏提示"选择用于创建尺寸的第一个要素"，选择图 16-35（a）所示的直线 1 和直线 2，系统标注出距离尺寸 81。移动鼠标，在绘图区中选择合适的位置单击以放置尺寸，结果如图 16-35（b）所示。

6）角度尺寸标注

通过"角度尺寸"命令，可以标注两直线之间的角度。

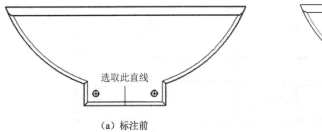

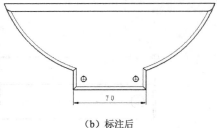

图 16-34 长度尺寸标注

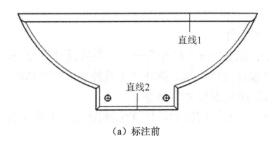

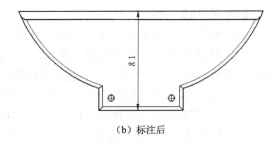

图 16-35 距离尺寸标注

【例 16-16】角度尺寸标注。

打开资源包中的本例文件，出现左清种舌工程图文件，如图 16-36（a）所示。

（1）在菜单栏中，依次选择"插入"→"尺寸标注"→"尺寸"→"角度尺寸"命令，或在"尺寸标注"→"尺寸"工具栏中直接单击"角度尺寸" ，弹出"工具控制板"工具栏。

（2）激活"工具控制板"工具栏中的"强制标注元素尺寸"命令。

（3）根据提示栏"选择用于创建尺寸的第一个要素"的提示，分别选择 16-36（a）所示的直线 1 和直线 2，标注出角度尺寸值 136°。

（4）移动鼠标，在绘图区中选择合适的位置单击以放置尺寸，结果如图 16-36（b）所示。

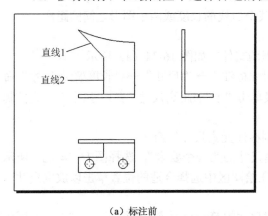

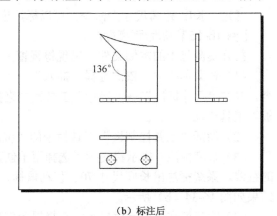

图 16-36 角度尺寸标注

7）半径尺寸标注

通过"半径尺寸"命令，可以标注圆或圆弧的半径。

【例 16-17】 半径尺寸标注。

打开资源包中的本例文件,出现检视窗工程图文件,其正视图如图 16-37(a)所示。

(1)在菜单栏中,依次选择"插入"→"尺寸标注"→"尺寸"→"半径尺寸"命令,或在"尺寸标注"→"尺寸"工具栏中直接单击"半径尺寸"🔙,弹出"工具控制板"工具栏。

(2)激活"工具控制板"工具栏中的"强制标注元素尺寸"命令。

(3)根据提示栏"选择用于创建尺寸的第一个要素"的提示,选择图 16-37(a)所示的圆弧,标注出半径尺寸 $R110$。

(4)移动鼠标,在绘图区中选择合适的位置单击以放置尺寸,结果如图 16-37(b)所示。

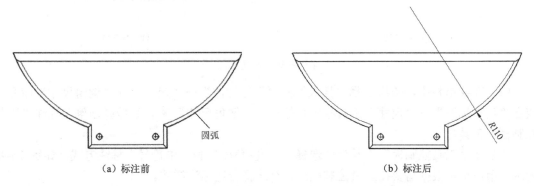

(a)标注前 (b)标注后

图 16-37 半径尺寸标注

8)直径尺寸标注

通过"直径尺寸"命令,可以标注出圆或圆弧的直径。

【例 16-18】 直径尺寸标注。

打开资源包中的本例文件,出现左清种舌工程图文件,其俯视图如图 16-38(a)所示。

(1)在菜单栏中,依次选择"插入"→"尺寸标注"→"尺寸"→"直径尺寸"命令,或在"尺寸标注"→"尺寸"工具栏中直接单击"直径尺寸"🔳,弹出"工具控制板"工具栏。

(2)激活"工具控制板"工具栏中的"强制标注元素尺寸"命令。

(3)根据提示栏"选择用于创建尺寸的第一个要素"的提示,选择图 16-38(a)所示的圆,标注出圆的直径 $\phi5.5$。

(4)移动鼠标,在绘图区中选择合适的位置单击以放置尺寸,结果如图 16-38(b)所示。

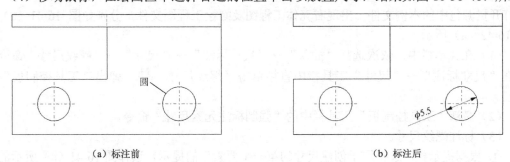

(a)标注前 (b)标注后

图 16-38 直径尺寸标注

9）倒角尺寸标注

通过"倒角尺寸"命令，可以标注出图形中的倒角。

【例16-19】倒角尺寸标注。

打开资源包中的本例文件，出现螺栓工程图文件，其正视图如图16-39（a）所示。

（a）标注前　　　　　　　　　　　　　　　　（b）标注后

图16-39　倒角标注

（1）在菜单栏中，依次选择"插入"→"尺寸标注"→"尺寸"→"倒角尺寸"命令，或在"尺寸标注"→"尺寸"工具栏中直接单击"倒角尺寸" ，系统弹出倒角标注"工具控制板"工具栏。

（2）在"工具控制板"工具栏中选择"长度×角度"和"单符号"标注方式，如图16-40所示。用户也可根据需要在工具控制板中自行选择合适标注样式。

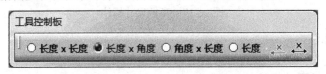

图16-40　"工具控制板"工具栏

（3）根据提示栏"选择用于创建尺寸的第一个要素"的提示，选择图16-39（a）所示的边线，标注出倒角尺寸1.5×45°。

（4）移动鼠标，在绘图区中选择合适的位置单击以放置尺寸，结果如图16-39（b）所示。

10）螺纹尺寸标注

通过"螺纹尺寸"命令，可以标注图形中的螺纹尺寸。螺纹有两种表现形式，一种是轴向投影为圆的形式，如图16-41所示，一种是径向投影为圆柱的形式，如图16-42所示。

【例16-20】螺纹尺寸标注。

打开资源包中的本例文件，出现右壳体工程图及螺栓工程图文件，分别如图16-41（a）和图16-42（a）所示。

（1）在菜单栏中，依次选择"插入"→"尺寸标注"→"尺寸"→"螺纹尺寸"命令，或在"尺寸标注"→"尺寸"工具栏中直接单击"螺纹尺寸" ，弹出"工具控制板"工具栏。

（2）激活"工具控制板"工具栏中的"强制标注元素尺寸"命令。

（3）标注螺纹尺寸。

① 根据提示栏"选择用于创建尺寸的第一个要素"的提示，选择图16-41（a）所示的螺纹线，标注出螺纹尺寸M5，移动鼠标，在绘图区中选择合适的位置单击以放置尺寸，结果如图16-41（b）所示。

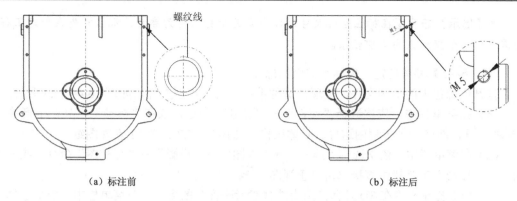

（a）标注前 （b）标注后

图 16-41 孔式螺纹标注

② 根据提示栏"选择要标注尺寸的螺纹的展示"的提示，选取如图 16-42（a）所示的螺纹线，标注出螺纹规格尺寸 M10 以及螺纹公称长度尺寸 17，移动两尺寸至合适的位置单击以放置尺寸，结果如图 16-42（b）所示。

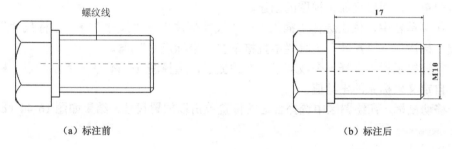

（a）标注前 （b）标注后

图 16-42 圆柱式螺纹标注

11）坐标标注

通过"坐标尺寸"命令，可以标注出点的 x、y 坐标值。

【例 16-21】参考系统坐标系的坐标标注。

打开资源包中的本例文件，出现左清种舌工程图文件，其正视图如图 16-43（a）所示。

（1）在菜单栏中，依次选择"插入"→"尺寸标注"→"尺寸"→"坐标尺寸"命令，或在"尺寸标注"→"尺寸"工具栏中直接单击"坐标尺寸" 图。

（2）根据提示栏"选择一个或若干点"的提示，选择图 16-43（a）所示的点，标注出此点相对于系统坐标系的坐标值。

（3）移动鼠标，在绘图区中选择合适的位置单击以放置尺寸，结果如图 16-43（b）所示。

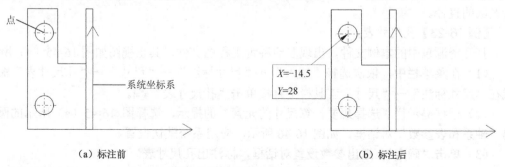

（a）标注前 （b）标注后

图 16-43 参考系统坐标系的坐标标注

☀【提示】若希望在标注坐标尺寸时以自定义坐标系作为参考，那么首先在新建工程图时需定义一个坐标系为当前轴系。

【例16-22】参考自定义坐标系的坐标标注。

打开资源包中的本例文件，出现左清种舌零件三维模型文件，如图16-44（a）所示。

（1）在菜单栏中，依次选择"文件"→"新建"命令，或在"标准"工具栏中直接单击"新建" ⬚，新建一个工程图这件。具体操作方法详见15.2.1节"1.新建图纸"。

（2）在菜单栏中，依次选择"插入"→"视图"→"投影"→"正视图"命令，或在"视图"→"投影"工具栏中直接单击"正视图" ⬚。

（3）根据提示栏"在3D几何图形上选择参考平面"的提示，在菜单栏中，依次选择"窗口"→"1.zuoqingzhongshe.CATPart"选项，将窗口切换到零件设计工作台。

（4）在结构树中选取"轴系"节点下的"轴系.1"项目，如图16-44（a）所示。

（5）选取一个平面作为投影平面，切换至工程制图工作台。

（6）在绘图区中，出现投影视图预览图，然后使用"方向控制器"调整合适的视图方向，在绘图区中单击，用以完成正视图的创建。

（7）在菜单栏中，依次选择"插入"→"尺寸标注"→"尺寸"→"坐标尺寸"命令，或在"尺寸标注"→"尺寸"工具栏中直接单击"坐标尺寸" ⬚。

（8）根据提示栏"选择一个或若干点"的提示，选择图16-44（b）所示的点，标注出此点相对于自定义坐标系的坐标值。

（9）移动鼠标，在绘图区中选择合适的位置单击以放置尺寸，结果如图16-44（c）所示。

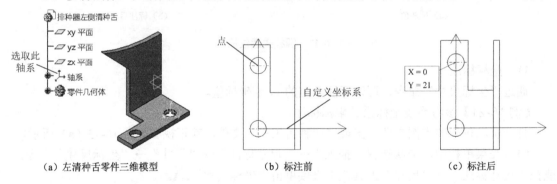

（a）左清种舌零件三维模型　　　　（b）标注前　　　　（c）标注后

图16-44　参考自定义坐标系的坐标标注

12）孔尺寸表

通过"孔尺寸表"命令，可以用表格的形式标注出圆的圆心相对于系统坐标系的 x、y 坐标及圆的直径。

【例16-23】孔尺寸表。

打开资源包中的本例文件，出现左清种舌工程图文件，其正视图如图16-45（a）所示。

（1）在菜单栏中，依次选择"插入"→"尺寸标注"→"尺寸"→"孔尺寸表"命令，或在"尺寸标注"→"尺寸"工具栏中直接单击"孔尺寸表" ⬚。

（2）根据提示栏"选择想要计算尺寸的元素"的提示，选择图16-45（a）所示的圆，弹出"轴系和表参数"对话框，如图16-46所示，应用系统默认设置。

（3）单击"确定"，退出参数设置对话框，标注出孔尺寸表。

（4）移动鼠标，在绘图区中选择合适的位置单击以放置孔尺寸表，结果如图16-45（b）所示。

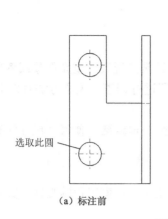

（a）标注前

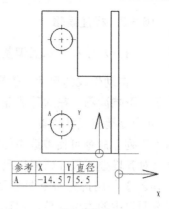

（b）标注后

图 16-45 孔尺寸坐标标注

13）坐标尺寸表

通过"坐标尺寸表"命令，可以用表格的形式标注出点相对于系统坐标系的 x、y 坐标。该命令与孔尺寸表命令不同之处在于，在标注出的表格中，不显示孔直径大小，只显示点的 x、y 坐标值。

【例 16-24】坐标尺寸表。

打开资源包中的本例文件，出现左清种舌工程图文件，其正视图如图 16-47（a）所示。

（1）在菜单栏中，依次选择"插入"→"几何图形创建"→"点"→"点"命令，或在"几何图形创建"→"点"工具栏中直接单击"通过单击创建点" . 。在如图 16-47（a）所示的圆心上创建一个点。

（2）在菜单栏中，依次选择"插入"→"尺寸标注"→"尺寸"→"坐标尺寸表"命令，或在"尺寸标注"→"尺寸"工具栏中直接单击"坐标尺寸表" 。

图 16-46 "轴系和表参数"对话框

（3）根据提示栏"选择想要计算尺寸的元素"的提示，选择图 16-47（a）所示的已创建好的中心点，弹出"轴系和表参数"对话框，应用默认设置。

（4）单击"确定"，退出参数设置，标注出该点坐标尺寸表。

（5）移动鼠标，在绘图区中选择合适的位置单击以放置孔尺寸表，结果如图 16-47（b）所示。

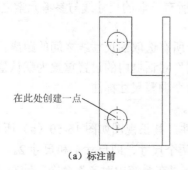

（a）标注前

（b）标注后

图 16-47 坐标尺寸表标注

16.3.3 标注编辑

1. 尺寸标注位置调整

　　自动生成的尺寸一般情况下位置不规整，经常出现尺寸重叠现象或者尺寸值覆盖视图线条，影响读图。在这种情况下，需要对尺寸位置进行调整，调整方法有以下几种。

　1）排列命令调整尺寸位置

　　使用"排列"命令可使被选中的尺寸与参考元素产生一定距离，使每个尺寸间有一定的间隔，可以对齐堆叠式尺寸或累积尺寸。

【例16-25】使用排列命令调整尺寸位置。

　　打开资源包中的本例文件，出现已自动生成尺寸标注的检视窗工程图文件，其正视图如图16-48（a）所示。

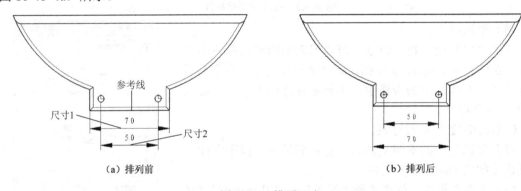

（a）排列前　　　　　　　　　　　　　（b）排列后

图16-48　排列尺寸

　　（1）按住 Ctrl 键依次选取如图16-48（a）中所示的两个尺寸，即尺寸1和尺寸2。

　　（2）在菜单栏中，依次选择"工具"→"定位"→"排列"命令，或在"定位"工具栏中直接单击"排列" 。

　　（3）根据提示栏"选择用于对齐参考的尺寸或几何图形"的提示，选择图16-48（a）所示的直线为参考线，弹出如图16-49所示的"排列"对话框。

图16-49　"排列"对话框

　　（4）将"参考的偏移值"设置为"8.000"，将"尺寸间的偏移"设置为"10.00"。用户也可根据需要自行设置。

　　（5）单击"确定"，完成尺寸的自动排列，排列后的尺寸如图16-48（b）所示。

　　下面对"排列"对话框中主要功能进行介绍。

　　① 参考的偏移值：所有选取的尺寸线与参考元素之间的最小距离。

　　② 尺寸间的偏移：所有选取的尺寸线之间的距离。

　　③ 重置：将"排列"对话框内的设置重置为默认值。

　2）在系统中对齐命令调整尺寸标注

【例16-26】使用在系统中对齐命令调整尺寸标注。

　　打开资源包中的本例文件，出现检视窗工程图文件，其正视图如图16-50（a）所示。

　　（1）按住 Ctrl 键依次选取如图16-50（a）所示的两个尺寸，即尺寸1和尺寸2。

　　（2）在菜单栏中，依次选择"工具"→"定位"→"在系统中对齐"命令，或在"定位"

工具栏中直接单击"在系统中对齐" 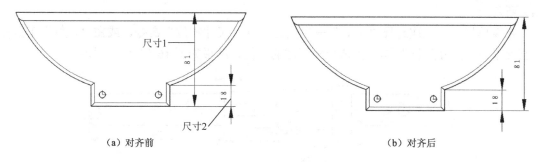。系统按尺寸之间的默认偏移值自动对齐所选中的所有尺寸线，系统默认的尺寸偏移值为 10mm，结果如图 16-50（b）所示。

（a）对齐前　　　　　　　　　　　　　　　（b）对齐后

图 16-50　在系统中对齐

若认为系统默认尺寸偏移值 10mm 不合适，可通过"选项"对话框来修改"尺寸之间默认偏移值"，此参数与"排列"对话框中的"参考的偏移值"指的是同一参数，即两尺寸之间的距离。其具体修改方法如下。

① 在菜单栏中，依次选择"工具"→"选项"命令，弹出"选项"对话框。

② 在"选项"对话框中再依次选取"机械设计"→"工程制图"→"尺寸"选项，可以看到，在"排列"区域的"参考的默认偏移值"文本框中"参考的默认偏移值"为"8mm"，"尺寸之间的默认偏移值"为"10mm"，如图 16-51 所示。用户可根据需要自行设置。

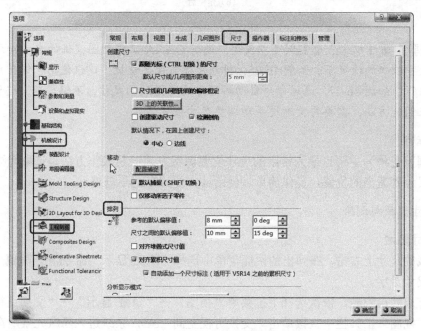

图 16-51　"排列"选项区

3）尺寸定位命令

通过"尺寸定位"命令，可以使各堆叠式尺寸以 20mm 的间隔自动排列开，同时使链式尺寸对齐排列。

【例16-27】使用尺寸定位命令进行尺寸排列。

打开资源包中的本例文件，出现已自动生成尺寸的排种轴工程图文件，其正视图如图16-52（a）所示。

在菜单栏中，依次选择"工具"→"定位"→"尺寸定位"命令，或在"定位"工具栏中直接单击"尺寸定位"，完成尺寸标注的定位，结果如图16-52（b）所示。

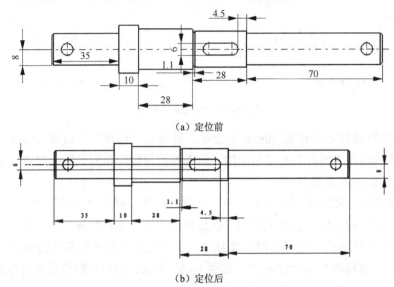

（a）定位前

（b）定位后

图16-52　尺寸定位

✎【经验】通过以上3个实例可以发现，通过CATIA工程制图提供的自动排列命令排列尺寸，在尺寸较少的情况下，如例16-25，排列尺寸方便、快捷，建议使用；但在尺寸较多且复杂的标注下，如例16-27，通过命令自动排列方法所排列的尺寸，不够规范，过于杂乱，因此不建议采用此方法，需要再次通过手动调整尺寸位置。

4）手动调整

手动调整是最为主要也最为常用的尺寸位置调整方式，其操作方法是选取需要的调整尺寸，拖动尺寸到适当的位置，操作简单、灵活、方便。在此不再赘述。

2. 尺寸隐藏与删除

1）尺寸隐藏

在隐藏的尺寸上右击，在弹出的快捷菜单中选择"隐藏/显示"命令，隐藏尺寸线、尺寸界限和尺寸数字。

如果有尺寸误隐藏，依次选择下拉菜单"视图"→"隐藏/显示"→"交换可视空间"命令，或在"视图"工具栏中直接单击"交换可视空间"，系统进入隐藏元素所在的空间。

在被误隐藏的尺寸上右击，在弹出的快捷菜单中选择"隐藏/显示"命令，系统显示隐藏掉的尺寸线、尺寸界限和尺寸文本。再次选择"交换可视空间"命令，回到正常工作空间，即可看到被误隐藏的尺寸。

2）尺寸删除

（1）方法一：选取需要删除的尺寸，按Delete键直接删除尺寸。

（2）方法二：右击需要删除的尺寸，在弹出的快捷菜单中选择"删除"命令。

3. 尺寸中断与裁剪

1）中断创建

中断指的是在尺寸界线上产生一个断裂，用以避开与图纸中的某些元素相交。在有些情况下，当尺寸线重叠现象不能通过手动移动尺寸来解决时，此时也可以使用创建尺寸界线中断命令，以使尺寸标注表达更加清晰、规范。

【例 16-28】创建尺寸中断。

打开资源包中的本例文件，出现检视窗工程图文件，其正视图如图 16-53（a）所示。

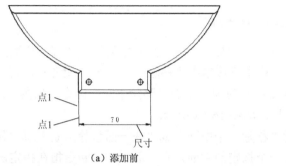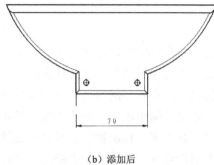

（a）添加前   （b）添加后

图 16-53　添加中断

（1）在菜单栏中，依次选择"插入"→"尺寸标注"→"尺寸编辑"→"创建中断"命令，或在"尺寸标注"→"尺寸编辑"工具栏中直接单击"创建中断" ，或者右击要断开的尺寸，在弹出的快捷菜单中选择"尺寸.1 对象"下的"创建中断"命令，如图 16-54 所示，弹出"工具控制板"工具栏，如图 16-55 所示。

（2）在弹出"工具控制板"工具栏中，单击"在一面添加中断" ，激活此命令。用户也可根据需要激活"在两面都添加中断" 。其中，若选择在一面添加中断是指在指定的一条尺寸界线上添加中断，在两面都添加中断是指同时在两条尺寸界线上添加中断。

（3）根据提示栏"通过选择框选择一个或多个尺寸"的提示，选择图 16-53（a）所示的尺寸。

（4）根据提示栏"指定第一点来定义要创建的中断"的提示，依次在图 16-53（a）所示的点 1 和点 2 两个位置上单击，完成中断的创建，结果如图 16-53（b）所示。

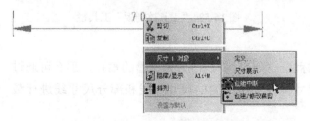

图 16-54　创建中断快捷菜单的选取   图 16-55　"工具控制板"工具栏

2）中断移除

若误创建中断或存在多余中断，则可以通过移除中断命令，将多余的中断进行移除。

【例 16-29】移除尺寸中断。

打开资源包中的本例文件，出现检视窗工程图文件，其正视图如图 16-56（a）所示。

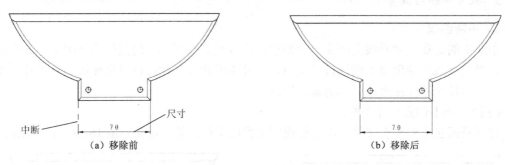

图 16-56　移除中断

（1）在菜单栏中，依次选择"插入"→"尺寸标注"→"尺寸编辑"→"移除中断"命令，或在"尺寸标注"→"尺寸编辑"工具栏中直接单击"移除中断" ，或者右击要移除中断的尺寸，在弹出的快捷菜单中选择"尺寸.1 对象"下的"移除中断"命令，如图 16-57 所示，弹出移除中断"工具控制板"工具栏，如图 16-58 所示。

（2）在"工具控制板"工具栏中激活"移除一个中断"或"在一面移除中断"或"移除所有中断"命令。移除一个中断是指移除一个指定的中断，在一面添加中断是指在指定的一条尺寸界线上移除中断，移除所有中断是指同时移除两条尺寸界线上的所有中断。这里激活"移除一个中断"命令。

（3）根据提示栏"通过选择框选择一个或多个尺寸"的提示，选取需图 16-56（a）所示的尺寸。

（4）根据提示栏"指定一个点来定义要移除的中断"的提示，选择图 16-56（a）所示的中断，所选中断被移除，结果如图 16-56（b）所示。

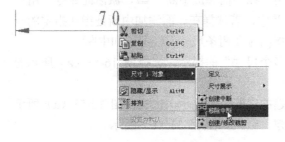

图 16-57　移除中断快捷菜单的选取

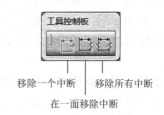

图 16-58　"工具控制板"工具栏

3）裁剪创建

在工程图中进行标注时，往往只需要标注一条尺寸界线，如带键槽的轴孔，那么可通过裁剪尺寸命令创建单尺寸标注，即将全尺寸标注其中一侧的尺寸界线和部分尺寸线进行裁剪掉。

【例 16-30】创建尺寸裁剪。

打开资源包中的本例文件，出现右排种盘工程图文件，其剖视图如图 16-59（a）所示。

（1）在菜单栏中，依次选择"插入"→"尺寸标注"→"尺寸编辑"→"创建/修改裁剪"命令，或在"尺寸标注"→"尺寸编辑"工具栏中直接单击"创建/修改裁剪" 。

（2）根据提示栏"通过选择框选择一个或多个尺寸/系统"的提示，选择如图 16-59（a）所示的尺寸。

（3）根据提示栏"指示要保留的侧"的提示，选择如图 16-59（a）所示保留侧尺寸界线。

（4）根据提示栏"指示裁剪点"的提示，选择如图 16-59（a）所示的裁剪点，完成尺寸界线的裁剪，结果如图 16-59（b）所示。

（a）裁剪前　　　　　　　　　　　　　　　　（b）裁剪后

图 16-59　创建裁剪

"创建/修改裁剪"命令可以在已创建过裁剪的尺寸上进行裁剪的修改，操作方法与上述方法相同，用户可自行操作，在此不再赘述。

4）裁剪移除

若误创建裁剪或存在多余裁剪，那么可以通过移除裁剪命令，将多余的裁剪进行移除。

【例 16-31】移除尺寸裁剪。

打开资源包中的本例文件，出现右排种盘工程图文件，其剖视图如图 16-60（a）所示。

（1）在菜单栏中，依次选择"插入"→"尺寸标注"→"尺寸编辑"→"移除裁剪"命令，或在"尺寸标注"→"尺寸编辑"工具栏中直接单击"移除裁剪"按钮。

（2）根据提示栏"通过选择框选择一个或多个尺寸/系统"的提示，选择图 16-60（a）所示的尺寸，完成移除裁剪操作，结果如图 16-60（b）所示。

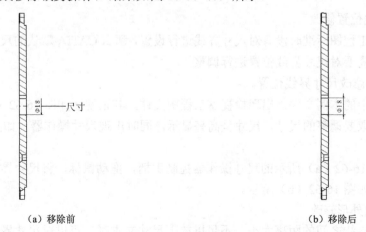

（a）移除前　　　　　　　　　　　　　　　　（b）移除后

图 16-60　移除裁剪

4. 尺寸编辑

通常情况下，在 CATIA 工程制图中，所标注的尺寸不能完全符合制图标准，需要进一步进行编辑。本节所讲的尺寸编辑主要包括修改尺寸界线位置、尺寸界线外形、尺寸文本字体格式和尺寸的文本方向等几部分。

若想对尺寸进行编辑，需要在工程制图工作台的选项对话框中进行一些相应设置，操作步骤如下。

（1）在菜单栏中，依次选择"工具"→"选项"，弹出"选项"对话框。

（2）在"选项"对话框中，依次展开并选择"机械设计"→"工程制图"→"操作器"选项卡。为了使尺寸可以被操纵，将"尺寸操作器"选项区中的全部"修改"复选框激活，如图 16-61 所示，完成尺寸编辑的前期设置工作。

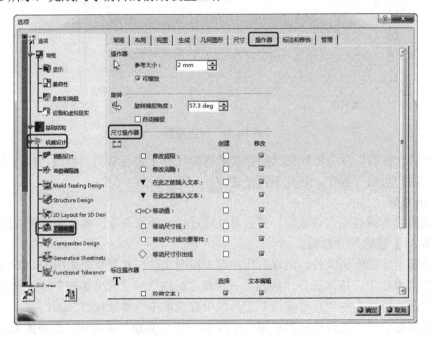

图 16-61 "尺寸操作器"选项区

1）尺寸界线位置修改

如果在修改工程图标准时没有对尺寸界线进行设置，那么 CATIA 默认的尺寸界线并不与图形连接，这时需要对尺寸界线位置进行调整。

【例 16-32】 修改尺寸界线位置。

打开资源包中的本例文件，出现检视窗工程图文件，其正视图如图 16-62（a）所示。

（1）单击选取要调整的尺寸，尺寸呈高亮显示，同时出现尺寸操作器，如图 16-62（a）所示。

（2）选取图 16-62（a）所示的尺寸操作器控制手柄，拖动鼠标，将尺寸界线末端移至与图形接合，结果如图 16-62（b）所示。

2）尺寸界线外形修改

当两条尺寸界线之间的距离太小，不足以放下尺寸文本时，可以对尺寸界线的外形进行修改，使尺寸文本显示在两尺寸界线之间。

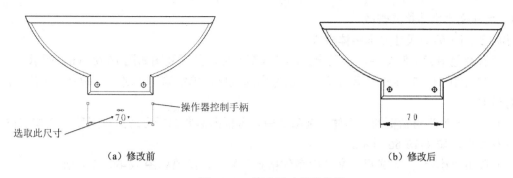

（a）修改前　　　　　　　　　　（b）修改后

图 16-62　修改尺寸界线位置

【例 16-33】修改尺寸界线外形。

打开资源包中的本例文件，出现检视窗工程图文件，其正视图如图 16-63（a）所示。

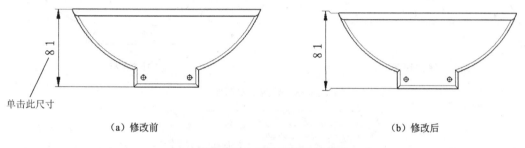

（a）修改前　　　　　　　　　　（b）修改后

图 16-63　尺寸界线外形修改

（1）右击图 16-63（a）所示的尺寸，在弹出的快捷菜单中选择"属性"命令，弹出"属性"对话框。

（2）在"属性"对话框中选择"尺寸界线"选项卡，然后激活"尺寸标注"复选框。

（3）在"高度"文本框中输入数值"1"，在"角度"文本框中输入数值"45"，在宽度文本框中输入数值"1"，如图 16-64 所示。用户也可根据需要自行设置。

（4）单击"确定"，完成尺寸界线外形的修改，结果如图 16-63（b）所示。

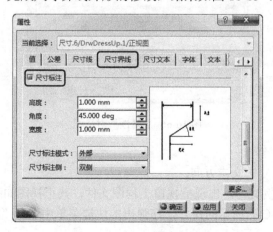

图 16-64　"尺寸界线"选项卡

3）尺寸文本字体格式修改

【例16-34】修改尺寸文本字体格式。

打开资源包中的本例文件，出现检视窗工程图文件，其正视图如图16-65（a）所示。

（1）右击图 16-65（a）所示的尺寸，在弹出的快捷菜单中选择"属性"命令，弹出"属性"对话框。

（2）在"属性"对话框的"字体"选项卡中，可根据需要选择合适的设置尺寸文本字体、样式以及大小，如图16-66所示。

（3）单击"确定"，完成尺寸文本中字体格式的修改，结果如图16-65（b）所示。

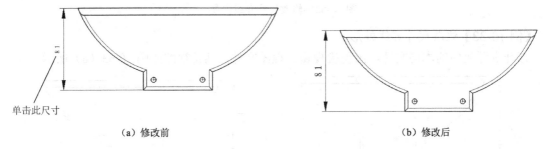

（a）修改前　　　　　　　　　　　　　　　（b）修改后

图 16-65　修改文本属性

图 16-66　"属性"对话框

4）尺寸的文本方向修改

【例16-35】修改尺寸的文本方向。

打开资源包中的本例文件，出现检视窗工程图文件，其正视图如图16-67（a）所示。

（1）右击图 16-67（a）所示的尺寸，在弹出的快捷菜单中选择"属性"命令，弹出"属性"对话框。

（2）在"属性"对话框"值"选项卡中的"值方向"区域中设置尺寸值的方向为"垂直"，如图16-68所示。

（3）单击"确定"，完成尺寸文本方向的修改，结果如图 16-67（b）所示。

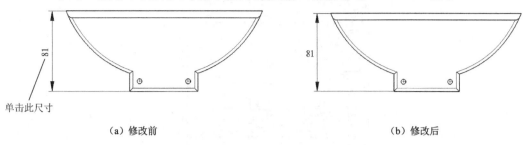

（a）修改前　　　　　　　　　　　　　　　　　（b）修改后

图 16-67　修改尺寸值的方向

图 16-68　"值方向"选项区

5. 双值尺寸显示

有时为了方便读图，在尺寸标注时需要标注双值尺寸，即标注出具有两种单位的尺寸值。

【例 16-36】显示双值尺寸。

打开资源包中的本例文件，出现检视窗工程图文件，其正视图如图 16-69（a）所示。

（1）右击图 16-69（a）所示的尺寸，在弹出的快捷菜单中选择"属性"命令，弹出"属性"对话框。

（2）在"属性"对话框中选择"值"选项卡，由于系统默认双值设置不可用。此时需激活"显示双值"复选框，"格式"修改区域随即变为可修改模式，然后在"双值"的"描述"下拉列表中选择"in"选项，使该尺寸的第二值显示为英寸尺寸，如图 16-70 所示。用户也可根据需要自行设置。

（3）单击"确定"，完成双值尺寸的修改，结果如图 16-69（b）所示。

（a）显示前　　　　　　　　　　　　　　　　　（b）显示后

图 16-69　显示双值

图 16-70 "值"选项卡

16.3.4 公差与配合关系

在成批或大量生产中，要求零件具有互换性，即同一批零件，不经挑选和辅助加工，任取一个就可顺利地装到机器上去，要求零件和装配图必须完整地标注尺寸公差与配合关系。

【例 16-37】标注尺寸公差。

打开资源包中的本例文件，出现检视窗工程图文件，其正视图如图 16-71（a）所示。

方法一：通过"属性"对话框标注。

（1）单击，选中图 16-71（a）所示的需要标注公差的尺寸。

（2）在菜单栏中，依次选择"编辑"→"属性"命令，或直接右击该尺寸，弹出"属性"对话框。

（3）在弹出的"属性"对话框中，选中"公差"选项卡，然后在"主值"下拉列表中选择"TOL_NUM2"为需要标注的公差样式，用户也可根据需要选择其他公差样式。

（4）在上、下限值文本框中输入所要标注的公差值，此例"上限值"文本框中输入"+0.03"，在"下限值"文本框中输入"-0.05"，如图 16-72 所示。

（5）单击"确定"，完成尺寸公差的标注，结果如图 16-71（b）所示。

展开公差样式下拉列表如图 16-73 所示，其中列举出了国际上各工程制图标准中所能用到的部分零件与装配图中公差与配合的标注样式。下面对其中几种我国制图标准中常用的具有代表性的公差与配合样式进行详细介绍。

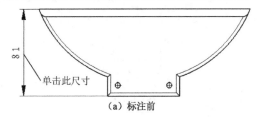

（a）标注前

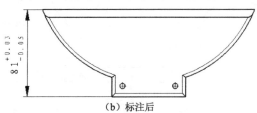

（b）标注后

图 16-71 标注尺寸公差

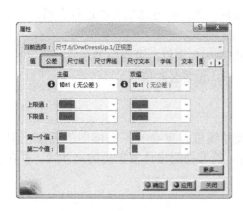

图 16-72 "公差"选项卡　　　　　图 16-73 公差样式下拉列表

① TOL_ALP2：其是以比值形式显示的配合公差带代号的配合公差，如图 16-74（a）所示。

② TOL_ALP3：其是以分数形式显示的配合公差带代号的配合公差，如图 16-74（b）所示。

③ TOL_0.7：其是以上、下偏差的形式显示出来，如图 16-74（c）所示。其与 TOL_1.0 公差标注样式相同，只是公差值文本高度不同。

④ ISOALPH1：其是以公差带代号的形式标注尺寸公差，如图 16-74（d）所示。

⑤ ISOCOMB：其是以公差带代号以及该代号的上、下偏差值同时显示出来的形式标注尺寸公差，如图 16-74（e）所示。

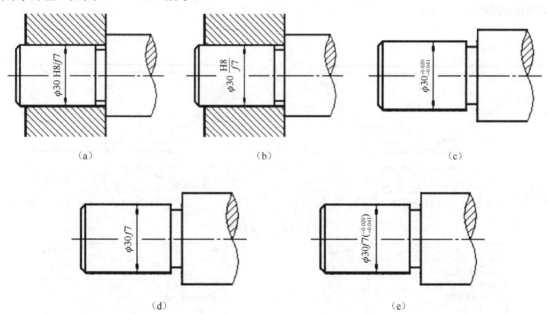

图 16-74 不同样式的尺寸公差与配合标注

方法二：通过"尺寸属性"工具栏标注。

（1）在工程制图工作台中找到"尺寸属性"工具栏，如图 16-75 所示。

（2）当应用此工具栏标注尺寸公差时，首先选中所要标注公差的尺寸，然后在工具栏中选择合适的公差形式，最后在公差值文本框中输入公差值，如"+0.03-0.05"，按 Enter 键确定，

图 16-75 "尺寸属性"工具栏

结果如图 16-71（b）所示。

下面对"尺寸属性"工具栏各选项功能进行介绍。

：设置尺寸线的样式。

公差说明列表框：设置公差形式。

公差文本框：设置公差值。

16.3.5 标注干涉分析

零件图尺寸标注应清晰，不允许尺寸线位置重叠等影响读图的现象出现，CATIA 工程图工作台具有尺寸分析功能，能够检测出位置重叠的尺寸线，并在视图中高亮显示。

【例 16-38】尺寸标注干涉分析。

打开资源包中的本例文件，出现检视窗工程图文件，其正视图如图 16-76（a）所示。

（1）在菜单栏中，依次选择"工具"→"分析"→"尺寸分析"命令，或在"分析"工具栏中直接单击"尺寸分析" ，系统弹出"分析"对话框，如图 16-77（a）所示，"当前列表中的元素总数"文本框表明图中有干涉的尺寸数目。

（2）单击下一步命令 ，系统将居中高亮显示重叠尺寸位置，如图 16-76（b）所示。

（3）拖动位置重叠的尺寸至适当位置后，单击"更新" 重新检测位置重叠的尺寸，"当前列表中的元素总数"文本框中数值变小。

（4）重复上述操作，直到所有错误都消除，如图 16-77（b）所示，单击"确定"，完成标注干涉分析。

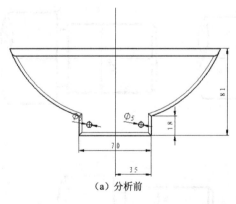

（a）分析前　　　　（b）分析后

图 16-76　干涉分析

（a）调整前

（b）调整后

图 16-77　"分析"对话框

16.4　形　位　公　差

机械零件在加工过程中，由于受机床、夹具和刀具的制造误差、磨损、残余收缩、受力变形、振动等因素的影响，会产生形状和位置误差。机械零件的形状和位置公差是评定其质量的一项主要指标。因此，为了保证机械产品的质量和零部件的互换性，必须根据零件的功能要求和制造要求，给定形状公差和位置公差，简称形位公差，以限制零件加工时产生的形位误差的允许变动量。

16.4.1　基准符号

基准是用来确定实际关联要素几何位置关系的参考对象。

【例 16-39】添加基准符号。

打开资源包中的本例文件，出现右排种盘工程图文件，其剖视图如图 16-78（a）所示。

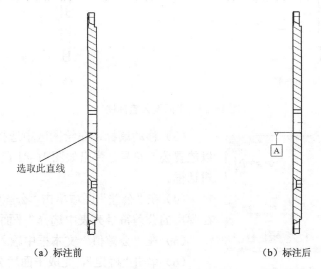

（a）标注前　　　　　　　　　　　　　　（b）标注后

图 16-78　基准创建

（1）在菜单栏中，依次选择"插入"→"尺寸标注"→"公差"→"基准特征"命令，或在"尺寸标注"→"公差"工具栏中直接单击"基准特征" 。

（2）根据提示栏"选择元素或单击引出线定位点"的提示，选择图 16-78（a）所示的直线，鼠标光标附近出现基准符号预览。

图 16-79　"创建基准特征"对话框

（3）移动鼠标，在绘图区中选择合适的位置单击以放置基准符号，弹出如图 16-79 所示的"创建基准特征"对话框，要求输入基准特征的符号。

（4）在对话框的文本框中输入字母 A，单击"确定"完成基准的创建，结果如图 16-78（b）所示。

16.4.2　形状公差

【例 16-40】标注形状公差。

打开资源包中的本例文件，出现右排种盘工程图文件，其剖视图如图 16-80（a）所示。

（1）在菜单栏中，依次选择"插入"→"尺寸标注"→"公差"→"形位公差"命令，或在"尺寸标注"→"公差"工具栏中直接单击"形位公差" 。

（2）根据提示栏"选择尺寸或特征元素，或定义引出线箭头位置"的提示，选择图16-80（a）所示的直线，鼠标光标附近出现公差符号预览。

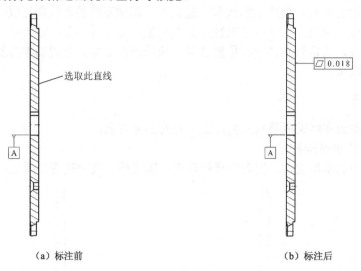

（a）标注前   （b）标注后

图 16-80 平面度公差标注

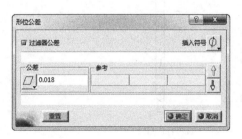

图 16-81 "形位公差"对话框

（3）移动鼠标，在绘图区中选择合适的位置单击以放置公差符号，弹出如图16-81所示的"形位公差"对话框。

（4）在"公差"区域单击"公差特征修饰符" ，在弹出的公差符号列表中选择"平面度"公差符号 。

（5）在"公差值"文本框中输入数值"0.018"。

（6）单击"确定"，完成平面度公差标注，结果如图16-80（b）所示。

其他形状公差标注方法与平面度标注方法相类似，可参照以上操作步骤，这里不再赘述。

16.4.3 位置公差

【例16-41】标注位置公差。

打开资源包中的本例文件，出现右排种盘工程图文件，其剖视图如图16-82（a）所示。

（1）在菜单栏中，依次选择"插入"→"尺寸标注"→"公差"→"形位公差"命令，或在"尺寸标注"→"公差"工具栏中直接单击"形位公差" 。

（2）根据提示栏"选择尺寸或特征元素，或定义引出线箭头位置"的提示，选择图16-82（a）所示的直线，鼠标光标附近出现公差符号预览。

（3）移动鼠标，在绘图区中选择合适的位置单击以放置公差符号，弹出如图16-83所示的"形位公差"对话框。

（4）在"公差"区域单击"公差特征修饰符" ，在弹出的公差符号列表中选择"垂直度"公差符号 。

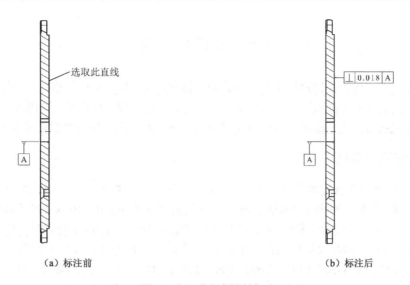

（a）标注前 （b）标注后

图 16-82 垂直度公差标注

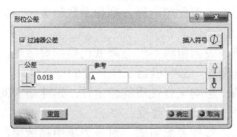

图 16-83 "形位公差"对话框

（5）在"公差值"文本框中输入数值"0.018"。

（6）在"参考"文本框中输入基准字母"A"，输入基准字母后，次要参考文本框变为可输入状态，如有次要参考，可继续输入。

（7）单击"确定"完成垂直度标注，结果如图 16-82（b）所示。

其他位置公差标注方法与平面度标注方法类似，可参照以上操作步骤，这里不再赘述。

16.4.4 形位公差编辑

双击需要修改的形位公差，弹出"形位公差"对话框，按前述方法修改形位公差的公差类型、公差值和基准。

右击需要修改的形位公差，在弹出的快捷菜单中选择"属性"命令，系统弹出"属性"对话框，可以修改公差的文本属性。

当图形复杂、位置公差的基准不能一目了然时，可以使用"基准定位器"定位基准。右击需要寻找基准的位置公差，在弹出的快捷菜单中选择"基准定位器"，弹出图 16-84 所示的"基准定位器"对话框，在对话框中单击选取基准字母，系统将此位置公差的基准放大高亮显示。

图 16-84 "基准定位器"对话框

16.5　表面粗糙度

在机械制造中，无论是切屑加工的零件表面，还是用铸、锻、冲压、热轧、冷轧等方法获得的零件表面，其上都会存在间距很小的微小峰、谷所形成的微观几何误差，这用表面粗糙度轮廓来表示。零件表面粗糙度轮廓对该零件的功能要求、使用寿命和美观程度都有重大的影响。

16.5.1　表面粗糙度基础

为了正确地测量和评定零件的互换性，我国发布了 GB/T 3505—2000《产品几何技术规范表面结构　轮廓法　表面结构术语、定义及参数》、GB/T 10610—1998《产品几何技术规范表面结构　轮廓法评定表面结构的规则和方法》、GB/T 1031—1995《表面粗糙度　参数及其数值》和 GB/T 131—1993《机械制图　表面粗糙度符号、代号及其注法》等国家标准。其中GB/T 1031—1995 已被 GB/T 1031—2009 代替；GB/T 131—1993 已被 GB/T 131—2006 代替。

表面粗糙度轮廓对零件的工作性能有着重要的影响，主要表现在以下几个方面。

（1）对摩擦和磨损的影响。表面越粗糙，摩擦系数越大，消耗能量就越大，磨损加大，影响传动效率和使用寿命。

（2）对工作精度的影响。表面粗糙不仅会降低机器的灵敏性，而且使得机器实际有效接触面积减小，表层接触刚度变差，影响机器工作精度的持久性。

（3）对配合性质的影响。影响配合性质的稳定性，迅速增大间隙，对于过盈配合，粗糙表面峰顶在装配时易被挤平，降低接触强度。

（4）对零件强度的影响。零件表面粗糙，对应力集中越敏感，尤其是在交变载荷作用下影响更严重，会使零件表面产生裂痕导致损坏，所以在零件的沟槽或圆角处的表面粗糙度应更小。

（5）对抗腐蚀性影响。表面粗糙，凹谷越深，越容易积存含腐蚀性的物质，并向表层内渗透，使腐蚀加剧。

此外，表面粗糙还可能影响零件其他使用性能，如密封性，润滑性能，导电、导热性能和外观质量等。由于表面粗糙度对零件的工作性能非常重要，所以我们需要对所设计的零件进行表面粗糙度的标注。

本节主要介绍创建表面粗糙度符号的方法。在零件图中，每个表面一般只标注一次表面粗糙度符号，其符号的尖端必须从材料外部指向零件表面，并标注在其可见轮廓线、尺寸线、尺寸界限或它们的延长线上，符号方向应符合国家标准规定。

16.5.2　符号及代号

1. 表面粗糙度符号

表面粗糙度的符号及意义，如表 16-1 所示。

表 16-1　表面粗糙度符号及意义

序号	符号	意义
1	$\sqrt{}$	基本符号，表示表面可用任何方法获得。当不加注粗糙度参数值或有关说明时，仅适用于简化代号标注

序号	符号	意义
2		表示表面是用去除材料的方法获得，如车、铣、钻、磨等
3		表示表面是用不去除材料的方法获得，如铸、锻、冲压、冷轧等
4		在上述三个符号的长边上可加一横线，用于标注有关参数或说明
5		在上述三个符号的长边上可加一小圆，表示所有表面具有相同的表面粗糙度要求
6		当参数值的数字或大写字母的高度为 2.5mm 时，粗糙度符号的高度取 8mm，三角形高度取 3.5mm，三角形是等边三角形。当参数值不是 2.5mm 时，粗糙度符号和三角形符号的高度也将发生变化

2. 表面粗糙度代号

表面粗糙度代号由表面粗糙度符号、表面粗糙度参数代号和有关规定等内容构成。表面粗糙度数值及其有关规定在符号中的书写位置如图 16-85 所示。其中，各字母所代表含义如下。

（1）a_1、a_2 为粗糙度高度参数代号及其数值（μm）。

（2）b 为加工方法，镀覆、涂覆、表面处理或其他说明等。

（3）c 为取样长度（mm）或波纹度（μm）。

（4）d 为加工纹理方向符号。

（5）e 为加工余量（mm）。

（6）f 为粗糙度间距参数值（mm）或轮廓支承长度率。

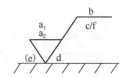

图 16-85　表面粗糙度代号

16.5.3　表面粗糙度标注

【例 16-42】创建表面粗糙度代号。

打开资源包中的本例文件，出现左壳体侧板工程图文件，其正视图如图 16-86（a）所示。

（1）在菜单栏中，依次选择"插入"→"标注"→"符号"→"粗糙度符号"命令，或在"标注"→"符号"工具栏中直接单击"粗糙度符号" 。

（2）根据提示栏"单击粗糙度定位点"的提示，选择如图 16-86（a）所示的圆弧，弹出如图 16-87 所示的"粗糙度符号"对话框。

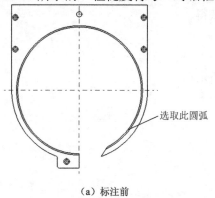

（a）标注前

选取此圆弧

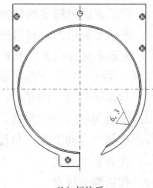

（b）标注后

图 16-86　创建表面粗糙度符号

（3）在对话框"前缀"下拉列表中选择"Ra"选项，在"表面粗糙度"文本框中输入粗糙度值"6.3"，其余采用系统默认设置。

（4）单击"确定"，完成表面粗糙度的标注，结果如图 16-86（b）所示。

下面对图 16-87～图 16-90 所示的"粗糙度符号"对话框中各下拉列表的各选项功能进行介绍。

（1）"前缀"下拉列表，如图 16-87 所示。

① Rt：轮廓总高度。

② Rmax：最大规则，上限值。

③ Rp：最大轮廓峰高。

④ Ra：评定轮廓的算术平均偏差。

⑤ Rz：轮廓的最大高度。

⑥（Tp）c：相对支承比率。

（2）"曲面纹理"下拉列表，如图 16-88 所示。

① ⌐：对表面纹理有特殊要求。

② ⊘：所有表面纹理相同。

③ ／：对表面纹理的补充要求。

④ ⊘：所有表面纹理相同。

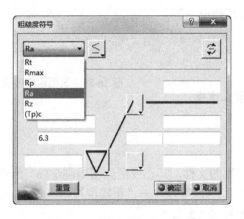

图 16-87 "粗糙度符号"对话框

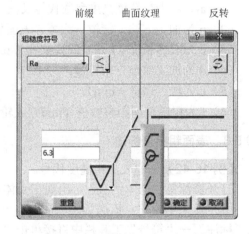

图 16-88 "曲面纹理"下拉列表

（3）展开"粗糙度类型"下拉列表，如图 16-89 所示。

① ⋁：表示表面粗糙度参数值可用任何方法获得。

② ▽：表示要求用去除材料的方法获得。

③ ⋁：表示不允许用去除材料的方法获得。

（4）展开"层的方向"下拉列表，如图 16-90 所示。

① ＝：与表面纹理方向平行。

② ⊥：与表面纹理方向垂直。

③ X：在两个方向上都有角度的纹理。

④ M：代表多个方向。

⑤ C：代表圆形纹理。

⑥ R：近似圆弧纹理。

⑦ 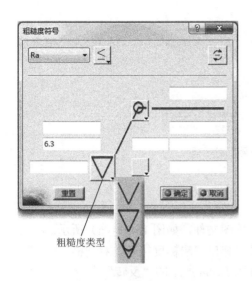：无方向或者有隆起。

图 16-89 "粗糙度类型"下拉列表

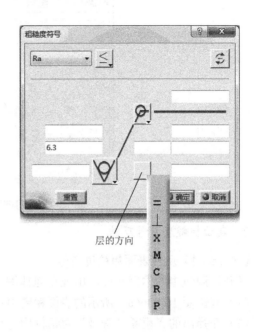

图 16-90 "层的方向"下拉列表

16.5.4 表面粗糙度编辑

1. 表面粗糙度修改

【例 16-43】修改表面粗糙度。

打开资源包中的本例文件,出现左壳体侧板工程图文件,其正视图如图 16-91 (a) 所示。

(1) 双击图 16-91 (a) 所示的表面粗糙度符号,弹出"粗糙度符号"对话框,如图 16-92 所示。

(2) 在弹出的"粗糙度符号"对话框中,可对所标注的粗糙度类型、粗糙度大小、曲面纹理等进行修改。此例中,将粗糙度大小"6.3"改为"3.2",如图 16-92 所示。

(3) 单击"确定",完成表面粗糙度大小的修改,结果如图 16-91 (b) 所示。

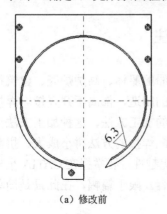

(a) 修改前

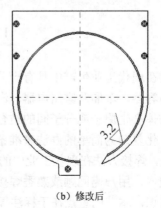

(b) 修改后

图 16-91 修改表面粗糙度大小

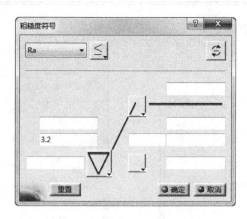

图 16-92 "粗糙度符号"对话框

2. 表面粗糙度符号反转

【例 16-44】反转表面粗糙度符号。

打开资源包中的本例文件，出现左壳体侧板工程图文件，如图 16-93（a）所示。

（1）双击图 16-93（a）所示的表面粗糙度符号，弹出"粗糙度符号"对话框。

（2）在弹出的"粗糙度符号"对话框中，单击图 16-88 所示的"反转"命令。

（3）单击"确定"，完成表面粗糙度符号的反转，结果如图 16-93（b）所示。

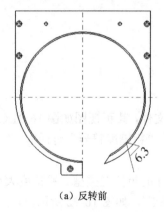
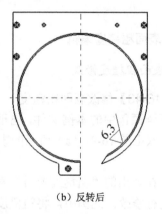

（a）反转前　　　　　　　　　　　　　　　　（b）反转后

图 16-93　反转表面粗糙度符号

16.6　焊接的标注

焊接在现代工业生产中具有十分重要的作用，如舰船的船体、高炉炉壳、建筑构架、锅炉与压力容器、车厢及家用电器、汽车车身等工业产品的制造，都离不开焊接。焊接是使两个金属物体产生原子或分子间的结合，从而连接成一体的加工方法。这种加工方法可以用化大为小、化复杂为简单的办法来准备培料，然后逐次装配焊接的方法拼小成大、拼简单为复杂。总之，焊接方法在现代工业中的应用具有其独特的优越性。要掌握在 CATIA 里标注焊接符号的技术，用户需回顾或熟悉焊接符号标注的有关内容。限于篇幅，在此只是简单介绍一些焊接常识，本节的重点在于标注焊点和焊接符号。

16.6.1　符号及标注方法

焊接符号以标准图示的形式和缩写代码标示出一个焊接接头或钎焊接头完整的信息，如接头的位置、如何制备和如何检测等。零件间熔接处称为焊缝。焊缝在图样上一般采用焊缝符号（表示焊接方法、焊缝形式和焊缝尺寸等技术内容的符号）表示。焊缝符号一般由基本符号和指引线组成。必要时还可以加上辅助符号、补充符号和焊缝尺寸符号。

1.　焊缝的基本符号

基本符号是表示焊缝横截面形状的符号，焊缝的基本符号共有 13 种，详见 GB/T 324—1988。

2.　焊缝的指引线

焊缝的指引线由箭头线和基准线（实线基准线和虚线基准线）两部分组成，如图 16-94 所示。

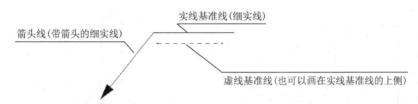

图 16-94　焊缝指引线符号

箭头线是带箭头的细实线，它将整个符号指到图样的有关焊接处。

实线基准线与箭头线相连，一般应与图样的底边相平行，它的上面和下面用来标注有关的焊接符号。

16.6.2　焊点标注

【例 16-45】标注焊点。

打开资源包中的本例文件，出现壳体上盖工程图文件，其左视图如图 16-95（a）所示。

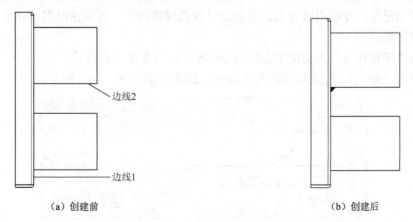

（a）创建前　　　　　　　　　　　（b）创建后

图 16-95　焊点的标注

（1）在菜单栏中，依次选择"插入"→"标注"→"符号"→"焊点"命令，或在"标

图 16-96　"焊接编辑器"对话框

注"→"符号"工具栏中直接单击"焊点" 。

（2）根据提示栏"选择第一连线"的提示，依次选择图 16-95（a）所示的"边线 1"和"边线 2"，弹出"焊接编辑器"对话框，如图 16-96 所示。

（3）在"焊接编辑器"对话框的"厚度"文本框中输入厚度值"2"，其他参数采用系统默认设置。

（4）单击"确认"，完成焊点的标注。结果如图 16-95（b）所示。

16.6.3　焊接符号标注

【例 16-46】标注焊接符号。

打开资源包中的本例文件，出现壳体上盖工程图文件，其左视图如图 16-97（a）所示。

（1）在菜单栏中，依次选择"插入"→"标注"→"符号"→"焊接符号"命令，或在"标注"→"符号"工具栏中直接单击"焊接符号" 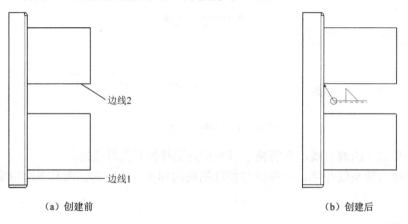。

（a）创建前　　　　　　　　　　　　　　　　　　　（b）创建后

图 16-97　焊接符号的标注

（2）根据提示栏"选择第一元素或指示引出线定位点"的提示，依次选择图 16-97（a）所示的"边线 1"和"边线 2"，此时显示焊接符号的预览。

（3）移动鼠标，在绘图区合适位置单击以放置焊接符号，系统弹出图 16-98 所示的"焊接符号"对话框。

（4）在"焊接符号"对话框中参照图 16-98 所示的参数进行设置。

（5）单击"确定"，完成焊接符号的标注，结果如图 16-97（b）所示。

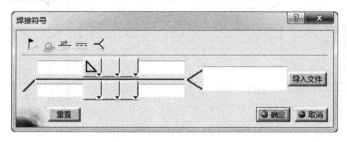

图 16-98　"焊接符号"对话框

16.7　文　本　注　释

在工程图中，有些信息无法用图形表达清楚，需要用文字在技术要求中说明。例如：

（1）工件的功能、性能、安装、使用和维护的要求。

（2）工件的制造、检验和使用的方法及要求。

（3）工件对润滑和密封等的特殊要求。

因此，在创建完视图的尺寸标注后，还需要创建相应的注释标注。

16.7.1　注释创建

1. 文本注释创建

【例 16-47】创建文本注释。

打开资源包中的本例文件，出现排种轴工程图文件，如图 16-99（a）所示。

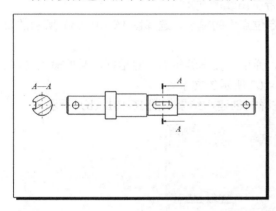

（a）注释前

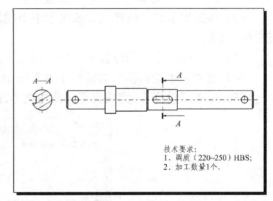

（b）注释后

图 16-99　技术要求

（1）在菜单栏中，依次选择"插入"→"标注"→"文本"→"文本"命令，或在"标注"→"文本"工具栏中直接单击"文本" **T**。

（2）根据提示栏"指示文本定位点"的提示，在绘图区合适位置单击以确定注释的位置，弹出"文本编辑器"对话框，如图 16-100 所示，在该对话框中输入文字。

（3）在"文本编辑器"对话框中输入图 16-100 所示的文字。值得注意的是，在"文本编辑器"对话框中，按下键盘上的 Shift+Enter 键实现换行。

（4）单击"确定"，完成文本注释的创建。结果如图 16-99（b）所示。

图 16-100　"文本编辑器"对话框

2. 带引出线的文本注释创建

【例 16-48】创建带引出线的文本注释。

打开资源包中的本例文件，出现左壳体工程图文件，其仰视图如图 16-101（a）所示。

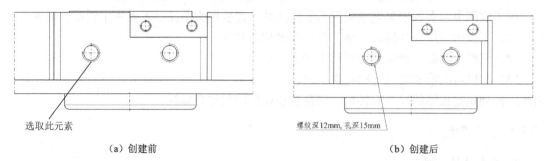

选取此元素

（a）创建前

螺纹深12mm, 孔深15mm

（b）创建后

图 16-101　创建带引出线的文本

（1）在菜单栏中，依次选择"插入"→"标注"→"文本"→"带引出线的文本"命令，或在"标注"→"文本"工具栏中直接单击"带引出线的文本"。

（2）根据提示栏"选择元素或指示引出线定位点"的提示，选择图 16-101（a）所示的要注释的元素。

（3）在绘图区中适当位置单击以放置文本，弹出"文本编辑器"对话框，要求输入文字。

（4）在"文本编辑器"对话框中输入图 16-102 所示的文字。

（5）单击"确定"，完成带引出线的文本注释的创建，结果如图 16-101（b）所示。

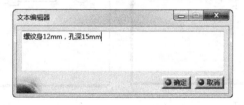

图 16-102　"文本编辑器"对话框

3. 文字编辑

技术要求中的文字可以通过"文本属性"工具栏来编辑，如图 16-103 所示。下面对文本属性工具栏的命令进行具体说明。

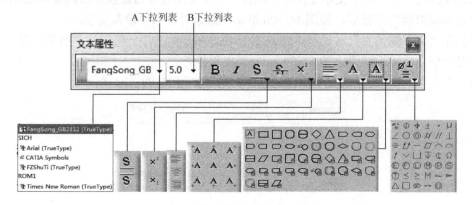

图 16-103　文本属性工具栏

1）A 下拉列表

A 下拉列表：字体名称，该下拉列表用于设置文本中的字体。

在 CATIA 工程制图工作台修改字体名称时，由于 CATIA 文本库中所包含的字体十分有限，特别是中文字体尤为匮乏，这就使得用户往往找不到合适的字体。然而，在 Windows 系统字体库中包含了大量的字体类型，用户可以通过对 CATIA 字体选项进行设置来使用 Windows 自带的字体。

下面将介绍如何设置字体选项使之能够应用 Windows 自带字体。

【例 16-49】文字编辑。

打开资源包中的本例文件，出现编辑文字工程图文件。

（1）在菜单栏中，依次选择"工具"→"选项"命令，弹出"选项"对话框。

（2）在"选项"对话框中，依次展开并选择"常规"→"显示"→"线宽和字体"选项卡，如图 16-104 所示。

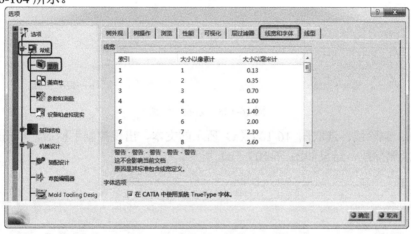

图 16-104 "线宽和字体"选项卡

（3）在"线宽和字体"选项卡的"字体选项"区域中，激活"在 CATIA 中使用系统 TrueType 字体"复选框，如图 16-104 所示。

此时弹出"警告"对话框，提示"请重新启动 CATIA 使修改生效"，如图 16-105 所示。

（4）依次单击"警告"和"选项"对话框中的"确定"，完成字体选项的设置。

此时，重新启动 CATIA，就可以使用 Windows 系统中自带的字体了。

图 16-105 "警告"对话框

2）B 下拉列表

B 下拉列表：字体大小，该下拉列表用于设置注释文本中字体的字号。

（1）**B**：字体加粗。选取图 16-106（a）所示的文本，出现控制手柄后，单击加粗按钮，文字会以粗体显示，如图 16-106（b）所示。

（2）*I*：斜体。选取图 16-107（a）所示的文本，出现控制手柄后，单击斜体按钮，使字体以斜体显示，如图 16-107（b）所示。

（3）**S**：加下划线/加上划线。选取图 16-107（a）所示的文本，出现控制手柄后，单击加下划线/加上划线按钮，可用于给文字添加下划线或上划线，结果如图 16-108 所示。

（a）加粗前　　　　　　　　　　　　（b）加粗后

图 16-106　粗体文字的创建

（a）修改前　　　　　　　　　　　　（b）修改后

图 16-107　斜体文字的创建

（a）添加下划线　　　　　　　　　　（b）添加上划线

图 16-108　划线的添加

（4）：删除线。选取图 16-109（a）所示的文本，出现控制手柄后，单击删除线，为所选文字添加删除线，结果如图 16-109（b）所示。

（a）修改前　　　　　　　　　　　　（b）修改后

图 16-109　添加删除线

（5）：上标/下标。选取图 16-110（a）所示的文本，出现控制手柄后，单击该按钮，用于设置上标或下标。

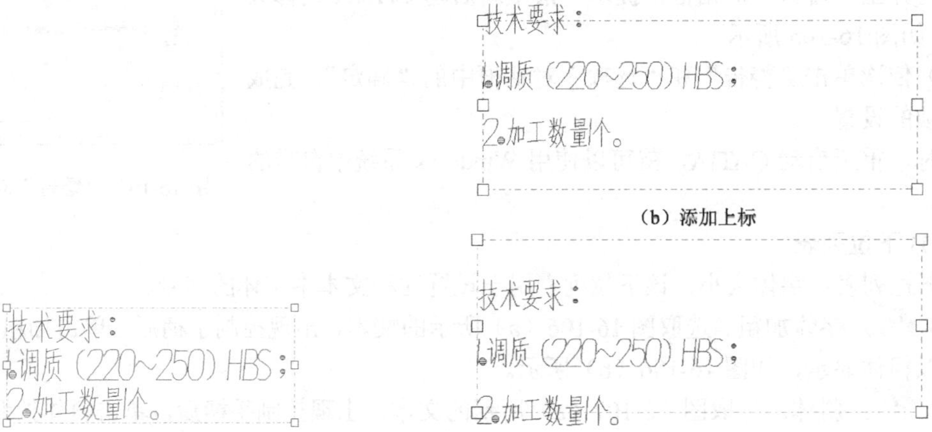

（b）添加上标

（a）修改前　　　　　　　　　　　　（c）添加下标

图 16-110　添加上标/下标

（6）![icon]：对齐。该按钮的下拉菜单列表中包括"左对齐"![icon]、"居中对齐"![icon]和"右对齐"![icon]，选取创建好的文本，出现控制手柄后，分别单击这三种按钮，结果如图 16-111 所示。

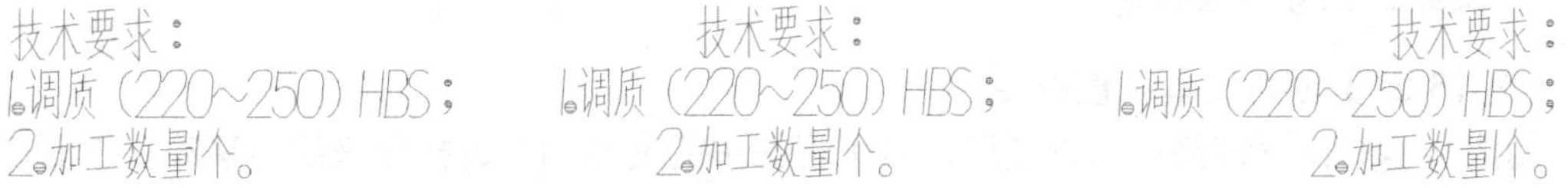

技术要求：
1.调质（220～250）HBS；
2.加工数量个。

（a）左对齐

技术要求：
1.调质（220～250）HBS；
2.加工数量个。

（b）居中对齐

技术要求：
1.调质（220～250）HBS；
2.加工数量个。

（c）右对齐

图 16-111　文字的对齐

（7）![icon]：定位点。单击该按钮可改变文本相对于文本放置点位置。

（8）![icon]：框架。单击该按钮可为文本添加不同形状的边框。

（9）![icon]：插入符号。在编辑文本时，可通过单击该按钮添加所需的符号。

⚠【注意】"加粗"及"斜体"命令只能在 CATIA 系统默认的字体"SICH"下进行设置。

16.7.2　文本编辑

【例 16-50】文本编辑。

打开资源包中的本例文件，如图 16-112（a）所示。

（1）右击图 16-112（a）所示的文本，在弹出的快捷菜单中选择"文本.1 对象"→"定义"命令或直接双击需要编辑的文本，系统弹出"文本编辑器"对话框，如图 16-113 所示。

（2）将对话框中的"黑色"改为"墨绿色"。

（3）选中对话框中的文字"技术要求："，在图 16-103 所示的"文本属性"工具栏中，将字体设置为"FangSong_GB2312（TrueType）"，字号设置为"12"；然后选中"技术要求："后面的所有文字，将字体设置为"FangSong_GB2312（TrueType）"，字号设置为"14"。

（4）单击"文本编辑器"对话框的"确定"，完成文本的修改，结果如图 16-112（b）所示。

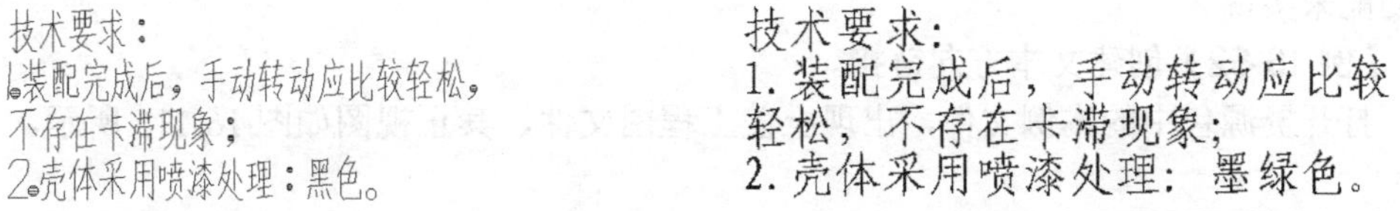

技术要求：
1.装配完成后，手动转动应比较轻松，
不存在卡滞现象；
2.壳体采用喷漆处理：黑色。

（a）修改前

技术要求：
1.装配完成后，手动转动应比较
轻松，不存在卡滞现象；
2.壳体采用喷漆处理：墨绿色。

（b）修改后

图 16-112　文字内容修改

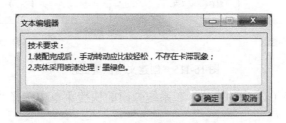

图 16-113　"文本编辑器"对话框

16.7.3 文本的位置与方向链接

1. 文本的位置链接创建

【例 16-51】创建文本位置链接。

创建文本的位置链接可以方便用户将工程图中的文本相互链接起来统一移动。下面以上盖正视图为例介绍创建文本位置链接的一般操作步骤。

打开资源包中的本例文件，出现上盖工程图文件，其正视图如图 16-114（a）所示。

（1）在上盖正视图上分别创建两个文本注释，如图 16-114（b）所示。

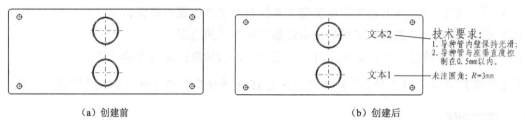

（a）创建前　　　　　　　　　　　　　（b）创建后

图 16-114　创建文本

（2）右击图 16-114（b）所示的文本 1，在系统弹出的快捷菜单中选择"位置链接"→"创建"命令。

（3）根据提示栏"选择对象，在其上创建位置链接"的提示，单击图 16-114（b）所示的文本 2，将其作为文本位置链接的参照，完成文本的位置链接，文本位置链接创建完成后，移动文本 2，文本 1 也会随之移动。

"位置链接"命令对形位公差、带引出线的文本、焊接符号、公差基准符号等同样可用，而位置链接的参考可以是任何元素，操作方法同上。

2. 文本的方向链接创建

CATIA 软件默认的文本方向为水平方向，如果想更改文本的放置方向，可以运用方向链接功能来实现。

【例 16-52】创建文本方向链接。

打开资源包中的本例文件，出现上盖工程图文件，其正视图如图 16-115 所示。

（a）创建前　　　　　　　　　　　　　（b）创建后

图 16-115　创建文本位置链接

（1）右击图 16-115（a）中的文本，在系统弹出的快捷菜单中选择"方向链接"→"创建"命令。

（2）根据提示栏"选择对象，在其上创建方向链接"的提示，选择图 16-115（a）所示的边线作为文本方向链接的参考，完成文本方向链接创建。结果如图 16-115（b）所示。

16.8　表　格

一套完整的工程图除了需要具备视图、尺寸标注和技术要求，通常还需要创建一些表格用来制作标题栏、明细表、分类统计表等。这些表格起着归纳和展示信息的作用。本节主要介绍如何创建和编辑表格。

16.8.1　表格创建

在 CATIA 工程制图中，共有两种创建表格的方法，一种是通过表格命令直接创建，另外一种是导入 CSV 表创建表格。

1. 直接创建法

（1）在菜单栏中，依次选择"插入"→"标注"→"表"→"表"命令，或在"标注"→"表"工具栏中直接单击"表" ⊞，弹出"表编辑器"对话框，如图 16-116 所示。

（2）在对话框中输入所要创建表的"列数"和"行数"，在此创建一个四列三行的表格。用户也可根据需要自行设置列数和行数。

（3）单击"确定"，移动鼠标，在绘图区中选择合适位置单击以放置表格。创建后的表格如图 16-117 所示。

2. 从 CSV 导入创建

（1）新建一个 Excel 文档，在文档工作区框选一个图 16-117 所示的 3×4 的表格，并为该表格添加边框。

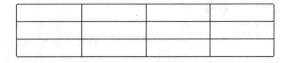

图 16-116　"表编辑器"对话框　　　　　　图 16-117　创建表格

（2）在 Excel 工作簿菜单栏中，依次选择"文件"→"另存为"命令，弹出"另存为"对话框，如图 16-118 所示。

（3）在"文件名"文本框中，将系统默认文件名"新建 Microsoft Office Excel 工作表.xlsx"改为"Create Table"，如图 16-119 所示；在"保存类型"文本框中选择"CSV（逗号分隔）（*.csv）"选项。

（4）单击"保存"，完成在 Excel 工作簿中创建 CSV 表。

（5）回到 CATIA 工程图窗口，在菜单栏中，依次选择"插入"→"标注"→"表"→"从 CSV 创建表"命令，或在"标注"→"表"工具栏中直接单击"从 CSV 创建表" ⊞，弹出"选择文件"对话框，如图 16-120 所示。

（6）选择之前所创建的 CSV 文件"Create Table.csv"，然后单击"打开"，移动鼠标，在绘图区中选择合适位置单击以放置表格，绘图区出现如图 16-121 所示的表格。

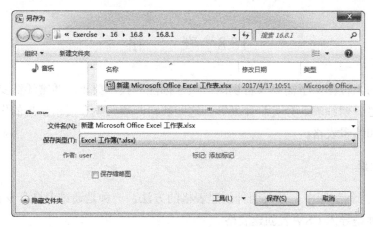

图 16-118　"另存为"对话框

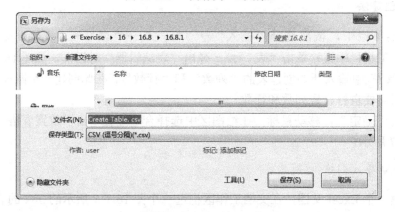

图 16-119　"另存为"对话框

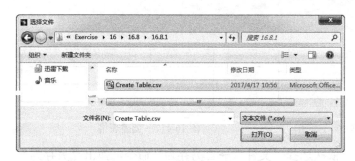

图 16-120　"选择文件"对话框

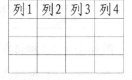

图 16-121　从 CSV 插入表格

16.8.2　表格编辑

在 16.8.1 节中所创建的 3×4 表格的基础上，讲解如何对表格进行编辑。

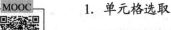

1. 单元格选取

1）整个表格选取

双击表格任意位置将其激活，表格周围出现表格标线，如图 16-122（a）所示。当表格处于激活状态时，不能对其进行移动操作。将鼠标移动到图 16-122（a）所示表格左上角的位置，当鼠标指针变成图 16-122（a）所示的样式时单击，此时整个表格以黑色状态显示，如图 16-122（b）所示，表示整个表格已被选取。

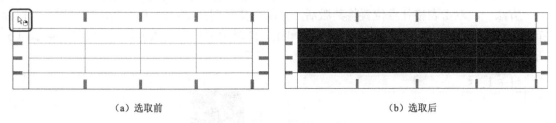

（a）选取前　　　　　　　　　　　　　　　（b）选取后

图 16-122　选取整个表格

2）单个单元格选取

双击表格任意位置将其激活，表格周围出现表格标线，如图 16-123（a）所示。将鼠标移动到图 16-123（a）所示的位置，当鼠标指针变为图 16-123 所示的十字形状时单击，此时单元格以黑色状态显示，如图 16-123（b）所示，表示单元格已被选取。

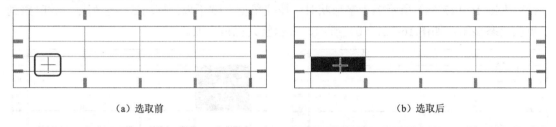

（a）选取前　　　　　　　　　　　　　　　（b）选取后

图 16-123　选取单个单元格

3）整行选取

方法一：双击表格任意位置将其激活，将鼠标移动到图 16-124（a）所示位置，当鼠标指针变为图 16-124（a）所示的实心向右箭头形状时单击，此时整行以黑色状态显示，如图 16-124（b）所示，表示整行已被选取。

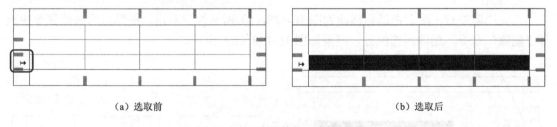

（a）选取前　　　　　　　　　　　　　　　（b）选取后

图 16-124　选取整行（方法一）

方法二：双击表格任意位置将其激活，将鼠标移动到图 16-125（a）所示的位置，当鼠标指针变为图 16-125（a）所示的十字形状时，按住鼠标左键不放，拖动鼠标至行尾，此时整行以黑色状态显示，如图 16-125（b）所示，表示整行已被选取。

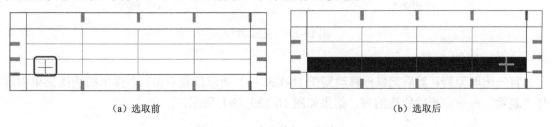

（a）选取前　　　　　　　　　　　　　　　（b）选取后

图 16-125　选取整行（方法二）

4）整列选取

方法一：双击表格任意位置将其激活，将鼠标移动到图 16-126（a）所示的位置，当鼠标指针变为图 16-126（a）所示的空心箭头时单击，此时整列以黑色状态显示，如图 16-126（b）所示，表示整列已被选取。

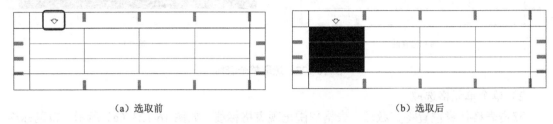

（a）选取前 （b）选取后

图 16-126　选取整列（方法一）

方法二：双击表格任意位置将其激活，将鼠标移动到图 16-127（a）所示的位置，当鼠标指针变为图 16-127（a）所示的十字形状时，按住鼠标左键不放，拖动鼠标至列尾，此时整列以黑色状态显示，如图 16-127（b）所示，表示整列已被选取。

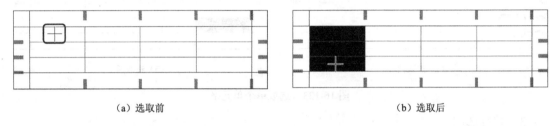

（a）选取前 （b）选取后

图 16-127　选取整列（方法二）

2. 单元格删除

1）整行删除

首先选取整行，然后把鼠标移动到图 16-128（a）所示位置右击，在弹出的快捷菜单中选择"删除"命令，删除所选的行，结果如图 16-128（b）所示。

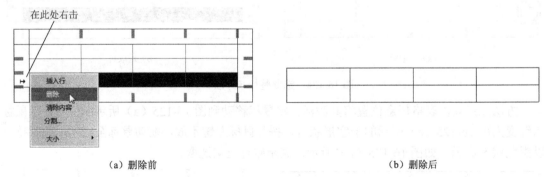

（a）删除前 （b）删除后

图 16-128　删除整行

2）整列删除

首先选取整列，然后把鼠标移动到图 16-129（a）所示位置右击，在弹出的快捷菜单中选择"删除"命令，删除所选的列，结果如图 16-129（b）所示。

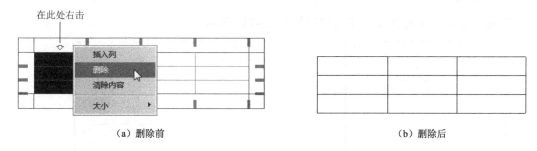

（a）删除前　　　　　　　　　　　　（b）删除后

图 16-129　删除整列

3．单元格合并、取消合并

1）单元格合并

（1）双击表格中任意位置，将表格进行激活。

（2）将鼠标移动至所要合并单元格的起始位置，当鼠标指针变为十字形状时，按住鼠标左键不放，拖动鼠标至所要合并单元格的终止位置，如图 16-130（a）所示。

（3）右击图 16-130（a）中选取的单元格任意位置，在弹出的快捷菜单中选择"合并"命令，完成单元格的合并，结果如图 16-130（b）所示。

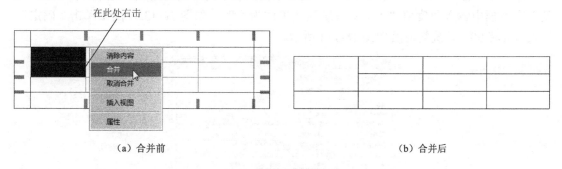

（a）合并前　　　　　　　　　　　　（b）合并后

图 16-130　合并单元格

2）单元格取消合并

双击表格任意位置将其激活，右击所要取消合并的单元格，在弹出的快捷菜单中选择"取消合并"命令，如图 16-131（a）所示，完成单元格的取消合并，结果如图 16-131（b）所示。

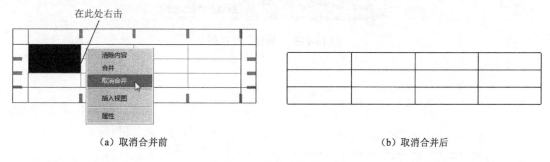

（a）取消合并前　　　　　　　　　　（b）取消合并后

图 16-131　取消合并单元格

4．表格移动、旋转

1）表格移动

单击表格任意位置使表格高亮显示，然后将表格拖动到合适位置，改变表格位置。此操

作可实现表格在图纸中的移动，移动前后如图16-132所示。

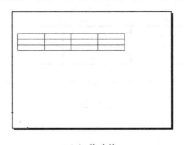

（a）移动前　　　　　　　　　　　　　　　　　（b）移动后

图16-132　移动表格

⚠【注意】由于CATIA中表格的定位点都只停留于图纸网格节点之上，导致表格只会沿正交方向移动，而在移动表格时，若按住Shift键可实现表格摆脱网格节点的限制而平滑移动。

2）表格旋转

单击表格任意位置使表格高亮显示，右击，在快捷菜单中选择"属性"命令，弹出"属性"对话框，选择"文本"选项卡中"方向"下拉列表中的"固定角度"选项，然后在"角度"文本框中输入角度值"90"，系统默认单位为"度"，如图16-133所示。单击"确定"，使表格旋转90°，旋转前后如图16-134所示。

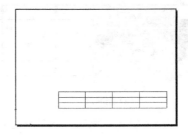

图16-133　"属性"对话框

（a）旋转前　　　　　　　　　　　　　　　　　（b）旋转后

图16-134　旋转表格

注：为排版方便，图（b）中的表格已人为缩小

5. 行高、列宽调整

1）行高调整

（1）双击表格中任意位置将其激活，将鼠标移动到图 16-135（a）所示最后一行最左端位置，当鼠标指针变为图 16-135（a）所示的实心向右箭头形状时，右击，在弹出的快捷菜单中，依次选择"大小"→"设置大小"命令，弹出"大小"对话框。

（2）在"大小"对话框中，将"行高"值设置为"8mm"，如图 16-136（a）所示。

（3）单击"确定"，完成行高的调整，结果如图 16-135（b）所示。

2）列宽调整

（1）双击表格中任意位置将其激活，将鼠标移动到图 16-137（a）所示第一列最上端位置，当鼠标指针变为图 16-137（a）所示的箭头形状时，右击，在快捷菜单中，依次选择"大小"→"设置大小"命令，弹出"大小"对话框。

（2）在"大小"对话框中，将"列宽"值设置为"8mm"，如图 16-136（b）所示。

（3）单击"确定"，完成列宽的调整，结果如图 16-137（b）所示。

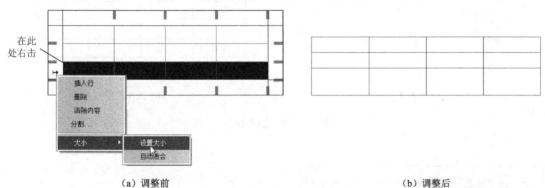

（a）调整前　　　　　　　　　　　　　　　　　（b）调整后

图 16-135　调整行高

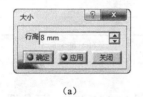　　　　　　　

（a）　　　　　　　　　　　　　　　　　　（b）

图 16-136　"大小"对话框

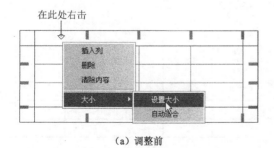　　　　　　　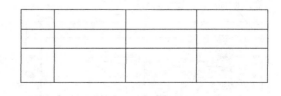

（a）调整前　　　　　　　　　　　　　　　　　（b）调整后

图 16-137　调整列宽

6. 行、列插入

方法一：行、列分插。

（1）行插入。

双击表格任意位置将其激活，将鼠标移动到图 16-138（a）所示位置，当鼠标指针变为图 16-138（a）所示的实心箭头形状时，右击，在弹出的快捷菜单中选择"插入行"命令，系统将会在所指定的行的上方插入一行，结果如图 16-138（b）所示。

（2）列插入。

双击表格任意位置将其激活，鼠标移动到图 16-139（a）所示位置，当鼠标指针变为图 16-139（a）所示的空心箭头形状时，右击，在弹出的快捷菜单中选择"插入列"命令，系统将会在所选列的左侧插入一行，结果如图 16-139（b）所示。

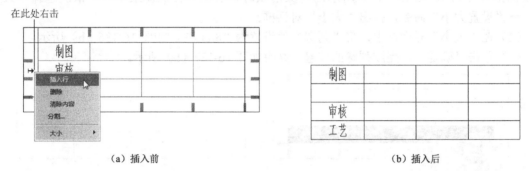

（a）插入前　　　　　　　　　　　　　（b）插入后

图 16-138　插入行

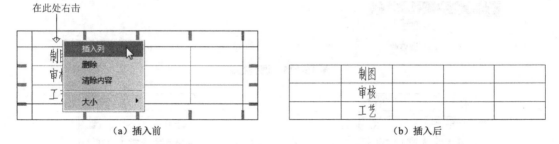

（a）插入前　　　　　　　　　　　　　（b）插入后

图 16-139　插入列

方法二：双击表格任意位置将其激活，将鼠标移动到图 16-140（a）所示位置，当鼠标指针变为图 16-140（a）所示的样式时，右击，在弹出的快捷菜单中选择"扩展表"命令，如图 16-140（a）所示。

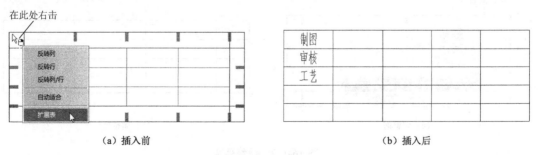

（a）插入前　　　　　　　　　　　　　（b）插入后

图 16-140　扩展表

系统会弹出"扩展表编辑器"对话框，如图 16-141 所示，在"列数"文本框中输入数值"1"，在"行数"文本框中输入数值"2"，单击"确定"，完成表格行或列的插入，结果如图 16-140（b）所示。

图 16-141 "扩展表编辑器"对话框

💡【提示】这种插入行或列的方法较为简单，但不能实现在指定位置插入，系统默认在最后一行的下方和最后一列的右侧插入行或列。用户可以根据需要选择插入行或列的方法。

7. 行、列反转

反转行、列可实现表中行、列项目顺序的颠倒。

1）行反转

双击表格任意位置将其激活，将鼠标移动到图 16-142（a）所示位置，当鼠标指针变为图 16-142（a）所示的样式时，右击，在弹出的快捷菜单中选择"反转行"命令，系统将会使表中行的项目按相反的顺序进行排列，结果如图 16-142（b）所示。

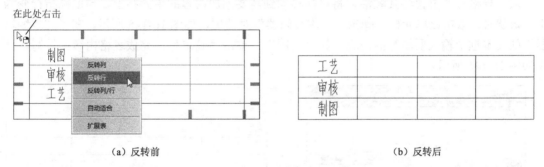

(a) 反转前　　　　　　　　　　　　　　(b) 反转后

图 16-142 反转行

2）列反转

双击表格任意位置将其激活，将鼠标移动到图 16-143（a）所示位置，当鼠标指针变为图 16-143（a）所示的样式时，右击，在弹出的快捷菜单中选择"反转列"命令，系统将会使表中列的项目按相反的顺序进行排列，结果如图 16-143（b）所示。

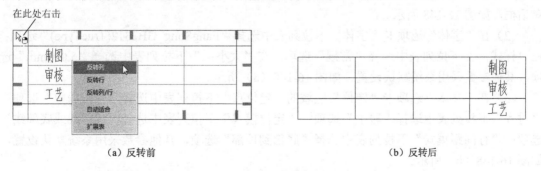

(a) 反转前　　　　　　　　　　　　　　(b) 反转后

图 16-143 反转列

3）列/行反转

双击表格任意位置将其激活，将鼠标移动到图 16-144（a）所示位置，当鼠标指针变为图 16-144（a）所示的样式时，右击，在弹出的快捷菜单中选择"反转列/行"命令，系统将会使表中列转化为行，行转化为列，结果如图 16-144（b）所示。

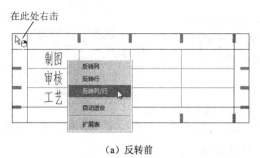

（a）反转前

（b）反转后

图 16-144   反转列/行

8. 表格内容填写

表格中可填入工程图信息，这些信息可以是文字形式，也可以是数字或字母的形式。下面讲解在表格中填写、定义、更改及删除表格内容的一般步骤。

1）表格内容填写

双击表格任意位置将其激活，将鼠标移动到需要添加内容的单元格上，当鼠标指针变为十字形状时，双击该单元格，弹出"文本编辑器"对话框，如图 16-145 所示，在"文本编辑器"的文本框中输入要填写的内容，如"制图"，单击"确定"，完成表格内容的填写，结果如图 16-146 所示。

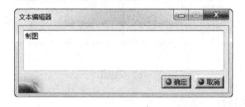

图 16-145   "文本编辑器"对话框

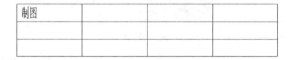

图 16-146   填写表格内容

2）表格内容编辑

（1）双击表格任意位置将其激活，将鼠标移动到图 16-147（a）所示的已输入文本的单元格上，右击，在弹出的快捷菜单中选择"属性"命令，如图 16-147（a）所示，弹出"属性"对话框，如图 16-148 所示。

（2）在"字体"选项卡"字体"下拉列表中选择"FangSong_GB2312(TrueType)"选项；在"样式："下拉列表中选择"常规"选项；在"大小："下拉列表中选择"5.000mm"选项，其他参数采用系统默认设置，如图 16-148（a）所示。

（3）在"文本"选项卡"定位"区域的"定位点"下拉列表中选择"中间居中"选项；"对齐"下拉列表中选择"居中"选项；"定位模式"下拉列表中选择"顶部线或底部线"选项；"行间距模式"下拉列表中选择"底部到顶部"选项，其他参数采用系统默认设置，如图 16-148（b）所示。

（4）单击"确认"，在图纸空白区域单击，完成表格内容的定义，结果如图 16-147（b）所示。

（5）在表格中输入图 16-149（a）所示文本，按住鼠标左键拖动选择图 16-149（a）所示的两个单元格，右击，在快捷菜单中选择"属性"命令，弹出"属性"对话框，参照步骤（2）和步骤（3）设置，将两个单元格中的文字修改成同一种格式，结果如图 16-149（b）所示。

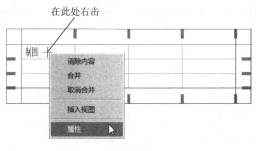

（a）编辑前　　　　　　　　　　　　　（b）编辑后

图 16-147　编辑表格内容

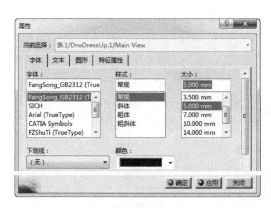

（a）字体选项卡

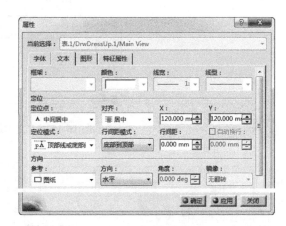

（b）文本选项卡

图 16-148　"属性"对话框

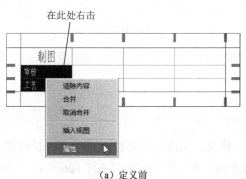

（a）定义前　　　　　　　　　　　　　（b）定义后

图 16-149　统一定义表格内容

3）表格内容更改

双击表格任意位置将其激活，将鼠标移动到需要更改内容的单元格上，当鼠标指针变为十字形状时，双击该单元格，如图 16-150（a）所示，弹出"文本编辑器"对话框，如图 16-151所示，更改文本框中的内容，将"制图"更改为"设计"，单击"确定"，完成表格内容的更改，结果如图 16-150（b）所示。

4）表格内容删除

双击表格任意位置将其激活，将鼠标移动到需要更改内容的单元格上，当鼠标指针变为

十字形状时，右击，如图16-152（a）所示，在弹出的快捷菜单中选择"清除内容"，完成表格内容的删除，结果如图16-152（b）所示。

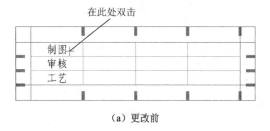

（a）更改前

（b）更改后

图 16-150　更改表格内容

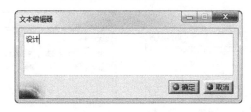

图 16-151　"文本编辑器"对话框

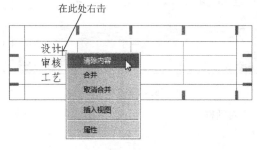

（a）删除前　　　　　　　　　　　　　　　　（b）删除后

图 16-152　删除表格内容

16.8.3　标题栏创建

1. 手动绘制标题栏

工程制图中，为方便读图及查询相关信息，图纸中需要配置标题栏，其位置一般位于图纸的右下角，看图方向一般应与标题栏的方向一致。国家标准（GB/T 10609.1—2008）对标题栏的基本要求、内容、尺寸与格式都进行了明确的规定，在实际应用中，为更好地表达图纸中所展示的信息，标题栏的格式和尺寸也会因图而异。

CATIA 工程制图模块提供三种方法创建标题栏，分别是手动绘制标题栏、插入标题栏和自动生成标题栏。本节以图16-153所示的常见零件图标题栏为例来说明手动绘制标题栏的一般操作步骤。

1）表格绘制

（1）工程图新建。

① 在菜单栏中，依次选择"文件"→"新建"命令，或在"标准"工具栏中直接单击"新建" ，弹出"新建"对话框。

标记	处数	分区	更改文件号	签名	年、月、日				
设计			标准化	签名	年、月、日	阶段标记	重量	比例	
制图									
审核						共 张 第 张			
工艺			批准						

图 16-153 零件图标题栏样式

② 在"类型列表"列表框中选择"Drawing",然后单击"确定",弹出"新建工程图"对话框。

③ 在"标准"下拉列表中选择"GB"选项,在"图纸样式"下拉列表中选择"A4 ISO"选项,图纸摆放形式选择"横向"。

④ 单击"确定",完成工程图的新建。

(2)工作环境切换。

在菜单中,依次选择"编辑"→"图纸背景"命令,系统进入"图纸背景"界面。

(3)表格新建。

在菜单栏中,依次选择"插入"→"标注"→"表"→"表"命令,或在"标注"→"表"工具栏中直接单击"表" ⊞,弹出"表编辑器"对话框,如图 16-154 所示。在对话框的"列数"文本框中输入数值"16",在"行数"文本框中输入数值"11";单击"确定",在绘图区任意位置单击以创建表格。

图 16-154 "表编辑器"对话框

(4)字体大小调整。

CATIA 表格的行高值比单元格中的字号大 1 号,并会随着字体大小的变化而变化,所以表格的行高值不会小于字号,为了在编辑表格过程中,能设置出更小的行高,这里将表格字号设置为 0.2。

具体操作步骤如下:单击表格任意位置使表格高亮显示,把鼠标移动到表格中任意位置,右击,在弹出的快捷菜单中选择"属性"命令,弹出"属性"对话框,在"大小"下的文本框中输入数值"0.2",其他参数采用系统默认设置,单击"确定",完成字体的调整。

2)表格编辑

按照国家标准规定的标题栏格式来设置表格,结果如图 16-155 所示。具体步骤如下。

(1)行高调整。

① 双击表格任意位置将其激活,鼠标移动到图 16-156(a)所示位置,当鼠标指针变为图 16-156(a)所示的实心向右箭头时,右击,在快捷菜单中选择"大小"→"设置大小"命令,弹出"大小"对话框。

② 在对话框中输入行高值,各行行高从上到下依次为 7、7、4、3、7、7、3、4、5、2、7,结果如图 16-156(b)所示。

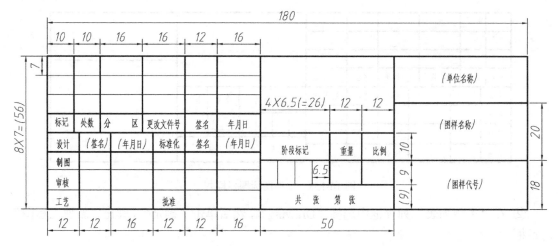

图 16-155　国家标准规定的标题栏格式

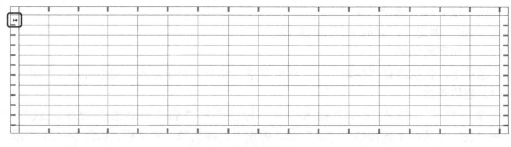

（a）选择行

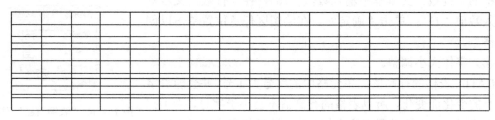

（b）行高调整后

图 16-156　调整行高

（2）列宽调整。

① 双击表格任意位置将其激活，鼠标移动到图 16-157 所示位置，当鼠标指针变为图 16-157 所示的空心箭头时，右击，在弹出的快捷菜单中选择"大小"→"设置大小"命令，弹出"大小"对话框。

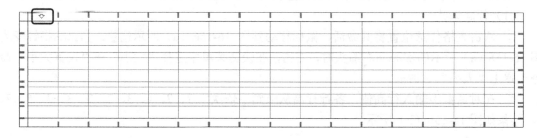

图 16-157　选择列

② 在对话框中输入列宽值,各列列宽从左到右依次为 10、2、8、4、12、4、12、12、16、6.5、6.5、6.5、6.5、12、12、50,结果如图 16-158 所示。

(3) 单元格合并。

双击表格任意位置将其激活,将鼠标移动到所要合并单元格的起始位置,当鼠标指针变为十字形状时,按住鼠标左键不放并拖动至所要合并单元格的终止位置,拖选需要合并的单元格,右击所选取单元格的任意位置,在弹出的快捷菜单中选择"合并"命令,合并所选的单元格,合并的最终结果如图 16-159 所示。

(4) 字体大小调整。

由于前几步中把字体大小设置成了 0.2,如果直接在单元格中输入文字,字体过小无法辨别输入的信息是否有误,需要把字体大小设置成正常大小,具体操作步骤如下。

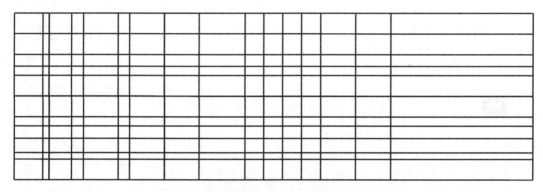

图 16-158 调整行高和列宽

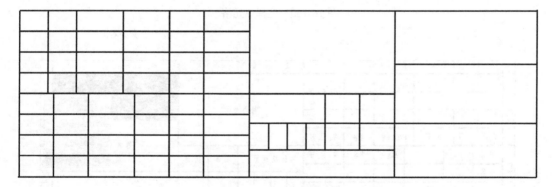

图 16-159 合并单元格

① 单击表格任意位置使表格高亮显示,把鼠标移动到表格中任意位置,右击,在弹出的快捷菜单中选择"属性"命令,弹出"属性"对话框。

② 在"字体"选项卡"字体"下拉列表中选择"FangSong_GB2312 (TrueType)"选项;在"样式"下拉列表中选择"常规"选项;在"大小"下拉列表中选择"3.500mm"选项,其他参数采用系统默认设置。

③ 在"文本"选项卡"定位"区域的"定位点"下拉列表中选择"中间居中"选项;"对齐"下拉列表中选择"居中"选项;"定位模式"下拉列表中选择"顶部线或底部线"选项;"行间距模式"下拉列表中选择"底部到顶部"选项,其他参数采用系统默认设置。

④ 单击"确认",完成表格内字体大小的调整。

（5）内容输入。

① 双击表格任意位置将其激活，将鼠标移动到图 16-160 所示的需要添加内容的单元格上，当鼠标指针变为十字形状时，双击该单元格，弹出"文本编辑器"对话框。

② 在"文本编辑器"的文本框中输入"标记"，单击"确定"，完成表格内容的填写。其他单元格内容参见图 16-155 进行填写。

（6）单元格属性定义。

由于标题栏内的字体大小不全是 3.5，所以需要对字号不为 3.5 的单元格进行属性设置，具体操作步骤如下。

① 单击表格任意位置使表格高亮显示，移动鼠标到图 16-161 所示的单元格上，右击，在弹出的快捷菜单中选择"属性"命令，弹出"属性"对话框。

双击此单元格

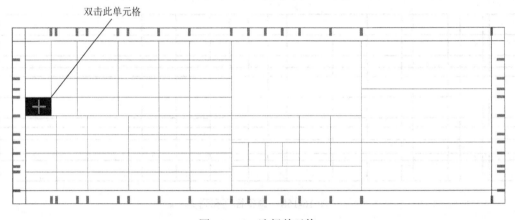

图 16-160　选择单元格

在此处右击

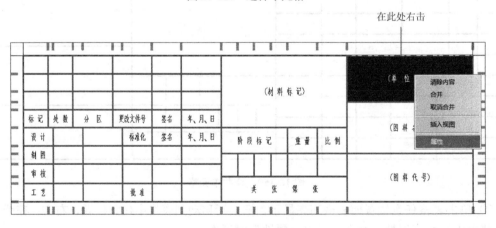

图 16-161　选择单元格

② 在"字体"选项卡的"大小"下拉列表中选择"7.000mm"选项，其他参数采用系统默认设置。

③ 单击"确认"，完成表格属性的设置。

按照以上方法将其他单元格按需要的字体大小分别进行设置，结果参见图 16-155。

2. 标题栏插入

由于工程图的标题栏大多采用国家标准，不同图纸间的标题栏基本相同，因而可以将创建好的标题栏直接插入到当前工程图中，减少不必要的重复操作，插入标题栏的具体操作步骤如下。

（1）在菜单栏中，依次选择"文件"→"页面设置"命令，弹出"页面设置"对话框，如图 16-162 所示。

（2）在"图纸样式"下拉列表中选择"A4 ISO"选项，并且选择"横向"复选框，然后单击"Insert Background View"，弹出"将元素插入图纸"对话框，如图 16-163 所示。

图 16-162　"页面设置"对话框

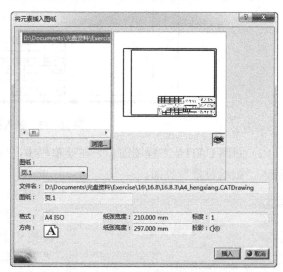

图 16-163　"将元素插入图纸"对话框

（3）在"将元素插入图纸"对话框中单击"浏览"，弹出"文件选择"对话框，如图 16-164 所示，打开资源包中的本例文件，在"文件选择"对话框中单击"打开"，自动回到"将元素插入图纸"对话框，预览框中显示将要插入的标题栏样式，如图 16-164 所示。

图 16-164　"文件选择"对话框

（4）在"将元素插入图纸"对话框中单击"插入"，系统返回至"页面设置"对话框。

（5）在"页面设置"对话框中单击"确定"，完成标题栏的插入。结果如图 16-165 所示。

3．自动生成标题栏

除了手动绘制标题栏和插入已创建好的标题栏这两种创建标题栏方法，还可以利用"框架和标题块"命令调用标题栏插件，在图纸中自动生成标题栏，具体操作步骤如下。

（1）复制资源包文件，将文件复制到以下路径的文件夹中"X: \Dassault Systemes\ B21\intel_a\VBScript\FrameTitleBlock"，X 代表 CATIA 程序所安装路径。

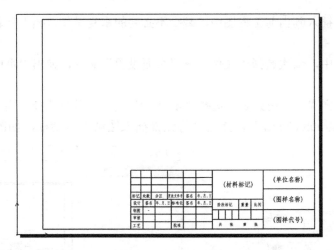

图 16-165　插入标题栏

（2）回到 CATIA 工程图窗口，在菜单栏中，依次选择"编辑"→"图纸背景"命令，系统进入"图纸背景"界面。

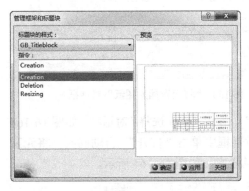

图 16-166　"管理框架和标题块"对话框

（3）在菜单栏中，依次选择"插入"→"工程图"→"框架和标题节点"命令，或在"工程图"工具栏中直接单击"框架和标题节点" ，弹出"管理框架和标题块"对话框，如图 16-166 所示。

（4）在"标题块的样式"下拉列表中选择"GB_Titleblock"选项，在"指令"列表框中选择"Creation"选项，此时预览框中显示所选择的标题栏的预览。

（5）单击"确定"，生成标题栏，在菜单栏中，依次选择"编辑"→"工作视图"命令，系统返回"工作视图"界面，结果参见图 16-165。

16.8.4　明细表创建

一张完整的装配图需要有明细表。CATIA 明细表的创建有两种方式，一种方式是通过"物料清单"命令自动创建明细表；另一种方式是手动创建明细表。

1. 自动创建明细表

当装配图中零部件数目较少时，运用"物料清单"命令自动生成明细表比较方便。然而在 CATIA 中并未设有符合国标的明细表样式，需要作一些设置。下面将详细介绍明细表的自动生成过程。

打开资源包中的本例文件，出现转子装配三维模型和工程图初始文件。

1）自定义零件属性

（1）在菜单栏中，依次选择"窗口"→"zhuanzizhuangpei.CATProduct"，将工作窗口切换到装配设计工作台。

（2）在结构树中右击"左排种盘（左排种盘）"选项，在弹出的快捷菜单中选择"属性"，弹出"属性"对话框，如图 16-167 所示。

（3）在"属性"对话框中选择"产品"选项卡，单击图 16-167 所示的"定义其他属性"，弹出"定义其他属性"对话框，如图 16-168 所示。

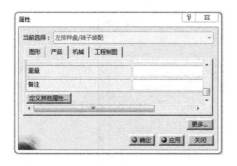

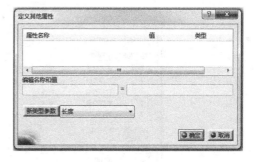

图 16-167 "属性"对话框　　　　　　　图 16-168 "定义其他属性"对话框

（4）在"新类型参数"后的下拉列表中选择"字符串"选项，单击"新类型参数"，插入一个属性。

（5）在"编辑名称和值"的第一个文本框中输入属性名"序号"，在第二个文本框中输入数值"1"，单击属性列表空白处，完成第一个属性的添加，如图 16-169（a）所示。

（6）参照步骤（4）、步骤（5）及表，依次完成代号、名称、数量、材料、重量、备注属性名称和值，当左排种盘的属性添加后，"定义其他属性"对话框如图 16-169（b）所示。

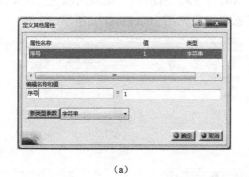

（a）　　　　　　　　　　　　　　　　（b）

图 16-169 "定义其他属性"对话框

（7）单击"确定"，完成左排种盘属性的添加。

（8）参照步骤（2）～步骤（7）分别对右排种盘、种间隔板和铆钉添加属性，各零件属性的添加如表 16-2 所示。

表 16-2 转子装配零件属性

序号	代号	名称	数量	材料	重量	备注
1	2B-JP-FL03.01-01	左排种盘	1	硬铝		
2	2B-JP-FL03.01-02	种间隔板	1	Q235		
3	2B-JP-FL03.01-03	右排种盘	1	硬铝		
4		铆钉 6×25	5	铝		GB/T 865-86

2）自定义明细表

（1）在菜单栏中，依次选择"分析"→"物料清单"命令，弹出"物料清单：zhuanzizhuangpei"对话框，如图16-170所示。

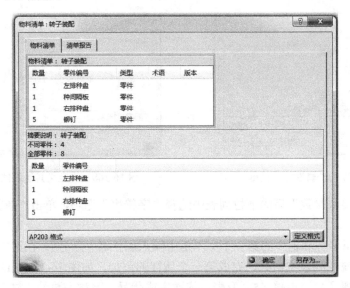

图16-170 "物料清单：转子装配"对话框

（2）在"物料清单：转子装配"对话框中选择"物料清单"选项卡下的"定义格式"，弹出"物料清单：定义格式"对话框，如图16-171（a）所示。

（3）在"物料清单的属性"区域中，单击图 16-171（a）所示的"隐藏的属性" ，将"显示的属性"列表框中的所有选项设置为隐藏状态，结果如图16-171（b）所示。

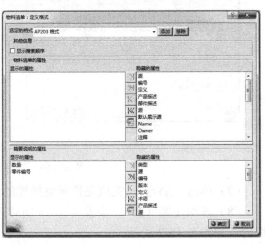

（a）   （b）

图16-171 "物料清单：定义格式"对话框

"物料清单：定义格式"对话框中主要选项的功能，如表16-3所示。

（4）按住 Ctrl 键，依次选择"物料清单的属性"区域下"隐藏的属性"列表框中的"序号""代号""名称""数量""材料""重量""备注"七个选项，然后单击图16-171（b）所示的"显示属性" ，将选中的七个属性设为显示状态，结果如图 16-172 所示。

表 16-3 "物料清单：定义格式"对话框各项功能介绍

名称	功能
物料清单的属性	该区域中内容为物料清单的属性
显示的属性	该列表中的属性将会在物料清单中显示
隐藏的属性	该列表中的属性不显示在物料清单中
K	将选中的"显示的属性"设置为"隐藏的属性"
≫	将所有"显示的属性"设置为"隐藏的属性"
K	将选中的"隐藏的属性"设置为"显示的属性"
≪	将所有"隐藏的属性"设置为"显示的属性"
⬚	调整"显示的属性"的排列顺序
摘要说明的属性	该区域中内容为装配体中所有零件的统计

（5）在"摘要说明的属性"区域中单击"隐藏属性" ≫，将"显示的属性"列表框中的所有选项设置为隐藏状态，结果如图 16-173 所示，然后单击"确定"，自动返回到"物料清单：zhuanzizhuangpei"对话框，单击"确定"。

图 16-172 "物料清单：定义格式"对话框　　图 16-173 "物料清单：定义格式"对话框

3）生成明细表

（1）在菜单栏中，依次选择"窗口"→"zhuanzizhuangpei.CATDrawing"选项，将工作窗口切换到工程制图工作台。

（2）在图纸树中双击"页.1"图纸选项，或右击"页.1"图纸选项，在弹出的快捷菜单中选择"激活图纸"命令激活图纸。

（3）在菜单栏中，依次选择"插入"→"生成"→"物料清单"→"物料清单"命令。

（4）根据提示栏"首先，请选择源 CATProduct 文档。然后，单击要插入物料清单的位置"的提示，在菜单栏中，依次选择"窗口"→"zhuanzizhuangpei.CATProduct"选项，将工作窗口切换到装配设计工作台。

（5）在结构树中选择"zhuanzizhuangpei"，系统自动返回工程制图工作台。

（6）在绘图区中适当位置单击以放置明细表，结果如图 16-174 所示。

物料清单： zhuanzizhuangpei

序号	代号	名称	数量	材料	重量	备注
1	2B-JP-FL.30.01-01	左排种盘	1	硬铝		
2	2B-JP-FL30.01-02	种间隔板	1	Q235		
3	2B-JP-FL30.01-03	右排种盘	1	硬铝		
4		铆钉6×25	5	铝		GB/T 865-86

图 16-174　生成明细表

4）编辑明细表

（1）设置列宽。

① 双击明细表任意位置激活明细表，将鼠标移动到"序号"列最上端位置，当出现提示图标 ▽，右击，在快捷菜单中依次选择"大小"→"设置大小"命令，弹出"大小"对话框。

② 在"列宽"文本框中输入数值"10"，系统默认单位为 mm。

③ 单击"确定"，完成序号列列宽的修改。

④ 参照如上方法将代号、名称、数量、材料、重量、备注 6 列列宽依次设为 44、40、10、20、10、35，结果如图 16-175 所示。

物料清单： zhuanzizhuangpei

序号	代号	名称	数量	材料	重量	备注
1	2B-JP-FL03.01-01	左排种盘	1	硬铝		
2	2B-JP-FL03.01-02	种间隔板	1	Q235		
3	2B-JP-FL03.01-03	右排种盘	1	硬铝		
4		铆钉6×25	5	铝		GB/T 865-86

图 16-175　调整列宽

（2）设置行高。

① 双击明细表表格任意位置激活明细表，将鼠标移动到第一行最左端位置，当出现提示图标 ↦，右击，在快捷菜单中依次选择"大小"→"设置大小"命令，弹出"大小"对话框。

② 在"行高"文本框中输入数值"7"，系统默认单位为 mm。

③ 单击"确定"，完成第一行行高的修改。

④ 参照如上步骤将其他各行行高均更改为"7"，结果如图 16-176 所示。

物料清单： zhuanzizhuangpei

序号	代号	名称	数量	材料	重量	备注
1	2B-JP-FL03.01-01	左排种盘	1	硬铝		
2	2B-JP-FL03.01-02	种间隔板	1	Q235		
3	2B-JP-FL03.01-03	右排种盘	1	硬铝		
4		铆钉6×25	5	铝		GB/T 865-86

图 16-176　调整行高

（3）删除行。

双击明细表任意位置激活明细表，将鼠标移动到表格表头行最左端，当光标变成提示图标 ↦，右击，在弹出的快捷菜单中选择"删除"命令，删除表格表头行，结果如图 16-177 所示。

（4）反转行。

双击明细表任意位置激活明细表，将鼠标移动到表格左上角位置，当出现提示图标时，右击，在弹出的快捷菜单中选择"反转行"命令，使明细表中的内容按由下向上的顺序排列，反转后如图 16-178 所示。

序号	代号	名称	数量	材料	重量	备注
1	2B-JP-FL03.01-01	左排种盘	1	硬铝		
2	2B-JP-FL03.01-02	种间隔板	1	Q235		
3	2B-JP-FL03.01-03	右排种盘	1	硬铝		
4		铆钉6×25	5	铝		GB/T 865—86

图 16-177　删除行

4		铆钉6×25	5	铝		GB/T 865—86
3	2B-JP-FL03.01-03	右排种盘	1	硬铝		
2	2B-JP-FL03.01-02	种间隔板	1	Q235		
1	2B-JP-FL03.01-01	左排种盘	1	硬铝		
序号	代号	名称	数量	材料	重量	备注

图 16-178　反转行

（5）插入列。

① 双击明细表任意位置激活明细表，将鼠标移动到"重量"列最上端位置，当出现提示图标 ▽ 时，右击，在弹出的快捷菜单中依次选择"插入列"命令，系统在"重量"列的左边插入一列。

② 把新插入的列列宽设置成"10"，结果如图 16-179 所示。

4		铆钉6×25	5	铝		GB/T 865—86
3	2B-JP-FL03.01-03	右排种盘	1	硬铝		
2	2B-JP-FL03.01-02	种间隔板	1	Q235		
1	2B-JP-FL03.01-01	左排种盘	1	硬铝		
序号	代号	名称	数量	材料	重量	备注

图 16-179　插入列

（6）插入行。

双击明细表任意位置激活明细表，将鼠标移动到最后一行最左端位置，当出现提示图标 ↦ 时，右击，在弹出的快捷菜单中选择"插入行"命令，系统在所选行的上方插入一行，结果如图 16-180 所示。

4		铆钉6×25	5	铝		GB/T 865—86
3	2B-JP-FL03.01-03	右排种盘	1	硬铝		
2	2B-JP-FL03.01-02	种间隔板	1	Q235		
1	2B-JP-FL03.01-01	左排种盘	1	硬铝		
序号	代号	名称	数量	材料	重量	备注

图 16-180　插入行

（7）合并单元格。

① 双击明细表任意位置激活明细表，拖动鼠标选取图 16-181（a）所示的两个单元格，

当出现十字形图标显示时，右击，在弹出的快捷菜单中选择"合并"命令，合并这两个单元格，合并后原单元格的文字消失，如图 16-181（b）所示。

② 参照以上方法合并其他单元格，结果如图 16-181（c）所示。

4		铆钉6×25	5	铝		GB/T 865－86
3	2B-JP-FL03.01-03	右排种盘	1	硬铝		
2	2B-JP-FL03.01-02	种间隔板	1	Q235		
1	2B-JP-FL03.01-01	左排种盘	1	硬铝		
序号	代号	名称	数量	材料	重量	备注

（a）合并前

4		铆钉6×25	5	铝		GB/T 865－86
3	2B-JP-FL03.01-03	右排种盘	1	硬铝		
2	2B-JP-FL03.01-02	种间隔板	1	Q235		
1	2B-JP-FL03.01-01	左排种盘	1	硬铝		
	代号	名称	数量	材料	重量	备注

（b）合并后

4		铆钉6×25	5	铝		GB/T 865－86
3	2B-JP-FL03.01-03	右排种盘	1	硬铝		
2	2B-JP-FL03.01-02	种间隔板	1	Q235		
1	2B-JP-FL03.01-01	左排种盘	1	硬铝		

（c）全部合并后

图 16-181　合并单元格

（8）修改表格文本。

① 双击明细表任意位置激活明细表，双击左下角单元格，弹出"文本编辑器"对话框。

② 在对话框的文本框中输入"序号"，单击"确定"完成文本输入。

③ 参照如上方法在所有合并后单元格中输入合并前单元格中的文本，如图 16-182 所示。

4		铆钉6×25	5	铝		GB/T 865－86
3	2B-JP-FL03.01-03	右排种盘	1	硬铝		
2	2B-JP-FL03.01-02	种间隔板	1	Q235		
1	2B-JP-FL03.01-01	左排种盘	1	硬铝		
序号	代号	名称	数量	材料		备注
					重量	

图 16-182　输入文本

（9）修改字体格式。

① 双击明细表任意位置激活明细表，将鼠标移动到表格左上角位置，当出现提示图标

时，右击，在弹出的快捷菜单中选择"属性"，弹出"属性"对话框，如图 16-183 所示。

② 在"字体"选项卡"字体"下拉列表中选择"FangSong_GB2312(TrueType)"；在"样式："下拉列表中选择"常规"；在"大小："下拉列表中选择"6.000mm"，其他参数采用系统默认设置，如图 16-183（a）所示。

③ 在"文本"选项卡"定位"区域的"定位点"下拉列表中选择"中间居中"；"对齐"下拉列表中选择"居中"；"定位模式"下拉列表中选择"顶部线或底部线"；"行间距模式"下拉列表中选择"底部到顶部"，其他参数采用系统默认设置，如图 16-183（b）所示。

（a）"字体"选项卡

（b）"文本"选项卡

图 16-183 "属性"对话框

④ 单击"确认"，在图纸空白区域单击，完成表格内容的定义，结果如图 16-184 所示。

5）调整明细表在工程图中的位置

在装配图中，明细表应直接画在标题栏上方，位置限制时可在标题栏左方接着创建明细表。由于明细表在工程图中的位置在编辑过程中一直变动，编辑完后需要将其拖动到标题栏上方。将鼠标移动到明细表上，拖动明细表可使明细表的位置发生改变。

4		铆钉6×25	5	铝	GB/T 865—86
3	2B-JP-FL03.01-03	右排种盘	1	硬铝	
2	2B-JP-FL03.01-02	种间隔板	1	Q235	
1	2B-JP-FL03.01-01	左排种盘	1	硬铝	
序号	代号	名称	数量	材料 / 重量	备注

图 16-184 修改字体格式

2. 手动创建明细表

打开资源包中的本例文件，出现转子装配工程图初始文件。

1）创建表格

（1）在菜单栏中，依次选择"标注"→"表"→"表"命令或在"标注"→"表"工具

栏中直接单击"表" ⊞，弹出"表编辑器"对话框，列数设置为"8"列，行数为"6"行。

（2）单击"确定"。根据提示栏"选择元素或指示表定位点"的提示，在绘图区适当位置单击以放置表，结果如图 16-185 所示。

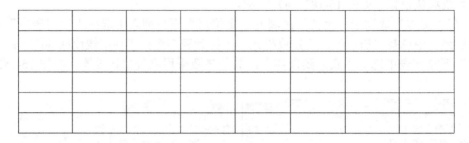

图 16-185 插入表格

2）合并单元格

（1）双击表格任意位置激活表格，选中图 16-186（a）所示的单元格，右击，在快捷菜单中选择"合并"命令，合并单元格。

（2）参照上述步骤，将其余需要合并的单元格进行合并，结果如图 16-186（b）所示。

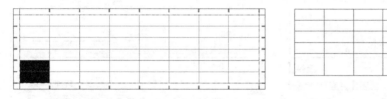

（a）选取单元格　　　　　　　　　　　　　　　　（b）合并后

图 16-186 合并单元格

3）设置列宽

参见 16.8.4 节"1.自动创建明细表 4）编辑明细表（1）设置列宽"步骤①～步骤④设置本表列宽。

4）设置行高

参见 16.8.4 节"1.自动创建明细表 4）编辑明细表（2）设置行高"步骤①～步骤④设置本表行高。

5）添加文本

（1）双击表格任意位置以激活表格，双击表格中的左下角单元格，弹出"文本编辑器"对话框。

（2）在对话框的文本框中输入"序号"，单击"确定"，完成文本输入。

（3）参见步骤（1）和步骤（2），在其他单元格中输入图 16-186 所示的文字。

6）调整明细表在工程图中的位置

为了满足工程图的美观和图纸规范要求，明细表创建完成后，需要调整其位置。即完成手动创建明细表。

明细表移动方法可参见 16.8.4 节"1.自动创建明细表 5）调整明细表在工程图中的位置"中的调整方法。

第六篇 应用实例

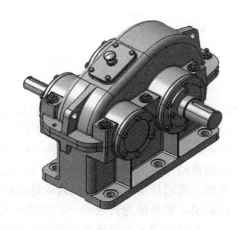

本篇以零件及装配体实例为载体，详细介绍 CATIA 在设计绘图方面的应用，主要目的是对前几篇内容的总结与实践。本篇主要任务如下：

- ➲ 熟练掌握 CATIA 零件设计与产品设计的基本流程
- ➲ 通过练习与操作，达到贯通知识、熟练绘图技能的目的

第 17 章　零件设计实例

> **导读**
> ◆ 齿轮设计实例
> ◆ 轴设计实例
> ◆ 箱体设计实例

17.1　齿　　轮

17.1.1　实例分析

　　齿轮是机器中广泛采用的传动零件之一，它可以传递动力，又可以改变转速和回转方向。齿轮传动具有传递功率范围大、传动效率高、传动比准确、使用寿命长、工作可靠等优点。齿轮的种类很多，根据其传动形式可分为三类：圆柱齿轮用于平行两轴之间的传动；锥齿轮用于相交两轴之间的传动；蜗轮蜗杆用于交叉两轴之间的传动。其中圆柱齿轮是机械齿轮中极为重要的一种齿轮类型，更是最为普遍的一种齿轮样式。

图 17-1　齿轮结构

　　本例应用公式法进行渐开线直齿圆柱齿轮的绘制，力求得到最为真实的齿轮三维模型，如图 17-1 所示。

　　根据齿轮结构可知，齿轮设计建模具体流程如下。

　（1）应用"公式"命令建立齿轮参数及公式。

　（2）应用"规则"命令进行渐开线方程定义。

　（3）应用"线框"和"操作"工具栏中各命令进行齿轮齿廓的绘制。

　（4）应用"拉伸""凹槽""镜像""阵列"命令创建齿轮主体。

　（5）应用"倒角"和"圆角"命令添加倒角、圆角修饰特征。

17.1.2　模型创建

1. 基础知识准备

　　在进行齿轮模型绘制前，需明确所绘制齿轮各参数值和计算公式，如表 17-1 所示。

表 17-1　标准直齿圆柱齿轮轮齿参数值和计算公式

名称	类型	符号	值	计算公式
模数	长度	m	3.00mm	—
齿数	整数	z	79.00	—
压力角	角度	α	20.00deg	—
齿宽/mm	长度	b	60.00mm	—
齿顶高系数	实数	h_a^*	1.00	—

续表

名称	类型	符号	值	计算公式
顶系数	实数	c^*	0.25	—
齿顶高	长度	h_a	3.00mm	$h_a = h_a^* \times m$
齿根高	长度	h_f	3.75mm	$h_f = (h_a^* + c^*) \times m$
分度圆半径	长度	r	118.50mm	$r = m \times z / 2$
齿顶圆半径	长度	r_a	121.50mm	$r_a = r + h_a$
齿根圆半径	长度	r_f	114.75mm	$r_f = r - h_f$
基圆半径	长度	r_b	111.35mm	$r_b = r \times \cos \alpha$

💡【提示】因 CATIA 目前知识工程中的公式编辑时，变量符号中上下角标无法输入，所以实际操作时，上表中部分变量的角标直接按字母或符号的原格式输入。如"h_a"按"ha"的形式输入。

2. 软件设置

在菜单栏中，依次选择"工具"→"选项"，弹出"选项"对话框。在对话框左侧依次选择"基础结构"→"零件基础结构"，然后在右侧"显示"选项卡中，激活"参数"和"关系"复选框，如图 17-2 所示。

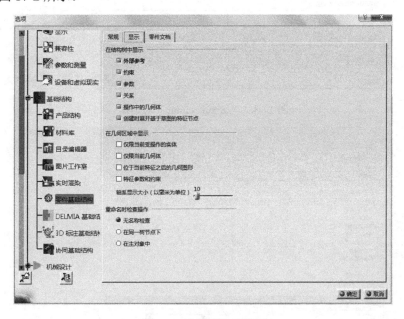

图 17-2　"选项"对话框

3. 工作台进入

（1）在菜单栏中，依次选择"文件"→"新建"，弹出"新建"对话框，在"类型列表"中选择"Part"并单击"确定"，进入"新建零件"对话框。

（2）在"新建零件"对话框中，输入零件名称，在文本框中输入"chilun"，同时激活"启用混合设计"复选框。

（3）在菜单栏中，依次选择"开始"→"形状"→"创成式外形设计"，进入创成式外形设计工作台。

4. 齿轮参数和公式输入

（1）在"知识工程"工具栏中直接单击"公式" $f_{(x)}$ ，弹出"公式：chilun"对话框，如图17-3所示。

（2）在"新类型参数"下拉列表中选择"长度"类型，选择"具有"下拉列表中的"单值"，然后单击"新类型参数"。

（3）在"编辑当前参数的名称或值"文本框中，输入齿轮模数参数符号"*m*"，后面文本框中输入参数值"3mm"，即完成模数参数定义，结果如图17-4所示。

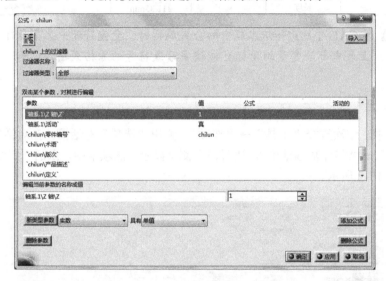

图17-3　"公式：chilun"对话框

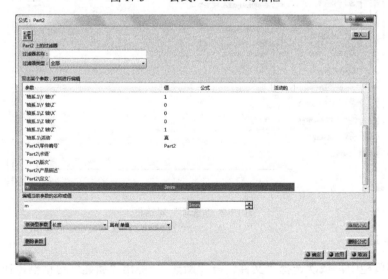

图17-4　模数 *m* 参数定义

（4）参见表17-1中各参数，重复步骤（2）和步骤（3），依次完成表中其余各参数 z、α、b、h_a^*、c^*、h_a、h_f、r、r_a、r_f、r_b 的定义。

（5）选中参数"ha"，然后单击"添加公式"，弹出"公式编辑器：ha"对话框，在"ha="下方文本框中输入"ha*`*m"，如图17-5所示，单击"确定"。

（6）参见表 17-1 中各参数，重复步骤（5），依次完成表中其余各参数公式的定义，完成各参数定义后"公式：chilun"对话框如图 17-6 所示，结构树如图 17-7 所示。

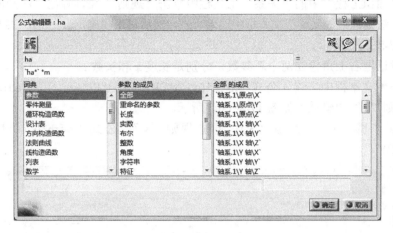

图 17-5　齿顶高 h_a 公式定义

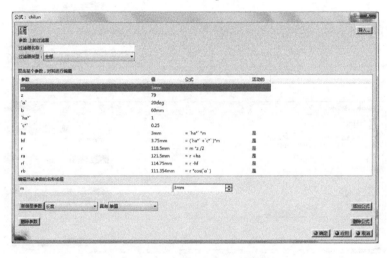

图 17-6　"公式：chilun"对话框

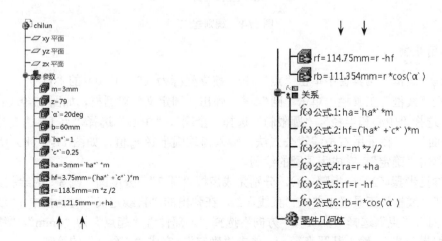

图 17-7　齿轮模型参数及关系结构树

5. 渐开线方程定义

（1）在"知识工程"中的"关系"工具栏中单击"规则" $^{f\circ 9}$ ，弹出"法则曲线编辑器"对话框，在"法则曲线的名称"文本框中输入"x"，然后单击"确定"，弹出"规则编辑器"对话框，如图17-8（a）所示。

（2）在对话框右上角建立两个新参数，分别是长度 x 和实数 t 。

（3）在左侧文本框中，输入公式"x=rb*(cos(t*PI*1rad)+t*PI*sin(t*PI*1rad))"，单击"确定"，完成规则"x"的建立，如图17-8（b）所示。

（4）参见步骤（1）～步骤（3），建立规则"y"，公式"y=rb*(sin(t*PI*1rad)-t*PI*cos (t*PI*1rad))"。

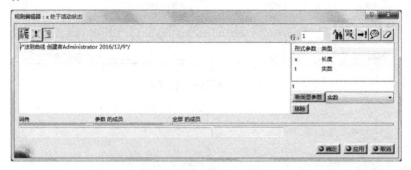

（a）"规则编辑器"对话框

（b）建立 x 公式

图 17-8　规则建立

6. 草图绘制

（1）在"线框"工具栏中单击"点" ，建立坐标为（0，0，0）的"点1"。

（2）在"线框"工具栏中单击"圆" ，弹出"圆定义"对话框，如图17-9（a）所示，"圆类型"选择"中心和半径"，"圆限制"选择"全圆"，"中心"选择"点1"，"支持面"选择"xy平面"，半径采用右击编辑公式法，输入齿顶圆半径 r_a 值，如图17-9（b）所示。

（3）单击"确定"，完成齿顶圆的绘制。

（4）参见步骤（2）～步骤（3），分别完成齿根"圆2"、分度圆"圆3"的绘制。

（5）在"线框"工具栏中单击"直线" ，在弹出的"直线定义"对话框中，"线型"选择"点-方向"，"点"选择"点1"，"方向"选择"z部件"，"起点"为"0mm"，"终点"右击选择"编辑公式"，输入基圆半径 r_b ，单击"确定"，完成"直线1"的绘制。

（6）在"线框"工具栏中单击"平行曲线" ，弹出"平行曲线定义"对话框，如图17-10（a）

所示，"曲线"选择"直线 1"，"支持面"选择"zx 平面"，单击"法则曲线"，弹出"法则曲线定义"对话框，如图 17-10（b）所示，"法则曲线类型"选择"高级"，激活"法则曲线元素"后的文本框，单击结构树"关系"中之前创建的"fogx" ，单击"关闭"退出编辑，单击"确定"，完成"平行 1"的绘制。

（a）圆定义对话框　　　　　　　　　　（b）圆定义参数设置

图 17-9　齿顶圆绘制

（7）重复步骤（6），在"线框"工具栏中单击"平行曲线" ，在弹出的"平行曲线定义"对话框中，"曲线"选择"直线 1"，"支持面"选择"yz 平面"，单击"法则曲线"，在弹出的"法则曲线定义"对话框中，"法则曲线类型"选择"高级"，激活"法则曲线元素"后的文本框，单击结构树"关系"中之前创建的"fogy" ，单击"关闭"退出编辑，单击"确定"，完成"平行 2"的绘制。

（8）在"线框"工具栏中单击"混合" ，弹出"混合定义"对话框，"混合类型"选择"法线"，"曲线 1"选择"平行 1"，"曲线 2"选择"平行 2"，单击"确定"，完成"混合 1"的绘制，如图 17-11 所示。

（9）在"线框"工具栏中单击"投影" 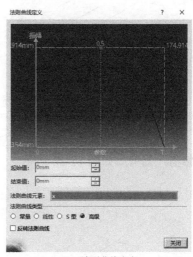，弹出的"投影定义"对话框，"投影类型"选择"法线"，"投影的"选择"混合 1"，"支持面"选择"xy 平面"，单击"确定"，完成"项目 1"的绘制，"项目 1"即为所要绘制的渐开线，如图 17-12 所示。

（a）平行曲线定义　　　　　　　　　　（b）法则曲线定义

图 17-10　平行曲线定义对话框

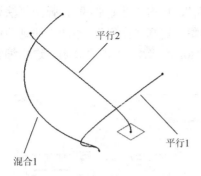

图 17-11　"混合 1"的绘制

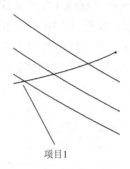

图 17-12　渐开线绘制

（10）在"圆-圆锥"工具栏中单击"圆角" ⌐，弹出"圆角定义"对话框，其中"元素1"选择"项目 1"，激活"修剪元素 1"复选框，"元素 2"选择"圆 2"，半径大小为 0.5mm，单击"确定"，结果如图 17-13 所示。

（11）在"线框"工具栏中单击"相交" ，弹出"相交定义"对话框，其中"第一元素"选择"圆.3"，"第二元素"选择"圆角.1"，单击"确定"，得到"相交.1"点。

（12）在"线框"工具栏中单击"平面" ，弹出"平面定义"对话框，其中"平面类型"选择"通过点和直线"，"点"选择"相交.1"点，"直线"选择"z 轴"，单击"确定"，得到"平面.1"平面。

（13）再次在"线框"工具栏中单击"平面" ，弹出"平面定义"对话框，其中"平面类型"选择"与平面成一定角度或垂直"，"旋转轴"选择"z 轴"，"参考"选择"平面.1"，"角度"右击选择"编辑公式"，角度公式文本框中输入"-90deg/z"，如图 17-14 所示，单击"确定"，得到齿厚中间面"平面.2"。

图 17-13　圆角定义

图 17-14　角度定义

（14）在"变换"工具栏中单击"对称" ，弹出"对称定义"对话框，其中"元素"选择"圆角"，"参考"选择"平面.2"，单击"确定"，得到单齿另一侧渐开线，如图 17-15 所示。

（15）在"操作"工具栏中单击"分割" ，弹出"定义分割"对话框，在此进行齿轮轮廓线的修剪，修剪后如图 17-16 所示。

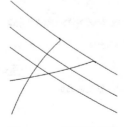

图 17-15　渐开线镜像

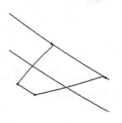

图 17-16　渐开线修剪

（16）在"操作"工具栏中单击"接合" ，弹出"接合定义"对话框，将分割后的三段线进行接合成为一段线"接合 1"。

（17）在"阵列"工具栏中单击"圆形阵列" ，弹出"定义圆形阵列"对话框，"参数"选择"完整径向"，"实例"右击选择"编辑公式"，文本框中输入"z"，"参考元素"选择"z轴"，"对象"选择"接合 1"，单击"确定"，如图 17-17 所示。

（18）通过"分割" 和"接合" ，完成完整齿轮齿廓的分割与接合，如图 17-18 所示。

图 17-17　齿廓阵列

图 17-18　齿廓分割与接合

7.　三维实体模型创建

（1）在菜单栏中，依次选择"开始"→"机械设计"→"零件设计"，进入零件设计工作台。

（2）在"基于草图的特征"工具栏中单击"凸台" ，弹出"定义凸台"对话框，双侧拉伸，其中在"长度"选项右击"编辑公式"选择参数"b/2"，"轮廓/曲面"选择完整接合齿轮齿廓"接合.2"，激活"镜像范围"复选框，凸台定义如图 17-19 所示。然后单击"确定"，齿轮拉伸如图 17-20 所示。

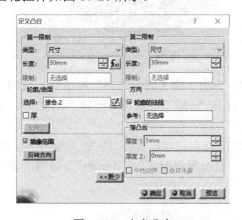

图 17-19　定义凸台

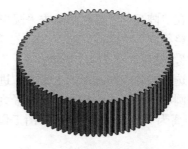

图 17-20　齿轮轮廓拉伸

（3）选中如图 17-20 所示的齿轮上表面为草图绘制平面，进入草图绘制工作台，绘制如图 17-21 所示的两个同心圆，直径分别为"90mm"和"210mm"，然后退出草图工作台。

（4）在"基于草图的特征"工具栏中单击"凹槽" ，弹出"定义凹槽"对话框，"类型"选择"尺寸"，"深度"输入"22.5mm"，"轮廓/曲面"选择"草图.1"，单击"确定"，如图 17-22所示。

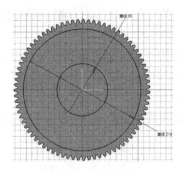

图 17-21　草图绘制 1

图 17-22　凹槽特征 1

（5）在结构树中选择"凹槽.1"，在"变换特征"工具栏中单击"镜像"，弹出"定义镜像"对话框，"镜像元素"选择"xy 平面"，单击"确定"。

（6）选中凹槽平面，进入草图绘制工作台，绘制如图 17-23 所示草图，所绘制圆的圆心与 V 轴相合，圆直径为"35mm"，圆心距 H 轴距离为"75mm"，退出草图工作台。

（7）在"基于草图的特征"工具栏中单击"凹槽"，弹出"定义凹槽"对话框，"类型"选择"直到下一个"，"轮廓/曲面"选择"草图.2"，单击"确定"，结果如图 17-24 所示。

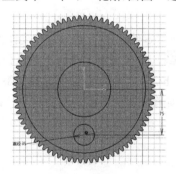

图 17-23　草图绘制 2

图 17-24　凹槽特征 2

（8）在"阵列"工具栏中单击"圆形阵列"，弹出"定义圆形阵列"对话框，"参数"选择"完整径向"，"实例"输入"6"，"参考元素"选择"z 轴"，"对象"选择"凹槽.3"，单击"确定"，结果如图 17-25 所示。

（9）选中齿轮中间圆形的上平面，进入草图绘制工作台，绘制如图 17-26 所示草图，所绘制圆的圆心与坐标中心相合，圆直径为"58mm"，查表得键槽宽为"16mm"，键槽上表面距 H 轴距离为"33.3mm"，退出草图工作台。

图 17-25　圆形阵列特征

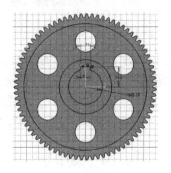

图 17-26　草图绘制 3

（10）在"基于草图的特征"工具栏中单击"凹槽" 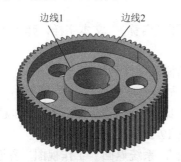，弹出"定义凹槽"对话框，"类型"选择"直到下一个"，"轮廓/曲面"选择"草图.3"，单击"确定"，结果如图 17-27 所示。

（11）选中如图 17-27 所示的"边线 1"、"边线 2"及与 xy 平面对称的两条边线，在"修饰特征"工具栏中单击"倒角"，弹出"定义倒角"对话框，"模式"选择"长度 1/角度"，"长度 1"输入"2mm"，"角度"输入"45deg"，单击"确定"，如图 17-27 所示。

（12）选中如图 17-28 所示的"边线 1"及与 xy 平面对称的一条边线，在"修饰特征"工具栏中单击"倒角"，弹出"定义倒角"对话框，"模式"选择"长度 1/角度"，"长度 1"输入"2.5mm"，"角度"输入"45deg"，单击"确定"，如图 17-29 所示。

（13）选中如图 17-29 所示的"边线 1"、"边线 2"及与 xy 平面对称的两条边线，在"修饰特征"工具栏中单击"倒圆角"，弹出"倒圆角定义"对话框，"半径"输入"3mm"，单击"确定"，如图 17-30 所示。

图 17-27　凹槽特征 3

图 17-28　修饰倒角 1

图 17-29　修饰倒角 2

图 17-30　修饰倒圆角

17.1.3　工程图创建

1. 图形分析

在创建齿轮工程图时，必须适当地选用视图、全剖视图等表达方法，把齿轮的全部结构形状表达清楚，并且考虑看图和读图的方便。

分析齿轮基本结构可知，主视图选择全剖视图表达，这样可以尽量多地把齿轮中键槽、轴孔等各结构特征表达出来，同时又可以反映出倒角、圆角等结构。

齿轮上的大部分尺寸可在全剖视图上表示清楚，为了更加清晰地表达键槽尺寸，可在左视图上标注该部分结构尺寸。

2. 制图工作台进入

（1）打开 17.1.2 节绘制的齿轮文件。

（2）在菜单栏中，依次选择"文件"→"新建"，弹出"新建"对话框，在"新建"对话框中选择"Drawing"。

（3）在"新建工程图"对话框中，"标准"选择"GB"制图标准，设置图纸样式为"A2 ISO"、激活"横向"单选框，启动 CATIA 制图工作台。

3. 标题栏及图框添加

（1）在菜单栏中依次选择"编辑"→"图纸背景"，系统进入"图纸背景"界面。

（2）在菜单栏中依次选择"插入"→"工程图"→"框架和标题块"，或在"工程图"工具栏中直接单击"框架和标题块" □，弹出"管理框架和标题块"对话框，如图 17-31 所示。

（3）在"标题块的样式"下拉列表中选择"GB_Titleblock"选项，在"指令"列表框中选择"Creation"选项，此时预览框中显示所选择的标题栏的预览。单击"确定"，完成标题栏及图框的调用。

（4）双击标题栏中需要修改的文字，如双击"（图样名称）"文本字样，弹出"文字编辑器"对话框。

（5）将对话框的文本框中原有的文本删除，手动输入零件名称"齿轮"。

（6）单击"确定"，完成图纸图样名称的修改。

（7）参见步骤（4）～步骤（6），编辑"材料""比例"等需要填写的图纸信息，然后删除不需要的文字项，完成标题栏及图框的添加，如图 17-32 所示。

（8）在菜单栏中依次选择"编辑"→"工作视图"，系统返回"工作视图"界面。

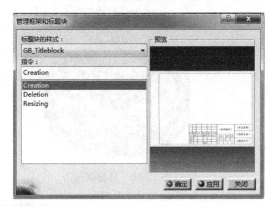

图 17-31 "管理框架和标题块"对话框

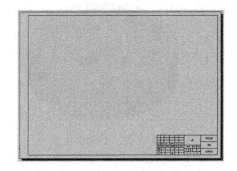

图 17-32 标题栏及图框添加

4. 视图创建与修改

（1）在菜单栏中，依次选择"插入"→"视图"→"投影"→"正视图"。切换窗口。在菜单栏中，依次选择"窗口"→"Gear.CATPart"，切换到齿轮零件模型窗口。

（2）在结构树中选中"xy 平面"作为投影平面，系统自动返回到工程图窗口，在窗口内单击放置视图，然后将视图移动到合适位置，完成主视图的创建，如图 17-33 所示。

（3）在菜单栏中，依次选择"插入"→"视图"→"截面"→"偏移剖视图"，单击齿轮竖直方向的中心线上方，然后移动鼠标至齿轮竖直方向中心线下方单击，确定剖视范围，确定后向左侧拖动鼠标，创建齿轮全剖视图，如图 17-34 所示。

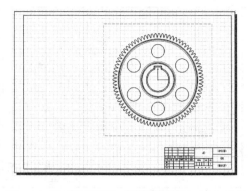

图 17-33　主视图创建

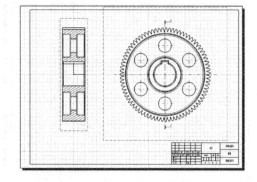

图 17-34　全剖视图创建

（4）由于 CATIA 生成的二维图不是完全符合制图标准，需对生成的二维图进一步进行修改和完善。通过 Delete 键将二维图中生成的齿廓线、圆角线、孔中心线、键槽倒角线等多余线条清理删除，删除后如图 17-35 所示。

（5）应用"几何图形创建"工具栏中的"圆"和"直线"等命令将视图绘制完整，使其符合国标制图标准，视图修改完善后如图 17-36 所示。

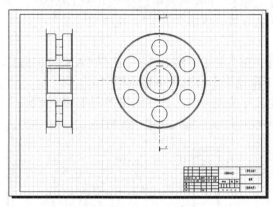

图 17-35　多余图线清理

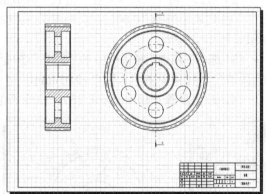

图 17-36　补充完善工程图

5. 尺寸标注

（1）双击左视图视图框架，选中要进行尺寸标注的视图。

（2）在菜单栏中，依次选择"插入"→"尺寸标注"→"尺寸"→"直径尺寸"，或在"尺寸标注"→"尺寸"工具栏中直接单击"直径尺寸"。

（3）根据提示栏"选择用于创建尺寸的第一个元素"的提示，选取"分度圆"，标注出直径尺寸"$\phi 237$"，移动鼠标，在绘图区中选择合适的尺寸位置，单击以放置尺寸，结果如图 17-37 所示。

（4）参见步骤（1）～步骤（3），完成其他直径、长度、倒角等尺寸标注，并进行手动调整尺寸位置，尺寸标注结果如图 17-38 所示。

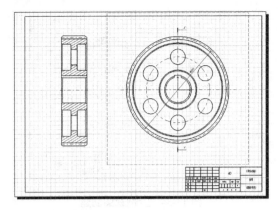

图 17-37　分度圆尺寸标注

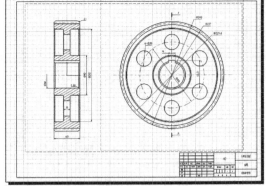

图 17-38　全图尺寸标注

6. 尺寸公差标注

（1）右击图 17-38 所示的直径尺寸"$\phi58$"，在弹出的快捷菜单中选择"属性"，弹出"属性"对话框。

（2）选择"值"选项卡，在"格式"区域的"描述"下拉列表中选择"NUM.DIMM"，"精度"下拉列表中选择"0.001"，其他参数采用默认设置。单击"确定"，完成尺寸公差的标注，结果如图 17-39 所示。

（3）选择"属性"对话框中的"公差"选项卡，在"主值"下拉列表中选择"ANS_NUM2"，"上限值"下拉列表中输入值"+0.030mm"，"下限值"下拉列表中输入值"0"。

（4）参见步骤（1）～步骤（3），完成其他尺寸公差标注，标注结果如图 17-40 所示。

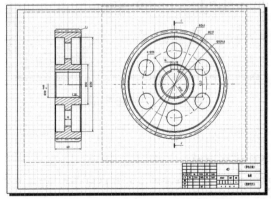

图 17-39　$\phi58$ 孔尺寸公差标注

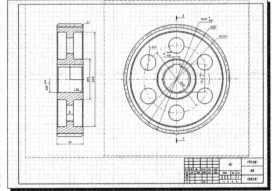

图 17-40　全图尺寸公差标注

7. 形位公差标注

（1）在菜单栏中，依次选择"插入"→"尺寸标注"→"公差"→"基准特征"，或在"尺寸标注"→"公差"工具栏中直接单击"基准特征" Ⓐ。

（2）根据提示栏"选择元素或单击引出线定位点"的提示，选择"$\phi58$"尺寸界线，光标附近出现基准符号预览。

（3）移动鼠标，在绘图区中选择合适的位置单击以放置基准符号，在"创建基准特征"对话框中输入基准特征的符号"A"，单击"确定"，完成基准符号的添加，如图 17-41 所示。

（4）在菜单栏中，依次选择"插入"→"尺寸标注"→"公差"→"形位公差"，或在"尺寸标注"→"公差"工具栏中直接单击"形位公差" 。

（5）根据提示栏"选择尺寸或特征元素，或定义引出线箭头位置"的提示，选择长度尺寸为"60"齿宽尺寸界线，光标附近出现公差符号预览。移动鼠标，在绘图区中选择合适的位置单击以放置公差符号。

（6）在"公差"区域单击"公差特征修饰符" ，在弹出的公差符号列表中选择"圆跳动度"公差符号 。在公差值文本框中输入数值"0.022"。参考文本框中输入"A"，结果如图 17-41 所示。

（7）参见步骤（4）～步骤（6），完成其他形位公差标注，标注结果如图 17-42 所示。

8. 表面粗糙度标注

（1）在菜单栏中，依次选择"插入"→"标注"→"符号"→"粗糙度符号"，或在"标注"→"符号"工具栏中直接单击"粗糙度符号" 。

（2）根据提示栏"单击粗糙度定位点"的提示，选择齿顶圆轮廓线，在弹出对话框"前缀"下拉列表中选择"Ra"选项，在表面粗糙度文本框中输入表面粗糙度值"3.2"，其余采用系统默认设置，结果如图 17-43 所示。

（3）参见步骤（1）～步骤（2），完成其他表面粗糙度标注，标注结果如图 17-44 所示。

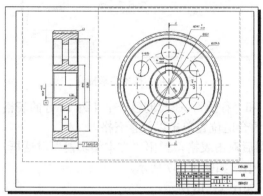

图 17-41　齿宽 60 形位公差标注

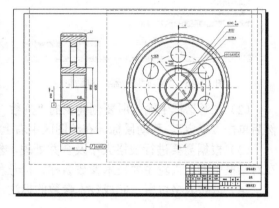

图 17-42　全图形位公差标注

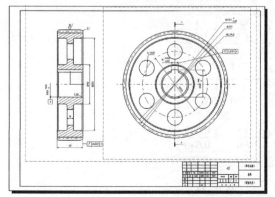

图 17-43　齿顶圆表面粗糙度标注

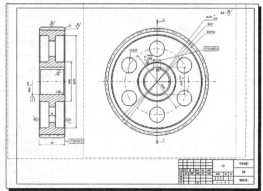

图 17-44　全图表面粗糙度标注

9. 技术要求

（1）在菜单栏中，依次选择"插入"→"标注"→"文本"→"文本"，或在"标注"→"文本"工具栏中直接单击"文本"$\boxed{\text{T}}$。

（2）根据提示栏"指示文本定位点"的提示，在绘图区合适位置单击以确定注释的位置，弹出"文本编辑器"对话框。

（3）在"文本编辑器"对话框中输入如图 17-45 所示的文字。

（4）单击"确定"，完成技术要求的标注，如图 17-46 所示。

10. 技术参数

（1）在菜单栏中，依次选择"插入"→"标注"→"表"→"表"，或在"标注"→"表"工具栏中直接单击"表"$\boxed{\boxplus}$，弹出"表编辑器"对话框。

图 17-45 "文本编辑器"对话框

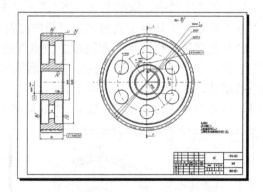

图 17-46 技术要求标注

（2）在对话框中输入所要创建表的"列数"和"行数"，在此创建一个 4 列 18 行的表格。然后单击"确定"，移动鼠标，在绘图区中右上角合适位置单击以放置表格。

（3）根据需要进行表格大小及合并处理，然后双击表格，弹出"文本编辑器"对话框，在对话框中输入齿轮主要技术参数名称、符号和值，如图 17-47 所示。

（4）调整表格位置，完成技术参数的标注，如图 17-48 所示。

	模数	m_n	3
	齿数	z	79
	压力角	α	20°
	齿顶高系数	$ha*$	1
	顶隙系数	$C*$	0.25
	变位系数	x	0
	精度等级 (JB79-83)	8-GJ	
	全齿高	h	6.75
	中心距及其偏差	150±0.032	
	相啮合齿轮的齿数	20	
误差检验项目	齿圈径向跳动公差	Fr	0.063
	公法线长度变动公差	Fw	0.040
	基节极限偏差	fpb	±0.018
	齿形公差	f_f	0.014
	公法线长度及其偏差	22.98±0.128	
	跨齿数	k	9

图 17-47 技术参数表

11. 保存工程图

（1）在菜单栏中，依次选择"文件"→"保存"，或在"标准"工具栏中直接单击"保存" 🖫，弹出"另存为"对话框，可以根据需要自行选择保存位置。

（2）在"另存为"对话框的"文件名："文本框中输入文件名"chilun. CATDrawing"，"保存类型"下拉列表中默认"CATDrawing"选项。

（3）单击"保存"，完成工程图的保存，结果如图 17-48 所示。

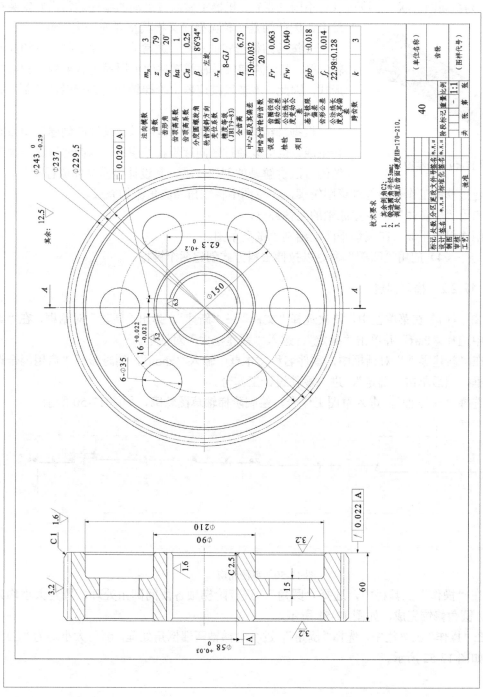

图 17-48　齿轮工程图

17.2　轴

17.2.1　实例分析

　　轴是支撑转动零件并与之一起回转以传递运动、扭矩或弯矩的机械零件。一般为金属圆杆状，各段可以有不同的直径。机器中做回转运动的零件通常需要安装在

图 17-49　轴结构

轴上，因此轴是一种典型而又极其重要的一类零件。

　　轴按其结构形式的不同，通常分为光轴、阶梯轴和异形轴三类，其中阶梯轴是轴类零件中使用最为普遍的一种结构形式。因此，本节以减速器中阶梯轴为例进行轴的绘制，如图 17-49 所示。

　　根据轴结构可知，轴的创建可以通过轴向创建草图后旋转生成，也可以通过径向逐步拉伸生成。本例通过第一种旋转的方法讲解轴的创建步骤，其设计建模具体流程如下。

（1）通过草图工作台绘制轴草图轮廓，在草图中将倒角和圆角添加完成。

（2）应用"旋转体"命令生成轴的主体部分。

（3）创建偏移平面，在偏移平面上绘制"键"草图。

（4）应用"凹槽"命令以拉伸去料方式创建两个键槽。

17.2.2　模型创建

（1）在菜单栏中，依次选择"文件"→"新建"，弹出"新建"对话框，在"类型列表"中选择"Part"并单击"确定"，进入"新建零件"对话框。

（2）在"新建零件"对话框中，零件名称文本框中输入"zhou"，同时激活"启用混合设计"复选框，然后单击"确定"，进入零件设计工作台。

（3）选择"zx 平面"，进入草图工作台，绘制阶梯轴草图轮廓，如图 17-50 所示。

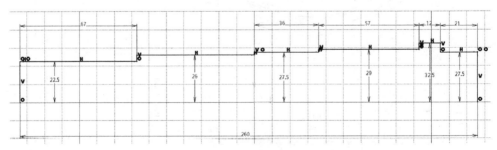

图 17-50　草图轮廓

（4）在"操作"工具栏中，选择"圆角"，进行阶梯轴各段间圆角处理，圆角大小均为"1.5mm"，圆角修饰完成，如图 17-51 所示。

（5）在"操作"工具栏中，选择"倒角"，进行阶梯轴两端倒角处理，倒角大小均为"C2"，倒角修饰如图 17-52 所示。

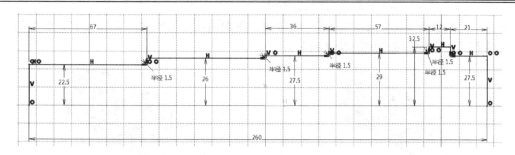

图 17-51　圆角处理

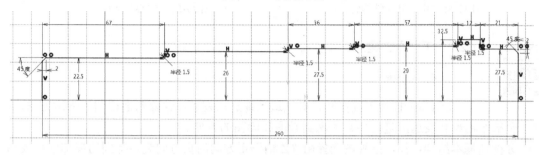

图 17-52　倒角处理

（6）退出草图工作台，然后依次选择"基于草图的特征"→"旋转体"，弹出"定义旋转体"对话框，将第一角度设置为"360deg"，轮廓/曲面选择"草图 1"，轴线选择"X 轴"，单击"确定"，得到初步轴三维实体模型，如图 17-53 所示。

（7）创建与"xy 平面"沿 Z 轴正向偏移距离为"17mm"的"平面 1"，然后选择"平面 1"进入草图工作台，绘制左侧"键槽 1"草图轮廓，如图 17-54（a）所示。

图 17-53　初步轴三维实体模型

（8）退出草图工作台，然后依次选择"基于草图的特征"→"凹槽"→"凹槽"，第一限制类型选择"直到最后"，轮廓/曲面选择"草图 2"，向"Z 轴"正向去除材料，单击"确定"，得到"键槽 1"三维实体模型，如图 17-54（b）所示。

（9）参见步骤（7）～步骤（8），创建与"xy 平面"沿"Z 轴"正向偏移距离为"23mm"的"平面 2"，绘制右侧"键槽 2"，草图轮廓如图 17-55（a）所示，凹槽后得到"键槽 2"结构特征，如图 17-55（b）所示。

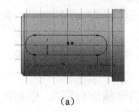
（a）

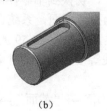
（b）

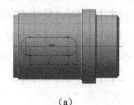
（a）

（b）

图 17-54　键槽 1 结构特征创建　　　　　图 17-55　键槽 2 结构特征创建

（10）选中轴前端端面，单击"孔" ，在端面圆心创建中心孔。"扩展"选项卡中，选择"盲孔"，直径输入"3.15mm"，深度输入"10mm"；"底部"选择"V 型底"，角度输入"120deg"。在"类型"选项卡中，选择"倒钻孔"，直径输入"10mm"，深度输入"1mm"；角度输入"60deg"。创建"中心孔 1"，如图 17-56 所示。

（11）参见步骤（10），选中轴另一侧端面，在端面圆心处创建"中心孔 2"，参数与"中心孔 1"相同，创建结果如图 17-57 所示。

图 17-56　中心孔 1 结构特征

图 17-57　中心孔 2 结构特征

17.2.3　工程图创建

1. 图形分析

在创建阶梯轴工程图时，必须适当地选用视图、移除断面视图等表达方法，把轴的全部结构形状表达清楚，并且考虑到看图和读图的方便。

分析轴基本结构可知，主视图选择由"Z 轴"正方向向负方向观察得到的视图进行表达，这样可以把轴中键槽结构特征表达出来，同时又可以反映出倒角、圆角等结构。

轴上的大部分尺寸可在主视图上表示清楚，为了更加清晰地表达键槽尺寸，可在移除断面视图上标注该部分结构尺寸。

2. 制图工作台进入

参见 17.1.3 节"2.工程图工作台进入"步骤（1）～步骤（3），图纸样式设置为"A3 ISO"横向，进入制图工作台。

3. 标题栏及图框添加

参见 17.1.3 节"3.标题栏及图框添加"步骤（1）～步骤（8），进行标题栏及图框的添加，添加后如图 17-58 所示。

4. 视图创建与修改

（1）在菜单栏中，依次选择"插入"→"视图"→"投影"→"正视图"。切换窗口。在菜单栏中，依次选择"窗口"→"zhou.CATPart"，切换到轴零件模型窗口。

（2）在模型中选中左侧"键槽 1"平面作为投影平面，系统自动返回到工程图窗口，在窗口内单击放置视图，然后将视图移动到合适位置，如图 17-59 所示。

（3）通过 Delete 键将二维图中生成的圆角线等多余线条清理删除，主视图的创建完成，如图 17-60 所示。

（4）在菜单栏中，依次选择"插入"→"视图"→"截面"→"偏移截面分割"，根据提示栏"选择起点、圆弧边或轴线"的提示，绘制两个键槽的移除断面图。

（5）向该视图左侧移动鼠标，在绘图区中选择合适位置处单击，系统自动生成移出断面视图，然后调整移除断面视图位置，移除断面视图创建如图 17-61 所示。

5. 尺寸标注

（1）双击主视图视图框架，选中要进行尺寸标注的视图。

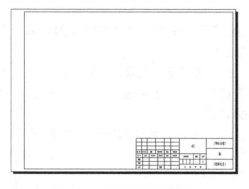

图 17-58　标题栏及图框添加

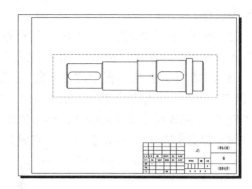

图 17-59　主视图创建

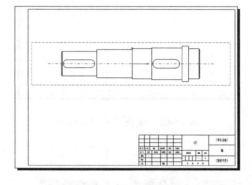

图 17-60　多余图线清理

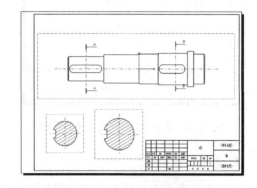

图 17-61　移除断面视图创建

（2）在菜单栏中，依次选择"插入"→"尺寸标注"→"尺寸"→"直径尺寸"。

（3）根据提示栏"选择用于创建尺寸的第一个元素"的提示，选取最左端轴段直径进行标注，标注出直径尺寸"$\phi45$"，移动鼠标，在绘图区中选择合适的尺寸位置，单击以放置尺寸，结果如图 17-62 所示。

（4）参见步骤（1）～步骤（3），完成其他直径、长度、倒角等尺寸标注，并进行手动调整尺寸位置，尺寸标注结果如图 17-63 所示。

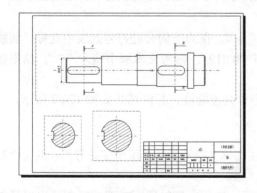

图 17-62　轴段直径标注

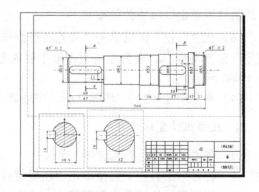

图 17-63　全图尺寸标注

6. 尺寸公差标注

（1）右击图 17-62 所示的直径尺寸"$\phi45$"，在弹出的快捷菜单中选择"属性"，弹出"属

性"对话框。

（2）选择"值"选项卡，在"格式"区域的"描述"下拉列表中选择"NUM.DIMM"，"精度"下拉列表中选择"0.001"，其他参数采用默认设置。

（3）选择"属性"对话框中的"公差"选项卡，在"主值"下拉列表中选择"ANS_NUM2"，"上限值"下拉列表中输入值"+0.050mm"，"下限值"下拉列表中输入值"+0.034mm"，单击"确定"，完成尺寸公差的标注。结果如图17-64所示。

（4）参见步骤（1）～步骤（3），完成其他尺寸公差标注，标注结果如图17-65所示。

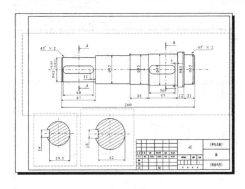
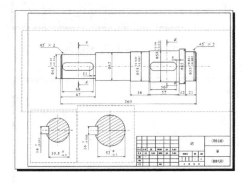

图17-64　直径45轴段尺寸公差标注　　　　图17-65　全图尺寸公差标注

7. 形位公差标注

（1）在菜单栏中，依次选择"插入"→"尺寸标注"→"公差"→"基准特征"。

（2）根据提示栏"选择元素或单击引出线定位点"的提示，选择"$\phi45$"尺寸界线，光标附近出现基准符号预览。

（3）移动鼠标，在绘图区中选择合适的位置单击以放置基准符号，在"创建基准特征"对话框中输入基准特征的符号"C"，单击"确定"，完成基准符号的添加，如图17-66所示。

（4）在菜单栏中，依次选择"插入"→"尺寸标注"→"公差"→"形位公差"，或在"尺寸标注"→"公差"工具栏中直接单击"形位公差"▦。

（5）选择左侧轴段上轮廓线，光标附近出现公差符号预览。移动鼠标，在绘图区中选择合适的位置单击以放置公差符号。

（6）在"公差"区域单击"公差特征修饰符"◎，在弹出的公差符号列表中选择"圆跳动度"公差符号／。在公差值文本框中输入数值"0.012"。参考文本框中输入"C"，结果如图17-66所示。

（7）参见步骤（3）～步骤（6），完成其他形位公差标注，标注结果如图17-67所示。

8. 表面粗糙度标注

（1）在菜单栏中，依次选择"插入"→"标注"→"符号"→"粗糙度符号"，或在"标注"→"符号"工具栏中直接单击"粗糙度符号"√。

（2）根据提示栏"单击粗糙度定位点"的提示，选择左侧轴段下轮廓线，在弹出对话框"前缀"下拉列表中选择"Ra"选项，在表面粗糙度文本框中输入表面粗糙度值"1.6"，其余采用系统默认设置，结果如图17-68所示。

（3）参见步骤（1）～步骤（2），完成其他表面粗糙度标注，标注结果如图17-69所示。

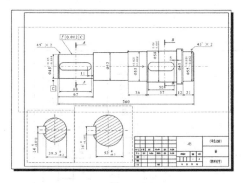

图 17-66 左侧轴段形位公差标注

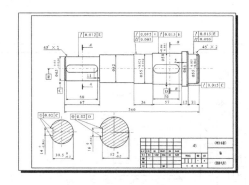

图 17-67 全图形位公差标注

图 17-68 左侧轴段表面粗糙度标注

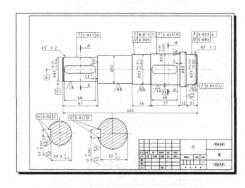

图 17-69 全图表面粗糙度标注

9. 技术要求

（1）在菜单栏中，依次选择"插入"→"标注"→"文本"→"文本"。

（2）在弹出的"文本编辑器"对话框中输入如图 17-70 所示的文字。

（3）单击"确定"，完成技术要求的标注，如图 17-71 所示。

图 17-70 "文本编辑器"对话框

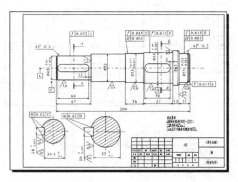

图 17-71 技术要求标注

10. 其余文本标注

参见"9.技术要求标注"步骤（1）～步骤（3），标注两移除断面图名称"*A—A*"、"*B—B*"、两中心孔标注"2-B3.15/10"以及其余表面粗糙度"12.5"，标注完成如图 17-72 所示。然后保存工程图和零件图。

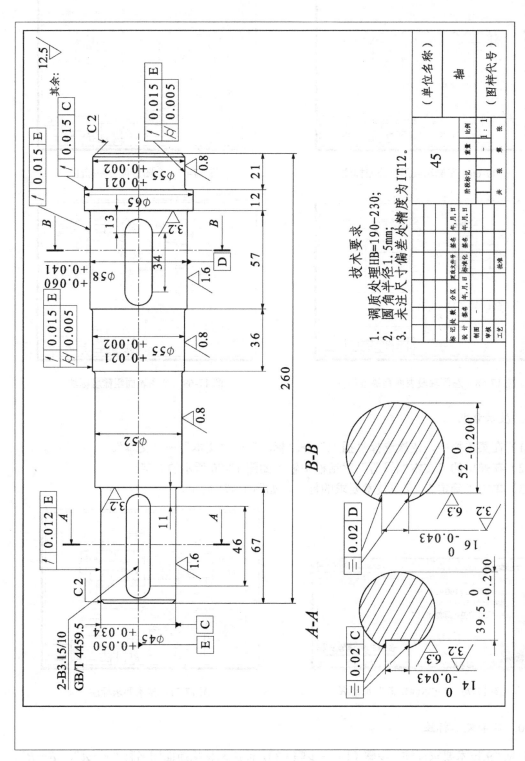

图 17-72 减速器轴工程图

技术要求

1. 调质处理HB=190～230;
2. 圆角半径1.5mm;
3. 未注尺寸偏差处精度为IT12。

17.3　箱　　体

17.3.1　实例分析

箱体类零件的内外形均较复杂，其结构是由均匀的薄壁围成不同的空腔，空腔壁上还有多方向的孔，一般起支承作用。另外，它还具有强肋、凸台、凹坑、铸造圆角等常见结构。

本节以减速器中机座为例进行箱体类件的绘制，如图 17-73 所示。

图 17-73　机座结构

根据机座结构可知，底座设计建模具体流程如下。

（1）应用"拉伸""镜像"命令创建箱体底座结构特征。

（2）应用"拉伸"命令以拉伸增料方式创建加强筋结构特征。

（3）应用"凹槽"命令以拉伸去料方式分别创建轴承座、中心槽和油槽结构特征。

（4）应用"拉伸""镜像"命令创建吊耳结构特征。

（5）应用"拉伸"命令创建放油孔凸台和油标尺凸台结构特征。

（6）应用"孔""阵列""镜像"命令分别创建地脚螺栓孔、机座与机盖连接孔和轴承端盖连接孔结构特征。

（7）应用"孔"命令，分别创建油标尺凸台和放油螺塞凸台上的螺纹孔结构特征。

（8）应用"倒圆角""倒角""拔模斜度"命令添加机座三维模型图上倒圆角、倒角和拔模斜度等修饰特征。

17.3.2　模型创建

1. 底座

（1）在菜单栏中，依次选择"文件"→"新建"，弹出"新建"对话框，在"类型列表"中选择"Part"并单击"确定"，进入"新建零件"对话框。

（2）在"新建零件"对话框中，零件名称文本框中输入"Jizuo"，同时激活"启用混合设计"复选框，然后单击"确定"，进入零件设计工作台。

（3）选择"xy 平面"，进入草图工作台，绘制"草图.1"轮廓，如图 17-74 所示。

（4）退出草图工作台，在"基于草图的特征"工具栏中单击"凸台"，弹出"定义凸台"对话框，类型选择"尺寸"，长度输入"12mm"。然后单击"确定"，拉伸结果如图 17-75 所示。

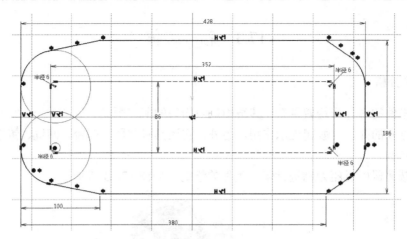

图 17-74　草图.1 轮廓

图 17-75　草图.1 凸台特征

（5）选择"yz 平面"，进入草图工作台，绘制"草图.2"轮廓，如图 17-76 所示。

（6）退出草图工作台，在"基于草图的特征"工具栏中单击"凸台" ⿴，弹出"定义凸台"对话框，类型选择"尺寸"，长度输入"184mm"，激活"镜像范围"复选框。然后单击"确定"，拉伸结果如图 17-77 所示。

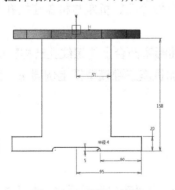

图 17-76　草图.2 轮廓

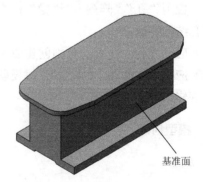

图 17-77　草图.2 凸台特征

（7）选择图 17-77 所示"基准面"，进入草图工作台，绘制"草图.3"轮廓，如图 17-78 所示。

（8）退出草图工作台，在"基于草图的特征"工具栏中单击"凸台" ⿴，弹出"定义凸台"对话框，类型选择"尺寸"，长度输入"47mm"。然后单击"确定"，拉伸结果如图 17-79 所示。

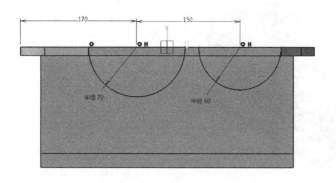

图 17-78　草图.3 轮廓

图 17-79　草图.3 凸台特征

（9）在"变换特征"工具栏中单击"镜像" 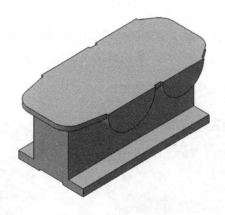，弹出"定义镜像"对话框，镜像元素选择"zx 平面"，单击"确定"，"镜像.1"结果如图 17-80 所示。

图 17-80　镜像.1 特征

（10）选择图 17-77 所示"基准面"，进入草图工作台，绘制"草图.4"轮廓，如图 17-81 所示。

（11）退出草图工作台，在"基于草图的特征"工具栏中单击"凸台" ，弹出"定义凸台"对话框，类型选择"尺寸"，长度输入"42mm"。然后单击"确定"，拉伸结果如图 17-82 所示。

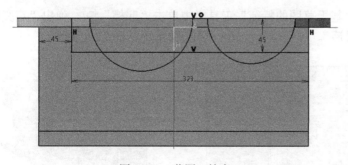

图 17-81　草图.4 轮廓

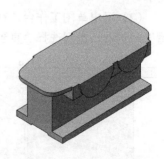

图 17-82　草图.4 凸台特征

（12）在"变换特征"工具栏中单击"镜像" ，弹出"定义镜像"对话框，镜像元素选择"zx 平面"，单击"确定"，"镜像.2"结果如图 17-83 所示。

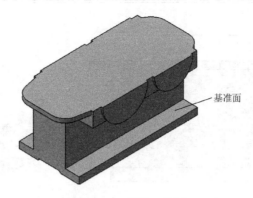

图 17-83 镜像.2 特征

2. 加强筋

（1）选择图 17-83 所示"基准面"，进入草图工作台，绘制如图 17-84 所示的"草图.5"四条加强筋轮廓。

（2）退出草图工作台，在"基于草图的特征"工具栏中单击"凸台" ⊿，弹出"定义凸台"对话框，类型选择"直到下一个"。然后单击"确定"，拉伸结果如图 17-85 所示。

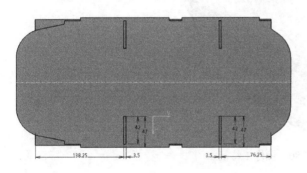

图 17-84 草图.5 轮廓

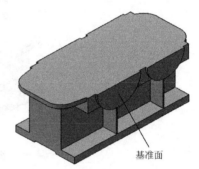

图 17-85 草图.5 凸台特征

3. 轴承座

（1）选择图 17-85 所示"基准面"，进入草图工作台，绘制如图 17-86 所示的"草图.6"轮廓。

（2）退出草图工作台，在"基于草图的特征"工具栏中单击"凹槽" ▣，弹出"定义凹槽"对话框，类型选择"直到最后"。然后单击"确定"，凹槽结果如图 17-87 所示。

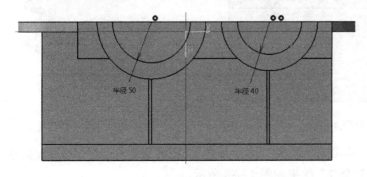

图 17-86 草图.6 轮廓

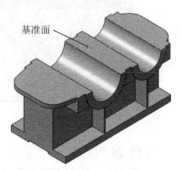

图 17-87 草图.6 凹槽特征

4．中心槽

（1）选择图 17-87 所示"基准面"，进入草图工作台，绘制如图 17-88 所示的"草图.7"轮廓。

（2）退出草图工作台，在"基于草图的特征"工具栏中单击"凹槽" ⬚，弹出"定义凹槽"对话框，类型选择"尺寸"，长度输入"157mm"。单击"确定"，凹槽结果如图 17-89 所示。

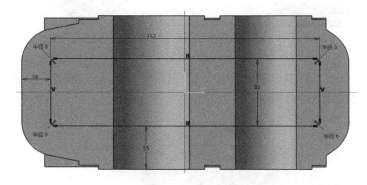

图 17-88　草图.7 轮廓

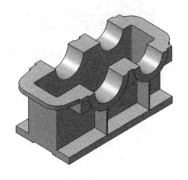

图 17-89　草图.7 凹槽特征

5．油槽

（1）选择图 17-87 所示"基准面"，进入草图工作台，绘制如图 17-90 所示的"草图.8"轮廓。

（2）退出草图工作台，在"基于草图的特征"工具栏中单击"凹槽" ⬚，弹出"定义凹槽"对话框，类型选择"尺寸"，长度输入"5 mm"。然后单击"确定"，凹槽结果如图 17-91 所示。

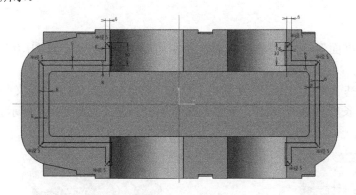

图 17-90　草图.8 轮廓

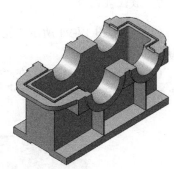

图 17-91　草图.8 凹槽特征

6．吊耳

（1）选择"zx 平面"作为基准面，进入草图工作台，绘制如图 17-92 所示"草图.9"轮廓。

（2）退出草图工作台，在"基于草图的特征"工具栏中单击"凸台" ⬚，弹出"定义凸台"对话框，类型选择"尺寸"，长度输入"10 mm"，激活"镜像范围"复选框。单击"确定"，拉伸结果如图 17-93 所示。

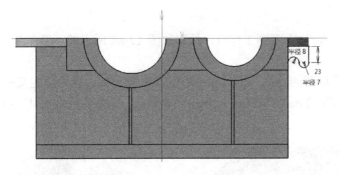

图 17-92　草图.9 轮廓

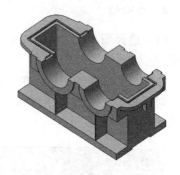

图 17-93 草图.9 凸台特征

（3）在"变换特征"工具栏中单击"镜像" ，弹出"定义镜像"对话框，镜像元素选择"yz 平面"，单击"确定"，结果如图 17-94 所示。

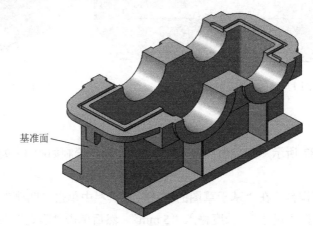

图 17-94　镜像.3 特征

7. 放油孔凸台

（1）选择图 17-94 所示"基准面"，进入草图工作台，绘制如图 17-95 所示"草图.10"轮廓。

（2）退出草图工作台，在"基于草图的特征"工具栏中单击"凸台" ，弹出"定义凸台"对话框，类型选择"尺寸"，长度输入"5mm"。单击"确定"，拉伸结果如图 17-96 所示。

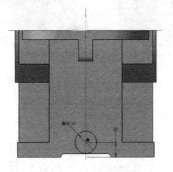

图 17-95　草图.10 轮廓

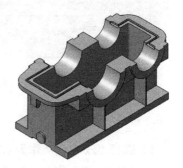

图 17-96　草图.10 凸台特征

8. 油标尺凸台

（1）选择"zx 平面"作为基准面，进入草图工作台，绘制如图 17-97 所示"草图.11"轮廓。

（2）退出草图工作台，在"基于草图的特征"工具栏中单击"凸台" ，弹出"定义凸台"对话框，类型选择"尺寸"，长度输入"17mm"，激活"镜像范围"复选框。然后单击"确定"，拉伸结果如图 17-98 所示。

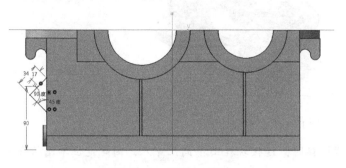

图 17-97　草图.11 轮廓

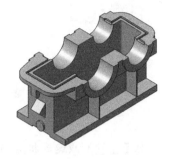

图 17-98　草图.11 凸台特征

9. 地脚螺栓孔

（1）选择图 17-83 所示"基准面"，然后在"基于草图的特征"工具栏中单击"孔" ，此时弹出"定义孔"对话框，"扩展"选项卡中选择"盲孔"，定义直径为"17mm"，深度为"20 mm"；"类型"选项卡中选择"沉头孔"，定义直径为"30mm"，深度为"2mm"。

（2）在"扩展"选项卡中定位"草图.12"，如图 17-99 所示，单击"确定"，创建"孔.1"结果如图 17-100 所示。

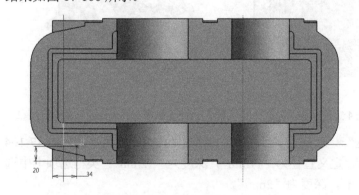

图 17-99　定位草图.12

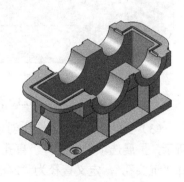

图 17-100　草图.12 孔特征

（3）在"变换特征"工具栏中单击"矩形阵列" ，弹出"定义矩形阵列"对话框。定义第一方向，参数选择"实例和间距"，实例输入"2"，间距输入"150 mm"，要阵列的对象选择"孔.1"；定义第二方向，参数选择"实例和间距"，实例输入"3"，间距输入"150 mm"，要阵列的对象选择"孔.1"。其中，第一、第二参考元素的选择如图 17-101 所示。然后单击"确定"，创建阵列孔结果如图 17-101 所示。

10. 机座与机盖连接孔

（1）参见"9.地脚螺栓孔创建"步骤（1）～步骤（2），分别创建"孔.2""孔.3""孔.4"，

三孔定位草图如图 17-102 所示，三孔定义参数相同，即扩展选项卡中选择"盲孔"，定义直径为"13mm"，深度为"45mm"；类型选项卡中选择"沉头孔"，定义直径为"30mm"，深度为"2mm"。

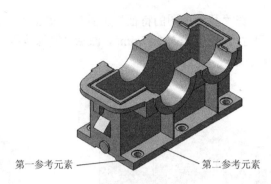

第一参考元素   第二参考元素

图 17-101 阵列孔特征

⚠【注意】减速器机盖与机座连接时，连接螺栓由下向上穿入，因此定位草图所在平面为机座连接凸台下表面。

（2）在"变换特征"工具栏中单击"镜像" ![icon]，弹出"定义镜像"对话框，镜像元素选择"zx 平面"，要镜像的对象为"孔.2""孔.3""孔.4"，单击"确定"，机座与机盖连接长螺栓孔创建结果如图 17-103 所示。

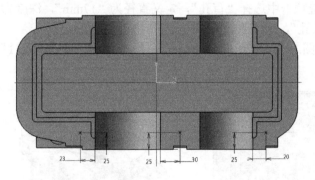

图 17-102 孔.2、孔.3、孔.4 定位草图

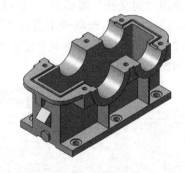

图 17-103 机座与机盖连接长螺栓孔特征

（3）参见"9.地脚螺栓孔创建"步骤（1）～步骤（2），创建"孔.5"，定位草图如图 17-104 所示，扩展选项卡中选择"盲孔"，定义直径为"11mm"，深度为"12mm"；类型选项卡中选择"沉头孔"，定义直径为"24mm"，深度为"2mm"。

⚠【注意】定位草图所在平面与上孔所在平面相同，即机座连接凸台下表面。

（4）在"变换特征"工具栏中单击"镜像" ![icon]，弹出"定义镜像"对话框，镜像元素选择"zx 平面"，要镜像的对象为"孔.5"，单击"确定"，机座与机盖连接短螺栓孔创建结果如图 17-105 所示。

（5）参见"9.地脚螺栓孔创建"步骤（1）～步骤（2），分别创建"孔.6"和"孔.7"，两孔定位草图如图 17-106 所示，两孔定义参数相同，即扩展选项卡中选择"盲孔"，定义直径为"8mm"，深度为"12mm"；类型选项卡中选择"锥形孔"，角度"1.14deg"，定位点选择"底部"，单击"确定"，机座与机盖连接定位销孔创建结果如图 17-107 所示。

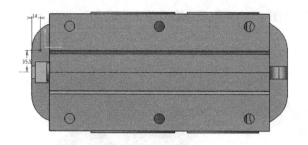

图 17-104 孔.5 定位草图

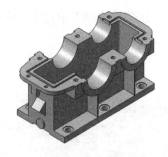

图 17-105 机座与机盖连接短螺栓孔特征

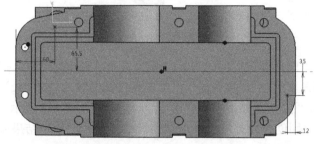

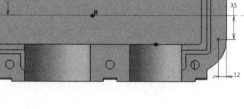

图 17-106 孔.6 和孔.7 定位草图

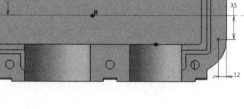

图 17-107 机座与机盖连接定位销孔特征

11. 轴承端盖连接孔

（1）在"参考元素"工具栏中单击"点" ![], 弹出"点定义"对话框，点类型选择"圆/球面/椭圆中心"，圆/球面/椭圆中心选择其中一个轴承座外侧半圆弧，创建辅助"点.1"，完成后重复该命令，将其余三个辅助点分别创建"点.2""点.3""点.4"，创建结果如图 17-108 所示。

（2）在"参考元素"工具栏中单击"直线" ![], 弹出"直线定义"对话框，线型选择"点-点"，"点 1"和"点 2"分别选择之前创建的"点 1"和"点 2"，创建"直线 1"，完成后重复该命令，创建"直线 2"，如图 17-109 所示。

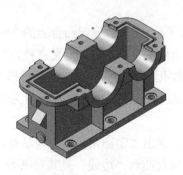

图 17-108 四个辅助点创建

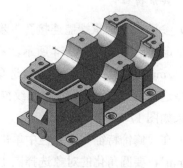

图 17-109 两条辅助线创建

（3）在"基于草图的特征"工具栏中单击"孔" ![], 弹出"定义孔"对话框，"定义螺纹"选项卡中激活"螺纹孔"复选框，底部类型选择"尺寸"，螺纹类型选择"公制粗牙螺纹"，螺纹描述为"M8"，螺纹深度为"15mm"，孔深度为"18mm"。

（4）在扩展选项卡中定位"草图.19"，如图17-110所示，然后单击"确定"，创建"孔.8"，结果如图17-111所示。

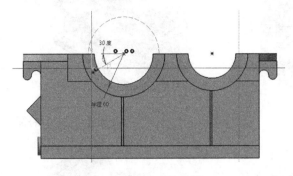

图17-110　孔.8定位草图.19

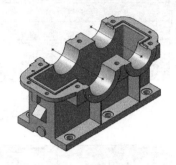

图17-111　草图.19孔特征

（5）在"变换特征"工具栏中单击"圆形阵列" ，弹出"定义圆形阵列"对话框。在轴向参考选项卡中，参数选择"实例和角度间距"，实例输入"3"，角度间距输入"60 deg"，参考元素为"直线.1"，要阵列的对象为"孔.8"，然后单击"确定"，结果如图17-112所示。

（6）重复步骤（3）～步骤（5），分别创建另外三个轴承端盖螺纹连接孔，创建结果如图17-113所示。

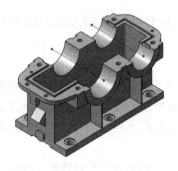

图17-112　圆形阵列.1特征

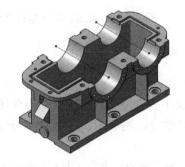

图17-113　轴承端盖连接螺纹孔创建

12. 其余特征

（1）参见"11.轴承端盖连接孔"步骤（3）～步骤（4）创建油标尺凸台上的"孔.16"和"孔.17"，定位草图如图17-114所示，"孔.12"扩展选项卡中选择"盲孔"，定义直径为"30mm"，深度为"2mm"；"孔.13"定义螺纹选项卡中激活"螺纹孔"复选框，底部类型选择"尺寸"，螺纹类型选择"公制粗牙螺纹"，螺纹描述为"M12"，螺纹深度为"16mm"，孔深度为"32mm"，创建结果如图17-115所示。

（2）在"修饰特征"工具栏中单击"倒圆角"，弹出"倒圆角定义"对话框，半径输入"17mm"，要圆角化的对象选择图17-115所示的油标尺凸台"边线"及其对侧的边线，模式选择"相切"，然后单击"确定"，结果如图17-116所示。

（3）参见步骤（2），进行中心槽底面四条边线倒圆角，半径输入"6mm"，要圆角化的对象选择如图17-114所示的"中心槽底面"，模式选择"相切"，然后单击"确定"，结果如图17-117所示。

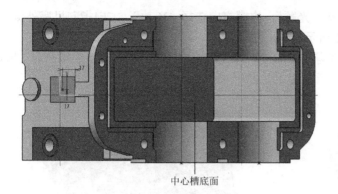

中心槽底面

图 17-114　孔.12 和孔.13 定位草图

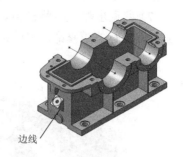

边线

图 17-115　油标尺螺纹孔创建

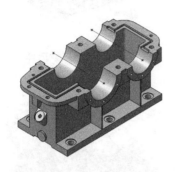

图 17-116　油标尺凸台倒圆角

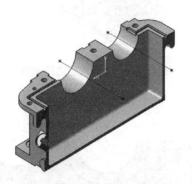

图 17-117　中心槽底面倒圆角

（4）选中放油螺塞凸台平面，在"基于草图的特征"工具栏中单击"孔" ，弹出"定义孔"对话框；定义螺纹选项卡中激活"螺纹孔"复选框，底部类型选择"尺寸"，螺纹类型选择"公制细牙螺纹"，螺纹描述为"M16×1.5"，螺纹深度为"19mm"，孔深度为"19mm"，在扩展选项卡中定位草图，如图 17-118 所示，然后单击"确定"，创建螺纹孔结果如图 17-119 所示。

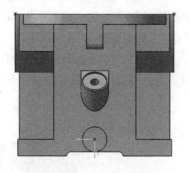

图 17-118　草图.25 定位草图

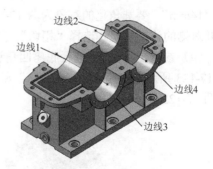

边线2
边线1
边线4
边线3

图 17-119　放油螺塞螺纹孔特征

（5）在"修饰特征"工具栏中单击"倒角" ，弹出"定义倒角"对话框，模式选择"长度 1/角度"，长度 1 输入"2mm"，角度输入"45deg"，要倒角的对象为图 17-119 所示的四条轴承座边线，拓展选择"相切"，然后单击"确定"，结果如图 17-120 所示。

（6）在"修饰特征"工具栏中单击"拔模斜度" ，弹出"定义拔模"对话框，进行轴承座外侧圆弧面拔模特征修饰。拔模类型选择"常量"，角度"2.86deg"，要拔模的面以及中性元素如图 17-121 所示，拓展选择"光顺"，拔模方向选择"Y 轴"，方向指向机座外侧，然后单击"确定"，结果如图 17-122 所示。

（7）参见步骤（6）将机座其他需要添加拔模特征的地方，如机座与机盖连接凸台、吊耳、加强筋等进行拔模修饰，拔模完成后如图 17-123 所示。

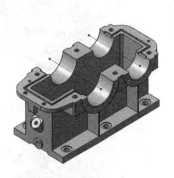

图 17-120　轴承端盖边线倒角

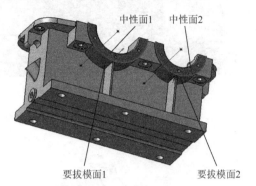

图 17-121　拔模要素选择

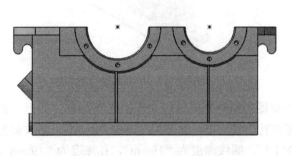

图 17-122　轴承端盖外侧圆弧面拔模特征

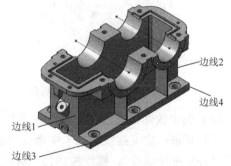

图 17-123　机座全部要素拔模特征

（8）在"修饰特征"工具栏中单击"倒圆角" 图标，弹出"倒圆角定义"对话框，半径输入"14mm"，要圆角化的对象为图 17-123 所示的中心槽外侧的四角"边线 1"和"边线 2"及其对侧的边线，模式选择"相切"，然后单击"确定"，结果如图 17-124 所示。

（9）参见步骤（8）进行底座四角边线倒圆角，半径输入"20mm"，要圆角化的对象为图 17-123 所示的底座四角"边线 3"和"边线 4"及其对侧的边线，然后单击"确定"，结果如图 17-125 所示。

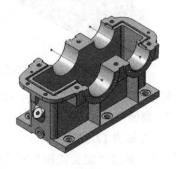

图 17-124　中心槽外侧四角边线倒圆角

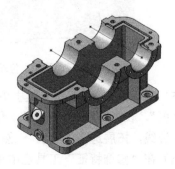

图 17-125　底座四角边线倒圆角

（10）参见步骤（8）进行加强筋外侧边线倒圆角，半径输入"1mm"，要圆角化的对象选择加强筋外侧的四个面，然后单击"确定"，结果如图 17-126 所示。

（11）参见步骤（8）进行机座其余边线倒圆角，半径输入"3mm"，要圆角化的对象选择要倒圆角的边线，然后单击"确定"，结果如图 17-127 所示。

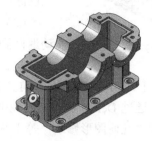

图 17-126　加强筋外侧边线倒圆角　　　　　图 17-127　其余边线倒圆角

17.3.3　工程图创建

1. 图形分析

在创建减速器机座工程图时，必须适当地选用视图、半剖视图、局部剖视图、向视图等表达方法，把机座的全部结构形状表达清楚，并且考虑看图和读图的方便。

分析机座基本结构可知，主视图选择由 Y 轴正方向向负方向观察得到的视图和局部剖视图进行表达，左视图采用半剖和局部剖的表达方法，俯视图采用局部剖视图。

为了更加清晰地表达油标尺孔处结构和尺寸，该处采用向视图表达方法。

2. 制图工作台进入

参见 17.1.3 节"2.制图工作台进入"步骤（1）～步骤（3），图纸样式设置为"A3 ISO"横向，进入制图工作台。

3. 标题栏及图框添加

参见 17.1.3 节"3.标题栏及图框添加"步骤（1）～步骤（8），进行标题栏及图框添加，材料为"HT200"、零件名称为"机座"、比例为"1:3"，其他内容可根据需要添加，添加后如图 17-128 所示。

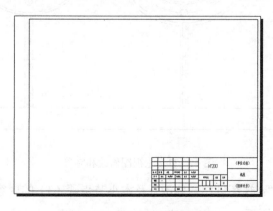

图 17-128　标题栏及图框添加

4. 视图创建与修改

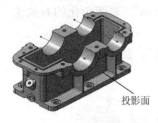

图 17-129 投影面选取

（1）在菜单栏中，依次选择"插入"→"视图"→"投影"→"正视图"。切换窗口。在菜单栏中，依次选择"窗口"→"dizuo.CATPart"，切换到机座零件模型窗口。

（2）在模型中选中如图 17-129 所示平面作为投影平面，系统自动返回到工程图窗口，在窗口内单击放置视图，然后将视图移动到合适位置；同时右击视图边框，选择属性后，将视图选项卡下的缩放改为"1∶3"，结果如图 17-130 所示。

（3）通过 Delete 键将二维图中生成的圆角线等多余线条清理删除，同时通过"几何图形创建"和"几何图形修改"等工具栏中的命令，将主视图进行修改和完善，主视图的创建完成，如图 17-131 所示。

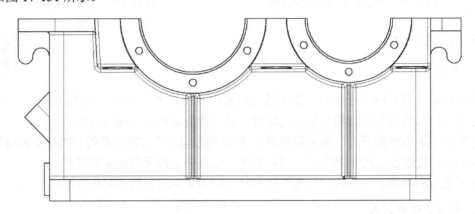

图 17-130 主视图创建

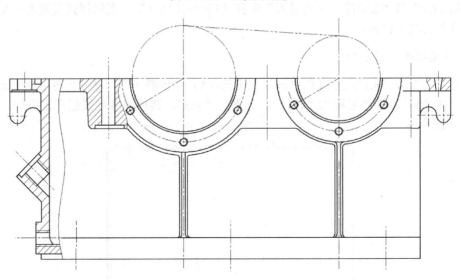

图 17-131 主视图修改和完善

（4）参见 17.2.3 节"4.视图创建与修改"及本小节步骤（3）的内容进行其他视图的创建，创建完成后如图 17-132 所示。

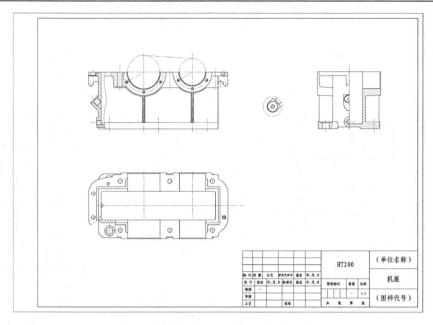

图 17-132　视图的创建

5．尺寸标注

参见 17.2.3 节"5.尺寸标注"相关内容，完成视图中半径、直径、长度、倒角和螺纹等尺寸标注，并进行手动调整尺寸位置，尺寸标注结果如图 17-133 所示。

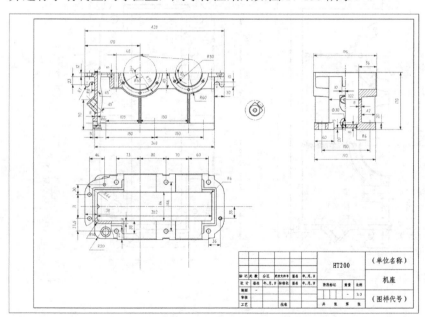

图 17-133　全图尺寸标注

6．其他标注

参见 17.2.3 节中尺寸公差标注、形位公差标注、表面粗糙度标注、技术要求等相关内容，完成视图中其他内容标注，完成后如图 17-134 所示。

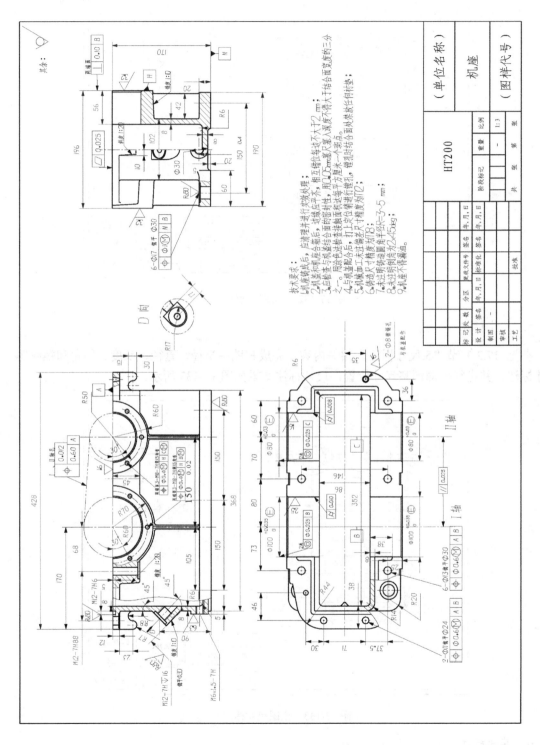

图 17-134 机座零件图

第 18 章　产品设计实例

> ## 导读
> ◆　滚动轴承设计实例
> ◆　减速器设计实例

18.1　滚 动 轴 承

18.1.1　实例分析

　　深沟球轴承是滚动轴承中最为普通的一种常用标准件，通常由内圈、外圈、滚动体和保持架四部分构成，其结构及装配关系较为典型。本节以 6211 型深沟球轴承（图 18-1）为例，讲述产品的设计和装配过程。

图 18-1　深沟球轴承（6211 型）

　　根据深沟球轴承结构可知，其设计及装配的具体流程如下。

　　（1）内、外圈的创建。分别以"yz 平面"为基准，使用旋转体功能创建轴承内、外圈，并创建内、外圈圆角。

　　（2）滚动体的创建。以"yz 平面"为基准，使用旋转体功能创建轴承滚动体。

　　（3）保持架的创建与装配。保持架由两个单体架和一组单体架连接铆钉组成。

　　① 单体架 1 的创建以"zx 平面"为基准，创建球兜旋转体特征、球兜连接凸台特征和铆钉凹槽特征等，将三个特征分别进行圆形阵列。

　　② 单体架 2 的创建以单体架 1 为镜像元素，使用装配设计工作台中的对称功能创建单体架 2。

　　③ 铆钉的创建与装配以"yz 平面"为基准，使用旋转体功能创建铆钉，并使用约束和重复使用阵列功能将创建出的一组铆钉装配到单体架铆钉凹槽中。

　　（4）轴承的装配。

　　① 滚动体装配，使用相合约束将单个钢球装配到保持架球兜，然后使用重复使用阵列功能将钢球装配到所有球兜中。

　　② 内、外圈装配，使用相合和偏移约束命令将轴承内、外圈装配。

　　③ 内圈与保持架装配，使用相合和偏移约束命令将保持架装配到内圈。

18.1.2 零件创建

1. 基础知识准备

在进行深沟球轴承零件模型绘制前，需明确所绘制轴承的各项参数值，如表 18-1 所示。

表 18-1 轴承（6211 型）参数

	基本参数/mm			
	内圈内/外径（d/d_2）	外圈内/外径（D_2/D）	宽度 B	圆角 r
	55/68.9	86.1/100	21	1.5
	保持架/mm			
	外径 D_c	内径 D_{c1}	厚度	销孔直径
	83.6	72.5	1.5	2
	铆钉/mm				球/mm	
	大/小帽直径	大/小帽厚度	杆长	杆直径	球径 D_w	球数 Z
	5/4	0.66	3	2	14.288	10

2. 内、外圈创建

（1）新建"Product"文件，将产品命名为"shengouqiuzhoucheng"。选中产品，在菜单栏中，依次选择"插入"→"新建零件"，结构树中出现可操作的零件"Part1.1"，命名为"neiquan"，双击"neiquan"节点下的零件图标切换至零件设计工作台。

（2）单击"草图" ，选取"yz 平面"作为草绘平面，进入草图工作台，绘制如图 18-2 所示的图形，退出草图设计工作台。

（3）单击"旋转体" ，弹出"定义旋转体"对话框，如图 18-3 所示，选择内圈旋转体草图作为旋转截面，轴线选择"y 轴"，单击"确定"，完成内圈旋转体的创建，如图 18-4 所示。

（4）单击"倒圆角" ，弹出"倒圆角定义"对话框，选取内圈内部的两条边线，对话框参数设置如图 18-5 所示，半径设置为"1.5mm"，单击"确定"，创建的圆角如图 18-6 所示。

（5）在结构树中双击产品"shengouqiuzhoucheng"切换至装配设计工作台。在菜单栏中，依次选择"插入"→"新建零件"，结构树中出现可操作的零件"Part1.2"，并弹出"新零件：原点"

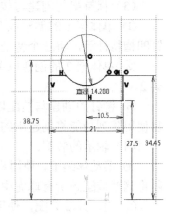

图 18-2 内圈旋转体草图

对话框，单击"否"将装配原点定义为新零件的原点，如图 18-7 所示；将"Part1.2"命名为"waiquan"，双击"waiquan"节点下的零件图标切换至零件设计工作台。

（6）单击"草图" ，选取"yz 平面"作为草绘平面，进入草图工作台，绘制图形如图 18-8 所示，退出草图工作台。

图 18-3　"定义旋转体"对话框　　　图 18-4　内圈旋转体　　　图 18-5　"倒圆角定义"对话框

图 18-6　内圈圆角　　　　　图 18-7　新建原点提示　　　　图 18-8　外圈旋转体草图

（7）单击"旋转体" ，弹出"定义旋转体"对话框，选择外圈旋转体草图作为旋转截面图形，单击"确定"，完成外圈旋转体的创建，如图 18-9 所示。

（8）单击"倒圆角" ，弹出"倒圆角定义"对话框，选取外圈外部的两条边线，半径设置为"1.5mm"，单击"确定"，创建的外圈圆角如图 18-10 所示。

3. 滚动体创建

（1）在结构树中双击产品"shengouqiuzhoucheng"切换至装配设计工作台。然后依次选择"插入"→"新建零件"，结构树中出现可操作的零件"Part1.3"，并弹出"新零件：原点"对话框，单击"否"，将装配原点定义为新零件的原点；将"Part1.3"命名为"gundongti（滚动体）"，双击"gundongti（滚动体）"节点下的零件图标切换至零件设计工作台。

（2）单击"草图" ，选取"yz 平面"作为草绘平面，进入草图工作台。为方便草图的绘制，在"可视化"工具栏中单击"按草图平面剪切零件" ，将图形分割，绘制图形如图 18-11 所示，退出草图工作台。

（3）单击"旋转体" ，弹出"定义旋转体"对话框，选择滚动体草图作为旋转截面图形，单击"确定"，完成滚动体的创建，如图 18-12 所示。

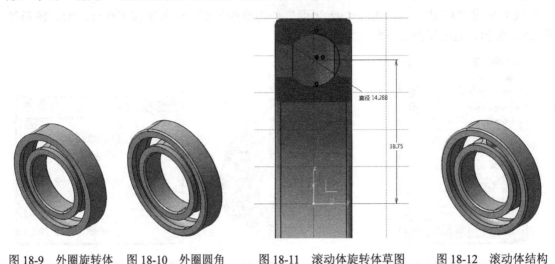

图 18-9　外圈旋转体　　图 18-10　外圈圆角　　图 18-11　滚动体旋转体草图　　图 18-12　滚动体结构

4．保持架创建

（1）在结构树中双击产品"shengouqiuzhoucheng"切换至装配设计工作台。在菜单栏中，依次选择"插入"→"新建产品"，结构树中出现可操作的产品"Product2"，将"Product2"命名为"baochijia"。

（2）选中"baochijia"，在菜单栏中，依次选择"插入"→"新建零件"，结构树中出现可操作的零件"Part2.1"，并弹出"新零件：原点"对话框，单击"否"，将装配原点定义为新零件的原点；将"Part2.1"命名为"dantijia1"，双击"单体架 1"节点下的零件图标切换至零件设计工作台。

（3）单击"草图" ，选取"zx 平面"作为草绘平面，进入草图工作台，为方便操作，可将"外圈"和"内圈"零件隐藏，绘制如图 18-13 所示的半圆草图，退出草图工作台。

（4）单击"旋转体" ，弹出"定义旋转体"对话框，选择单体架 1 球兜草图作为旋转截面图形，参数设置如图 18-14 所示，单击"确定"，如图 18-15 所示。

（5）单击"圆形阵列" ，弹出"定义圆形阵列"对话框，参数设置如图 18-16 所示，单击"确定"，如图 18-17 所示。

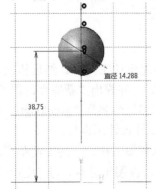

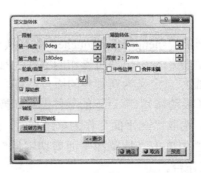

图 18-13　球兜草图　　　　图 18-14　"定义旋转体"对话框　　　图 18-15　球兜旋转体

图 18-16 "定义圆形阵列"对话框 　　　　　　图 18-17 球兜圆形阵列

（6）单击"草图" ，选取"zx 平面"作为草绘平面，进入草图工作台，绘制半径分别为"72.5mm"和"83.6mm"的同心圆，如图 18-18 所示，退出草图工作台。

（7）单击"凹槽" ，弹出"定义凹槽"对话框，选择球兜凹槽草图作为挖切截面，参数设置如图 18-19 所示，如有必要，单击"反转边"，设置完成后单击"确定"，结果如图 18-20 所示。

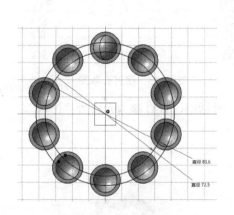

图 18-18 球兜凹槽草图 　　　图 18-19 "定义凹槽"对话框 　　　图 18-20 球兜凹槽

（8）单击"草图" ，选取"zx 平面"作为草绘平面，进入草图工作台，绘制图形如图 18-21 所示，退出草图工作台。

（9）单击"凸台" ，弹出"定义凸台"对话框，选择球兜连接凸台草图作为拉伸截面，参数设置如图 18-22 所示，单击"确定"，如图 18-23 所示。

（10）单击"圆形阵列" ，弹出"定义圆形阵列"对话框，设置参考元素为"y 轴"，实例为"10"，单击"确定"，结果如图 18-24 所示。

（11）单击"草图" ，选取"zx 平面"作为草绘平面，进入草图工作台，绘制如图 18-25 所示草图，退出草图工作台。

（12）单击"凹槽" ，弹出"定义凹槽"对话框，选择铆钉孔草图作为挖切截面，参数设置如图 18-26 所示，单击"确定"，如图 18-27 所示。

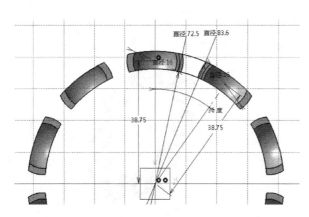

图 18-21　球兜连接凸台草图　　　　　　　　图 18-22　"定义凸台"对话框

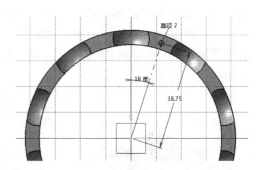

图 18-23　球兜连接凸台　图 18-24　球兜连接凸台圆形阵列　　　　　图 18-25　铆钉孔草图

（13）单击"圆形阵列" ，弹出"定义圆形阵列"对话框，设置参考元素为"y 轴"，实例为"10"，单击"确定"，结果如图 18-28 所示。

图 18-26　"定义凹槽"对话框　　　　　图 18-27　铆钉凹槽　　　　　图 18-28　圆形阵列

（14）在结构树中双击产品"baochijia"切换至装配设计工作台。在"装配特征"工具栏中单击"对称" ，选取"单体架 1"的"zx 平面"，要变换的产品选择"单体架 1"，弹出"装配对称向导"对话框，如图 18-29 所示，单击"完成"，弹出"装配对称结果"对话框，

单击"关闭"。单击"全部更新" 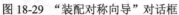，如图 18-30 所示。

图 18-29　"装配对称向导"对话框

图 18-30　单体架 2 创建完成

（15）选中"baochijia"，在菜单栏中，依次选择"插入"→"新建零件"，结构树中出现可操作的零件"Part2.3"，并弹出"新零件：原点"对话框，单击"否"，将装配原点定义为新零件的原点；将"Part2.3"命名为"maoding"，双击"maoding"节点下的零件图标切换至零件设计工作台。

（16）单击"草图" 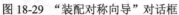，选取"yz 平面"作为草绘平面，进入草图工作台，绘制图形如图 18-31 所示，退出草图工作台。

（17）单击"旋转体" ，弹出"定义旋转体"对话框，选择铆钉旋转体草图作为旋转截面图形，单击"确定"，完成铆钉旋转体的创建，如图 18-32 所示。

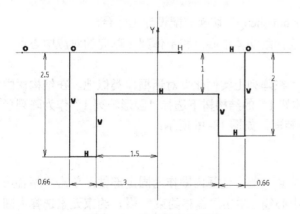

图 18-31　铆钉旋转体草图

图 18-32　铆钉旋转体

18.1.3　产品装配

1．保持架装配

（1）在结构树中双击产品"baochijia"切换至装配设计工作台。装配过程中可

以综合运用放大、缩小、移动、旋转、隐藏等方式调整几何模型。

（2）单击"相合约束"![icon]，约束元素选择铆钉中心线和单架体 1 对应的铆钉孔中心线；单击"偏移约束"![icon]，约束元素选择铆钉帽前侧面和单体架 1 对应的铆钉孔连接凸台面，在弹出的"约束属性"对话框中的"偏移"文本框输入数值"0"，单击"全部更新"![icon]，如图 18-33 所示。

（3）单击"重复使用阵列"![icon]，弹出"在阵列上实例化"对话框，在结构树中选取"铆钉"作为要实例化的部件，在"单体架 1"的结构树下选择"圆形阵列.1"作为阵列形式，参数设置如图 18-34 所示，单击"确定"，完成所有铆钉的创建与装配如图 18-35 所示。

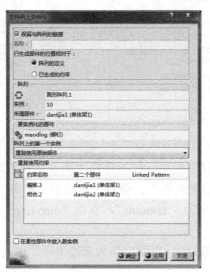

图 18-33　铆钉装配　　　图 18-34　"在阵列上实例化"对话框　　　图 18-35　重复使用阵列装配铆钉

2．滚动体装配

（1）在结构树中双击产品"shengouqiuzhoucheng"切换装配设计工作台。

（2）单击"相合约束"![icon]，约束元素选择滚动体中心点和单体架 1 球兜的对应中心点，进行滚动体装配。

（3）单击"重复使用阵列"![icon]，弹出"在阵列上实例化"对话框，类似地，在结构树中选取滚动体作为要实例化的部件，在"单体架 1"的结构树下选择"圆形阵列.1"作为阵列形式，单击"确定"，完成所有的钢球创建与装配，如图 18-36 所示。

3．内外圈装配

（1）将隐藏的内、外圈显示。单击"固定"![icon]，选择内圈作为固定部件；单击"相合约束"![icon]，约束元素选择内圈中心线和外圈中心线；单击"偏移约束"![icon]，约束元素选择内圈"zx 平面"和外圈"zx 平面"，在弹出的"约束属性"对话框中的"偏移"文本框输入数值"0"，单击"全部更新"![icon]，如图 18-37 所示。

（2）单击"相合约束"![icon]，约束元素选择内圈中心线和单体架 1 中心线；单击"偏移约束"![icon]，约束元素选择内圈"zx 平面"和单体架 1 的"zx 平面"，在弹出的"约束属性"对话框中的"偏移"文本框输入数值"0"，单击"全部更新"![icon]，深沟球轴承产品装配完成，如图 18-38 所示，将文件保存在指定路径。

图 18-36 重复使用阵列装配钢球

图 18-37 内外圈装配

图 18-38 深沟球轴承结构树及模型

18.2 减 速 器

18.2.1 实例分析

减速器在原动机和工作机或执行机构之间起匹配转速与传递转矩的作用，减速器是一种相对精密的机械，使用它的目的是降低转速，增加转矩。按照传动级数不同可分为单级减速器和多级减速器；按照齿轮类型可分为圆柱齿轮减速器、圆锥齿轮减速器和圆锥-圆柱齿轮减速器。减速器是一种由封闭在刚性壳体内的齿轮传动、蜗杆传动、齿轮-蜗杆传动所组成的独立部件，在现代机械中应用极为广泛。

由于减速器涉及零部件较多，共由 177 个零件构成。鉴于第 17 章及 18.1 节详细讲述了减速器中齿轮、轴、机座及标准件深沟球轴承的创建过程，因此本节主要以减速器为例，进行零部件导入和装配过程分析，装配完成后如图 18-39 所示。

根据减速器结构可知，其装配的具体流程如下。

1. 零件导入

（1）新建一个总装文件，命名为"jiansuqi"。

（2）在新创建的总装文件下分别新建"机盖装配""机座装配""传动部件装配 1""传动部件装配 2"四个部装文件。

（3）将总装及部装下的各零件进行导入。其中"机盖装配"

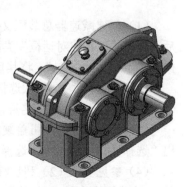

图 18-39 减速器

主要由机盖、窥视孔盖和通气器等零件构成;"机座装配"主要包括机座、油标尺和螺塞等;"传动部件装配"主要由齿轮、齿轮轴、轴承装配等构成。

2. 机盖装配

(1) 机盖作为主件,应用"相合""曲面接触"约束命令,将垫片 1 装配至机盖上。
(2) 应用"相合""偏移"约束命令,将窥视孔盖装配至机盖上。
(3) 应用"相合""偏移""角度"约束命令,将通气器装配至机盖上。
(4) 应用"相合""偏移""角度"约束命令,将四个螺钉装配至机盖上。

3. 机座装配

(1) 机座作为主件,应用"相合""曲面接触"约束命令,将油标尺装配至机座上。
(2) 应用"相合""曲面接触"约束命令,将垫片 2 装配至机座上。
(3) 应用"相合""偏移""角度"约束命令,将螺塞装配至机座上。

4. 传动部件装配 1

(1) 齿轮轴作为主件,应用"相合""曲面接触"约束命令,将两个挡油环装配至齿轮轴上。
(2) 应用"相合""偏移"约束命令,将两个深沟球轴承装配至齿轮轴上。

5. 传动部件装配 2

(1) 轴作为主件,应用"相合""曲面接触"约束命令,将键装配至轴上。
(2) 应用"相合""曲面接触"、"角度"约束命令,将大齿轮装配至轴上。
(3) 应用"相合""偏移"约束命令,将定距环装配至轴上。
(4) 应用"相合""曲面接触"约束命令,将深沟球轴承 1 装配至轴上。
(5) 应用"相合""偏移"约束命令,将深沟球轴承 2 装配至轴上。

6. 其余零部件装配

综合应用"相合""曲面接触""角度""偏移"约束命令,将其余标准件和辅助件装配至减速器上。

18.2.2 零件导入

(1) 创建减速器总装配文件。在菜单栏中,依次选择"文件"→"新建",然后在弹出的"新建对话框"类型列表中选中"Product"选项,单击"确定",结构树中出现可操作的产品"Product",将其重新命名为"jiansuqi"。
(2) 在菜单栏中,依次选择"插入"→"新建部件",结构树中出现可操作的产品"Product1(Product1.1)",将其实例名称重新命名为"机盖装配",零件编号重新命名为"jigaizhuangpei"。
(3) 双击新建的"机盖装配"部件,在菜单栏中,依次选择"插入"→"现有部件",弹出"选择文件"对话框,选择已创建完成的机盖装配零件,将其导入至机盖装配结构树中。
(4) 参见步骤(2)和步骤(3),分别在结构树"jiansuqi"总装配下新建"机座装配"部件、"传动部件装配 1"部件和"传动部件装配 2"部件,同时将各部件下的相应零件进行导入。
(5) 参见步骤(3),将减速器辅助件和标准件进行导入,导入结果如图 18-40 所示。

图 18-40　减速器组成

18.2.3　产品装配

　　为方便用户了解减速器结构及装配关系，下面详细介绍减速器各部件装配过程。

1. 机盖装配

　　机盖装配部件主要包括机盖、窥视孔盖、通气器、垫片 1 和螺钉（四个），其装配组件如图 18-41 所示。当进行机盖装配时，将机盖作为主件，将其余零件装配至机盖上。

　　（1）装配"垫片 1"，单击"相合约束" 🔩，约束元素分别选择垫片 1 和机盖上对应一角螺钉穿入孔轴线。

　　（2）再次单击"相合约束" 🔩，约束元素分别选择垫片 1 和机盖上另一角螺钉穿入孔。

　　（3）单击"曲面接触" 🔲，约束元素选择垫片 1 下端面和机盖窥视孔处上端面。

　　（4）单击"全部更新" 🔄，完成垫片 1 的装配。

　　（5）参见步骤（1）～步骤（4）及表 18-2 进行机盖装配，装配完成如图 18-42 所示。

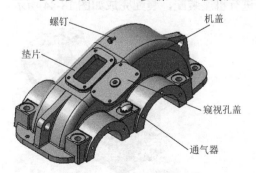

螺钉
机盖
垫片
窥视孔盖
通气器

图 18-41　机盖装配组件

图 18-42　机盖装配

表 18-2　机盖装配元素选择及设置

零部件	数量	约束	方向	数值	效果图
垫片 1	1	相合.1	—	—	
		相合.2	—	—	
		曲面接触.3			
窥视孔盖	1	相合.4	—	—	
		相合.5	—	—	
		偏移.6	相反	1	
通气器	1	相合.7	—	—	
		偏移.8	相反	8	
		角度.9	扇形 1	0	
螺钉	4	相合.10/13/16/19	—	—	
		偏移.11/14/17/20	相反	6	
		角度.12/15/18/21	扇形 1	0	

2. 机座装配

机座装配部件主要包括机座、油标尺、垫片 2 和螺塞，其装配组件如图 18-43 所示。当进行机座装配时，将机座作为主件，将其余零件装配至机座上。

（1）装配"油标尺"。单击"相合约束" ，约束元素分别选择油标尺轴线和机座上对应油标尺穿入孔轴线。

（2）单击"曲面接触" ，进行油标尺与机座接触面约束创建。

（3）单击"全部更新" ，完成油标尺的装配。

（4）参见步骤（1）～步骤（3）及表 18-3 进行机座装配，装配完成如图 18-44 所示。

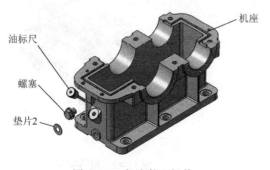

图 18-43　机座装配组件

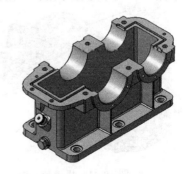

图 18-44　机座装配

表 18-3　机座装配元素选择及设置

零部件	数量	约束	方向	数值	效果图
油标尺	1	相合.1	—	—	
		曲面接触.2	—	—	
垫片 2	1	相合.3	—	—	
		曲面接触.4	—	—	
螺塞	1	相合.5	—	—	
		偏移.6	相反	1	
		角度.7	扇形 1	0	

3. 传动部件装配 1

传动部件装配 1 部件主要包括齿轮轴、挡油环（两个）和深沟球轴承（两个），其装配组件如图 18-45 所示。当进行传动部件装配 1 装配时，将齿轮轴作为主件，其余零件装配至齿轮轴上。

（1）装配"挡油环"。单击"相合约束" ，约束元素分别选择挡油环和齿轮轴上轴线。

（2）单击"曲面接触" ，进行挡油环与齿轮轴接触面约束创建。

（3）单击"全部更新" ，完成挡油环的装配。

（4）参见步骤（1）～步骤（3）及表 18-4 进行装配，装配结果如图 18-46 所示。

图 18-45　传动部件装配 1 组件

图 18-46　传动部件装配 1

表 18-4　传动部件装配 1 元素选择及设置

零部件	数量	约束	方向	数值	效果图
挡油环	2	相合.1/3	—	—	
		曲面接触.2/4	—	—	
深沟球轴承 1	2	相合.5/7	—	—	
		偏移.6/8	相反	1	

4. 传动部件装配 2

传动部件装配 2 部件主要包括轴、键、大齿轮、定距环和深沟球轴承（两个），其装配组件如图 18-47 所示。当进行传动部件装配 2 装配时，将轴作为主件，其余零件装配至轴上。

（1）装配"键"。单击"相合约束" ，约束元素分别选择键和键槽上的轴线。

（2）单击"曲面接触" ，进行键底面与键槽上面接触面的约束创建。

（3）再次单击"曲面接触" ，进行键侧面与键槽对应侧面接触面的约束创建。

（4）单击"全部更新" ，完成键的装配。

（5）参见步骤（1）～步骤（4）及表 18-5 进行装配，装配结果如图 18-48 所示。

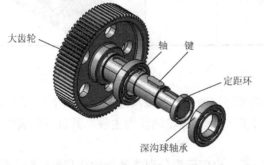

图 18-47　传动部件装配 2 组件

图 18-48　传动部件装配 2

5. 其余零部件装配

参见前面各部件装配步骤及表 18-6 进行减速器的总装配，装配结果参见图 18-39。

表 18-5　传动部件装配 2 元素选择及设置

零部件	数量	约束	方向	数值	效果图
键	1	相合.1	—	—	
		曲面接触.2	—	—	
		曲面接触.3	—	—	

零部件	数量	约束	方向	数值	效果图
大齿轮	1	相合.4	—	—	
		曲面接触.5	—	—	
		角度.6	扇形 1	180	
定距环	1	相合.7	—	—	
		偏移.8	相反	60	
深沟球轴承 2	1	相合.9	—	—	
		曲面接触.10	—	—	
深沟球轴承 2	1	相合.10	—	—	
		偏移.11	相反	73	

表 18-6　其余零部件装配元素选择及设置

有装配关系 的零部件	数量	约束	方向	数值	效果图
1.机座装配 2.机盖装配	1	相合.1	—	—	
		相合.2	—	—	
		曲面接触.3	—	—	
1.机座装配 2.传动部件装配 1	1	相合.3	—	—	
		相合.4	相同	—	
		角度.6	扇形 1	0	
1.机座装配 2.传动部件装配 2	1	相合.7	—	—	
		偏移.8	相同	1	
		角度.9	扇形 1	0	

有装配关系 的零部件	数量	约束	方向	数值	效果图
1.机座装配 2.调整垫片 1	2	相合.10/13	—	—	
		相合.11/14	—	—	
		曲面接触.12/15	—	—	
1.机座装配 2.调整垫片 2	2	相合.16/19	—	—	
		相合.17/20	—	—	
		曲面接触.18/21	—	—	
1.机座装配 2.轴承端盖 1	1	相合.22	—	—	
		相合.23	—	—	
		偏移.24	相反	1	
1.机座装配 2.轴承端盖 2	1	相合.25	—	—	
		相合.26	—	—	
		偏移.27	相反	1	
1.机座装配 2.轴承端盖 3	1	相合.28	—	—	
		相合.29	—	—	
		偏移.30	相反	1	
1.机座装配 2.轴承端盖 4	1	相合.31	—	—	
		相合.32	—	—	
		偏移.33	相反	1	
1.机座装配 2.毡封油圈 1	1	相合.34	—	—	
		偏移.35	相同	11	
1.机座装配 2.毡封油圈 2	1	相合.36	—	—	
		偏移.37	相同	11	

有装配关系 的零部件	数量	约束	方向	数值	效果图
1.轴承端盖 2 2.密封盖 1	1	相合.38	—	—	
		相合.39	—	—	
		曲面接触.40	—	—	
1.轴承端盖 4 2.密封盖 2	1	相合.41	—	—	
		相合.42	—	—	
		曲面接触.43	—	—	
1.机座装配 2.螺栓 1	6	相合.44/47/50/53/56/59	—	—	
		曲面接触. 45/48/51/54/57/60	—	—	
		角度.46/49/52/55/58/61	扇形 1	90	
1.机盖装配 2.弹簧垫圈 1	6	相合.62/65/68/71/73/77	—	—	
		相合.63/66/69/72/74/78	—	—	
		相合.64/67/70/73/75/79	—	—	
1.机座装配 2.螺母 1	6	相合.80/83/86/89/92/95	—	—	
		偏移.81/84/87/90/93/96	相反	1.8	
		角度.82/85/88/91/94/97	扇形 1	90	
1.机座装配 2.螺栓 2	2	相合.98/101	—	—	
		曲面接触.99/102	—	—	
		角度.100/103	扇形 1	90	
1.机盖装配 2.弹簧垫圈 2	2	相合.104/107	—	—	
		相合.105/108	—	—	
		相合.106/109	—	—	
1.机座装配 2.螺母 2	2	相合.110/113	—	—	
		偏移.111/114	相反	1.8	
		角度.112/115	扇形 1	90	

有装配关系的零部件	数量	约束	方向	数值	效果图
1.轴承端盖1 2.螺钉1	6	相合.116/119/122/125/128/131			
		曲面接触.117/120/123/126/129/132			
		角度.118/121/124/127/130/133	扇形1	90	
1.轴承端盖2 2.螺钉1	6	相合.134/137/140/143/146/149			
		曲面接触.135/138/141/144/147/150			
		角度.136/139/142/145/148/151	扇形1	90	
1.轴承端盖3 2.螺钉1	6	相合.152/155/158/161/164/167			
		曲面接触.153/156/159/162/165/168			
		角度.154/157/160/163/166/169	扇形1	90	
1.轴承端盖4 2.螺钉1	6	相合.170/173/176/177/178/179			
		曲面接触.171/174/180/181/182/183			
		角度.172/175/184/185/186/187	扇形1	90	
1.密封盖1 2.螺钉2	4	相合.188/190/191/192			
		曲面接触.189/193/194/195			
		角度.196/197/198/199	扇形1	90	
1.密封盖2 2.螺钉2	4	相合.200/203/204/205			
		曲面接触.201/206/207/208			
		角度.202/209/210/211	扇形1	90	
1.机盖装配 2.销	2	相合.212/214			
		相合.213/215	相反		

18.2.4　工程图创建

1. 图形分析

在创建减速器工程图时，必须适当地选用基本视图、局部剖视图表达方法，把减速器的装配关系表达清楚，并且考虑看图和读图的方便。

分析减速器结构可知，主视图选择由 Y 轴正方向向负方向观察得到的视图和局部剖视图进行表达，左视图及俯视图均采用局部剖视图进行表达。

2. 制图工作台进入

参见 17.1.3 节 "2.制图工作台进入" 步骤（1）～步骤（3），图纸样式设置为 "A0 ISO" 横向，进入制图工作台。

3. 标题栏及图框添加

参见 17.1.3 节 "3.标题栏及图框添加" 步骤（1）～步骤（8），进行标题栏及图框添加。产品名称 "一级圆柱齿轮减速器"、比例为 "1∶1"，其他内容可根据需要添加，添加后如图 18-49 所示。

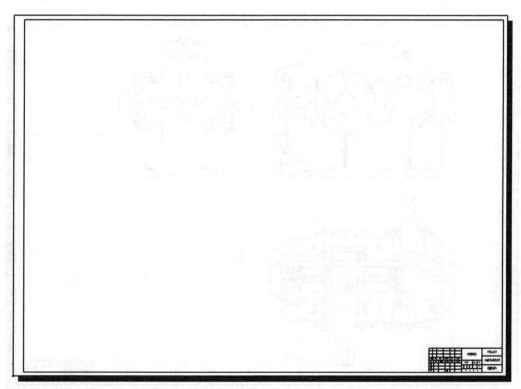

图 18-49　标题栏及图框添加

4. 视图创建与修改

（1）在菜单栏中，依次选择 "插入" → "视图" → "投影" → "正视图"。切换窗口。在菜单栏中，依次选择 "窗口" → "jiansuqi.CATProduct"，切换到减速器产品三维模型窗口。

（2）在模型中选中图 18-50 所示投影面，系统自动返回到工程图窗口，旋转投影图像，使视图水平放置，然后拖动视图到合适位置；右击视图边框，选择属性后将视图选项卡下的缩放改为"1∶1"，结果如图 18-51 所示。

（3）通过 Delete 键将二维图中生成的圆角线等多余线条清理删除，同时通过"几何图形创建"和"几何图形修改"等工具栏中的命令，将主视图进行修改和完善，主视图的创建结果如图 18-52 所示。

（4）参见 17.2.3 节"4.视图创建与修改"及本小节步骤（3）内容进行其他视图的创建，创建完成后如图 18-53 所示。

图 18-50　投影面选取

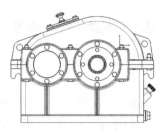

图 18-51　主视图创建

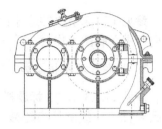

图 18-52　主视图修改和完善

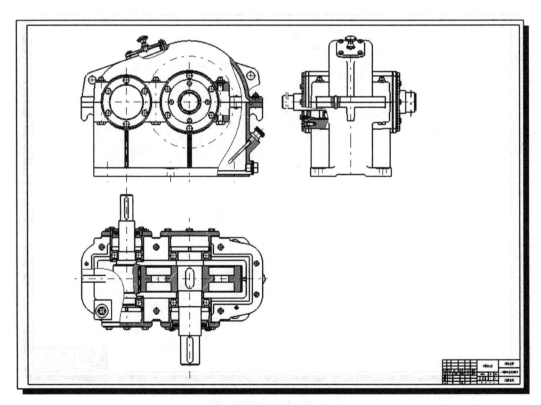

图 18-53　视图的创建

5. 尺寸标注

参见 17.2.3 节"5.尺寸标注"相关内容，完成视图中长度、直径等尺寸标注，并进行手动调整尺寸位置，尺寸标注结果如图 18-54 所示。

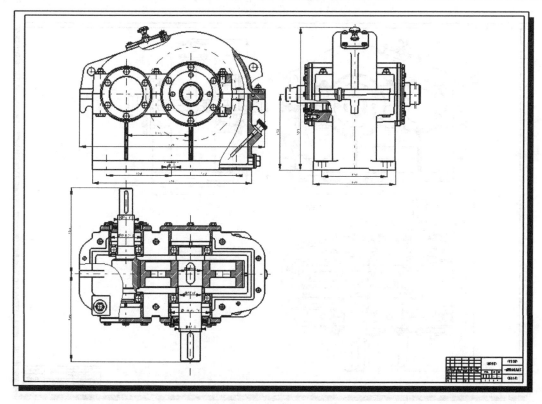

图 18-54　全图尺寸标注

6. 创建零部件序号

由于此装配体中零件数目较多，通过自动生成零件序号的方法所生成的序号过于杂乱，修改困难，反而会浪费大量时间。因此，在此通过手动添加序号的方式添加序号，其步骤如下。

（1）在菜单栏中，依次选择"插入"→"标注"→"文本"→"带引出线的文本"命令或在"标注"→"文本"工具栏中直接单击"带引出线的文本" ⬛️ 。

（2）根据提示栏"选择元素或单击引出线定位点"的提示，将鼠标移动到俯视图齿轮轴伸出端调整垫片上，单击以确定零件序号引出线的起点，同时移动鼠标确定零件序号的位置。

（3）在弹出的"文本编辑器"中输入"1"。

（4）单击"确定"，然后选中所创建的序号，右击序号起点，在弹出的快捷菜单"符号形状"中选择"实心圆"选项，即完成第一个零件的编号编辑，结果如图 18-55 所示。

参见上述步骤，依次给各零部件进行编号，并且把各编号拖动到适当位置，创建全图零部件序号结果如图 18-56 所示。

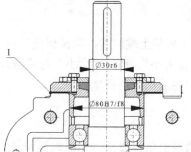

图 18-55　序号 1 标注

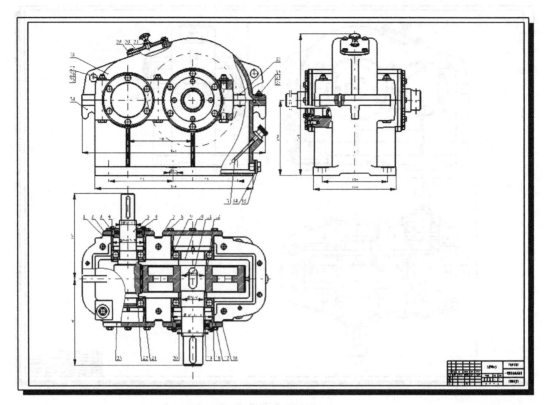

图 18-56　全图序号标注

7．BOM 表（明细表）创建

由于 CATIA 自动创建生成的 BOM 表不完全符合工程制图要求，因此本例采用手动创建方法进行创建，具体操作步骤如下。

1）创建表格

（1）在菜单栏中，依次选择"标注"→"表"→"表"，或在"标注"→"表"工具栏中直接单击"表" ⊞，弹出"表编辑器"对话框。

（2）行数设置"36"行，列数设置"5"列，单击"确定"。根据提示栏"选择元素或指示表定位点"的提示，在绘图区适当位置单击以放置表。

2）设置列宽

（1）双击表格任意位置以激活表格，将鼠标移动到表格第一列最上端位置，当鼠标光标以图标 ▽ 显示时，右击，在快捷菜单中依次选择"大小"→"设置大小"，弹出"大小"对话框。

（2）在"列宽"文本框中输入数值"20"，单击"确定"，完成第一列列宽的修改。

参见以上步骤，将其他列宽依次设为 32、28、50、50。

3）设置行高

（1）双击表格任意位置以激活表格，将鼠标移动到表格的左上角位置，当光标以图标 ⬓ 显示时单击，选中所有单元格。

（2）将鼠标移动到第一行最左端位置，当光标以图标 ➡ 显示时，右击，在快捷菜单中选择"大小"→"设置行高"。

（3）在"行高"文本框中输入数值"7"，单击"确定"，完成表格行高的修改。

4）添加文本

（1）双击表格任意位置以激活表格，双击表格中的左下角单元格，弹出"文本编辑器"对话框。

（2）在对话框的文本框中输入文本"序号"，单击"确定"，完成文本输入。

（3）参见步骤（1）和步骤（2），完成如图 18-57 所示的其他单元格中的文字。

5）调整明细表在工程图中的位置

为了满足工程图的美观和图纸规范要求，明细表创建完成后，调整其位置。

35	垫圈	2	65Mn	GB93-87 10
34	螺母	2	A3	GB6170-86 M10
33	螺栓	2	A3	GB5782-86 M10×35
32	视孔盖	1	A2	GB97-86 B8×30
3	垫片	1	石棉橡胶纸	
30	机盖	1	HT200	
29	垫片	1	石棉橡胶纸	
28	机座	1	HT200	
27	垫圈	6	65Mn	GB93-87 12
26	螺母	6	A3	GB6170-86 M12
25	螺栓	6	A3	GB5782-86 M12×100
24	机座	1	HT200	
23	轴承端盖	1	HT150	
22	轴承	2		7208E
21	挡油环	2	A0	
20	密封油圈	2	半粗羊毛毡	
19	定距环	1	A3	
18	密封盖	1	A3	

17	轴承端盖	1	HT150	
16	调整垫片	2组	08F	
15	螺塞	1	A3	
14	垫片	1	石棉橡胶纸	
13	游标尺	1		组合件
12	大齿轮	1	40	m=3 z=79
11	键	1	A6	16×56 GB1096-79
10	轴	1	45	
9	轴承	2		7211E
8	螺钉	24	A3	GB5782-86 M8×25
7	轴封油盖	1	HT200	
6	毡圈油圈	1	半粗羊毛毡	
5	齿轮轴	1	45	m=3 z=20
4	螺钉	12	A3	GB5782-86 M6×16
3	窥视盖	1	A3	
2	轴承端盖	1	HT200	
1	调整垫片	2组	08F	
序号	名称	数量	材料	备注

图 18-57　BOM 表格输入文本

8．其他标注

参见 17.2.3 节中"9.技术要求"及"10.其余文本标注"等相关内容，完成如图 18-58 所示的视图中"技术特性"和"技术要求"内容标注。

减速器总装工程图完成后如图 18-59 所示。

技术特性

功率：4kW；高速轴转速：572r/min；传动比：3.95。

技术要求

1．装配前，所有零件用煤油清洗，滚动轴承用汽油清洗，机体内不许有任何杂质存在。内壁涂上不被机油侵蚀的涂料两次；

2．啮合侧隙用铅丝检验不小于0.16mm，铅丝不得大于最小侧隙的四倍；

3．用涂色法检验斑点。按齿高接触斑点不小于40%；按齿长接触斑点不小于50%。必要时可用研磨或刮后研磨以便改善接触情况；

4．应调整轴承轴向间隙：φ40为0.05～0.1mm，φ55为0.08～0.15mm；

5．检查减速器部分面、各接触面及密封处，均不许漏油。部分面允许涂以密封油漆或水玻璃，不允许使用任何涂料；

6．机座内装HJ-50润滑油至规定高度；

7．表面涂灰色油漆。

图 18-58　技术特性和技术要求输入文本

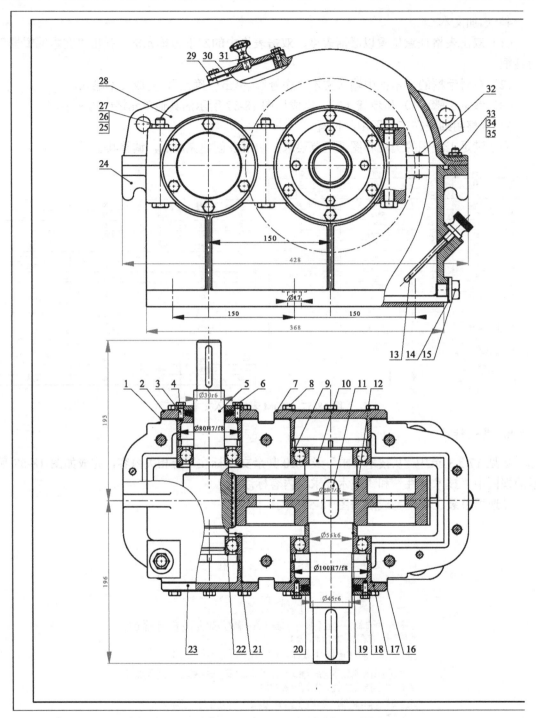

图 18-59　减速器总装图

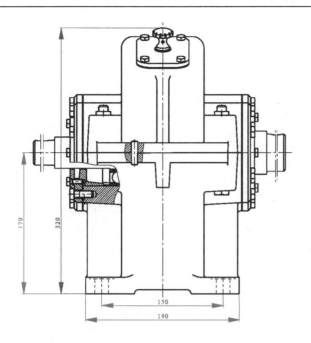

技术特性

功率：4kW；高速轴转速：572r/min；传动比：3.95。

技术要求

1.装配前，所有零件用煤油清洗，滚动轴承用汽油清洗，机体内不许有任何杂质存在。内壁涂上不被机油侵蚀的涂料两次；

2.啮合侧隙用铅丝检验不小于0.16mm，铅丝不得大于最小测隙的四倍；

3.用涂色法检验斑点。按齿高接触斑点不小于40%；按齿长接触斑点不小于50%。必要时可用研磨或刮后研磨以便改善接触情况；

4.应调整轴承轴向间隙：φ40为0.05~0.1mm，φ55为0.08~0.15mm；

5.检查减速器部分面、各接触面及密封处，均不许漏油。部分面允许涂以密封油漆或水玻璃，不允许使用任何涂料；

6.机座内装HJ-50润滑油至规定高度；

7.表面涂灰色油漆。

序号	名称	数量	材料	备注
35	垫板	3	65Mn	GB93-87 10
34	螺母	3	A3	GB6170-86 M10
33	螺栓	3	A3	GB5782-86 M10×35
32	圆锥销	2		GB117-86 3M×30
31	垫片	1	不养橡胶纸板	
30	视孔盖	1	HT200	
29	通气孔	1	不养橡胶纸板	
28	机盖	1	HT200	
27	油塞	4	65Mn	GB93-87II
26	螺母	4	A3	GB6170-86 M12
25	螺栓	4	A3	GB5782-86 M12×100
24	机座	1	HT200	
23	闷盖端盖	1	HT150	
22	轴承	2		7208E
21	齿轮轴	1	45	
20	检孔油圈	1	半细羊毛毡	
19	定距环	1	A3	
18	透盖端盖	1	HT150	
17	轴承端盖	1	HT150	
16	调整垫片	3组	08F	
15	挡油板	2	A3	
14	油封毡圈	1	不养橡胶纸板	
13	油标尺	1		组合件
12	大齿轮	1	45	m=2 z=79
11	键	1	A6	16×56 GB1096-79
10	轴	1	45	
9	轴承	2		7211E
8	螺钉	24		GB5783-86 M6×32
7	轴承端盖	1	HT200	
6	检孔油圈	1	半细羊毛毡	
5	齿轮轴	1	45	m=2 z=20
4	垫片	12	65Mn	GB5783-86 M6×16
3	轴承端盖	1	HT200	
2	调整垫片	1	HT200	
1	闷盖端盖	1	08F	
序号	名称	数量	材料	备注

				（材料标记）	（单位名称）
设计					一级圆柱齿角角减速器
制图					
审核					（图样代号）
工艺					

图 18-59（续）

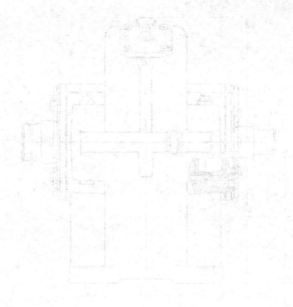